教育部高等学校电子信息类专业教学指导委员会规划教材

高等学校电子信息类专业系列教材

单片机原理及接口技术

第3版

段晨东　胡欣　左磊　李陇杰　编著

清华大学出版社

北京

内 容 简 介

本书系统地介绍了 MCS-51 系列单片机原理及接口技术。全书共分为 9 章。第 1 章为单片机概述和相关的数学基础知识。第 2 章介绍单片机的内部结构和工作原理。第 3 章采用例程解释指令功能的方法,介绍汇编指令系统及指令的用法。第 4 章介绍 C51 语言原理及典型程序的设计方法。第 5～7 章分别介绍单片机的中断系统、定时器/计数器和串行口的工作原理以及编程使用方法。第 8 章主要阐述单片机的扩展技术,包括单片机三总线构造、存储器扩展、单片机 I/O 接口及使用、A/D 与 D/A 转换接口及使用、采用并行接口扩展和串行总线接口的扩展等。第 9 章简要介绍了国产高性能 80C51 兼容单片机 STC8 的结构和工作原理。为了达到即学即用、学用结合、便于自学的目的,本书提供了大例程和实例,并对其进行了测试验证和细致的论述,在每章之后设计了针对性的复习思考题。

本书可作为普通高等学校电气工程及其自动化、自动化和其他相关专业的教学参考书,也可作为初涉单片机技术的相关人员的培训教材或参考书。

图书在版编目(CIP)数据

单片机原理及接口技术 / 段晨东等编著. -- 3 版.
北京 : 清华大学出版社,2024. 7. --(高等学校电子
信息类专业系列教材). -- ISBN 978-7-302-66736-0

Ⅰ. TP368.1
中国国家版本馆 CIP 数据核字第 20249RS926 号

责任编辑:曾   珊
封面设计:李召霞
责任校对:刘惠林
责任印制:丛怀宇

出版发行:清华大学出版社
　　　网　　　址:https://www.tup.com.cn,https://www.wqxuetang.com
　　　地　　　址:北京清华大学学研大厦 A 座　　邮　　编:100084
　　　社 总 机:010-83470000　　　　　　　　邮　　购:010-62786544
　　　投稿与读者服务:010-62776969,c-service@tup.tsinghua.edu.cn
　　　质量反馈:010-62772015,zhiliang@tup.tsinghua.edu.cn
　　　课件下载:https://www.tup.com.cn,010-83470236
印 装 者:三河市龙大印装有限公司
经　　销:全国新华书店
开　　本:185mm×260mm　　印　　张:25.5　　　字　　数:619 千字
版　　次:2017 年 3 月第 1 版　　2024 年 8 月第 3 版　　印　　次:2024 年 8 月第 1 次印刷
印　　数:1～1500
定　　价:69.00 元

产品编号:094271-01

前 言
PREFACE

单片机是针对控制与检测应用而设计的,也称为微控制器。它具有芯片体积小、集成度高、功能强、抗干扰能力强、性价比高等特点,广泛地应用在工业自动化、仪器仪表、航空航天、消费电子、电力电子、汽车电子、计算机外设等领域。MCS-51 系列单片机是 20 世纪 80 年代问世的一种 8 位微控制器,40 余年来,众多半导体公司在其内核技术基础上不断地更新,推出了庞大的兼容系列产品,使得它目前在不同的应用领域依然扮演着重要的角色。

本书共分为 9 章,系统地介绍了 MCS-51 系列单片机原理及接口技术。第 1 章为单片机概述和相关的数学基础知识。第 2 章介绍单片机的内部结构和工作原理。第 3 章采用以例程解释指令功能的方法,介绍汇编指令系统及指令的用法。第 4 章介绍 C51 语言原理及典型程序的设计方法。第 5~7 章分别介绍单片机的中断系统、定时器/计数器和串行口的工作原理以及编程使用方法。第 8 章主要阐述单片机的扩展技术,包括单片机三总线构造、存储器扩展、单片机 I/O 接口及使用、A/D 与 D/A 接口及使用、采用并行接口扩展和串行总线接口的扩展等。第 9 章简要介绍 STC8 的结构和工作原理。为了达到即学即用、学用结合、便于自学的目的,本书提供了大例程和实例,并对其进行了测试验证和细致的论述,在每章之后设计了针对性的复习思考题。

本书继承了前两版教材的特色,注重应用能力的养成,把重点与难点、方法与应用融入典型例程和例题,即学即用、学用结合、结合实际、面向应用、易于自学。同时,也对第 2 版的内容进行了如下更新和补充。

(1) 把汇编语言及其程序设计综合为一章。

(2) 以 C51 语言为主,以汇编语言为辅。增加了介绍 C51 语言及其程序设计的章节,更新了第 2 版中的中断系统、定时器/计数器、串行口、I/O 扩展等内容和程序。

(3) 把基于并行总线的存储器扩展、A/D 转换器及接口设计、D/A 转换器及接口设计以及串行总线扩展合并为一章——单片机的扩展技术。

(4) 第 9 章简要介绍了国产高性能 80C51 兼容单片机 STC8 的结构和工作原理。

(5) 重新设计了章末的复习思考题。

经过本次改版,本书具有以下特点。

(1) 例程丰富,注释细致,便于自学。

(2) 把原理与方法融合在例程中,例程结合典型应用,可在仿真平台测试运行,可即学即试、即学即用。

(3) 设计了有针对性和趣味性的复习思考题,可引导读者通过动手实现题目要求和解决难点。

本书适用于 32~72 学时,教师在授课的同时可以安排适当学时的课程实验。希望读者通过学习本书的内容，能够掌握 MCS-51 单片机的工作原理及其使用方法，掌握 MCS-51 单片机的硬件接口设计及其设计方法，了解单片机应用的方式和开发步骤。本书也可作为单片机技术开发的培训教材。

本书由长安大学能源与电气工程学院的段晨东教授主编，第 1～3 章、附录部分由段晨东教授编写，第 4 章由长安大学能源与电气工程学院的李陇杰博士编写，第 5、6、9 章由长安大学能源与电气工程学院的胡欣教授编写，第 7、8 章由长安大学电子与控制工程学院的左磊副教授编写，全书由段晨东统稿。在编写过程中，研究生王婧昕、张琳、孙哲宇、葛仁洲、邢荟祺等同学测试验证了教材的例程程序，并完成了习题解答，在此表示诚挚的谢意。

单片机技术具有不断发展、应用性强、涉及的知识面广的特点，由于作者的理论水平、实践经验和从事研究领域的局限性，书中难免存在不足和错误之处，希望读者不吝赐教。

作　者

2024 年 1 月

目 录
CONTENTS

第1章 基础知识

CHAPTER 1

1.1 计算机

　　计算机由运算器、控制器、存储器、输入设备和输出设备 5 个部分组成，如图 1.1 所示。迄今为止，计算机的发展经历了电子管、晶体管、集成电路、大规模及超大规模集成电路等几个阶段。随着微电子技术的发展，运算器和控制器被集成到一块芯片上，形成了微处理器（Microprocessor），20 世纪 70 年代出现了以微处理器为核心的微型计算机（Microcomputer），它是大规模及超大规模集成电路的产物。目前，

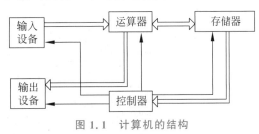

图 1.1　计算机的结构

计算机向巨型化、单片化、网络化三个方向发展。巨型化的目的在于不断提高计算机的运算速度和处理能力，以解决复杂系统计算和高速数据处理的问题，如系统仿真和模拟、实时运算和处理。单片化就是把计算机系统尽可能集成在一块半导体芯片上，其目的在于计算机微型化和提高系统的可靠性，通常把这种单片计算机简称为单片机。

　　计算机是如何工作的呢？计算机是机器，它不可能主动地、自觉地完成人们指定的某一项任务。当使用计算机解决某个具体问题时，并不是把问题直接交给计算机去处理，而是采用以下方法：首先，根据人们解决问题的方案，用计算机可以"理解"的语言，编写出一系列解决这个问题的步骤（即程序）；然后，将这些步骤输入计算机中，命令计算机按照这些事先拟定的步骤顺序执行，从而使问题得以解决。编写解决问题步骤的工作就是程序设计或软件开发。

　　计算机严格按照程序对各种数据或者输入信息进行自动加工处理，因此，必须先把程序和数据用"输入设备"（如键盘、鼠标、扫描仪、拾音器等）送入计算机内部的"存储器"中保存，待处理完毕，还要把结果通过"输出设备"（如显示器、打印机、绘图仪、音箱等）输送出来，以便人们识别。

　　在计算机中，"运算器"完成程序中规定的各种算术和逻辑运算操作。为了使计算机各部件有条不紊地工作，由"控制器"理解程序的意图，并指挥各个部件协调完成规定的任务。在微型计算机中，控制器和运算器被制作在一块集成电路上，称为中央处理器或中央处理单元（Central Processing Unit，CPU）。CPU 是计算机中最重要的部件，由它实现程序控制、操作控制、时序控制、数据加工、输入与输出控制、对异常情况和请求的处理等，它是计算机

的大脑和心脏。

　　"存储器"是计算机中的记忆部件，用来存储人们编写的程序，存放程序所用的数据以及产生的中间结果。计算机之所以能够脱离人的干预而高速自动地工作，其中一个必要条件就是在计算机中有能够存放程序和数据的存储器。计算机的存储器通常为半导体存储器。半导体存储器内部含有很多个存储单元，每个单元可存放若干位二进制数。通常一个单元存放一个8位二进制数，即一字节，每位的状态是0或1。为了区分不同的存储单元，人们对计算机中的每个单元进行编号，通常赋予一个二进制编码，称为存储器的存储单元地址，简称为单元地址或地址，如图1.2所示。存储单元保存的8位二进制数称为单元的内容。为了便于描述，通常采用十六进制数来表示存储单元地址和内容。如图1.2中，地址为0110的存储单元的内容为二进制数10101001，表示为(06H) = A9H。在计算机中，不论是数据还是程序，它们都是以二进制数的形式存储在存储器的单元中。

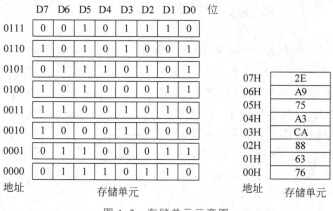

图 1.2　存储单元示意图

　　微型计算机的存储器有两种结构形式。一种是将程序存储器和数据存储器采取统一的地址编码结构，即传统微型计算机的存储器结构，称为冯·诺依曼结构或普林斯顿结构，如以80x86CPU为核心的微型计算机和68HC11单片机。另一种是将程序存储器与数据存储器分开的地址编码结构，称为哈佛结构，如MCS-48系列、MCS-51系列、AVR系列、PIC系列单片机采用哈佛结构。

　　接通电源后，CPU会自动地从存储器中取出要执行的程序代码，通过译码解析出代码所具有的功能，如果进行数据运算，则从存储器中提取运算所需要的数据，再进行运算操作，并把运算结果存储到程序指定的存储区域，结束本次操作；如果执行转移操作，则提取程序代码中的转移信息，计算出程序转移的目标地址，然后跳转。紧接着，CPU再从存储器中提取下一次要执行的代码，不断地重复上述操作过程，直到CPU的电源断开。

▨ 1.2　单片机　◆

1.2.1　单片机的概念及特点

　　单片机是将计算机的CPU、存储器、输入/输出接口(Input/Output Port)、定时器/计数器(Timer/Counter)、中断(Interruption)系统等集成在一块芯片上，被称为单片微型计算机

（Single Chip Microcomputer），简称单片机。单片机是针对控制与检测应用而设计的，又称微控制器（Microcontroller Unit，MCU）。另外，由于它可以很容易地被嵌入各种仪器和现场控制设备中，因此也叫嵌入式微控制器（Embedded MCU，EMCU）。

单片机具有以下几个特点。

（1）集成度高、功能强。在一块芯片上集成了众多的资源，芯片体积小、功能强。

（2）具有较高的性能价格比。单片机尽可能地把应用所需的各种资源集成在一块芯片内，性能高，但价格却相对较低廉。

（3）抗干扰能力强。单片机是面向工业测控环境设计的，抗噪声干扰能力较强。程序固化在存储器中不易被破坏；许多资源集成于一个芯片中，可靠性高。

1.2.2　单片机的发展

自 20 世纪 70 年代初期单片机问世以来，它已经历了以下 5 个发展阶段。

第 1 阶段（1971—1976）：单片机萌芽阶段。1971 年，Intel 公司推出了第一块单芯片的微处理器——4 位微处理器 Intel 4004，它与其研发的随机存储器、只读存储器和移位寄存器等芯片，构成了第一台 MCS-4 微型计算机。随后 Intel 公司又研发了 8 位微处理器 Intel 8008。在此期间 Fairchild 公司也推出了 8 位微处理器 F8。1971 年，Texas Instruments（TI）的两位工程师 Gary Boone 和 Michael Cochran 把 CPU、随机存储器、只读存储器和时钟电路集成到一块芯片上，发明了第一款微控制器 TMS 1000，并于 1974 年将其推向了市场，从此拉开了研制单片机的序幕。

第 2 阶段（1976—1980）：初级单片机阶段。1976 年，Intel 公司推出了真正意义上的单片机 MCS-48 系列，把一个 8 位 CPU、并行 I/O 口、定时器/计数器、存储器等集成到一块芯片上，代表芯片有 8048、8035 和 8748。MCS-48 系列以体积小、功能强、价格低等特点，被广泛用于计算机外设、工业控制和智能仪器仪表等领域，为单片机的发展奠定了基础。

第 3 阶段（1980—1983）：高性能单片机阶段。这一阶段推出的高性能 8 位单片机，不仅存储容量和寻址范围大，而且普遍带有串行口、多级中断处理系统、多个 16 位定时器/计数器，有的单片机的片内还带有 A/D 转换接口。指令系统普遍增设了乘除法指令。在此期间，NEC 发明了第一块 DSP（Digital Signal Processor）单片机 μPD7710，TI 公司也推出了 TMS32010。这个阶段的代表产品有 Intel 公司的 MCS-51、Motorola 公司的 MC6801、Zilog 公司的 Z8、TI 公司的 TMS7000 系列和 NEC 的 μPD78xx 等系列。

第 4 阶段（1983—1990）：8 位单片机巩固发展及 16 位单片机推出阶段。Intel 公司在推出 MCS-51 系列之后，开放了 8051 单片机的技术，此后，Philips、Atmel、Siemens、Dallas、Analog Devices、OKI、Winbond 等公司相继推出了与 8051 兼容的单片机。在同一时期，Motorola 推出了 68HC05、68HC08 和 68HC11 系列单片机。

16 位单片机工艺先进、集成度高、功能强，其代表产品有 Intel 公司的 MCS-96 系列、TI 的 TMS320 系列、NEC 的 783xx 系列、Motorola 的 68HC12、DSP56800 和 68HC16 等系列。

第 5 阶段（1990—　）：单片机在集成度、功能、速度、可靠性等方面向更高水平发展。1993 年，Microchip 推出了 PIC（Peripheral Interface Controller）单片机 PIC16x84，首次用 EEPROM 代替了 EPROM。同年，Atmel 公司把 Flash ROM 技术与 8051 内核结合，推出

了 AT89 系列单片机。这两种存储器的引入，诞生了在系统编程模式，加快了应用系统的开发速度。1997 年，Atmel 公司又研发了 AVR 系列的 AT90xx 高速 8 位增强型单片机，随后又推出了 AVR 的高档系列 Atmega。与之前的 8 位微处理器相比，AVR 微处理器具有高速运行的处理能力和功能精简的指令系统，克服了如 8051 采用单一累加器运算的瓶颈，支持在线编程(In Application Programming，IAP)和在系统编程(In System Programming，ISP)模式。

继 16 位单片机出现后不久，32 位单片机系列也相继面世。32 位单片机具有极高的集成度，内部采用 RISC(Reduced Instruction Set Computer)结构。在采用 CISC(Complex Instruction Set Computer)的微处理器和单片机中，指令系统中约有 20% 的指令会被反复使用，占整个程序代码的 80%，而其余 80% 的指令却不经常使用，仅占程序代码的 20%。RISC 结构优先选取使用频率最高的简单指令，避免复杂指令，将指令长度固定、指令格式和寻址方式种类减少，使指令系统进一步优化。代表产品有 Intel 的 MCS-80960、Motorola 的 M68300、Renesas 的 Super H、Freescale 的 S12、Maxim 的 MAXQ1103 等系列。

1990 年，ARM(Advanced RISC Machines)公司成立，ARM 公司既不生产芯片也不销售芯片，它只出售芯片的技术授权。1991 年，它推出了 AMR6 系列 32 位微处理器，随后 VLSI、SHARP、Cirrus Logical 等公司得到了授权，这些公司结合自己的优势推出了以 ARM 微处理器为核心的单片机。随后，ARM 陆续推出了 ARM7、ARM9、ARM9E、ARM10E、ARM11、SecurCore、Xscale、StrongARM 等，其中 ARM7、ARM9、ARM9E 和 ARM10 为 4 个通用处理器系列，每个系列提供一套相对独特的性能来满足不同应用领域的需求，而 SecurCore 系列主要面向较高要求的应用。到目前为止，ARM 的授权基本覆盖了世界上主要的微处理器和单片机芯片生产公司，这些公司通过授权共享 ARM 内核技术，研发了大量的满足不同需求的单片机，如 STMicroelectronics 的 STM32、Atmel 的 AT91SAM、NXP 的 LPC13xx、Samsung 的 S3C24xx、Silicon Labs 的 SiM3C1xx 等，应用于通信、汽车、航空航天、高级机器人、军事装备等领域。

自 1990 年至今，8 位单片机系列表现出多功能、多选择、高速度、低功耗、低价格、存储容量大和 I/O 功能加强及结构兼容的特点，在工业控制、智能仪表等应用领域，它们在性能和价格方面有较好的兼顾，仍然是主流产品之一。

1.2.3　MCS-51 系列单片机及其兼容单片机

20 世纪 80 年代初期，Intel 公司推出了 MCS-51 系列单片机，它包括 3 个基本型 8031、8051、8751，以及对应的低功耗型号 80C31、80C51、87C51，它们的区别仅在于程序存储器配置不同：8031 片内没有程序存储器，8051 片内程序存储器为 4KB 的只读存储器 ROM，8751 片内程序存储器为 4KB 的可编程、可擦写的 EPROM。MCS-51 单片机片内数据存储器寻址范围为 256 个单元，前 128 个单元为内部 RAM，用来存放用户的随机数；后 128 个单元为特殊功能寄存器区，有 21 个特殊功能寄存器；有 4 个 8 位并行 I/O 口和 1 个全双工串行通信口；2 个 16 位的定时器/计数器；设置有 2 级中断优先级，可接受 5 个中断源的中断请求；具有较强的指令寻址和运算等功能，有 111 条指令，使用了 7 种寻址方式；设置了一个布尔处理器，有单独的位操作指令。8031、8751 与 8051 是 MCS-51 单片机的第一代产品。

Intel 公司在推出 MCS-51 单片机体系结构后不久,开放了 8051 内核技术,把 MCS-51 单片机迅速地推进到 8051 的 MCU 时代,形成了可满足嵌入式应用的单片机系列产品。另外,Flash ROM 的使用加速了单片机技术的发展,基于 Flash ROM 的 ISP/IAP 技术改变了单片机应用系统的结构模式以及开发和运行条件;Atmel 公司在 8051 内核基础上推出了采用 Flash ROM 技术的 AT89C 和 AT89S 系列单片机。另外,有的 8051 产品增加了一些外部接口,如 A/D、PWM、WDT(看门狗监视定时器)、高速 I/O 口、PCA(可编程计数器阵列)、计数器的捕获/比较逻辑等,还为单片机配置了串行总线 SPI 或 I^2C。第二代 8051 产品系列普遍采用了 CMOS 技术,被称为 80C51,与第一代相比集成度高、速度快、功耗低。

第三代 8051 产品的单片机内核片上系统(System On Chip,SoC)化。单片机不断扩展外围功能、外围接口以及模拟数字混合电路,许多厂家以 80C51 为内核构成 SoC 单片机,ADI 公司推出了 ADμC8xx 系列,Silicon Lab 则为 80C51 配置了全面的系统驱动控制、前向/后向通道接口,构成了通用的 SoC 单片机 C8051F。为了提升 80C51 的速度,Dallas 和 Philips 公司改变总线速度,将机器周期从 12 个时钟周期缩短到 4 个和 6 个。Silicon Lab 对指令运行实行流水作业,推出了 CIP-51 的 CPU 模式,指令以时钟周期为运行单位,每个时钟周期可执行 1 条单周期指令,与 8051 相比,在相同时钟下单周期指令运行速度为原来的 12 倍,使 80C51 兼容系列进入了 8 位高速单片机行列。第三代单片机还采用灵活的 I/O 口配置方法,Scenix 的 SX 单片机系列、STC 的 STC12C5A 等,将 I/O 的固定方式转变为软件设定方式。在 Cygnal 公司的 C8051F 中,则采用交叉开关以硬件方式实现了 I/O 端口的灵活配置。另外,第三代 8051 单片机普遍支持 ISP 编程,有的产品支持基于 JTAG 接口的在系统调试。

MCS-51 系列单片机诞生已有 40 多年,这种 8 位单片机及其兼容产品目前仍然广泛地应用在各种行业领域的设备和装置中。这得益于 8051 技术的开放,各家公司通过共享技术依靠自身优势创造了众多的 80C51 兼容产品,如我国的宏晶科技公司(STC)开发了丰富的 80C51 内核系列产品以满足不同层次应用的需求。MCS-51 单片机从单片微型计算机到 MCU、再到片上系统(SoC)内核的发展过程,表现了嵌入式系统硬件体系的典型变化过程,它将会以 8051 内核的形式延续下去。另外,兼容 MCS-51 单片机的 16 位、32 位高性能单片机也相继退出,20 世纪 90 年代中期,兼容 MCS-51 单片机的 16 位单片机 MCS-251 问世,2015 年 CAST 公司推出了一种兼容 16 位 MCS-251 和 S3(Amazon Simple Storage Service)云存储服务协议的 IP 核单片机,可方便地把设备接入物联网。2022 年,宏晶科技公司推出了兼容 MCS-51 的 32 位单片机 STC32G 系列,在相同晶振频率下,其运行速度是传统 8051 的 70 倍。

1.2.4 单片机的应用

现在,单片机被广泛地应用到各个领域,在消费电子、汽车电子、能源与节能、工业自动化、航空航天、计算机外设等领域扮演着越来越重要的角色,具有广阔的应用前景。下面介绍一些典型的应用领域及应用特点。

(1) 消费电子。目前与人们生活相关的电子产品中,单片机控制已经取代了传统的继电器、电子器件控制电路,家用电器(如全自动洗衣机、电冰箱、空调机、微波炉、电饭煲、烤箱等)、家庭娱乐(如电视机、录像机及其他视频音像设备等)、移动电子(移动电话、MP3、MP4、笔记本电脑、计算器、游戏机、摄像机、照相机等)、家庭医疗保健(如便携式监护仪、电子血压计等)等普遍采用单片机。

(2) 办公自动化。现代办公室中所使用的大量通信、信息设备大多数采用了单片机,如键盘、磁盘驱动器、打印机、绘图仪、复印机、电话、传真机、考勤机、计算器等。

(3) 汽车电子。据统计,一辆中档轿车上至少有 30 个单片机,它们协调完成车辆的安全、传动系统、车身/底盘电子系统、电池管理、门禁、音响、导航、控制器网络管理、空调、油耗等控制。

(4) 能源与节能。从发电机运行状态监测到电网电能控制,从发电厂、输变电站到用户,设备监控、继电保护、电能质量检测与计量等都是由以单片机为核心的现场控制器和智能终端来完成的。

(5) 工业自动化领域。在工业现场,智能仪器仪表、智能传感器、现场控制器、可编程控制器(Programmable Logic Controller,PLC)等,它们都是以单片机为核心的。另外,在分布式控制系统和现场总线控制系统中,人机接口设备(Human Machine Interface,HMI)、现场数字和模拟 I/O 模块、现场总线通信模块、工业以太网接口、无线通信模块等也都是以单片机为核心的产品。

(6) 航空航天与军事领域。航空航天器的飞行姿态控制、参数显示、动力监测控制、通信系统、雷达系统、导航等以及军事领域武器系统的控制,如战机、舰船、坦克、火炮、导弹、智能武器系统等,都要用到单片机。

(7) 楼宇自动化。在楼宇自动化系统中,需要进行火灾自动检测与报警、照明控制、安全防范、建筑设备运行控制(空调、给排水设备、电梯等)、供配电等,与它们相关的设备分布在楼宇的不同区域,由不同的现场控制器分别进行实时检测和控制。另一方面,这些控制器也会把设备的状态信息通过通信网络汇总到楼宇自动化系统主机,这些现场控制器也是以单片机为核心的应用系统,同样,系统主机及其通信网络适配器也离不开单片机。

(8) 其他领域。在商业营销系统中广泛使用的电子秤、收款机、条形码阅读器、仓储安全监测系统、商场的导购电子显示系统、冷冻保鲜系统等,也采用了单片机构成的专用系统。在医疗保健领域,医学成像设备、心电图仪、病人监护仪、脉搏血氧仪、病房呼叫系统等方面,单片机也扮演着不可或缺的角色。

单片机应用从根本上改变了传统的控制系统设计思想和方法。过去由硬件实现的控制功能,现在可以用软件方法实现,这种以软件取代硬件并能提高系统性能的控制技术,称为微控制技术。随着单片机应用领域的推广,微控制技术将发挥越来越重要的作用。另外,单片机是物联网的基础,物联网是以单片机为核心的产品网络化的一种形式,没有单片机的介入,就不会有物联网,单片机将在物联网发展中起着至关重要的作用。

1.3　计算机的数学基础

1.3.1　数制及转换

1. 数制

数制是人们利用符号来记数的方法,数制有很多种,人们常用的是十进制。由于数在机器中是以器件的物理状态来表示的,所以一个具有两种稳定状态且能相互转换的器件就可以用来表示 1 位二进制数。二进制数的表示是最简单、最可靠的。另外,二进制的运算规则也是最简单的。因此,迄今为止,所有计算机都是以二进制形式存储数据、进行算术和逻辑运算的。但二进制使用起来既烦琐又容易出错,所以人们在编写程序时又经常用到十进制、十六进制或八进制。

任何一种数制都有两个要素:基数和权。基数为数制中所使用的数码的个数。当基数为 R 时,该数制可使用的数码为 $0 \sim R-1$。如二进制的基数为 2,可以使用 0 和 1 两个数码。

1) 十进制

十进制以 10 为基数,数码共有 10 个:0,1,2,3,4,5,6,7,8,9。计数规则是逢十进一,借一当十。

$$N_D = d_{n-1} \times 10^{n-1} + d_{n-2} \times 10^{n-2} + \cdots + d_1 \times 10^1 + d_0 \times 10^0 + d_{-1} \times 10^{-1} + \cdots + d_{-m} \times 10^{-m}$$
$$= \sum_{i=-m}^{n-1} d_i \times 10^i$$

其中,d_i 为第 i 位的系数,可取 $0 \sim 9$;10^i 为第 i 位的权。显然,各位的权是 10 的幂。十进制数一般不用下标或尾注形式表示,有时也用字母 D 或 10 作为数的下标表示,也有用该数的尾部加字母 D 的表示方法,如 $423.567, (9728)_{10}, 6356D$。例:

$$1234.5 = 1 \times 10^3 + 2 \times 10^2 + 3 \times 10^1 + 4 \times 10^0 + 5 \times 10^{-1}$$

2) 二进制

二进制以 2 为基数,数符为:0,1。计数规则是逢二进一,借一当二。

$$N_B = d_{n-1} \times 2^{n-1} + d_{n-2} \times 2^{n-2} + \cdots + d_1 \times 2^1 + d_0 \times 2^0 + d_{-1} \times 2^{-1} + \cdots + d_{-m} \times 2^{-m}$$
$$= \sum_{i=-m}^{n-1} d_i \times 2^i$$

其中,d_i 为第 i 位的系数,可取 0,1;2^i 为第 i 位的权。二进制数中,各位的权是 2 的幂。二进制数常用字母 B 或 2 作为数的下标表示,也可用该数的尾部加字母 B 来表示。例:

$$(1101.101)_2 = 1 \times 2^3 + 1 \times 2^2 + 0 \times 2^1 + 1 \times 2^0 + 1 \times 2^{-1} + 0 \times 2^{-2} + 1 \times 2^{-3}$$

3) 八进制

八进制以 8 为基数,数符有 8 个:0,1,2,3,4,5,6,7。计数规则是逢八进一,借一当八。

$$N_8 = d_{n-1} \times 8^{n-1} + d_{n-2} \times 8^{n-2} + \cdots + d_1 \times 8^1 + d_0 \times 8^0 + d_{-1} \times 8^{-1} + \cdots + d_{-m} \times 8^{-m}$$
$$= \sum_{i=-m}^{n-1} d_i \times 8^i$$

其中,d_i 为第 i 位的系数,可取 $0 \sim 7$;8^i 为第 i 位的权。八进制数各位的权是 8 的幂。八进制数常用字母 Q 或 8 作为数的下标表示,也可用该数的尾部加字母 Q 来表示。例:

$$(537)_8 = 5 \times 8^2 + 3 \times 8^1 + 7 \times 8^0$$

因为 $2^3 = 8$,八进制数有一个重要特点是每位八进制数可用 3 位二进制数表示。例如:

$$(6)_8 = (110)_2$$

4) 十六进制

十六进制以 16 为基数,数符有 16 个:0,1,2,3,4,5,6,7,8,9,A,B,C,D,E,F。计数规则是逢十六进一,借一当十六。

$$N_{\mathrm{H}} = d_{n-1} \times 16^{n-1} + d_{n-2} \times 16^{n-2} + \cdots + d_1 \times 16^1 + d_0 \times 16^0 + d_{-1} \times 16^{-1} + \cdots + d_{-m} \times 16^{-m}$$

$$= \sum_{i=-m}^{n-1} d_i \times 16^i$$

其中，d_i 为第 i 位的系数，可取 $0 \sim 9$、$A \sim F$；16^i 为第 i 位的权。十六进制数各位的权是 16 的幂。十六进制数常用字母 H 或 16 作为数的下标表示，也可用该数的尾部加字母 H 来表示。例：

$$ED09.CH = 14 \times 16^3 + 13 \times 16^2 + 0 \times 16^1 + 9 \times 16^0 + 12 \times 16^{-1}$$

因为 $2^4 = 16$，每位十六进制数可用 4 位二进制数表示。例如：$(A)_{16} = (1010)_2$。

十进制数 $0 \sim 15$ 与不同进制数的对照表见表 1.1。

表 1.1　不同进制数的对照表

十进制	二进制	八进制	十六进制	十进制	二进制	八进制	十六进制
0	0000	0	0	8	1000	10	8
1	0001	1	1	9	1001	11	9
2	0010	2	2	10	1010	12	A
3	0011	3	3	11	1011	13	B
4	0100	4	4	12	1100	14	C
5	0101	5	5	13	1101	15	D
6	0110	6	6	14	1110	16	E
7	0111	7	7	15	1111	17	F

2. 数制之间的转换

1）任意进制数转为十进制数

方法：按权展开求和。即

$$N_R = \sum_{i=-m}^{n-1} d_i \times R^i = d_{n-1} \times R^{n-1} + d_{n-2} \times R^{n-2} + \cdots + d_0 \times R^0 + d_{-1} \times R^{-1} + \cdots + d_{-m} \times R^{-m}$$

N_R 在二进制时，$R=2$；N_R 在八进制时，$R=8$；N_R 在十六进制时，$R=16$。

例 1.1　把二进制数 1101.01 转换为十进制数。

$$(1101.01)_2 = 1 \times 2^3 + 1 \times 2^2 + 0 \times 2^1 + 1 \times 2^0 + 0 \times 2^{-1} + 1 \times 2^{-2} = (13.25)_{10}$$

例 1.2　把八进制数 236 转换为十进制数。

$$(236)_8 = 2 \times 8^2 + 3 \times 8^1 + 6 \times 8^0 = (158)_{10}$$

例 1.3　把十六进制数 C2 转换为十进制数。

$$(C2)_{16} = 12 \times 16^1 + 2 \times 16^0 = (194)_{10}$$

2）十进制数转为二进制数

方法：对整数部分，连续地除以 2 取余，先得到的余数为整数部分的最低位（反排列），直到商为 0，最后得到的余数是整数部分的最高位。

对小数部分，连续地乘以 2 取整，先得到的整数部分为小数部分的最高位，后得到的整数部分是小数部分的低位，直到乘积的小数部分为 0 或满足误差要求。

例 1.4　把十进制数 25.706 转换为二进制数。

把 25 和 0.706 分别转换，如图 1.3 和图 1.4 所示。则

$$(25.706)_{10} = (11001.10110)_2 （保留 5 位小数）$$

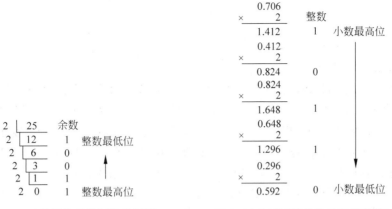

图 1.3　25 转换为二进制数的过程　　　图 1.4　0.706 转换为二进制数的过程

以此类推,十进制数转为任意进制数的方法:对整数部分,连续地除以基数取余,直到商为 0;对小数部分,连续地乘以基数取整,直到乘积的小数部分为 0 或满足误差要求。

3)八进制数与二进制数之间的相互转换

二进制转为八进制时,对整数部分,从最低位开始以 3 位为一组分组,不足 3 位的前面补 0;对小数部分,则从最高位开始以 3 位为一组分组,不足 3 位的后面补 0。然后每组以其对应的八进制数代替,排列顺序不变。

八进制转为二进制时,将每位八进制数写成对应的 3 位二进制数,再按原来的顺序排列起来即可。

例 1.5　分别把二进制数 11110100010B 和八进制数 6403Q 转换为八进制数和二进制数。

$$11110100010B=\underset{3}{011}\ \underset{6}{110}\ \underset{4}{100}\ \underset{2}{010}B=3642Q$$

$$26403Q=\underset{010}{2}\ \underset{110}{6}\ \underset{100}{4}\ \underset{000}{0}\ \underset{011}{3}Q=10110100000011B$$

4)十六进制数与二进制数之间的相互转换

方法:与八进制数与二进制数之间的相互转换类似,只是按 4 位为一组分组即可。

例 1.6　分别把二进制数 11110100010B 和十六进制数 B59H 转换为十六进制数和二进制数。

$$11110100010B=\underset{7}{0111}\ \underset{A}{1010}\ \underset{2}{0010}B=7A2H$$

$$B59H=\underset{1011}{B}\ \underset{0101}{5}\ \underset{1001}{9}H=101101011001B$$

5)八进制数与十六进制数之间的相互转换

方法:通过二进制数作为中间变量进行变换。

例 1.7　分别把十六进制数 B59H 和八进制数 6403Q 转换为八进制数和十六进制数。

$$B59H=1011\ 0101\ 1001B=101\ 101\ 011\ 001B=5531Q$$

$$6403Q=110\ 100\ 000\ 011B=1101\ 0000\ 0011B=D03H$$

1.3.2 计算机中数的表示方法

1. 带符号数的表示

1）机器数与真值

前面提到的二进制数没有涉及符号问题，是一种无符号数。但在实际应用中，数据显然还有正、负之分，那么符号在计算机中是怎么表示的呢？计算机中二进制数的符号"＋"或"－"也用二进制数码表示，规定用二进制数的最高位表示符号：用"0"表示正数的符号"＋"；用"1"表示负数的符号"－"。由于在计算机中数据是以字节的形式存储的，数值大的数据必须用多字节来存储。因此，本节用 8 位的整数倍位数来表示一个数，即以字节为基础来表示。1 字节和 2 字节的二进制数在计算机中的表示如图 1.5 所示，图中 x 取 0 或 1。图 1.5(a) 中，最低位为第 0 位，最高位为第 7 位；图 1.5(b) 中，最高位为第 15 位。这种最高位为符号位、其余位为数值位的表示形式称为机器数。可以看出，图 1.5 中的 1 字节的二进制数能表示 C 语言中的 1 个字符型数据，而 2 字节的形式描述了 1 个整型数据。

(a) 计算机中的1字节的二进制数

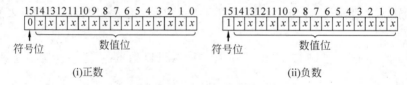

(b) 计算机中的2字节的二进制数

图 1.5 计算机中数的表示

例 1.8 两个二进制数 $X_1 = +010001B$ 和 $X_2 = -1101010001B$，写出它们在计算机中的表示形式。

X_1 用 8 位表示时，$X_1 = 00010001B$；若用 16 位表示，则 $X_1 = 00000000\ 00010001B$。

X_2 的数值位多于 8 位时，显然超过 1 字节数据描述的范围，因此，采用 16 位表示。则 $X_2 = 10000011\ 01010001B$。

例 1.8 中，数值位不足时，表示过程中用 0 补充。

一个数在机器中的表示形式称为机器数，而原来的实际数值称为机器数的真值。在计算机中常用的机器数有原码、反码、补码 3 种形式。为了方便描述，当真值为 X 时，其原码、反码、补码分别用 $[X]_原$、$[X]_反$、$[X]_补$ 表示。下面以 8 位二进制数为例来说明 3 种机器数及其之间的关系。

2）原码

符号位用"0"表示正数，"1"表示负数，其余各位表示真值，这种表示方法称为原码表示法，如图 1.5(a) 所示。

例 1.9 两个二进制数分别为 $X_1 = +1101001B$，$X_2 = -101101B$，写出它们的原码。

$$[X_1]_原 = 01101001B \quad [X_2]_原 = 10101101B$$

在计算机中,0 可表示为 $+0$ 和 -0,因此,0 在原码中有两种表示法:

$$[+0]_原 = 00000000B \quad [-0]_原 = 10000000B$$

不难看出,采用 8 位二进制数表示的原码,其最大数值为 01111111B($+127$),最小数值为 1111111B(-127)。

3)反码

(1)正数的反码。

正数的反码与原码相同,即 $[X]_反 = [X]_原$。

例 1.10 已知 $X = +1101001B$,求其反码。

由题意可知 $[X]_原 = 01101001B$,则 $[X]_反 = [X]_原 = 01101001B$。

(2)负数的反码。

负数的反码等于其原码的符号位不变,其余各位按位取反。图 1.6 为负数反码的求解过程。

例 1.11 已知 $X = -1101001B$,求其反码。

由题意可知 $[X]_原 = 11101001B$,则反码 $[X]_反 = 10010110B$。

(3)0 的反码。

反码有 $[+0]_反$ 和 $[-0]_反$ 两种表示法。

$$[+0]_反 = 00000000B \quad [-0]_反 = 11111111B$$

显然,采用 8 位二进制数表示的反码,其最大数值为 01111111B($+127$),最小值为 1111111B(-127)。

4)补码

(1)正数的补码。

正数的补码与其原码相同。

例 1.12 已知 $X = +1101001B$,求该数的补码。

由题意可知 $[X]_原 = 01101001B$,则 $[X]_补 = [X]_原 = 01101001B$。

(2)负数的补码。

负数的补码等于它的反码加 1。负数补码的求解过程如图 1.7 所示。

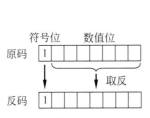

图 1.6 负数反码的求解过程

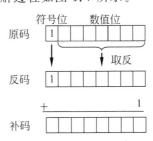

图 1.7 负数补码的求解过程

例 1.13 已知 $X = -1101001B$,求该数的补码。

由题意可知,$[X]_原 = 11101001B$,则 X 的反码 $[X]_反 = 10010110B$

$$[X]_补 = [X]_反 + 1 = 10010111B$$

(3)0 的补码。

$$[+0]_补 = [-0]_补 = 00000000B$$

$[-0]_{\text{补}}=[-0]_{\text{反}}+1=11111111+1=00000000B$，由图 1.7 可以看出，运算中的进位被机器丢弃了。因此，0 的补码只有一种表示法。

采用 8 位二进制数表示的补码，其数值范围为 $+127\sim-128$。这是因为 $[-0]_{\text{补}}$ 在反码加 1 的过程中进位了。

综上所述，对于正数，$[X]_{\text{原}}=[X]_{\text{反}}=[X]_{\text{补}}$；对于负数，反码等于原码保持符号位不变，数值位按位取反，负数的补码为它的反码加 1。0 的原码和反码有两种表示 $+0$ 和 -0，0 的补码只有一种。

5）机器数真值的求取方法

（1）正数的原码、反码、补码相同，无须转换。其真值为：用"$+$"代替原码的符号位 0，保留数值位。

（2）已知一个负数的原码，其真值为："$-$"代替原码的符号位 1，保留数值位。已知一个负数的反码，则先将反码的数值位按位取反，还原为该数原码，即一个负数反码的反码为该负数的原码，然后再求真值；已知一个负数的补码，那么先将补码的数值位按位取反，然后末位加 1 转换为原码，即负数补码的补码为原码，最后再求真值。

由原码的表示方式可以得到推论：一个数的绝对值等于原码的符号位清零。

例 1.14 已知 $X_1=+127,X_2=-127$，求它们的补码。

$$[X_1]_{\text{原}}=[X_1]_{\text{补}}=01111111B=7FH$$
$$[X_2]_{\text{原}}=11111111B$$
$$[X_2]_{\text{反}}=10000000B$$
$$[X_2]_{\text{补}}=[X_2]_{\text{反}}+1=10000001B=81H$$

例 1.15 已知 $X_1=+255,X_2=-255$，求它们的补码。

$$[X_1]_{\text{原}}=[X_1]_{\text{补}}=0000000011111111=00FFH$$
$$[X_2]_{\text{原}}=1000000011111111=80FFH$$
$$[X_2]_{\text{反}}=1111111100000000=8000H$$
$$[X_2]_{\text{补}}=[X_2]_{\text{反}}+1=1111111100000001=FF01H$$

例 1.16 已知 $[X_1]_{\text{原}}=59H,[X_2]_{\text{原}}=D9H$，求它们的真值。

$$[X_1]_{\text{原}}=01011001B \quad X_1=+1011001B=+89$$
$$[X_2]_{\text{原}}=11011001B \quad X_2=-1011001B=-89$$

例 1.17 已知 $[X_1]_{\text{补}}=59H,[X_2]_{\text{补}}=D9H$，求它们的真值。

$$[X_1]_{\text{补}}=59H=01011001B$$

那么，

$$X_1=+1011001_B=+89$$
$$[X_2]_{\text{补}}=D9H=11011001B$$

$[X_2]_{\text{补}}$ 的反码是：10100110B，则 $[X_2]_{\text{原}}=10100111B$，可得：

$$X_2=-0100111B=-39$$

例 1.18 已知 $X_1=-25,X_2=-11504$，按 16 位二进制形式求它们的补码。

$$[X_1]_{\text{原}}=10000000\ 00011001B$$
$$[X_1]_{\text{反}}=11111111\ 11100110B$$

$$[X_1]_补 = 11111111\ 11100111B$$
$$[X_2]_原 = 10101100\ 11110000B$$
$$[X_2]_反 = 11010011\ 00001111B$$
$$[X_2]_补 = 11010011\ 00010000B$$

2. 定点数与浮点数的表示

在计算机中,数据是以二进制的格式存储的,那小数是如何表示的呢? 小数点是如何标记的呢? 在计算机中,我们通常采用两种形式来存储小数:定点和浮点。所谓定点,就是将一个数分为整数部分和小数部分,小数点位置固定。浮点数是采用类似科学记数法的一种表示方法,由于在计算机中采用二进制数,它的基为 2,因此,把数据用数据符号、有效位数值、阶符及阶码来表示。定点数表示的数据精度低,而浮点数表示的数据精度高。

1) 定点数

定点数即小数点位置固定的机器数。运算简便,表示范围小,如图 1.8 所示,数据用 2 字节整数和 1 字节小数表示,小数点位于两部分之间。实际上,小数点并没有存储在计算机的存储器中,它是虚拟的。如果是带符号的数,那么,整数部分的最高位为这个数的符号位。

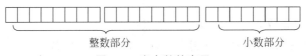

整数部分　　　　　小数部分

图 1.8　定点数的表示

例 1.19 一个定点纯小数为 5AH。写出它的原码。

定点纯小数为 5AH,它表示为原码:00000000.01011010B。其真值为 $+0.0101101B$。

例 1.20 用原码形式把十进制数 -32.625 表示为一字节的整数和一字节的小数。

-32 的二进制为 $-100000B$,0.625 的二进制为 $0.101B$。因此,-32.625 的原码为

$$[X]_原 = 10100000.10100000B$$

其中最高位 1 是符号位。

2) 浮点数

在十进制数中,常采用科学记数法来表示一个数据,如

$$-5123.123\ 34 = -0.512\ 312\ 334 \times 10^{+4}$$

由于十进制数的基为 10,可采用 4 部分来描述这个数据:符号为"$-$"(简称数符),有效位为 512312334(简称尾数),阶的符号为"$+$"(简称阶符),阶的大小为 4(简称阶码)。因此,用数符、尾数、阶符、阶码 4 部分能正确地描述一个浮点数。显然,阶的大小不同,小数点的位置是浮动的,故称为浮点数。

类似地,二进制数也可以表示成这种科学记数法的形式,一个二进制数的浮点表示为

$$B = \pm S \times 2^{\pm J}$$

S 为尾数,J 为阶码,它们均为整数。常见的有 3 字节浮点数和 4 字节浮点数,它们的格式如图 1.9 所示。图 1.9 中,第 1 字节的最高位为尾数的符号位,即数符,也是整个浮点数的符号位;其余 7 位为阶数,它为带符号整数,常用补码表示。第 2 字节之后为尾数,通常是纯小数,常用原码表示。4 字节浮点数相当于 C 语言中的单精度实型数据。关于浮点数的其他表示法和运算,请查阅有关计算机应用方面的文献。

例 1.21 求十进制数 -6 的 3 字节浮点数。

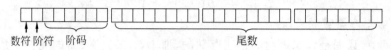

（a）3字节浮点数

（b）4字节浮点数

图 1.9　浮点数格式

（1）把十进制数转换为二进制数：−6 转换为二进制为−110。

（2）求阶数和尾数。出于简便的目的，此处把阶码写成十进制数的形式，则

$$-110=(-0.110)\times 2^{+3}$$

浮点数的第 1 字节为 10000011，表示该数据为负，阶数为 0000011，即+3，而后两字节尾数为 11000000 00000000。尾数不足 8 位的，低位用 0 补齐。

（3）写成浮点数。−6 的 3 字节浮点数为 10000011 1100000000000000，转换成十六进制为 83 C0 00H。

例 1.22　求十进制数 31.25 的 3 字节浮点数。

（1）首先把十进制数转换为二进制数：31.25=11111.01B。

（2）确定阶数和尾数：11111.01=0.1111101×2^{+5}。

则第 1 字节为 00000101，尾数为 11111010 00000000。

（3）31.25 的 3 字节浮点数为 00000101 11111010 00000000 B，转换成十六进制数为 05 FA 00H。

例 1.23　求十进制数−0.125 的 3 字节浮点数。

（1）把十进制数−0.125 转换为二进制：−0.125=−0.001B。

（2）确定阶数和尾数：−0.001=−0.1×2^{-2}。

阶数−2 的补码为 1111110，因为该数为负数，则浮点数第 1 字节为 11111110，尾数为 10000000 00000000。

（3）−0.125 的 3 字节浮点数为：11111110 10000000 00000000 B=FE 80 00H。

例 1.24　求十进制数 67.234 的 4 字节浮点数。

（1）把十进制数 67.234 转换为二进制：67.234 ≈1000011.00111011 11100111 0111。

（2）确定阶数和尾数：

1000011.00111011 11100111 0111=0.10000110 01110111 11001110 111×2^{+7}

因为该数为正数，则浮点数第 1 字节为 00000111，4 字节浮点数尾数为 3 字节，因此尾数只取前 24 位，即 10000110 01110111 11001110。

（3）67.234 的 4 字节浮点数为

00000111 10000110 01110111 11001110 B=07 86 77 CEH

1.3.3　编码

由于计算机只能处理二进制数和二进制编码，因此，任何进入计算机的信息必须转化为二进制数或二进制编码。

1. 二进制编码

数码符号不仅可以用于记数表示数值的大小,而且可以用于表示特定的对象。如在日常生活中,电话号码、邮政编码、手机号码、身份证编号、学号等就是用 0～9 这 10 个十进制数码符号的组合来表示特定的对象,可以称为十进制代码。同样,由 0 和 1 组成的二进制数码不仅可以表示数值的大小,也可以用来表示特定的信息。这种具有特定含义的二进制数码称为二进制代码。建立这种代码与它表示的对象(如十进制数、字母、特定符号、逻辑值等)的一一对应关系的过程称为编码;将代码所表示的特定信息翻译出来称为译码,分别由编码器、译码器来实现。

计算机最重要的功能是处理信息,这些信息包括数值、文字、图形、符号、图像、声音以及模拟信号等,这些信息必须经过编码,转换为计算机能够识别和处理的二进制编码,才能被计算机存储备份、传送复制、加工分析、显示输出。

二进制编码是用预先规定的方法将数值、文字、图形、符号、图像、声音以及模拟信号等编成二进制的数码,如 BCD 码、ASCII 码、GB2312 码等标准编码,还有 A/D 转换、D/A 转换数据与模拟信号之间的编码、字符显示的字型编码等。

2. 十进制数的 4 位二进制编码(BCD 码)

十进制数的 4 位二进制编码就是用 4 位二进制数来表示 0～9 这 10 个十进制符号,简称为 BCD 码(Binary-Coded Decimal,BCD)。由于 4 位二进制数从 0000 至 1111 共有 16 种组合,而十进制只有 10 个数码符号,因此有很多种 BCD 码。如 8421 码、2421 码等。常用的是 8421BCD 码。

8421BCD 码是用 4 位二进制数的前 10 种组合来表示 0～9 这 10 个十进制数。这种代码每一位的权都是固定不变的,属于恒权代码。它和 4 位二进制数一样,从高位到低位各位的权分别是 8、4、2、1,故称为 8421 码。其特点是每个代码的各位数值之和就是它所表示的十进制数。表 1.2 为十进制数与 BCD 码对照表。

表 1.2　十进制数与 BCD 码对照表

十进制数	BCD 码	十进制数	BCD 码
0	0000	5	0101
1	0001	6	0110
2	0010	7	0111
3	0011	8	1000
4	0100	9	1001

例 1.25　写出 876 的 BCD 编码。

$$[876]_{BCD} = 1000\ 0111\ 0110$$

3. ASCII 码

ASCII 码(American Standard Code for Information Interchange,ASCII)即美国标准信息交换码(见表 1.3),用一个 7 位二进制数来表示一个特定的字符,可表示 $2^7=128$ 个符号。这 128 个符号共分为两类:一类是图形字符,共 96 个;另一类是控制字符,共 32 个。96 个图形字符包括十进制数码符号 10 个、大小写英文字母 52 个和其他字符 34 个。这类字符有特定的形状,可以显示在显示器上或打印在打印纸上,其编码可以存储、传送和处理。32 个控制符包括回车符、换行符、退格符、控制符和信息分隔符等。这类字符没有特定的形状,其编码虽然可以存储、传送和起某种控制作用，但字符本身不能在显示器和打印机上输出。在表 1.3 中，上方为高 3 位 $b_6b_5b_4$，下方为低 4 位 $b_3b_2b_1b_0$，ASCII 码为 $b_6b_5b_4b_3b_2b_1b_0$，在计算机中常用一字节表示，因此，字节编码的最高位是 0。例如，0～9 的 ASCII 码为 0110000B～0111001B（30H～39H），Z 的 ASCII 码为 1011010B（5AH），a 的 ASCII 码为 1100001B（61H），CR（回车符）为 0001101B（0DH），Space（空格）为 0100000B（20H）。

表 1.3　ASCII 码表

$b_3b_2b_1b_0$　$b_6b_5b_4$	000	001	010	011	100	101	110	111
0000	NUL	DLE	Space	0	@	P	`	p
0001	SOH	DC1	!	1	A	Q	a	q
0010	STX	DC2	"	2	B	R	b	r
0011	ETX	DC3	#	3	C	S	c	s
0100	EOT	DC4	$	4	D	T	d	t
0101	ENQ	NAK	%	5	E	U	e	u
0110	ACK	SYN	&	6	F	V	f	v
0111	BEL	ETB	'	7	G	W	g	w
1000	BS	CAN	(	8	H	X	h	x
1001	HT	EM	)	9	I	Y	i	y
1010	LF	SUB	*	:	J	Z	j	z
1011	VT	ESC	+	;	K	[	k	{
1100	FF	FS	,	<	L	\	l	|
1101	CR	GS	—	=	M	]	m	}
1110	SO	RS	·	>	N	↑	n	~
1111	SI	US	/	?	O	_	o	DEL

例 1.26　写出 876 的 ASCII 码编码。

876 的 ASCII 编码为：0111000，0110111，0110110；写成字节形式：38H，37H，36H。

例 1.27　写出字符串"Chang'an"的 ASCII 码编码。

字符串的 ASCII 码编码为：43H，68H，61H，6EH，67H，27H，61H，6EH。

1.4　本章小结

计算机由运算器、控制器、存储器、输入设备和输出设备 5 部分组成。单片机是将 CPU、RAM、ROM、I/O 接口、定时器/计数器、中断系统等集成在一块芯片上的计算机。它具有集成度高、性价比高、抗干扰能力强等特点。

在计算机中，信息是以二进制的形式存储、传递和处理的。计算机常用的数制有二进制、八进制、十进制和十六进制，它们之间可以相互转换。任意进制数转换为十进制数的方法是：按权展开求和，即

$$N_R = \sum_{i=-m}^{n-1} d_i \times R^i$$

$$= d_{n-1} \times R^{n-1} + d_{n-2} \times R^{n-2} + \cdots + d_0 \times R^0 + d_{-1} \times R^{-1} + \cdots + d_{-m} \times R^{-m}$$

表示二进制时,$R=2$;表示八进制时,$R=8$;表示十六进制时,$R=16$。d_i 为 $0\sim R-1$。

十进制数转换为其他进制数时,整数部分和小数部分采用不同的方法分别转换,整数部分连续除以基数取余,先得到的余数为整数部分的最低位,直到商为 0,最后得到的是整数部分的最高位;小数部分连续地乘以基数取整,直到乘积的小数部分为 0 或满足误差要求。

3 位二进制数可表示 1 位八进制数,4 位二进制数可表示 1 位十六进制数,反之亦然。

一个数在机器中的表示形式称为机器数。在计算机中常用的机器数有原码、反码、补码 3 种形式。正数的原码、反码、补码相同;负数原码的最高位为符号位,其余位为数值位;负数的反码为保持其原码的符号位不变,数值位按位取反;负数的补码为它的反码加 1。0 的原码有两种表示形式:$+0$ 和 -0,同样,它的反码也有两种形式,但 0 的补码只有一种表示形式。

计算机只能处理二进制数和二进制编码,因此,任何进入计算机的信息必须转化为二进制数或二进制编码。常用的编码有 BCD 码和 ASCII 码。

1.5 复习思考题

一、选择题

1. 微处理器是把( )集成到一块芯片上。
   A. 运算器和存储器　　　　　　　　B. 运算器和控制器
   C. 控制器和 CPU　　　　　　　　　D. 控制器和存储器

2. 计算机存储器的一段存储区域如图 1.10 所示。下面哪种叙述是不正确的?( )
   A. 地址为 2006H 单元的内容为 A0H
   B. 这个存储区域共有 8 个单元,地址范围是:2000H～2007H
   C. 地址为 28H 的单元存放 2002H
   D. 单元地址由 16 位二进制数来编码,每个单元可以存一个 8 位二进制数

2007H	DE
2006H	A0
2005H	BB
2004H	4E
2003H	8A
2002H	28
2001H	5F
2000H	88

图 1.10　一段存储区域

3. 下面对 CPU 工作的说法不正确的是( )。
   A. CPU 接通电源后,将自动地从存储器中取出要执行的程序代码并执行
   B. CPU 执行完一段程序后会停止工作
   C. 计算机上电后,CPU 自动执行程序,除非断电,CPU 不会停止工作
   D. 如果进行数据运算,CPU 将从存储器中提取运算所需的数据,再进行运算操作,并把运算结果存储到指定的存储区域

4. 下面关于微控制器的叙述正确的是( )。
   A. 把中央处理器、随机存取存储器、只读存储器和输入输出接口等集成在一块芯片上的微型计算机
   B. 微控制器就是 CPU
   C. 微控制器和单片机不是一回事
   D. 微控制器就是进行微动控制的控制电路

5. 1971 年,Intel 公司推出的第一块单芯片的微处理器是( )。
   A. Intel 8008　　　　B. Intel 4004　　　　C. TMS 1000　　　　D. Intel 8048

6. 1974 年,首款面世的微控制器是(　　　)。

    A. Intel 8048　　　　　B. μPD7710　　　　C. Intel 4004　　　　D. TMS 1000

7. 十进制数转换为二进制数时,转换方法正确的是(　　　)。

    A. 连续地除以 2 取余,先得到的余数为最低位,直到商为 0,最后得到的是最高位

    B. 连续地乘以 2 取整,先得到的整数部分为最高位,后得到的是低位

    C. 连续除以 2 取余,先得到的余数为最高位,直到商为 0,最后得到的是最低位

    D. 对整数部分,采用 A,对小数部分采用 B,然后把 2 部分结果组合在一起

    E. 对整数部分,采用 B,对小数部分采用 C,然后把 2 部分结果组合在一起

8. 二进制数转换为八进制数时,转换方法正确的是(　　　)。

    A. 从最低位开始以 3 位为一组分组,不足 3 位的前面补 0

    B. 从最高位开始以 3 位为一组分组,不足 3 位的后面补 0

    C. 对整数部分采用 A,对小数部分采用 B,然后每组以其对应的八进制数代替

    D. 连续地除以 8 取余,先得到的余数为最低位

9. 十六进制数转为二进制数时,正确的方法是(　　　)。

    A. 将每位数写成 3 位二进制数,再按原来的顺序排列起来即可

    B. 将每位数写成 4 位二进制数,再按原来的顺序排列起来即可

    C. 连续地除以 2 取余,先得到的余数为最低位,直到商为 0,最后得到的是最高位

    D. 连续地乘以 2 取整,先得到的整数部分为最高位,后得到的是低位

10. 在计算机中,两字节数据的符号位是(　　　)。

    A. 每字节的最高位　　　　　　　　　B. 16 位数据的最高位

    C. 符号位无法表示　　　　　　　　　D. 存储在另外一个单元中

二、思考题

1. 简述微型计算机的组成和工作原理。

2. 简述单片机在结构上与微型计算机的区别与联系。

3. 单片机与微处理器有什么不同?

4. 把下列十进制数转换为二进制数、八进制和十六进制数。

  (1) 32 768　　　　　(2) 23.156　　　　　　(3) −56.8125　　　　　(4) 59

5. 把下列二进制数转换为十进制数、十六进制数。

  (1) 10001010111　　(2) 10110.11101

6. 求下列数据的原码、反码、补码(以 8 位表示)。

  (1) 73　　　　　　　(2) 23　　　　　　　　(3) −1　　　　　　　　(4) −109

7. 求下列数据的原码、反码、补码(以 16 位表示)。

  (1) −12 137　　　　(2) 0　　　　　　　　(3) −1　　　　　　　　(4) 23 679

8. 把下列十进制数转换为二进制、十六进制数,并把它们用 BCD 码表示。

  (1) 128　　　　　　　(2) 7891　　　　　　(3) 819　　　　　　　(4) 21

9. 写出下列数据的定点小数和浮点数,定点小数的小数部分为 1 字节,浮点数为 3 字节浮点数格式。

  (1) −76.25　　　　　(2) 3789　　　　　　(3) −32 767　　　　　(4) 1.109375

10. 请把下列字符串用 ASCII 码表示。

  (1) WWW. CCTV. COM　　　　　　(2) Wo123_Password：0

第2章 MCS-51单片机结构及原理

CHAPTER 2

MCS-51 单片机是 Intel 公司于 1980 年推出的高性能 8 位单片机，典型产品有 3 种：8031、8051 和 8751。此后，Intel 公司开放了 8051 CPU 内核技术，Philips、Atmel、Siemens、Winbond、Silicon Labs、宏晶科技等公司在 8051 内核基础上推出了与 8051 兼容的单片机，人们习惯称它们为 80C51 或 8051 系列单片机（8051 Family of Microcontroller）。本章以 8051 为对象，介绍 MCS-51 单片机的结构和工作原理。

2.1 MCS-51 单片机的组成与结构

2.1.1 MCS-51 单片机的基本组成

MCS-51 系列单片机的硬件结构基本相同，主要区别在于芯片上 ROM 的形式和配置。8031 芯片上不含 ROM，8051 芯片上含有 4KB ROM，8751 芯片上含有 4KB EPROM。8051 单片机是 MCS-51 系列单片机的早期产品之一，也是其他 8051 系列单片机的核心。8051 单片机的基本结构如图 2.1 所示，其特点如下。

（1）1 个 8 位的 CPU。

（2）1 个片内时钟振荡器(on-chip Clock Oscillator)。

（3）4KB 的片内程序存储器(on-chip Program Memory)。

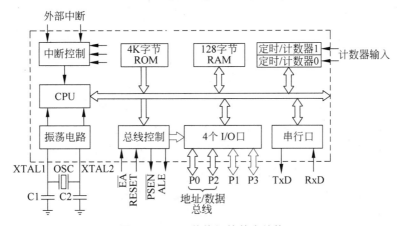

图 2.1 8051 单片机的基本结构

（4）128B 的片内数据存储器（on-chip Data RAM）。

（5）4 个并行 I/O 口，具有 32 个双向的、可独立操作的 I/O 线。

（6）2 个 16 位的定时器/计数器（Timer/Counter）。

（7）1 个全双工的串行口（Full Duplex UART）。

（8）5 个中断源（Interrupt），可设置成 2 个优先级（Priority Levels）。

（9）21 个特殊功能寄存器（Special Function Register，SFR）。

（10）具有很强的布尔处理（Boolean Processing）能力。

以上这些资源通过芯片内部的单一总线有机地结合在一起。

2.1.2　MCS-51 单片机的引脚与功能

MCS-51 系列单片机有多种封装形式，图 2.2（a）为双列直插式（Dual In-line Package，DIP）封装形式，共有 40 只引脚。MCS-51 单片机的逻辑符号可用图 2.2（b）表示。

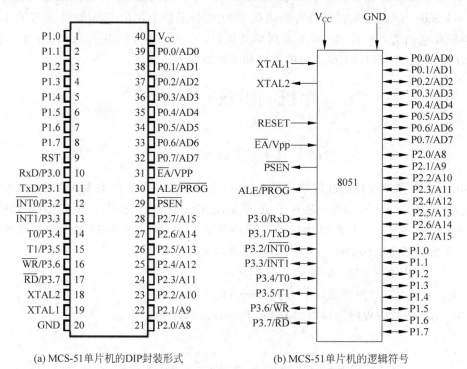

(a) MCS-51单片机的DIP封装形式　　　　　(b) MCS-51单片机的逻辑符号

图 2.2　MCS-51 单片机的封装形式和逻辑符号

MCS-51 系列单片机的 40 只引脚按照功能可分为以下 4 类。

（1）电源引脚：V_{CC}，GND。

（2）晶体振荡器信号输入和输出口引脚：XTAL1，XTAL2。

（3）输入输出引脚：P0.0～P0.7，P1.0～P1.7，P2.0～P2.7，P3.0～P3.7。

（4）控制信号引脚：$\overline{PSEN}$，$\overline{EA}$，ALE，RESET。

下面以 DIP 封装为例，分别介绍各个引脚的定义和功能。

1. 电源引脚

电源引脚提供芯片的工作电源，MCS-51 系列单片机采用单一的直流 5V 电源供电。

(1) V_{CC}(引脚 40)——+5V。

(2) GND(引脚 20)——地。

2. 晶体振荡器信号输入和输出引脚

晶体振荡器信号输入和输出引脚外接振荡器或时钟源,为单片机提供时钟信号。

(1) XTAL1(引脚 19)——振荡器信号输入。

(2) XTAL2(引脚 18)——振荡器信号输出。

3. I/O 口引脚

MCS-51 系列单片机共有 4 个 8 位 I/O 口,称为 P0、P1、P2、P3,共 32 只引脚。

(1) P0 口(引脚 39～32): P0.0～P0.7,8 位双向的三态 I/O 口,单片机有外部存储器或 I/O 口扩展时,作为低 8 位地址线和数据总线(AD0～AD7)使用,可以驱动 8 个 TTL(Transistor-Transistor Logical)负载。

(2) P1 口(引脚 1～8): P1.0～P1.7,8 位准双向 I/O 口,可以驱动 4 个 TTL 负载。

(3) P2 口(引脚 21～28): P2.0～P2.7,8 位准双向 I/O 口。单片机有外部存储器或 I/O 口扩展时,作为高 8 位地址线(A8～A15)使用,可以驱动 4 个 TTL 负载。

(4) P3 口(引脚 10～17): P3.0～P3.7,8 位准双向 I/O 口。P3 口的各个引脚具有第二功能(Alternate Function),定义如下。

① P3.0,P3.1 为用户提供了一个全双工的串行口。

• P3.0——RxD,串行数据的输入端,即接收端。

• P3.1——TxD,串行数据的输出端,即发送端。

② P3.2,P3.3 被定义为外部中断请求信号的输入端。

• P3.2——$\overline{INT0}$,外部中断 0 的中断请求信号输入端,低电平或下跳沿有效。

• P3.3——$\overline{INT1}$,外部中断 1 的中断请求信号输入端,低电平或下跳沿有效。

③ P3.4,P3.5 被定义为定时器/计数器的外部计数信号的输入端。

• P3.4——定时器/计数器 T0 的外部计数信号的输入端。

• P3.5——定时器/计数器 T1 的外部计数信号的输入端。

④ 当单片机扩展外部数据存储器和外部 I/O 口时,P3.6,P3.7 作为单片机 CPU 读写外部数据存储器和外部 I/O 口的控制信号。

• P3.6——$\overline{WR}$,外部数据存储器和外部 I/O 口的写控制信号,输出,低电平有效。

• P3.7——$\overline{RD}$,外部数据存储器和外部 I/O 口的读控制信号,输出,低电平有效。

4. 控制信号引脚

ALE(引脚 30)——地址锁存控制信号(Address Latch Enable,ALE),输出。ALE 用于锁存地址总线的低 8 位。该信号频率为振荡器频率的 1/6,可作为外部定时或时钟使用。

$\overline{PSEN}$(引脚 29)——外部程序存储器读选通信号(Program Store Enable,PSEN),输出。$\overline{PSEN}$ 为低电平时,CPU 从外部程序存储器的单元读取指令。

$\overline{EA}$(引脚 31)——内、外程序存储器选择控制端(External Access Enable,EA),输入。当 $\overline{EA}$ 接地($\overline{EA}$=0)时,CPU 对程序存储器的操作仅限于单片机外部。当 $\overline{EA}$ 接高电平($\overline{EA}$=1)时,CPU 对程序存储器的操作从单片机内部开始,并可延伸到单片机的外部。

RESET(引脚 9)——复位信号。在 RESET 引脚上保持两个机器周期以上的高电平,单片机复位。

　　另外，对单片机芯片含有程序存储器的产品，引脚 30 和引脚 31 为片内程序存储器的写入编程提供了所需的信号：

- ALE/$\overline{PROG}$ 还可作为片内程序存储器的编程脉冲输入信号。
- $\overline{EA}$/V_{PP} 可作为编程电压引入端，在单片机内部程序存储器写入编程期间，通过该引脚引入编程电压。
- RESET/VPD 可作为备用电源引入端，当电源电压下降到某个给定下限时，备用电源由该引脚向芯片内部的数据存储器供电，以保证内部数据存储器的内容不丢失。

　　需要指出的是，上述引脚在一些兼容芯片上已定义为 I/O 口引脚。

2.1.3　MCS-51 单片机的内部结构

MCS-51 单片机的内部结构如图 2.3 所示。

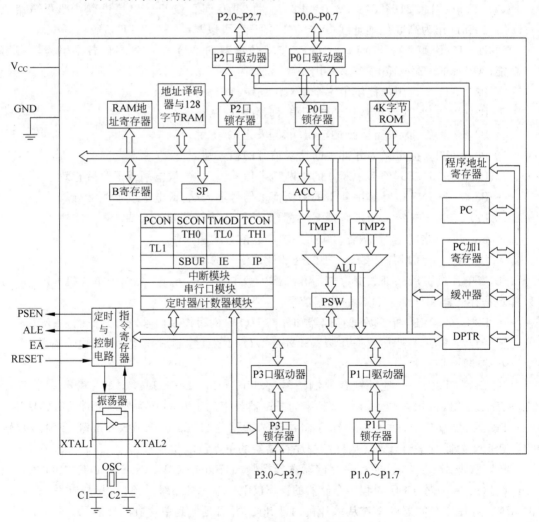

图 2.3　MCS-51 单片机的内部结构

MCS-51 单片机的各部分功能简述如下。

1. 中央处理器(CPU)

CPU 由运算器和控制器组成,它是单片机的核心,完成运算和控制操作。CPU 通过内部总线把组成单片机的各部件连接在一起,控制它们有条不紊地工作。总线是单片机内部的信息通道,单片机系统的地址信号、控制信号和数据信号都是通过总线传送的。

1) 运算器

MCS-51 单片机的运算器为 8 位,由算术逻辑部件(Arithmetic and Logical Unit, ALU)、算术累加器(Accumulator,A 或 ACC)、寄存器 B、程序状态字(Program Status Word,PSW)寄存器、暂存器 TMP1、暂存器 TMP2 等组成。它的功能是进行移位、算术运算和逻辑运算。另外,单片机的运算器还包含一个布尔(位)处理器,用来处理位操作。

MCS-51 单片机的 ALU 为 8 位,可实现两个 8 位二进制数的算术、逻辑等运算,以及累加器 A 的清零、取反、移位等操作;ALU 还具有位处理功能,它可以对位(bit)变量进行清零、置位、取反、位状态测试转移和位逻辑与、位逻辑或等操作。

TMP1 和 TMP2 为 8 位暂存寄存器用来存放参与运算的操作数。

累加器 A 是一个 8 位寄存器,用来暂存操作数及保存运算结果。在 MCS-51 单片机中,算术、逻辑和移位运算等都离不开累加器 A;另外,CPU 中的数据传送大多通过累加器 A 实现,它是单片机中最繁忙的寄存器,也是单片机的一个"瓶颈"。累加器 A 也可写成 ACC。

寄存器 B 是一个 8 位寄存器,协助累加器 A 实现乘、除法运算,也称为辅助寄存器。其他情况下,B 可作为一个寄存器使用。

程序状态字(PSW)寄存器(8 位)用来存放累加器 A 在运算过程中标志位的状态,这些标志包括:奇偶标志 P,溢出标志 OV,半进位标志 AC,进位标志 Cy。另外,PSW 中的两位 RS0、RS1 用来指定 CPU 所使用的当前工作寄存器组。

MCS-51 单片机还有一个布尔处理器用来实现各种位逻辑运算和传送,并为此专门提供了一个位寻址空间。布尔处理(即位处理)是 MCS-51 单片机 ALU 所具有的一种功能。指令系统中的布尔指令集、存储器中的位地址空间以及位操作"累加器"构成了单片机内的布尔处理机。

2) 控制器

控制器由定时与控制电路、复位电路、程序计数器(Program Counter,PC)、指令寄存器、指令译码器、数据指针(Data Pointer,DPTR)、堆栈指针(Stack Pointer,SP)等组成,用来产生单片机所需的时序,控制程序自动地执行。

MCS-51 单片机的程序计数器(PC)是一个 16 位的寄存器,用来存放下一条即将执行指令的地址。CPU 每取一次机器码,PC 的内容自动加 1,CPU 执行一条指令,PC 的内容自动增加该指令的长度(指令的字节数)。CPU 复位后,PC 的内容为 0000H,它意味着程序从头开始执行。PC 的内容变化决定程序的流向,PC 的位数决定了单片机 CPU 对程序存储器的寻址范围,PC 是一个 16 位的寄存器,因此可以对 64K(2^{16}=65 536)字节的程序存储器空间进行寻址,它的位数决定了单片机程序存储器的最大容量。另外,程序计数器 PC 由 CPU 直接操作,用户编程时无权用指令对 PC 的内容进行设定。

MCS-51 单片机的指令寄存器是一个 8 位寄存器,用来存放将要执行的指令代码,指令代码由指令译码器输出,并通过指令译码器把指令代码转化为电信号——控制信号,如

ALE、$\overline{\text{PSEN}}$ 等。

数据指针（DPTR）是一个 16 位寄存器，用于访问外部 RAM 或外部 I/O 口，为其提供 16 位地址。也用于查表指令和程序散转指令的基地址寄存器，提供 16 位基地址。

堆栈指针（SP）寄存器为一个 8 位寄存器，用于管理堆栈，指出栈顶位置。MCS-51 单片机复位后，它的内容为 07H。

用单片机解决某个问题时，首先必须根据这个问题的解决步骤编写程序，程序中的指令序列告诉了 CPU 应执行哪种操作，在什么地方找到操作的数据。一旦把程序装入单片机的程序存储器，单片机上电工作后，CPU 就可以按照程序事先给定的顺序逐条读取指令序列，并自动地完成取指令和执行指令的任务。其过程如下。

（1）取指令：CPU 根据 PC 内容所指的单元地址，从程序存储器中的某个单元中取一字节的指令代码，并将它送入指令寄存器中，同时，PC 的内容自动加 1，指出存储下一字节指令代码的单元地址。

（2）分析指令：即解释指令或指令译码。分析指令时，CPU 对指令寄存器中的指令代码进行译码分析，指出要求 CPU 做什么，并按一定的时序产生相应的操作命令、控制信号、读取所需的操作数。

（3）执行指令：对操作数进行相应的运算操作，并将运算结果存放到指定的单元（或 I/O 口），同时，在运算过程中自动设置有关标志位（如进位标志、溢出标志）的状态。

一条指令执行结束，再取下一条指令分析执行，如此循环。在 CPU 执行指令时，会根据指令的功能自动产生控制信号，如从单片机外部程序存储器取指令时，产生片外程序存储器选通控制信号 $\overline{\text{PSEN}}$、地址锁存信号 ALE；访问外部数据存储器和外部 I/O 口时，产生相应的读写控制信号 $\overline{\text{RD}}$ 和 $\overline{\text{WR}}$。

单片机读取指令、分析指令和执行指令的过程中，这一系列操作都需要精确地定时，因此，需要有专用的时钟电路，以保证各种操作按一定的节拍、一定的时序工作。单片机的定时与控制电路就是用来产生 CPU 工作所需的时钟控制信号的。

单片机芯片内部有一个用于构成振荡器的高增益反相放大器（见图 2.3），引脚 XTAL1 和 XTAL2 分别为该放大器的输入端和输出端。片内放大器和外部振荡源一起构成一个自激振荡器，再与单片机内部的时钟发生器一起构成了 MCS-51 系列单片机的时钟电路。有关时钟电路设计及其相关知识，将在 2.4 节详细论述。

2. 存储器（on-chip Memory）

1）内部程序存储器（on-chip Program Memory）

以 8051 单片机为例，MCS-51 系列单片机的内部程序存储器由程序地址寄存器、地址译码器以及 4K（4096）个单元的 ROM 构成，用于存放程序的机器代码和常数。每个单元为 8 位，存储器为只读存储器（Read Only Memory，ROM）类型，通常简称为"内部 ROM"。当 $\overline{\text{EA}}=1$ 时，CPU 可以从内部 ROM 中取指令，当 $\overline{\text{EA}}=0$ 时，内部 ROM 无效。

2）内部数据存储器（on-chip Data RAM）

单片机的内部数据存储器由 RAM 地址寄存器、地址译码器以及 128 个单元的 RAM 构成，用于存放可读写的数据。每个单元为 8 位，可存放 1 字节的二进制数据。通常，简称为"内部 RAM"。内部 RAM 中还提供了一个 128 位的位寻址空间。

3）特殊功能寄存器（Special Function Register，SFR）

MCS-51 系列单片机有 21 个可以寻址的特殊功能寄存器，包括单片机内的 I/O 口、串行口、定时器/计数器、中断系统等相关的数据寄存器（或缓冲器）以及控制寄存器和状态寄存器，用于存放相应功能部件的控制命令、状态和数据。

3. 并行口（Parallel Port）

MCS-51 系列单片机有 4 个并行的 I/O 口：P0、P1、P2、P3，每个并行口有 8 根口线，每根口线都可以独立地用作输入或输出。并行口由锁存器和驱动器构成。在功能上，除了可以作为基本的 I/O 功能之外，P3 口的第二功能还提供了串行口、外部中断、外部计数等功能以及访问外部数据存储器和外部 I/O 口的控制信号；在扩展时，P2 口提供地址总线（Address Bus，AB）的高 8 位地址，P0 则提供地址总线的低 8 位地址和数据总线（Data Bus，AB）。

4. 串行口（Serial Port）

MCS-51 系列单片机有 1 个全双工的串行口，用于串行通信。串行口由发送缓冲器 SBUF、接收缓冲器 SBUF、移位寄存器和串行口控制逻辑等部分组成。

5. 定时器/计数器（Timer/Counter）

MCS-51 系列单片机有两个 16 位的定时器/计数器 T0 和 T1，T0 由 TH0 和 TL0 构成，T1 由 TH1 和 TL1 构成，定时器/计数器方式寄存器 TMOD 选择定时器/计数器的工作模式和方式，定时器/计数器控制寄存器 TCON 控制 T0 和 T1 的启动和停止，同时反映 T0 和 T1 的溢出状态。

6. 中断系统（Interrupt System）

MCS-51 系列单片机有 5 个中断源，分别为 2 个外部中断、2 个定时器/计数器溢出中断、1 个串行口接收/发送中断，提供 2 个中断优先级。对中断的控制主要依靠中断优先级寄存器 IP、中断控制寄存器 IE 和锁存中断标志的特殊功能寄存器 TCON 和 SCON 实现。

7. 总线（Bus）

不同于微型计算机的地址、数据、控制三总线结构，MCS-51 系列单片机内部采用单一的 8 位总线，单一总线承载着地址、数据、控制信息，它把芯片上所有资源与 CPU 连接，使它们在 CPU 的管理下形成有机的整体。

2.2　MCS-51 单片机的存储器

MCS-51 单片机的程序存储器和数据存储器分开设置，地址空间相互独立，它是 MCS-51 单片机构造上的一个显著特点。MCS-51 单片机的存储器地址空间可分为以下 5 类：

（1）程序存储器，最大空间 64KB；

（2）片内数据存储器，128 个单元；

（3）特殊功能寄存器，共 21 个；

（4）位寻址空间，210 位；

（5）外部数据存储器，最大空间 64KB。

这些资源与单片机应用的关系密切，下面介绍上述 5 类存储空间的功能。

2.2.1 程序存储器

程序存储器用来存放程序和常数，最大寻址空间为 64K 个单元，每个单元为 8 位。MCS-51 系列产品按程序存储器配置类型分为以下 3 类。

- 8051 芯片含有 4K 个单元的 ROM。
- 8751 芯片含有 4K 个单元的 EPROM(Erasable Programmable ROM)。
- 8031 中无程序存储器，需要扩展程序存储器。

在实际应用中，用户既可以使用芯片内部的程序存储器，也可以使用芯片外部的程序存储器，但最大空间为 64KB，程序存储器的地址空间构成与 $\overline{EA}$ 引脚的接法有关。

(1) 对于芯片内部含有程序存储器的单片机 8051/8751，当 $\overline{EA}$ 接高电平($\overline{EA}=1$)时，8051/8751 的程序存储器空间由片内和片外两部分组成，内部程序存储器的 4K 个单元占用地址为 0000H～0FFFH，外部可扩展 60K，地址范围为 1000H～FFFFH。单片机复位时，PC 的内容为 0000H。CPU 从片内程序存储器中取指令时，$\overline{PSEN}$ 为高电平。当 PC 的内容大于 0FFFH，在 $\overline{PSEN}$ 为低电平时，CPU 自动从片外程序存储器中取指令。此时，外部程序存储器单元的地址从 P2 和 P0 口输出，P2 口输出 PC 的高 8 位，P0 口输出 PC 的低 8 位，$\overline{PSEN}$ 为低电平时，对应单元的内容(即指令代码)从 P0 口进入单片机。$\overline{EA}=1$ 时的单片机 8051/8751 的程序存储器结构如图 2.4 所示。

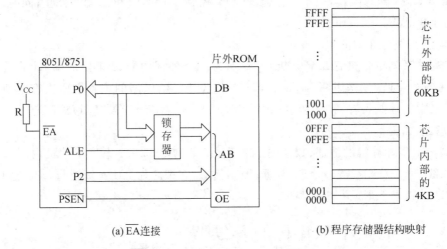

(a) $\overline{EA}$ 连接　　　　　　　　　(b) 程序存储器结构映射

图 2.4　$\overline{EA}=1$ 时的单片机 8051/8751 程序存储器结构

$\overline{EA}$ 接低电平($\overline{EA}=0$)时，8051/8751 的片内程序存储器被忽略(失效)，8051/8751 的程序存储器空间全部由片外程序存储器组成，最大空间为 64K，地址范围为 0000H～FFFFH。单片机复位时，PC 的内容为 0000H，CPU 指向外部程序存储器。CPU 从片外程序存储器某一单元取指令时，PC 的高、低 8 位分别从 P2 和 P0 口输出，$\overline{PSEN}$ 为低电平时，对应单元的指令代码从 P0 口进入单片机。$\overline{EA}=0$ 时的单片机 8051/8751 程序存储器结构如图 2.5 所示。

(2) 对于芯片内部无程序存储器的 8031，应用时必须扩展程序存储器，因此，$\overline{EA}$ 引脚必须接地(接低电平)，它的 64K 程序存储器全部为外部的，地址范围为 0000H～FFFFH，

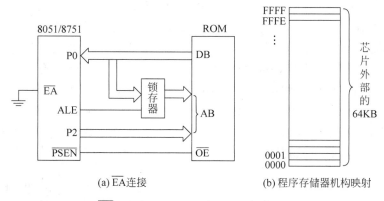

(a) $\overline{EA}$ 连接   (b) 程序存储器机构映射

图 2.5 $\overline{EA}=0$ 时的单片机 8051/8751 程序存储器结构

8031 $\overline{EA}$ 连接方法和程序存储器结构与图 2.5 相同。

    显然,只要 $\overline{EA}$ 接地,不论什么芯片,其功能降格为 8031,芯片内部程序存储器将会失效,程序存储器空间全部由外部程序存储器提供。另外,程序存储器是由 PC 管理的,PC 的位数决定了单片机程序存储器的容量,$2^{16}=64K$,程序存储器最大容量为 64KB。在实际应用中,即使程序存储器的容量小于 64KB,其单元地址依然是 16 位。单片机复位后,PC 的内容为 0000H。

    在 MCS-51 单片机的程序存储器中,有 5 个特殊的单元地址被定义为中断入口地址,分别为:外部中断 $\overline{INT0}$ 入口地址 0003H、外部中断 $\overline{INT1}$ 入口地址 0013H、定时器/计数器 T0 溢出中断入口地址 000BH、T1 溢出中断入口地址 001BH 和串行口中断入口地址 0023H,地址映射如图 2.6 所示。当 CPU 响应中断时,会自动跳转到相应的中断入口地址执行中断处理程序,因此,中断处理程序入口必须定位在上述给定的地址。如果没有使用中断,这些单元可以作为普通的程序存储器单元使用。

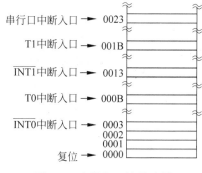

图 2.6   中断入口地址映射

2.2.2   片内数据存储器

    MCS-51 系列单片机的片内数据存储器由 128 个单元构成,单元地址采用 8 位为二进制编码,地址范围为 00H～7FH,通常称它为内部 RAM,用来存储中间结果或作为数据缓冲区和堆栈区使用。

    按照功能,片内 RAM 可以分为以下 3 个区域。

- 00H～1FH:32 个单元为工作寄存器区。
- 20H～2FH:16 个单元为位寻址区。
- 30H～7FH:80 个单元为数据缓冲区。

片内 RAM 分区示意图见图 2.7。

1. 工作寄存器区(Register Bank)(00H～1FH)

工作寄存器区也称为通用寄存器区。工作寄存器区包含 4 个工作寄存器组:BANK0,

BANK1，BANK2，BANK3，如图 2.8 所示，每个工作寄存器组包含 8 个单元，每个单元被定义为一个工作寄存器。这样，每个工作寄存器组包含 8 个寄存器：R0，R1，R2，R3，R4，R5，R6，R7。工作寄存器组的工作寄存器 R0～R7 与内部 RAM 单元的对应关系见表 2.1。

虽然有 4 个工作寄存器组，但在当前时刻 CPU 只能使用 4 个工作寄存器组中的一个作为当前寄存器组，它由 PSW 的第 3 位（PSW.3，Register bank Select bit0，RS0）和第 4 位（PSW.4，Register bank Select bit1，RS1）指出（见表 2.1）。可对这两位编程来设定 CPU 的当前工作寄存器组。用软件修改 RS0 和 RS1 的状态就可任选一个工作寄存器组，这使 MCS-51 单片机具有快速现场保护功能，有利于提高程序效率和响应中断速度。

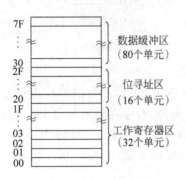

图 2.7 片内 RAM 分区示意图

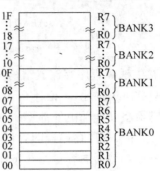

图 2.8 工作寄存器区分组

表 2.1 工作寄存器组的工作寄存器 R0～R7 与内部 RAM 单元的对应关系

PSW.4 (RS1)	PSW.3 (RS0)	寄存器区	R0	R1	R2	R3	R4	R5	R6	R7
0	0	BANK0	00H	01H	02H	03H	04H	05H	06H	07H
0	1	BANK1	08H	09H	0AH	0BH	0CH	0DH	0EH	0FH
1	0	BANK2	10H	11H	12H	13H	14H	15H	16H	17H
1	1	BANK3	18H	19H	1AH	1BH	1CH	1DH	1EH	1FH

如果程序中并没有全部使用 4 个工作寄存器组，那么剩余的工作寄存器组所对应的单元也可以作为一般的数据缓冲区使用。实际上，CPU 以工作寄存器方式访问当前寄存器组中的一个单元与采用地址方式访问该单元的结果是相同的，不同的是采用寄存器方式访问时的指令代码较少，可以有效地利用程序存储器空间。

单片机复位后，由于 PSW 被清零，则 RS1＝0，RS0＝0，CPU 默认 BANK0 为当前工作寄存器组，此时寄存器 R0～R7 对应 00H～07H 单元。

2. 位寻址区（Bit Addressable Area）（20H～2FH）

在内部 RAM 中，20H～2FH 这 16 个单元为位寻址区，共 16×8＝128 位。这些单元不仅有一个单元地址，而且单元中的每一位都有一个自己的位地址，CPU 可以对每一位按位地址直接操作。例如，在图 2.9 中，24H 为单元地址，其内容为 D7D6D5D4D3D2D1D0（D_i＝0，1，i＝0～7）；每一位的位地址分别为 27H，26H，…，20H，对应状态分别是 D7，D6，…，D0。

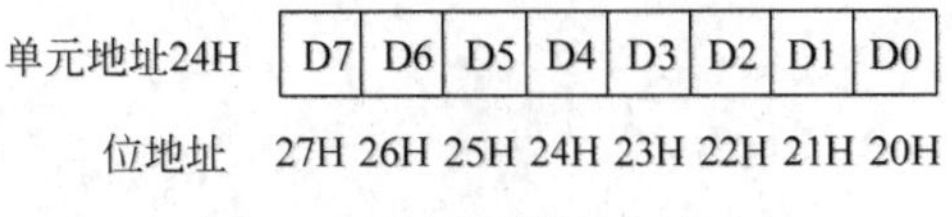

单元地址24H

D7	D6	D5	D4	D3	D2	D1	D0

位地址　27H 26H 25H 24H 23H 22H 21H 20H

图 2.9 单元地址和位地址

为了表示方便，通常用单元地址和可寻址

位在该单元的相对位置来表示位地址,如 24H.6,它与位地址 26H 是等价的。

在内部 RAM 中,位寻址区的位地址范围为 00H～7FH。表 2.2 为位地址与单元的数位对应关系。其中 D0 为某个单元的最低位,D7 为最高位。

表 2.2　位地址与单元的数位对应关系

单元地址	位							
	D7	D6	D5	D4	D3	D2	D1	D0
2F	7F	7E	7D	7C	7B	7A	79	78
2E	77	76	75	74	73	72	71	70
2D	6F	6E	6D	6C	6B	6A	69	68
2C	67	66	65	64	63	62	61	60
2B	5F	5E	5D	5C	5B	5A	59	58
2A	57	56	55	54	53	52	51	50
29	4F	4E	4D	4C	4B	4A	49	48
28	47	46	45	44	43	42	41	40
27	3F	3E	3D	3C	3B	3A	39	38
26	37	36	35	34	33	32	31	30
25	2F	2E	2D	2C	2B	2A	29	28
24	27	26	25	24	23	22	21	20
23	1F	1E	1D	1C	1B	1A	19	18
22	17	16	15	14	13	12	11	10
21	0F	0E	0D	0C	0B	0A	09	08
20	07	06	05	04	03	02	01	00

通常可以把各种程序状态标志、位控制变量存储在位寻址区内。在使用位寻址区时,应注意以下几方面。

(1) 在内部 RAM 中只有 20H～2FH 单元的位能进行位操作。

(2) 位寻址区的 16 个单元也可以按单元访问,当这些单元的 128 位未完全使用时,其剩余单元也可作为数据缓冲区单元使用。

3. 数据缓冲区(Data Buffer Area)(30H～7FH)

数据缓冲区作为数据缓冲、数据暂存、堆栈区使用;这些单元只能按单元访问。

堆栈是为了保护 CPU 执行程序的现场(如子程序调用、中断调用等)而在存储器中开辟出的一个"先进后出"(或后进先出)的区域。

对堆栈的操作有两种:入栈和出栈;操作规则:先进后出;堆栈由堆栈指针(SP)管理,它始终指向栈顶位置(见图 2.10)。

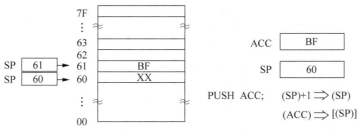

图 2.10　堆栈及入栈过程

单片机复位后,SP 的内容为 07H,这意味着堆栈区从 08H 单元开始。在理论上,内部 RAM 的区域都可以作为堆栈区。但是,在 MCS-51 单片机中,数据入栈时堆栈是向上生长的,堆栈指针(SP)内容先加 1,然后再将数据送入 SP 内容指定的单元。例如在某时刻,SP 内容为 60H,表示为(SP)＝60H,累加器 ACC 的内容为 0BFH,把 ACC 内容入栈的过程如图 2.10 所示(图中 XX 表示随机数)。为了避免堆栈向上生成时覆盖所存储的有效数据和标志,一般情况下,在使用时必须修改堆栈指针(SP)的内容,把堆栈区设在 30H 单元之后的区域。

开辟堆栈的操作就是为 SP 内容指定一个给定的单元地址,通常采用数据传送指令,一般放置在程序开头的初始化部分。程序设计时,栈区最好设在内部 RAM 的末端,如"MOV SP,♯60H",此时栈区为 61～7FH。

2.2.3 特殊功能寄存器

MCS-51 单片机内部有 21 个特殊功能寄存器(Special Function Register,SFR),专用于控制、管理片内算术逻辑部件、并行 I/O 口、串行 I/O 口、定时器/计数器、中断系统等功能模块的工作。每一个 SFR 对应一个单元,单元的地址称为该 SFR 的地址,共有 21 个单元地址,它们与内部 RAM 统一编址,离散地分布在范围为 80H～FFH 的地址空间上。因此,80H～FFH 这个区间也叫作特殊功能寄存器区。这些 SFR 虽然占用了 128 单元的地址空间,但有效地址只有 21 个,其余单元为保留单元,是 Intel 公司为产品功能提升预留的空间。对于这些未定义的单元,用户使用是无效的,如果读取这些单元内容,会得到一个不确定的随机数,如果写入数据,会造成数据丢失。虽然 SFR 既有名称,又有地址,但是,CPU 访问这些 SFR 只能采用直接寻址方式,即按单元地址访问的模式。编程时,在指令中对这些 SFR 使用名称和地址的结果是一样的。SFR 地址映射表见表 2.3。需要指出的是 16 位数据指针 DPTR 是由两个独立的 8 位寄存器 DPH 和 DPL 构成的。

21 个 SFR 按功能可以归纳如下。

- 与 CPU 有关的——ACC,B,PSW,SP,DPTR(DPH,DPL)。
- 与并行 I/O 口有关的——P0,P1,P2,P3。
- 与串行口有关的——SCON,SBUF,PCON。
- 与定时器/计数器有关的——TCON,TMOD,TH0,TL0,TH1,TL1。
- 与中断系统有关的——IP,IE。

表 2.3 特殊功能寄存器地址映射表

序　号	名　　称	功　　能	对应的单元地址
1	ACC	累加器	0E0H
2	B	B 寄存器	0F0H
3	PSW	程序状态字寄存器	0D0H
4	SP	堆栈指针寄存器	81H
5	DPH	数据指针高 8 位寄存器	83H
6	DPL	数据指针低 8 位寄存器	82H
7	P0	P0 口	80H
8	P1	P1 口	90H

续表

序　号	名　　称	功　　能	对应的单元地址
9	P2	P2 口	0A0H
10	P3	P3 口	0B0H
11	IP	中断优先级寄存器	0B8H
12	IE	中断控制寄存器	0A8H
13	TMOD	定时器/计数器方式寄存器	89H
14	TCON	定时器/计数器控制寄存器	88H
15	TH0	定时器/计数器 T0 高 8 位寄存器	8DH
16	TL0	定时器/计数器 T0 低 8 位寄存器	8CH
17	TH1	定时器/计数器 T1 高 8 位寄存器	8BH
18	TL1	定时器/计数器 T1 低 8 位寄存器	8AH
19	SCON	串行口控制寄存器	98H
20	SBUF	串行口数据缓冲寄存器	99H
21	PCON	电源控制寄存器	87H

另外，21 个 SFR 中，单元地址末位为 0 和 8 的(即单元地址能被 8 整除)SFR 具有位寻址功能，共有 11 个，这些寄存器的每一位都有一个位地址，位地址映射表见表 2.4。在表 2.4 的"位地址映射"栏中，8 个方框表示寄存器的 8 位，右端为最低位，方框的上方为该位的位地址，方框中的代号为 8051 单片机定义的专用标志或标识，"—"表示未定义的保留位，空方框为表示其为通用位，用户可以随意地定义和使用。由这些 SFR 组成的位地址空间为 80～FFH。从表 2.4 可以看到一个显著的特征：一个具有位寻址功能的 SFR，它的位地址是以对应的单元地址为起始位地址而编排的。另外，在由 SFR 构成的位寻址区中，某些 SFR 的位没有定义(标识为"—")，用户是不能使用的，因此，这个位寻址区地址是不连续的。

表 2.4　SFR 的位地址映射表

序号	SFR	SFR 地址	位地址映射							
1	B	F0	F7	F6	F5	F4	F3	F2	F1	F0
2	ACC	E0	E7	E6	E5	E4	E3	E2	E1	E0
3	PSW	D0	D7	D6	D5	D4	D3	D2	D1	D0
			Cy	AC	F0	RS1	RS0	OV	—	P
4	IP	B8	BF	BE	BD	BC	BB	BA	B9	B8
			—	—	—	PS	PT1	PX1	PT0	PX0
5	P3	B0	B7	B6	B5	B4	B3	B2	B1	B0
			P3.7	P3.6	P3.5	P3.4	P3.3	P3.2	P3.1	P3.0
6	IE	A8	AF	AE	AD	AC	AB	AA	A9	A8
			EA	—	—	ES	ET1	EX1	ET0	EX0
7	P2	A0	A7	A6	A5	A4	A3	A2	A1	A0
			P2.7	P2.6	P2.5	P2.4	P2.3	P2.2	P2.1	P2.0

续表

序号	SFR	SFR 地址	位地址映射							
8	SCON	98	9F SM0	9E SM1	9D SM2	9C REN	9B TB8	9A RB8	99 TI	98 RI
9	P1	90	97 P1.7	96 P1.6	95 P1.5	94 P1.4	93 P1.3	92 P1.2	91 P1.1	90 P1.0
10	TCON	88	8F TF1	8E TR1	8D TF0	8C TR0	8B IE1	8A IT1	89 IE0	88 IT0
11	P0	80	87 P0.7	86 P0.6	85 P0.5	84 P0.4	83 P0.3	82 P0.2	81 P0.1	80 P0.0

下面,介绍常用的几个特殊功能寄存器。

（1）ACC 累加器是 CPU 中最繁忙的寄存器；在算术运算、逻辑运算、移位运算以及传送运算的指令中,简记为 A。

（2）B 寄存器用于乘除法运算,其他情况下,可以作为缓冲寄存器使用。

D7	D6	D5	D4	D3	D2	D1	D0
Cy	AC	F0	RS1	RS0	OV	—	P

图 2.11　PSW 各位的定义

（3）PSW 用于反映累加器 ACC 参与运算时的一些特征,另外指出当前工作寄存器组。PSW 各位的定义如图 2.11 所示。

与累加器 ACC 有关的标志位有 6 个：Cy,AC,OV 和 P,在每个指令周期结束时由硬件自动生成,定义如下。

- Cy——Carry flag,进（借）位位。在运算过程中,最高位 D7 有（借）进位时,(Cy)=1,否则,(Cy)=0。
- AC——Auxiliary Carry flag,辅助进位位。在运算过程中,当 D3 向 D4 位（即低 4 位向高 4 位）进（借）位时,(AC)=1,否则,(AC)=0。
- OV——Overflow flag,溢出标志位。在运算过程中,对于 D6、D7 两位,如果其中有一位有进（借）位而另一位无进（借）位时,(OV)=1,否则,(OV)=0。
- P——Parity flag,奇偶校验位。运算过程结束时,如果 ACC 中 1 的个数为奇数,(P)=1,否则,(P)=0。
- F0——Flag 0,用户标志位,用户在编程时可作为自己定义的测试标志位。
- RS0、RS1——Register bank Select control bits,寄存器组选择位,用户编程时可以通过这两位设置当前工作寄存器区（见表 2.1）。

例 2.1　已知(A)=7DH,CPU 执行"ADD A,♯0B5"指令后,其执行结果和 Cy,AC,OV,P 的状态是什么？

指令"ADD A,♯0B5"的执行过程为：(A)＋B5⇒(A),如图 2.12 所示。

指令执行后,(ACC)=32H,(Cy)=1,(AC)=1,(OV)=0,(P)=1。

（4）SP 是一个 8 位的堆栈指针寄存器,它始终指出栈顶的单元地址,单片机复位后,(SP)=07H。

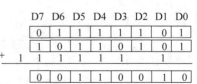

	D7	D6	D5	D4	D3	D2	D1	D0
	0	1	1	1	1	1	0	1
	1	0	1	1	0	1	0	1
+	1	1	1	1	1	1		1
	0	0	1	1	0	0	1	0

图 2.12　指令"ADD A,♯0B5"的执行过程

（5）DPTR 是 16 位数据指针寄存器，包含两个独立的 8 位寄存器：DPH 和 DPL，用于访问外部数据存储器和外部 I/O 口，还可以充当基址寄存器，用来访问程序存储器。

在程序设计过程中，修改 DPTR 内容时，对 DPTR 操作和分别对 DPL、DPH 操作的效果是相同的。如设置 DPTR 内容为 569AH，可以采用

```
MOV DPTR,♯569AH;
```

或

```
MOV DPH,♯56H;
MOV DPL,♯9AH;
```

其他与并行 I/O 口、串行口、定时器/计数器以及与中断系统有关的 SFR，将在后面的章节中做详细介绍。

2.2.4　位寻址空间

MCS-51 单片机的位寻址空间由两部分构成：一部分是内部 RAM 位寻址区的 20H～2FH 单元的 128 位，位地址范围为 00H～7FH；另一部分是 11 个单元地址尾数为 0 和 8 的 SFR 构成的位寻址区，共 82 位，位地址范围为 80H～FFH。因此，MCS-51 系列单片机位寻址空间共有 210 位，位地址范围为 00H～FFH。设置位寻址空间是 MCS-51 单片机的一个显著特色，它为用户实现位逻辑运算、设置测试位提供了方便。

2.2.5　外部数据存储器

MCS-51 单片机的外部数据存储器是一个独立的物理空间，外部数据存储器和外部 I/O 口共同占用这个空间，最大可以扩展到 64KB，地址范围为 0000H～FFFFH。

外部数据存储器一般由静态 RAM 构成，简称外部 RAM。图 2.13 所示为外部 RAM 或外部 I/O 口与单片机的连接以及单元地址空间结构映射。与外部 ROM 相同，外部 RAM 和外部 I/O 口地址也是由 P2 和 P0 构成的 16 位地址总线提供的，外部 RAM 和外部 I/O 口也是通过 P0 口与单片机的 CPU 交换数据信息的。当单片机写入一字节数据到指定单元或输出口时，由 P2 口输出高 8 位地址、由 P0 口输出低 8 位地址，在 $\overline{\text{WR}}$（P3.6）为低电

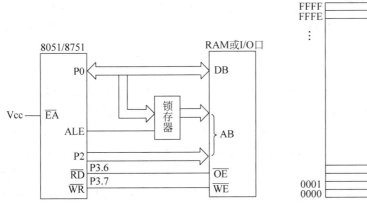

(a) 外部RAM或外部I/O口与单片机的连接　　(b) 外部RAM或外部I/O口结构映射

图 2.13　外部 RAM 或外部 I/O 口与单片机的连接以及单元地址空间结构映射

平时,把数据总线 P0 输出的数据信息写入(输出)到指定的单元或输出口。当把外部 RAM 指定单元内容或输入口的状态读入到 CPU 时,被访问对象的地址由 P2 口和 P0 口输出,在 $\overline{RD}$(P3.7)为低电平时,指定单元的内容或输入口的状态经由 P0 口被读入(输入)CPU。上述操作是由 CPU 通过指令(MOVX 类指令)实现的,外部 RAM 单元或外部 I/O 口的地址一般由 DPTR 或 R0,R1 指出。

扩展外部 RAM 空间或 I/O 口的多少,由用户根据需要而定。在扩展时应注意,外部 RAM 和外部 I/O 口是统一编址的,所有的外部 I/O 口都要占用 64KB 中的地址空间,设计时应保证两者地址不冲突;对于 CPU 来说,访问外部 I/O 口和访问外部 RAM 单元在操作上是完全相同的,用户只有在硬件上才能辨别出来操作对象的不同。

2.3　MCS-51 单片机的 I/O 口

MCS-51 系列单片机芯片上有 4 个 8 位并行 I/O 口:P0,P1,P2 和 P3,它们在特殊功能寄存器区中有相应的地址映射,对应单元地址:P0 为 80H,P1 为 90H,P2 为 0A0H,P3 为 0B0H,它们都具有位寻址功能,即可以独立地对每位 I/O 口线编程。它们的功能与单片机是否扩展有关。

(1) 8051/8751 不进行存储器和 I/O 口扩展时。

P0,P1,P2 和 P3 可以全部作为通用的 I/O(General Purpose I/O)口使用,用于连接外部设备,另外,P3 口具有第二功能(Alternate Function)。当 P3 口的引脚作为第二功能使用时,不可再作为 I/O 口使用。如 P3.0 和 P3.1 作为 RXD 和 TXD 时,它们不能作为 I/O 口使用。

(2) 8031 及 8051/8751 进行存储器和 I/O 口扩展时。

P0 作为低 8 位地址总线/数据总线,P2 作为高 8 位地址总线,用于访问外部 ROM、外部 RAM 和外部 I/O 口。P1 作为通用的 I/O 口,P3 可以作为通用的 I/O 口或第二功能使用。

2.3.1　I/O 口的结构

MCS-51 系列单片机的 4 个并行口的结构基本相同,但功能不完全相同。每个并行口包含 1 个锁存器(特殊功能寄存器 P0～P3)、1 个输出驱动器和 1 个输入缓冲器,见图 2.3。

1. P0 口

P0.0～P0.7:双向(Bidirectional)I/O。CPU 访问单片机外部存储器(RAM,ROM)和外部 I/O 口时,P0 分时地作为低 8 位地址输出和双向 8 位数据复用口,可驱动 8 个 TTL 负载;单片机不接外部存储器(RAM,ROM)和外部 I/O 口时,P0 口可作为 8 位双向 I/O 口使用,连接外部设备,此时,引脚应接外部上拉电阻。P0 口的位逻辑结构如图 2.14 所示。它的 1 位是由一个输出锁存器(D 锁存器)、两个三态缓冲器(1 和 2)、输出驱动电路(FET 场效应管 V1,V2)、多路转换开关 MUX 及控制电路(与门 3 和非门 4)组成,访问外部存储器或 I/O 口时,由内部控制信号 Con=1 使 MUX 与内部地址数据总线 ADDR/DATA 连接。作为 I/O 口使用时,Con=0 使 MUX 连接到锁存器的输出端。

1) P0 口作为通用的 I/O 口使用

(1) 输出口。

由于不作为地址/数据总线使用,Con=0,场效应管 V1 截止,使 MUX 开关与锁存器反向输出端 $\overline{Q}$ 相连,"写锁存器"信号施加在 D 锁存器的 CK 端。CPU 执行指令时,如"MOV P0,♯ data""MOV P0,A""SETB P0.1""CLR P0.4"等,内部总线上的 1 位数据 D_x 在"写锁存器"信号有效时由 D 端进入锁存器,经锁存器的 $\overline{Q}$ 送至场效应管 V2,由于 V1 截止,V2 的漏极开路,形成了漏极开路的输出形式。如果期望 P0.x 输出 TTL 电平,应在引脚 P0.x 上外接上拉电阻,这样,若 $D_x=0$,Q=0,$\overline{Q}=1$,V2 导通,引脚 P0.x 输出低电平;若 $D_x=1$,Q=1,$\overline{Q}=0$,V2 截止,引脚 P0.x 输出高电平。

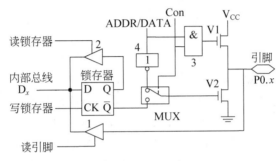

图 2.14 P0 口的位逻辑结构

(2) 输入口。

作为输入口时,CPU 需要读取的是引脚 P0.x 的状态。要正确地读取引脚 P0.x 的状态,必须使场效应管 V2 截止,然后通过缓冲器 1 使引脚 P0.x 状态到达内部总线。因为如果 V2 导通,引脚 P0.x 被强制拉成低电平,此时不管外接输入设备的状态如何,CPU 读取的状态始终为低电平,从而产生误读。因此,读取引脚 P0.x 时,必须分两步实现:首先向锁存器写 1,如执行指令:"MOV P0,♯ 0FFH""SETB P0.x"等,使 V2 截止,可以理解为设置 I/O 口线为输入状态,然后再读引脚(如执行指令:"MOV A,P0""MOV C,P0.x"等)。

作为输入口时,Con=0,场效应管 V1 截止,且 MUX 开关与锁存器反向输出端 $\overline{Q}$ 相连。同时,设置 P0.x 为输入口时,向锁存器写 1 导致场效应管 V2 也截止,这样,P0.x 就处于悬浮状态,可以作为高阻抗输入(High-impedance Input)。如果需要为单片机输入 TTL 电平的信号,则需要外接上拉电阻。因此,作为通用的 I/O 口使用时,P0 口应是一个准双向口。

(3) 读锁存器。

在读锁存器时,Con=0,场效应管 V1 截止,且 MUX 开关与锁存器反向输出端 $\overline{Q}$ 相连。CPU 执行指令,如:"MOV A,P0""MOV C,P0.x"等,在"读锁存器"信号有效时,三态缓冲器 2 导通,锁存器输出 Q 端的状态经缓冲器 2 到达单片机内部总线。

(4) "读-修改-写"(Read-Modify-Write)操作。

CPU 在执行"读-修改-写"类指令时,如:"ANL P0,A""INC P0""CPL P0.x"等,也能改变引脚和寄存器的状态。执行此类指令时,首先内部产生的"读锁存器"操作信号,使锁存器 Q 端的数据进入内部总线,在进行逻辑运算之后,运算结果又送回 P0 口锁存器并输出到引脚。

采用"读-修改-写"这种操作方式,CPU 并不直接从引脚上读取数据,而是读取锁存器 Q

端的状态，避免了错读引脚状态的情况发生，如图 2.15 电路所示，采用 P0.x 驱动晶体管 T，当向 P0.x 写 1 时，晶体管 T 导通，并把 P0.x 拉成低电平。如果此时从 P0.x 引脚读取数据，就会得到一个低电平，显然这个结果是不对的。事实上，P0.x 应该为高电平 1。如果从 D 锁存器的 Q 端读取，则得到正确的结果。

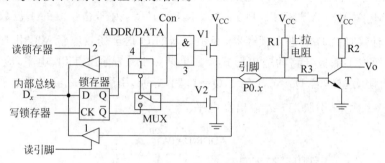

图 2.15　P0.x 驱动晶体管电路

2）P0 口作为地址/数据总线

有片外存储器（ROM、RAM）和外部 I/O 口扩展的单片机系统，P0 用作地址/数据总线。在这种情况下，MUX 开关接到反相器 4 的输出端，单片机内硬件自动使控制信号 Con=1，CPU 输出的地址/数据通过与门 3 驱动 V1，同时通过反向器 4 驱动 V2。CPU 在执行输出指令时，低 8 位地址信息和数据信息分时地出现在地址/数据总线上。P0.x 引脚的状态与地址/数据总线的信息相同。CPU 在执行输入指令时，首先低 8 位地址信息出现在地址/数据总线上，P0.x 引脚的状态与地址/数据总线的地址信息相同。然后，CPU 自动地使转换开关 MUX 拨向锁存器，并向 P0 口写入 0FFH，同时"读引脚"信号有效，数据经缓冲器 1 进入内部数据总线。可见，P0 口作为地址/数据总线使用时是一个真正的双向口。

2. P1 口

P1.0～P1.7：准双向（Quasi-bidirectional）I/O 口，作为通用的 I/O 口使用，可驱动 4 个 TTL 负载。P1 口的位逻辑结构如图 2.16 所示。它的 1 位是由 1 个输出锁存器、2 个三态输入缓冲器（1 和 2）和输出驱动电路组成。与 P0 口不同，P1 口内部有上拉电阻。

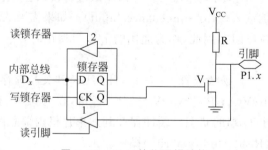

图 2.16　P1 口的位逻辑结构

1）P1 口作为输出口

CPU 执行输出指令时，若 D$_x$=0，在"写锁存器"信号有效时，Q=0，$\overline{Q}$=1，V 导通，引脚 P1.x 输出低电平；若 D$_x$=1，Q=1，$\overline{Q}$=0，V 截止，由内部上拉电阻 R 把引脚 P1.x 拉成高电平。

2) P1口作为输入口

当用作输入时,必须先向锁存器写入1,使场效应管V截止,内部上拉电阻R把引脚P1.x拉成高电平,然后,再读取引脚的状态。这样,外部输入高电平时,引脚P1.x状态为高电平,外部输入低电平时,引脚P1.x状态也为低电平,从而使引脚P1.x的电平随输入信号的变化而变化。当"读引脚"信号有效时,三态缓冲器1导通,CPU正确地读入外部设备的数据信息。

P1口作为输入口使用时,可以被任何TTL和MOS电路驱动。由于具有内部上拉电阻,也可以被集电极开路或漏极开路的电路驱动而不必另加电阻。

3) 读锁存器

读锁存器时,在"读锁存器"信号有效时,三态缓冲器2导通,D锁存器Q端的数据通过缓冲器2到达单片机内部总线。与P0口的I/O功能一样,P1口也支持"读-修改-写"这种操作方式。

3. P2口

P2.0~P2.7:准双向I/O口,可驱动4个TTL负载。当单片机系统扩展存储器时,P2输出高8位地址;系统没有扩展存储器时,P2口可以作为通用的I/O口使用。P2口的位逻辑结构如图2.17所示。它的1位是由1个输出锁存器、2个三态缓冲器(1和2)、反相器(3)及输出驱动电路(FET场效应管V)、多路转换开关MUX组成。当作为地址总线使用时,Con=1,地址总线ADDR通过MUX连接到引脚驱动电路;当作为I/O口使用时,Con=0,把锁存器的输出端与引脚驱动电路相连。

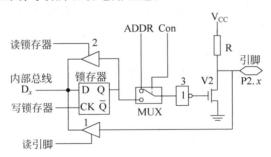

图2.17 P2口的位逻辑结构

(1) P2口作为高8位地址总线。

当单片机系统扩展存储器和I/O口时,CPU访问外部存储器或I/O口,MUX在控制信号Con=1时,把地址总线ADDR连接到反相器3,经场效应管V驱动,在引脚P2.x输出高8位地址信息,此时,P2口不能作为通用的I/O口使用。

(2) P2口作为通用的I/O口。

当单片机系统不扩展存储器和I/O口时,P2口可作为通用的I/O口。CPU进行访问I/O口或读锁存器操作时,MUX在控制信号Con=0时,把锁存器Q端连接到反相器3。P2口在作为通用I/O口时,其使用方法与P1口相同。

4. P3口

P3.0~P3.7:双功能口,除了可以作为通用的I/O口,它还具有特定的第二功能。在第二功能起作用时,相应引脚的I/O口功能不能使用。在不使用它的第二功能时,它就是通用的准双向I/O口,可驱动4个TTL负载。P3口各个引脚的第二功能定义见2.1.2节。

P3 口的位逻辑结构如图 2.18 所示。它由 1 个输出锁存器、3 个三态缓冲器（1、2 和 4）、与非门（3）及输出驱动电路组成。

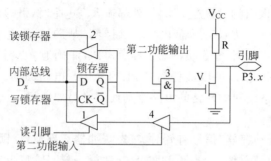

图 2.18　P3 口的位逻辑结构

当 P3 口作为第一功能——通用的 I/O 口使用时，"第二功能输出"保持为高电平，与非门 3 的输出只取决于锁存器输出 Q 的状态，此时，P3 口的工作原理和 P1，P2 口类似。作为输出时，锁存器 Q 端的状态与输出引脚的状态相同；作为输入时，也要先向锁存器写入 1，使引脚 P3.x 处于高阻输入状态，引脚 P3.x 的状态在"读引脚"信号有效时进入内部总线。

P3 口用作第二功能使用时，CPU 不能对 P3 口进行字节或位寻址，内部硬件自动将口锁存器的 Q 端置 1，与非门 3 的输出只取决于"第二功能输出"的状态，或使引脚 P3.x 允许输入第二功能信号。

P3.x 不管是作为通用的输入口，还是作为第二功能的输入，锁存器输出和第二功能输出端必须为高电平，这样可以使场效应管 V 可靠地截止。不同的是作为通用的输入口时，锁存器是由用户置 1 的，而第二功能输出是由硬件自动完成的。

在引脚 P3.x 的输入通道中，有两个缓冲器 1 和 4，作为通用的输入时，引脚 P3.x 的状态经缓冲器 4 和 1 输入到单片机的内部总线，并被 CPU 存储到相应单元中；而第二功能的输入信号（$\overline{INT0}$、$\overline{INT1}$、T0、T1、RXD），取自于缓冲器 4 的输出端，此时，由于 CPU 未执行"读引脚"类的输入指令，缓冲器 1 处于高阻状态。

2.3.2　I/O 口的负载能力和接口要求

1. I/O 口的负载能力

（1）P0 口与其他口不同，输出电路没有上拉电阻。当作为通用的 I/O 口使用时，输出电路是漏极开路的，因此，需要外接上拉电阻。另外，用作输入时，应先向输出口的锁存器写 1，然后再读相应的引脚，以免发生误读。P0 用作地址/数据总线时为双向口，无须外接上拉电阻，也不需要在数据输入时先进行寄存器写 1 的操作。

P0 口的每位输出可以驱动 8 个 TTL 负载。

（2）P1、P2、P3 口的输出电路含有内部上拉电阻，其中每一位能驱动 4 个 TTL 负载，其电平与 CMOS 和 TTL 电平兼容。与 P0 口类似，在作为输入口时，必须先对相应的锁存器写 1，即进行设置输入口的操作。

2. P0～P3 口的接口要求

由于单片机 P0～P3 口线仅能提供几毫安的输出电流，当作为输出驱动通用的晶体管的基极或 TTL 电路输入端时，应在引脚与晶体管的基极之间串接限流电阻，以限制高电平输出时的电流。作为输入口,任何 TTL 或 CMOS 电路都能以正常的方式驱动单片机的 P1～P3 口。由于 P1～P3 口内部具有上拉电阻,因此,也可以被集电极开路或漏极开路的电路所驱动而无须外接上拉电阻。

2.4　MCS-51 单片机的时钟电路与时序

2.4.1　MCS-51 单片机的时钟电路

从 2.1 节可知,MCS-51 单片机芯片内部集成了一个高增益的反相放大器用于构成振荡器(Oscillator),它为单片机提供工作时所需的时钟。这个振荡电路的输入和输出引脚分别为 XTAL1 和 XTAL2。通常可用以下两种形式产生时钟信号。

1. 内部方式

内部方式实现单片机的时钟电路时,利用单片机芯片上提供的反相放大器电路,在 XTAL1 和 XTAL2 引脚之间外接振荡源构成一个自激振荡器,自激振荡器与单片机内部的时钟发生器(Clock Generator)构成单片机的时钟电路,如图 2.19 所示。图 2.19 中,由振荡源 OSC 和两个电容 C1、C2 构成了并联谐振回路,振荡源 OSC 可选用晶体振荡器或陶瓷振荡器,频率为 1.2～12MHz,电容 C1、C2 为 5～30pF,起频率微调作用。目前,有的 8051 单片机的时钟频率可以达到 40MHz。

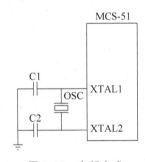

图 2.19　内部方式

在单片机应用系统中,常选用晶体振荡器(Crystal Resonator)作为外接振荡源,简称晶振。晶振的频率越高,单片机系统的时钟频率越高,运行速度越快。但是,运行速度越高,单片机对存储器的存取速度和对印刷电路板的工艺要求也越高,即要求线间的寄生电容要小。另外,晶振和电容应尽可能靠近单片机芯片安装,以减少寄生电容,更好地保证振荡器的稳定性和可靠性。

2. 外部方式

采用外部方式时,单片机的时钟直接由外部时钟信号源提供。这种方式常用于多片单片机或多 CPU 构成的系统,为了保证各个单片机或 CPU 之间的时钟信号同步,引用同一外部时钟信号源的时钟信号作为它们的时钟信号,如计算机系统中,由主 CPU 的时钟信号分频之后产生系统中其他 CPU 所需的时钟信号。MCS-51 单片机时钟电路的外部方式如图 2.20 所示。

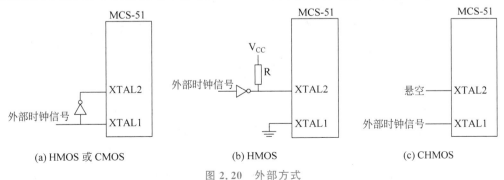

(a) HMOS 或 CMOS　　　　(b) HMOS　　　　(c) CHMOS

图 2.20　外部方式

由于单片机采用的半导体工艺不同,外部时钟信号的接入方式有所区别。单片机对外部时钟信号源没有特殊的要求,但需保证脉冲宽度,一般采用频率为 $1.2\sim12\mathrm{MHz}$ 的方波信号。

2.4.2 MCS-51 单片机的时序

时钟信号对于单片机的工作是十分重要的。在单片机中,一条指令可分解为若干个基本的微操作,这些微操作所对应的脉冲信号在时间上有严格的先后次序,这种次序就是单片机的时序。时序指明了单片机内部与外部相互联系必须遵守的规律,是单片机中非常重要的概念。单片机中,与时序有关的定时单位有时钟周期、机器周期、指令周期。

1. 时钟周期、机器周期、指令周期

在 MCS-51 单片机中,来自于外接振荡源或外部时钟信号源的振荡信号的周期称为时钟周期,记为 T_{osc},在时钟电路的内部方式下,T_{osc} 就是晶振的振荡周期。

在单片机内部时钟发生器把时钟信号 2 分频后形成了状态(State)周期 T_{s},即

$$T_{\mathrm{s}} = 2T_{\mathrm{osc}} = \frac{2}{f_{\mathrm{osc}}} \tag{2.1}$$

式中,f_{osc} 为晶振的频率。

MCS-51 单片机的 CPU 完成一个基本操作所用的时间称为机器周期,记为 T_{M}。1 个机器周期包含 6 个状态周期,即 1 个机器周期由 12 个时钟周期构成,它是时钟信号的 12 分频:

$$T_{\mathrm{M}} = 12T_{\mathrm{osc}} = \frac{12}{f_{\mathrm{osc}}} \tag{2.2}$$

当 $f_{\mathrm{osc}} = 12\mathrm{MHz}$ 时,T_{M} 为 $1\mu\mathrm{s}$;$f_{\mathrm{osc}} = 6\mathrm{MHz}$ 时,T_{M} 为 $2\mu\mathrm{s}$。机器周期是 MCS-51 单片机时间的基本度量单位,在以后的章节中,指令的执行时间、中断的响应时间、程序的运行时间,等等,都是以机器周期 T_{M} 为基本度量单位来描述的。

MCS-51 单片机的 1 个机器周期 T_{M} 由 6 个状态组成,称为 S1~S6,如图 2.21 所示。每个状态分为 2 相,分别称为 P1 相和 P2 相,共有 12 相,每相的持续时间为 1 个时钟周期 T_{osc}。所以,1 个机器周期可以依次表示为:S1P1,S1P2,S2P1,S2P2,S3P1,S3P2,S4P1,S4P2,S5P1,S5P2,S6P1 和 S6P2。

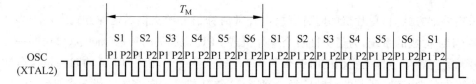

图 2.21 时钟周期、机器周期与状态

指令周期 T_1 是 CPU 执行一条指令所用的时间;指令周期常用机器周期的数目表示,指令不同,执行的时间也不一样,MCS-51 单片机的 1 个指令周期为 $1\sim4T_{\mathrm{M}}$,其中大部分指令的指令周期为 1 个或 2 个 T_{M},只有乘法和除法指令需要 4 个 T_{M}。

2. 典型指令的时序

MCS-51 系列单片机共有 111 条指令,按照指令代码的长度,这些指令可以分为:1 字节指令(单字节指令)、2 字节指令(双字节指令)和 3 字节指令。根据指令的执行时间,这些指令可以分为:单周期指令、双周期指令和 4 周期指令。综合上述因素,概括起来指令有以下几种情况:单字节单周期指令、单字节双周期指令、双字节单周期指令、双字节双周期指

令,3字节指令全部为双周期指令,乘法和除法指令为单字节4周期指令。下面简要说明其中几个典型指令的时序。

1) 单字节单周期指令

CPU执行单字节单周期指令时,只需从程序存储器中取一次指令,在一个机器周期执行完指令。图2.22为CPU执行单字节单周期指令的时序。图中OSC为引脚XTAL2输出的时钟信号,ALE为地址锁存信号,用来锁存低8位的地址信号,该信号在每个机器周期中两次有效,第一次在S1P2和S2P1期间,第二次在S4P2和S5P1期间。

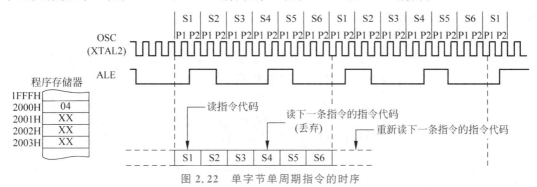

图2.22 单字节单周期指令的时序

假设CPU将执行指令"INC A",这条指令的指令代码为"04",它存储在程序存储器的2000H单元中,如图2.22所示。

当程序计数器PC的内容为2000H时,即(PC)=2000H,CPU将从2000H单元读取指令代码,从S1P2开始时(ALE的上升沿)在地址总线上输出2000H,在S2P1结束(ALE的下升沿)时锁存该地址,然后从指定单元2000H读取指令代码"04"送入指令译码器分析执行,同时使PC的内容加1,(PC)=2001H。此时,该指令的功能已经实现。

ALE在S4P2开始时第2次有效,由于此时(PC)=2001H,CPU在地址总线上输出该地址,在S5P1结束时把该地址锁存到地址总线。然后从2001H单元读取指令代码,由于"INC A"的功能已经实现,此次读入的指令代码并不被CPU执行(丢弃),且程序计数器PC不加1。CPU在S6P2结束"INC A"指令操作。

2) 双字节单周期指令

由于MCS-51单片机的CPU是8位,每次只能从存储器中读取1字节的数据或代码,因此,CPU执行双字节单周期指令时,需要从程序存储器中取两次指令,在一个机器周期执行完指令。图2.23为CPU执行双字节单周期指令的时序。

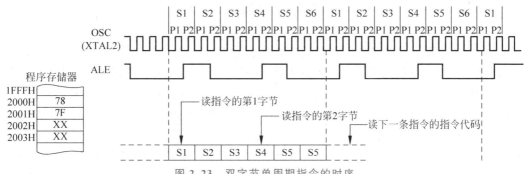

图2.23 双字节单周期指令的时序

假设 CPU 将执行指令"MOV R0,♯7FH"，它的指令代码为"78 7F"，该指令代码从程序存储器的 2000H 单元开始存放（见图 2.23）。

当(PC)=2000H，CPU 从 2000H 单元读取指令代码的第 1 字节，S1P2 开始时在地址总线上输出 2000H，在 S2P1 结束时锁存地址，然后从 2000H 单元读取指令代码"78"送入指令译码器分析执行，同时使 PC 的内容加 1，(PC)=2001H。ALE 在 S4P2 开始时第 2 次有效，CPU 在地址总线上输出该地址，在 S5P1 结束时把它锁存到地址总线。然后从 2001H 单元读取指令代码的第 2 字节"7F"并执行，同时 PC 加 1，(PC)=2002H。CPU 在 S6P2 结束该指令操作，完成指令的功能。

3) 单字节双周期指令

CPU 执行单字节双周期指令时，只需从程序存储器中取 1 次指令，但需要两个机器周期来执行指令。图 2.24 为 CPU 执行单字节双周期指令的时序。

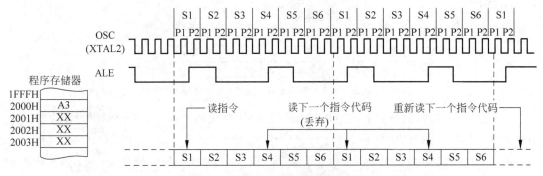

图 2.24　单字节双周期指令的时序

假设 CPU 将执行指令"INC DPTR"，它的指令代码为"A3"，把它存放在程序存储器的 2000H 单元（见图 2.24）。

当(PC)=2000H，CPU 在 S1P2 开始时在地址总线上输出 2000H，在 S2P1 结束时将该地址锁存到地址总线上，然后从 2000H 单元读取指令代码"A3"送入指令译码器分析执行，同时使 PC 的内容加 1，(PC)=2001H。在随后 ALE 的 3 次有效期间，CPU 在地址总线上虽然输出该地址，但读入的指令代码并不被 CPU 执行，且 PC 也不加 1。CPU 在第 2 个机器周期的 S6P2 结束该指令操作，完成指令的功能。

4) 单片机访问外部数据存储器指令的时序

一般情况下，每个机器周期 CPU 可以有两次读取指令代码的操作，但是，CPU 访问外部数据存储器时有所不同。这类指令为单字节双周期指令，执行这类指令时，CPU 先要从程序存储器中读取指令，然后再对外部数据存储器的指定单元进行读/写操作。

图 2.25 为 CPU 执行访问外部数据存储器指令的时序。设 CPU 将执行"MOVX A，@DPTR"，它的指令代码为 E0，把它存储在程序存储器的 2000H 单元（见图 2.25）。

当(PC)=2000H 时，在第 1 个机器周期的 S1P2 开始时，CPU 把该地址输出到地址总线，在 S2P1 锁存该地址，并从 PC 指定的单元 2000H 取指令代码"E0"解释执行，同时 PC 加 1，(PC)=2001H。ALE 在第 1 个机器周期的 S4P2 开始时第 2 次有效，CPU 读取 2001H 单元的指令代码，但不执行，同时在地址总线上输出 DPTR 的内容，指定操作对象——外部数据存储器的单元地址；在第 2 个机器周期，CPU 访问外部数据存储器读取指定单元的内

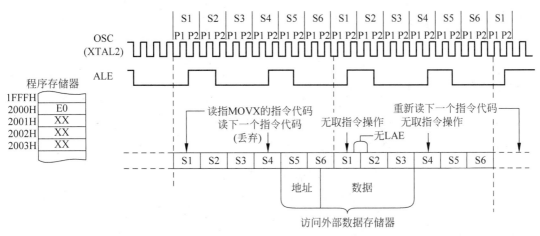

图 2.25　CPU 执行访问外部数据存储器指令的时序

容,此读取操作与 ALE 无关,故不从程序存储器读取指令代码。CPU 在第 2 个机器周期的 S6P2 时结束该指令操作,完成指令的功能。

通常,算术逻辑运算操作在 P1 相进行,而内部寄存器之间的传送操作在 P2 相进行。值得注意的是,当单片机访问外部数据存储器时,ALE 信号不是周期性的。其他情况下,ALE 是一种周期性的信号,它的频率为时钟信号的 1/6,可作为其他外设的时钟信号。

2.5　MCS-51 单片机的复位电路

2.5.1　单片机复位及复位状态

复位是单片机一个重要的工作状态。单片机开始工作时需要上电复位(见图 2.26),运行过程中发生故障或意外情况需要强制复位等,复位的目的是使单片机及其内部的部件处于某种确定的初始状态。在振荡器运行的情况下,RESET 引脚上保持两个以上机器周期(24 个时钟周期)的高电平就可以使单片机可靠地复位,这是 MCS-51 系列单片机复位的条件。

单片机复位后,程序计数器(PC)内容为 0000H,标志着程序从头开始执行;累加器 A、B 寄存器、数据指针(DPTR)被清零;程序状态字寄存器(PSW)的内容为 00H,默认当前工作寄存器组为 BANK0;单片机在复位状态下,P0～P3 寄存器中所有的位被置 1,I/O 口 P0～P3 的锁存器内容为 0FFH,单片机内部上拉电阻使引脚保持高电平;在复位状态下,P0～P3 口可直接作为输入口使用;除了串行口数据缓冲器(SBUF)的内容不确定外,其他与定时器/计数器、中断系统、串行口有关的特殊功能寄存器(SFR)中的有效位全部被清零(SBUF 的内容不确定)。在单片机复位期间,ALE 和 $\overline{PSEN}$ 引脚输出高电平。只要 RESET 引脚上保持高电平,单片机将循环复位。

单片机上电复位后,内部 RAM 单元的内容为随机数。

在单片机工作过程中,掉电后再接通电源,内部 RAM 单元存储的所有数据会丢失。但是,在工作过程中强制复位,其内部 RAM 单元的内容不会受复位的影响,会保持复位以前的状态,同样也不会影响位于内部 RAM 的 20H～2FH 单元中的位的状态,而 SFR 中的可寻址位的状态却被遗失了。因此，程序设计时，中间变量和运算结果尽量存放在内部 RAM 中，以免由于异外复位而造成数据丢失。

表 2.5　特殊功能寄存器及其复位后的内容

寄存器	内　容	备　注
PC	0000H	CPU 从 0000H 单元执行程序
DPTR	0000H	DPTR 被清零，即 DPH、DPL 被清零
ACC	00H	累加器 A 被清零
B	00H	寄存器 B 被清零
SP	07H	(SP)＝07H，堆栈区从 08H 单元开始
PSW	00H	当前工作寄存器区被设置为 BANK0
P0～P3	FFH	引脚输出全为 1，可直接作为输入口使用
TH0	00H	定时器/计数器 T0 的计数器（TH0）、（TL0）被清零
TL0	00H	
TH1	00H	定时器/计数器 T1 的计数器（TH1）、（TL1）被清零
TL1	00H	
TCON	00H	关闭定时器/计数器 T0 和 T1，把外部中断源 $\overline{INT0}$ 和 $\overline{INT1}$ 设置为电平触发方式，禁止两者中断 CPU
TMOD	00H	定时器/计数器 T0、T1 被设置为定时模式、方式 0、不受外部控制
IP	xxx00000B	全部中断源设置为低优先级
IE	0xx00000B	禁止所有中断
SBUF	不确定	随机数
SCON	00H	串行口设置为方式 0，并禁止接收
PCON	0xxxxxxxB	PCON 被清零，通信波特率不加倍

2.5.2　单片机的复位电路

MCS-51 系列单片机的复位是由外部复位电路实现的。复位电路的目的是产生持续时间不小于两个机器周期的高电平。通常，在设计时使复位电路在单片机 RESET 引脚上能够产生 1～10ms 的高电平，以保证单片机可靠地实现复位。在实际应用中，单片机通常采用两种形式的复位电路：上电自动复位电路和按钮开关及上电自动复位电路。

1. 上电自动复位电路

图 2.26 为一种简单的上电自动复位电路，它是通过电容充电来实现的。在接通电源（上电）的瞬间，RC 电路充电，由于电容 C 两端的电压不能突变，在 RESET 引脚上的电压接近电源电压＋5V；随着充电时间的延长，充电电流减小，RESET 引脚的电位也逐渐下降；当电容 C 两端的电压接近＋5V，RESET 引脚也就被拉成低电平。在电容充电过程中，只要 RESET 引脚的高电平能够保持 1～10ms 就能使单片机有效地复位。当晶体振荡器频率选用 6MHz 时，C 取 22μF，R 取 1kΩ。

2. 按钮开关及上电自动复位电路

在单片机工作过程中，由于某种原因使单片机陷入"死机"状态，或根据需要采用强制手段使程序重新开始执行时，需要采用按钮开关复位方式。图 2.27 为按钮开关及上电自动复位电路。当按钮开关 S 按下时，＋5V 电源通过按钮 S 接入电阻 R 和 R1 构成的电路网络，设计时使电阻 R1 上的分压达到高电平的阈值就可以使单片机复位。因为按动按钮开关使其闭合的时间远远大于单片机复位所需的时间。通常把上电自动复位电路和按钮开关及上电自动复位电路综合在一起,这样既可以在每一次电源接通时复位系统,也可以满足强制复位的要求,如图 2.27。当晶体振荡器选用 6MHz 时,C 取 22μF,R1 取 1kΩ,R 取 200Ω 左右。单片机复位电路很多,读者可以查阅相关参考资料。

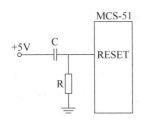

图 2.26　上电自动复位电路

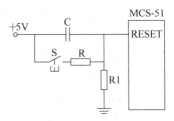

图 2.27　按钮开关及上电自动复位电路

在应用系统中,有的外部接口电路也需要复位,如 8155、8255 等,如果它们的复位电平和时间与单片机一致,就可以把它们的复位端与单片机的复位端相连。这时,复位电路中的元件参数需要统一考虑,以保证单片机和外围接口电路同步地、可靠地复位。如果外部接口电路的复位电平和时间与单片机不一致,就不能与单片机连接,以避免初始化程序不能正常运行,此时外围接口应采用独立的复位电路。一般来说,外围接口的复位稍慢于单片机,程序设计时在初始化程序中应安排适当的延迟时间以保证系统各部分可靠地复位。

2.6　本章小结

MCS-51 单片机是把 CPU、程序存储器、数据存储器、I/O 口、中断系统、定时器/计数器、串行口等集成在一块芯片上的计算机,这些部件通过其内部总线有机地联系在一起,在 CPU 控制和管理下有条不紊地工作。

MCS-51 单片机的引脚按照功能可分为 4 类:电源,包括 V_{cc},GND;振荡器信号输入输出,包括 XTAL1,XTAL2;输入输出(I/O)口,包括 P0,P1,P2,P3;控制信号,包括 $\overline{PSEN}$,$\overline{EA}$,ALE,RESET。其中,P3 口和部分引脚被定义了第二功能。

CPU 由运算器和控制器组成,它是单片机的核心,完成运算和控制功能。

程序存储器用来存放程序和常数。单片机的程序存储器地址空间构成与 $\overline{EA}$ 的接法有关。以 8051 为例,当 $\overline{EA}=1$ 时,程序存储器空间由片内和片外两部分组成,单片机内部的 4K 个单元占用地址 0000H~0FFFH,外部可扩展 60KB,地址范围为 1000H~FFFFH。$\overline{EA}=0$ 时的单片机片内的程序存储器被忽略,其空间全部是片外的,最大空间 64KB,地址范围是 0000H~FFFFH。

内部 RAM 由 128 个单元构成,地址范围为 00H~7FH,用于数据缓冲区和堆栈区。它分为 3 个区:00H~1FH 为工作寄存器区,20H~2FH 为位寻址区,30H~7FH 为数据缓冲区。工作寄存器区有 4 个工作寄存器组:BANK0~BANK3,每组包含 8 个寄存器:R0~R7。当前工作寄存器组由 PSW.3 和 PSW.4 指出。

单片机芯片内部有 21 个可寻址的 SFR,用于控制、管理片内逻辑部件和功能模块。CPU 对 SFR 的访问只能采用直接寻址的方式,即按单元地址访问。

单片机的位寻址空间由两部分构成：一部分为内部 RAM 位寻址区的 16 个单元（单元地址 20～2FH）的 128 位，位地址范围为 00～7FH；另一部分为单元地址尾数为 0 和 8 的 SFR 所属的位构成的位寻址区，共 82 位，位地址范围为 80～FFH。单片机的位寻址空间范围为 00H～FFH。

单片机的外部数据存储器是一个独立的物理空间，它和外部 I/O 口共同占用这个空间，最大可扩展到 64KB，地址范围为 0000H～FFFFH。

单片机芯片上有 4 个并行 I/O 口：P0，P1，P2 和 P3。当不进行存储器和 I/O 口扩展时，它们可作为通用的 I/O 口使用，另外，P3 口具有第二功能。当有存储器和 I/O 口扩展时，P0 作为低 8 位地址总线/数据总线，P2 作为高 8 位地址总线，用于访问外部存储器和外部 I/O 口；P1 作为通用 I/O 口，P3 可作为通用 I/O 口或第二功能使用。当 P3 口某些引脚作为第二功能使用时，不可再作为 I/O 口线使用。当 P0～P3 口作为输入口时，必须先向口写 1，然后再读引脚的状态，P0 作为 I/O 口时需要外接上拉电阻。

单片机的时钟电路有两种形式：内部方式和外部方式。CPU 完成一个基本操作所用的时间为机器周期，1 个机器周期包含 12 个时钟周期，它是振荡器信号的 12 分频。

复位是单片机重要的工作状态。复位目的是使单片机处于某种确定的初始状态。振荡器运行时，在 RESET 引脚上保持两个以上机器周期的高电平，就可以使单片机复位。复位后，PC 内容为 0000H，程序从头开始执行；除 SP 内容为 07H、P0～P3 的状态 0FFH、SBUF 内容不确定外，大部分 SFR 内容被清零。复位后，P0～P3 可直接作为输入口使用。在单片机工作时强制复位，内部 RAM 的内容不会改变，而 SFR 的内容被遗失了。

2.7　复习思考题

一、选择题

1. 8051 单片机的 CPU 是（　　）。

    A. 4 位　　　　　　　B. 8 位　　　　　　　C. 16 位　　　　　　　D. 32 位

2. 8051 单片机的 16 位定时器/计数器的个数是（　　）。

    A. 1　　　　　　　　B. 2　　　　　　　　C. 4　　　　　　　　D. 0

3. 单片机的 CPU 是由（　　）组成的。

    A. 运算器和控制器　　　　　　　　B. 运算器和指令寄存器

    C. 控制器和布尔处理器　　　　　　D. 控制器和定时器

4. 在单片机中，通常把中间计算结果放在（　　）。

    A. 累加器　　　　B. 控制器　　　　C. 程序存储器　　　　D. 数据存储器

5. MCS-51 单片机的程序存储器最大地址空间为（　　）。

    A. 4KB　　　　　　B. 8KB　　　　　　C. 64KB　　　　　　D. 128B

6. 程序计数器 PC 是用来（　　）的。

    A. 存放指令　　　　　　　　　　　B. 存放正在执行的指令地址

    C. 存放下一条的指令地址　　　　　D. 存放上一条的指令地址

7. 对于 8031 来说，$\overline{EA}$ 引脚应该（　　）。

    A. 接地　　　　　　　　　　　　　B. 接高电平或电源

C. 悬空　　　　　　　　　　　　D. 不用

8. 对于 8051 来说,应用系统使用了其内部的程序存储器,$\overline{EA}$ 引脚应该( )。

　　A. 接地　　　　　　　　　　　B. 接高电平或电源

　　C. 悬空　　　　　　　　　　　D. 不用

9. $\overline{EA}$ 引脚接地时,单片机的程序存储器构成状况为( )。

　　A. 单片机芯片上的存储器构成　　B. 单片机芯片之外的存储器构成

　　C. 单片机芯片上和芯片之外的构成　D. 无法配置程序存储器

10. 8051 单片机的内部 RAM 有( )个单元。

　　A. 4K　　　　　B. 128　　　　　C. 256　　　　　D. 0

11. 8051 单片机的内部 RAM 按照功能被分成( )个区域。

　　A. 4　　　　　B. 3　　　　　C. 128　　　　　D. 6

12. 单片机复位后,设定 CPU 使用第一组 BANK1 工作寄存器 R0~R7,其地址范围是( )。

　　A. 00H~10H　　B. 00H~07H　　C. 10H~1FH　　D. 08H~0FH

13. 单片机应用程序一般存放在( )中。

　　A. RAM　　　　B. ROM　　　　C. 寄存器　　　　D. CPU

14. 单片机上电复位后,工作寄存器 R0 是在( )。

　　A. BANK0 区,00H 单元　　　　B. BANK1 区,08H 单元

　　C. BANK0 区,01H 单元　　　　D. BANK2 区,18H 单元

15. 若单片机需要使用 BANK2 作为当前工作寄存器组,那么,RS0,RS1 应设置为( )。

　　A. 0,0　　　　B. 1,0　　　　C. 0,1　　　　D. 1,1

16. MCS-51 单片机的内部 RAM 位寻址区为( )。

　　A. R0~R7　　B. 30~7FH　　C. 20~2FH　　D. 10~1FH

17. 下列单元和寄存器中,不具备位寻址功能的是( )。

　　A. A　　　　　B. 30H　　　　C. 29H　　　　D. P0

18. MCS-51 单片机的堆栈一般设置在( )。

　　A. 外部 RAM　　　　　　　　　B. 程序存储器

　　C. 内部 RAM　　　　　　　　　D. 特殊功能寄存器区

19. 堆栈保护数据的原则是( )。

　　A. 先进先出　　B. 后进后出　　C. 先进后出　　D. 只进不出

20. MCS-51 单片机有( )个可以寻址的特殊功能寄存器。

　　A. 22　　　　　B. 21　　　　　C. 32　　　　　D. 128

21. 进位标志 Cy 在( )中。

　　A. 累加器(ACC)　　　　　　　B. 算术逻辑部件(ALU)

　　C. 程序状态字寄存器(PSW)　　D. 中断控制寄存器(IE)

22. 下列特殊功能寄存器中,具有位寻址功能的是( )。

　　A. PC　　　　　B. SP　　　　　C. DPTR　　　　D. B

23. MCS-51 单片机的位寻址空间包括( )。

　　A. 程序存储器和外部数据存储器的可寻址位

    B. 4 个工作寄存器区和特殊功能寄存器区的可寻址位

    C. 内部 RAM 和特殊功能寄存器区的可寻址位

    D. 程序存储器和内部 RAM 的可寻址位

24. MCS-51 单片机与外部数据存储器统一编址的是（　　　）。

    A. 程序存储器   B. 内部 RAM   C. 外部 I/O 口   D. 位寻址空间

25. MCS-51 单片机的外部数据存储器地址空间为（　　　）。

    A. 4KB   B. 64KB   C. 21B   D. 128B

26. 在单片机应用系统中，P1 口作为输入之前必须（　　　）。

    A. 相应端口置 1   B. 相应端口清零

    C. 接低电平   D. 外接上拉电阻

27. MCS-51 单片机有（　　　）个并行的 I/O 口。

    A. 4   B. 2   C. 21   D. 1

28. P0 口作为输出口使用时，必须（　　　）。

    A. 相应端口置 1   B. 相应端口清零

    C. 接低电平   D. 外接上拉电阻

29. 单片机 8051 的 XTAL1 和 XTAL2 引脚是为了（　　　）。

    A. 外接定时器   B. 接串行口

    C. 外接中断源   D. 外接晶体振荡器

30. 提高单片机的晶振频率，则机器周期（　　　）。

    A. 不变   B. 变长   C. 变短   D. 不定

31. 8051 的 1 个机器周期包含（　　　）。

    A. 12 个时钟周期   B. 6 个时钟周期

    C. 2 个时钟周期   D. 1 个时钟周期

32. 当 8051 单片机时钟采用内部方式时，两个微调电容应选择（　　　）。

    A. 100～300pF   B. 5～30pF

    C. 不用电容   D. 50～300pF

33. 8051 单片机复位的条件是（　　　）。

    A. 在 RESET 引脚上保持 1 个机器周期以上的高电平

    B. 在 RESET 引脚上保持 1 个机器周期以上的低电平

    C. 在 RESET 引脚上保持 2 个机器周期以上的高电平

    D. 在 RESET 引脚上保持 2 个机器周期以上的低电平

34. MCS-51 单片机复位后，PC，ACC 和 SP 的值分别为（　　　）。

    A. 0000H，00H，00H   B. 0000H，不确定，07H

    C. 0003H，00H，不确定   D. 0000H，00H，07H

35. MCS-51 单片机中，用户可以设置寄存器内容的 16 位寄存器是（　　　）。

    A. PSW   B. DPTR   C. TH0   D. PC

36. 关于 8051 的输入输出口，下列哪一种说法是错误的？（　　　）

    A. 8051 的所有口线是双向的

    B. 8051 的所有口线可以独立地编程

    C. 单片机复位之后，8051 所有口输出为 0FFH

D. 8051 的所有口线都需要外接上拉电阻

37. 作为 P3 口第二功能,提供串行口 RxD/TxD 功能的引脚是(　　)。

A. P3.0,P3.1　　B. P3.5,P3.6　　C. P3.0,P3.7　　D. P3.1,P3.6

38. 已知单片机内部 RAM 的 70H 单元的内容为 0EDH,累加器 A 的内容为 3FH,PC 的内容为 07B2H。此时单片机被强制复位,则单元 70H,A,PC 的内容分别是(　　)。

A. 0EDH,00H,0000H　　　　　B. 00H,00H,0000H

C. 不确定,不确定,0000H　　　D. 00H,3FH,07B2H

39. 已知在某一时刻,单片机内部 RAM 的 20H 单元的内容为 0EDH,PSW 的内容为 3FH。此时,使单片机强制复位,则 20H.0,PSW.5 的状态分别是(　　)。

A. 1,1　　　　B. 1,0　　　　C. 0,1　　　　D. 0,0

40. 单片机复位后,P2 口的状态是(　　)。

A. 输出 0FFH,可直接作为输出口使用

B. 输出 00H,可直接作为输出口使用

C. 输出 0FFH,可直接作为输入口使用

D. 输出 00H,可直接作为输入口使用

二、简答题

1. MCS-51 单片机芯片包含哪些主要逻辑功能部件?各有什么功能?

2. MCS-51 的控制总线信号有哪些?它们各起什么作用?

3. MCS-51 单片机的 $\overline{EA}$ 信号有什么功能?在使用 8031 时,$\overline{EA}$ 引脚应如何处理?

4. 程序计数器(PC)的作用是什么?

5. MCS-51 单片机有哪些控制信号需要芯片引脚以第二功能的方式提供?

6. MCS-51 单片机的存储器地址空间如何划分?各个空间的地址范围和容量是多少?

7. 简述内部 RAM 的功能分区。说明各部分的使用特点。

8. 如何选择 MCS-51 单片机的当前工作寄存器组?

9. 堆栈有哪些功能?堆栈指针(SP)是多少位的寄存器?SP 的作用是什么?在应用系统程序设计时,为什么要对 SP 重新赋值?

10. MCS-51 单片机有多少个可以寻址的特殊功能寄存器?简要介绍它们的功能。

11. 在 MCS-51 单片机中,CPU 对特殊功能寄存器访问有什么特点?

12. 简单说明 MCS-51 单片机 PSW 寄存器各个标志位的意义。

13. 简述 MCS-51 单片机的位寻址空间的构成。

14. MCS-51 单片机的 P0~P3 口在结构上有何不同?在使用上各有什么特点?

15. 把 P1.4 作为输入,外接一个开关,如果要读取开关的状态,如何操作?

16. MCS-51 单片机的时钟电路有几种实现方式?请分别给出相应的电路。

17. 什么是时钟周期、机器周期和指令周期?如何计算机器周期?晶振频率为 12MHz 时,计算时钟周期、机器周期。

18. MCS-51 单片机的复位条件是什么?在应用系统设计时,实现单片机的复位有几种方法?请给出相应的电路原理图。

19. 简述 MCS-51 单片机复位后的状态。

20. MCS-51 单片机运行出错或程序进入死循环时,采用强制复位摆脱困境。在这种情况下,单片机内部 RAM 和特殊功能寄存器的状态与复位前相比有什么变化?

第3章 MCS-51单片机的指令系统及程序设计

CHAPTER 3

指令是程序的基本单元,它是控制、指挥 CPU 的命令。一台计算机所有指令的集合称为指令系统。指令是由计算机的硬件特性决定的,不同类型的计算机的指令系统是不兼容的。指令系统展示了计算机的操作功能,它是表征计算机性能的一个重要指标。MCS-51单片机指令系统共有 111 条指令,提供了多种灵活的寻址方式,指令代码短、功能强、执行快;另外,它提供了位操作指令,允许直接对位进行逻辑和传送操作。本章将介绍 MCS-51单片机指令系统、寻址方式、指令的功能和使用方法。

3.1 指令格式

指令(Instruction)是人们给计算机的命令,是芯片制造厂家提供给用户使用的软件资源。一台计算机所有指令的集合称为指令系统。由于计算机只能识别二进制数和二进制编码,而对于用户来说,二进制编码可读性差,难以记忆和理解,因此,一条指令有两种表示方式:一种是计算机能够识别的机器码(二进制编码的指令代码)——机器语言(Machine Language),另一种是采用人们容易理解和记忆的助记符(Mnemonics)形式——汇编语言(Assembly Language)。汇编语言便于用户编写、阅读和识别,但不能直接被计算机识别和理解,必须汇编成机器语言才能被计算机执行。汇编语言可以汇编为机器语言,机器语言也可以反汇编为汇编语言,它们之间一一对应。汇编和反汇编可以由编译系统自动完成,也可以由用户通过人工查表的方法手工完成。在本章主要介绍指令的汇编语言形式。

MCS-51 单片机的指令由标号、操作码助记符、操作数和注释 4 部分组成,格式如下。

[标号:]　操作码助记符 [操作数];[注释]

(1) 标号:表示该指令代码的第一字节所在单元地址。标号由用户自行定义,必须是英文字母开头。在汇编语言程序中,标号可有可无。程序由编译系统汇编或手工汇编时,把标号替换成该指令代码的第一字节所在单元地址。

(2) 操作码助记符:规定指令所执行的操作,描述指令的功能。在指令中不可缺少。

(3) 操作数:参与操作的数据信息。

(4) 注释:用户对指令的操作说明,便于阅读和理解程序。注释部分可有可无。

编制程序时,一般标号后带冒号(:),与操作码助记符之间应有空若干空格;操作码助记符和操作数用空格隔开;如果指令中包含多个操作数,操作数之间用逗号(,)隔开;注释与指令之间采用分号(;)隔开,一般情况下,在程序中,分号(;)之后的一切信息均为说明注释部分,编译系统汇编时不予处理。

下面为一段汇编语言程序:

【标号】	【操作码助记符】	【操作数】	【注释】
START :	MOV	A , ♯20H ;	把数 20H 送入累加器 A 中
	INC	A ;	A.加一

MCS-51 单片机汇编语言指令有以下几种形式。

(1) 没有操作数,如: RET,RETI,NOP。

(2) 有一个操作数,如: INC A,DEC 20H,CLR C,SJMP NEXT。

(3) 有两个操作数,如: MOV R7, ♯DATA; ADD A, R0; DJNZ R2,LOOP。

(4) 有三个操作数,如: CJNE A, ♯20H, NEQ。

从机器语言的指令代码长度来看,MCS-51 单片机汇编语言指令有以下 3 种形式。

(1) 单字节指令:指令机器代码为一字节,占用一个单元。如:

INC DPTR　　　　(指令机器代码: A3)
ADD A, R7　　　　(指令机器代码: 2F)

(2) 双字节指令:指令机器代码为两字节,占用两个单元。如:

SUBB A, 2BH　　　(指令机器代码: 95 2B)
ORL C, /27H　　　(指令机器代码: A0 27)

(3) 三字节指令:指令机器代码为三字节,占用三个单元。如:

MOV 20H, ♯00H　　(指令机器代码: 75 20 00)
LJMP　2000H　　　(指令机器代码: 02 20 00)

3.2　MCS-51 单片机的寻址方式

所谓寻址方式(Addressing Mode)就是 CPU 执行指令时获取操作数的方式。寻址方式的多少是反映指令系统优劣的主要指标之一。寻址方式隐含在指令代码中,寻址方式越多,灵活性越大,指令系统越复杂。MCS-51 单片机提供了 7 种不同的寻址方式:立即寻址、直接寻址、寄存器寻址、寄存器间接寻址、变址寻址、位寻址和相对寻址。

1. 立即寻址方式

立即寻址方式也称为立即数(Immediate Constants)寻址。立即寻址方式是在指令中直接给出了参与运算的操作数,CPU 直接从指令中获取操作数。这种由指令直接提供的操作数叫立即数,它是一个常数。指令中操作数前面加有"♯"号,它的作用是告知汇编系统,其后是一个常数。例如,如图 3.1 所示,"MOV A, ♯20H"表示把立即数 20H 送入累加器 A 中。

2. 直接寻址方式

直接寻址方式(Direct Addressing)是在指令中给出了参与运算的操作数所在单元的地址或所在位的位地址,操作数存储在指定的单元或位中。例如,"MOV A,20H"表示把 20H 单元的内容送到累加器 A 中,如图 3.2 所示。

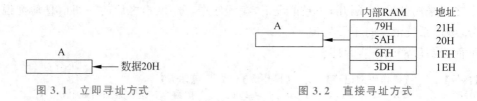

图 3.1　立即寻址方式　　　　　图 3.2　直接寻址方式

直接寻址方式可以访问以下 3 种地址空间。

(1) 内部 RAM：00～7FH。

(2) 21 个特殊功能寄存器,对这些特殊功能寄存器,CPU 只能采用直接寻址方式。

(3) 位寻址空间。

3. 寄存器寻址方式

寄存器寻址(Register Addressing)方式是在指令中指出了参与运算的操作数所在的寄存器,操作数存储在寄存器中。例如,"MOV A,R0"表示把工作寄存器 R0 中的数送到累加器 A 中,如图 3.3 所示。

寄存器寻址方式中的寄存器位工作寄存器 R0～R7、DPTR、累加器 A、寄存器 B(仅在乘除法时)和布尔累加器 C。

图 3.3　寄存器寻址方式

4. 寄存器间接寻址方式

寄存器间接寻址(Indirect Addressing)方式是在指令中用地址寄存器指出存放操作数的单元地址。地址寄存器(Address Register)的内容是操作数所在单元的地址。操作数是通过指令中给出的地址寄存器内容间接得到的。在指令中,作为地址寄存器的寄存器只有 R0,R1,DPTR,表示为@R0,@R1,@DPTR。

例如,已知 PSW 的内容是 00H,寄存器 R0 的内容为 41H,指令"MOV A,@R0"是把地址寄存器 R0 的内容 41H 作为操作数所在单元地址,把该单元中的内容 5AH 送到累加器 A 中,如图 3.4 所示。

图 3.4　对内部 RAM 单元的寄存器间接寻址

例如,采用指令"MOVX A,@DPTR"把外部 RAM 的 4001H 单元的内容送到累加器 A 中,如图 3.5 所示,它是由 DPTR 的内容指出要访问的外部 RAM 单元地址 4001H。

图 3.5　对外部 RAM 单元的寄存器间接寻址

寄存器间接寻址方式的寻址范围如下。

(1) 内部 RAM：00H～7FH,由地址寄存器@R0 和@R1 指出操作数所在单元的地址。

（2）外部 RAM 和外部 I/O 口：0000H～FFFFH，由 16 位地址寄存器@DPTR 指出操作数所在单元或 I/O 口的地址，也可由 8 位地址寄存器@R0 和@R1 指出操作数所在单元的低 8 位地址，此时，高 8 位地址由 P2 口提供。

另外，还有一个隐含的 8 位地址寄存器 SP，用于与堆栈操作相关的指令，由 SP 内容间接指出操作数所在单元的地址。

5. 变址寻址方式

变址寻址（Indexed Addressing）方式也称为基址寄存器加变址寄存器间接寻址方式，存放操作数单元的地址为基址寄存器和变址寄存器二者内容之和。变址寻址方式中，操作数所在单元的地址以基址寄存器与变址寄存器内容之和的形式在指令中指出。这种寻址方式只适用于程序存储器。在 MCS-51 单片机中，只有两个 16 位寄存器 DPTR 和 PC 可以作为基址寄存器，而可作为变址寄存器的只有累加器 A。从程序存储器中读取操作数的指令有如下两种：

```
MOVC A , @A + DPTR;
MOVC A , @A + PC;
```

基址寄存器 PC 或 DPTR 与累加器 A 两者内容相加得到的 16 位地址作为操作数所在单元的地址，把该地址对应单元的内容取出送给累加器 A。

另外一种变址寻址方式的指令用于程序散转指令。在这种情况下，程序转移的目标地址（Destination Address）由基址寄存器 DPTR 与累加器 A 内容之和确定，把二者内容之和传送给程序计数器 PC，使程序执行的顺序发生改变，从而实现程序转移。指令如下：

```
JMP @A + DPTR;
```

6. 位寻址方式

位寻址（Bit Addressing）方式是在指令中指出了参与运算的操作数（一位）所在的位的位地址或位寄存器（仅有位累加器 C）。位寻址方式是 MCS-51 单片机特有的一种寻址方式。

在指令中位地址通常以下列几种形式之一表示。

（1）被操作位用直接位地址表示：

```
CLR 07H;    MOV 22H, C
```

（2）被操作位用该位在单元或特殊功能寄存器的相对位置表示，常用点操作符方式：

```
SETB ACC.6 ;    ANL C, 25H.5
```

（3）被操作位用特殊功能寄存器中规定的位名称表示：

```
CPL RS0 ;    JBC TF0, OVER;
```

位寻址方式的适用范围为 MCS-51 单片机的位寻址空间。

实际上，如果位寻址方式在指令中指出参与操作的位的位地址时，可以理解为直接寻址方式；而在指令中指出参与操作的位所在的位寄存器（位累加器 C）时，可以认为是寄存器寻址方式。

7. 相对寻址方式

相对寻址（Relative Addressing）方式是在指令中给出了程序转移的目标地址与当前地

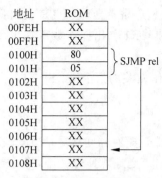

图 3.6　相对寻址方式

址之间的相对偏移量。它是为解决程序转移而专门设置的，用于控制转移类指令。相对偏移量为一字节的补码，在指令代码中用 rel 表示，取值为 $-128\sim+127$，相对偏移量 rel 大于 0 则程序向下转移，偏移量 rel 小于 0 则程序向上转移。程序转移的目标地址为当前地址与偏移量 rel 之和，该值送给程序计数器(PC)，则程序转移到目标地址处执行。

如指令"SJMP rel"，其对应的机器码为"80 rel"，如图 3.6 所示。当"SJMP rel"被 CPU 取走后，PC 指向 0102H 单元，假设 rel＝05H，CPU 执行该指令计算出的目标地址是

$$(PC)+rel=0102H+05H=0107H$$

则 CPU 把该地址赋给 PC，这样程序就转移到 0107H 处。

在程序设计时，通常在 SJMP 指令之后以标号或单元地址的形式给出目标地址，在程序汇编时，偏移量 rel 由汇编系统自动算出。下面一段程序是带有条件判别的程序，程序汇编后，被存储在程序存储器 0200H 开始的区域。在本程序中，如果进位 Cy 的状态为 1，则需要程序转移到 CARRY 处执行。程序中"JC　CARRY"的指令代码存储的起始地址为 0204H，指令代码中给出的偏移量为 03H，JC 指令代码为 2 字节，则 CPU 取走该指令后，(PC)＝0204H＋02H＝0206H；该指令执行后，CPU 计算出的目标地址是(PC)＝0206H＋03＝0209H。程序会转移到 0209H 单元执行，即标号 CARRY 处，与程序设计意图是一致的。

【标号】	【指令】	【注释】	【单元地址】	【指令代码】
MYPROG:	MOV A, 20H;	取 20H 单元内容到 A	0200H	E5　20
	ADD A, 30H;	两个单元内容相加	0202H	25　30
	JC　CARRY;	有进位时，转移	0204H	40　03
	MOV 20H, A;	存结果	0206H	F5　20
	RET;		0208H	22
CARRY:	SETB 28H.0;	标志位置 1	0209H	D2　40
	…		020BH	…

3.3　指令系统分析

3.3.1　指令的分类

MCS-51 指令系统中共有 111 条指令。

按指令代码的字节数划分，可分为以下 3 类。

(1) 单字节指令(49 条)。

(2) 双字节指令(45 条)。

(3) 三字节指令(17 条)。

按指令执行的时间划分，可分为以下 3 类。

(1) 单机器周期指令(64 条)。

(2) 双机器周期指令(45 条)。

（3）4 机器周期指令（2 条）。

按指令功能进行划分，可分为以下 5 类。

（1）数据传送类指令（29 条）。

（2）算术运算类指令（24 条）。

（3）逻辑运算类指令（24 条）。

（4）控制转移类指令（17 条）。

（5）位操作类指令（17 条）。

本章将按指令功能详细介绍 MCS-51 单片机的指令系统，主要以汇编语言指令为主，指令的机器码（指令代码）可查阅附录 A 的 MCS-51 单片机指令及其指令代码表。为了说明指令的功能，下面定义一些在汇编指令中用到的符号和字段。

- Rn：$n=0\sim7$，表示当前工作寄存器的 8 个工作寄存器 R0～R7。
- @Ri：$i=0,1$；表示作为地址寄存器的工作寄存器 R0 和 R1。
- direct：表示一个单元地址，8 位二进制数，取值范围为 00H～FFH。它可表示内部 RAM 的单元地址（00H～7FH）或特殊功能寄存器（SFR）的地址（80H～FFH）。
- data：表示一个 8 位二进制常数，取值范围为 00H～FFH。
- data16：表示一个 16 位二进制常数，取值范围为 0000H～FFFFH。
- addr16：表示一个 16 位单元地址，取值范围为 0000H～FFFFH。
- addr11：表示一个 11 位单元地址，取值范围为 000 0000 0000H～111 1111 1111B。
- bit：表示一个位地址，8 位二进制数，取值范围为 00H～FFH，bit 可表示内部 RAM（20H～2FH）或是特殊功能寄存器（SFR）中的可寻址位的位地址。
- rel：表示偏移量，8 位带符号二进制数，补码，取值范围为 −128～+127。
- (direct)：表示由地址 direct 指定的寄存器或单元的内容。
- [(AddReg)]：表示由地址寄存器 AddReg 内容所指定的存储单元的内容。
- LABEL：程序中指定的标号。

在 MCS-51 单片机系统中，除了 16 位寄存器（PC 和 DPTR）和布尔累加器 C（位处理器）之外，单元或寄存器内容为 8 位二进制数，数值范围为 00H～FFH，不管它属于内部 RAM、外部 RAM、特殊功能寄存器，还是程序存储器。存储在位寻址空间上的信息称为状态，一位的状态有两种取值：0 和 1。另外，由于在指令中常采用十六进制数表示单元地址或常数，若以 A～F 打头表示一个十六进制数时，在指令中采用前面加 0 的方式以区别于字符，如 0AAH。

3.3.2　数据传送指令

数据传送（Data Transfers）类指令共有 29 条，是 MCS-51 单片机指令系统中种类最多、程序中使用最频繁的一类指令。数据传送类指令分为以下 5 种类型。

（1）通用传送指令。

（2）堆栈操作指令。

（3）交换指令。

（4）访问程序存储器的数据传送指令。

（5）访问外部 RAM 和外部 I/O 口的数据传送指令。

1. 通用传送指令

通用传送指令的助记符为 MOV，指令的一般形式为：

MOV 目的操作数,源操作数

指令的功能是把源操作数送给目的操作数，源操作数保持不变。除非是 PSW 作为目的操作数，执行指令一般不影响标志位 Cy，AC，OV；但累加器 A 作为目的操作数时，将会对奇偶校验位 P 产生影响。这类指令操作在单片机内部 RAM 或特殊功能寄存器区。下面分别以累加器 A、工作寄存器 R0~R7、某一个单元为目的操作数，介绍这类指令的功能。

1）以累加器 A 为目的操作数的传送指令

MOV A,源操作数;

源操作数复制给累加器 A，表示为：源操作数→(A)，"→"表示数据的传递方向。有以下 4 种形式：

```
MOV  A,Rn          ;(Rn)→(A),n = 0~7
MOV  A,direct      ;(direct)→(A)
MOV  A,@Ri         ;[(Ri)]→(A),i = 0,1
MOV  A,#data       ;data→(A)
```

如：

```
MOV  A,R2          ;(R2)→(A),把寄存器 R2 的内容复制给累加器 A.
MOV  A,30H         ;(30H)→(A),把内部 RAM 地址为 30H 单元的内容复制给累加器 A.
MOV  A,@R0         ;[(R0)]→(A),把地址寄存器 R0 的内容指定的内部 RAM 单元内容复制
                   ;给累加器 A.也就是把内部 RAM 的一个单元的内容送给累加器 A,该单
                   ;元的地址是由地址寄存器 R0 的内容指定的
MOV  A,#0A6H       ;把常数 0A6H 存放在累加器 A 中
```

2）以工作寄存器 Rn 为目的操作数的传送指令

MOV Rn,源操作数;

源操作数送给工作寄存器 Rn，n=0~7，有 3 种形式：

```
MOV  Rn,A          ;(A)→(Rn),n = 0~7
MOV  Rn,direct     ;(direct)→(Rn),n = 0~7
MOV  Rn,#data      ;data→(Rn),n = 0~7
```

如：

```
MOV  R0,A          ;(A)→(R0),把累加器 A 的内容送到寄存器 R0 中
MOV  R3,30H        ;(30H)→(R3),把内部 RAM 的 30H 单元的内容复制给寄存器 R3
MOV  R7,#36H       ;36H→(R7),把常数 36H 存放在寄存器 R7 中
MOV  R1,#30        ;30→(R1),把十进制数 30 送到 R1 中,(R1) = 1EH
MOV  R6,#01101100B ;把二进制数 01101100B 送到 R6 中,(R6) = 6CH
```

3）以直接地址为目的操作数的传送指令

MOV direct,源操作数;

把源操作数送到指定单元 direct 中，这是通用传送指令中操作形式最为丰富的一组指令，支持任意两个单元之间的数据传送。这组指令有 5 种形式：

```
MOV  direct,A      ;(A)→(direct)
MOV  direct,Rn     ;(Rn)→(direct),n = 0~7
```

```
MOV  direct,direct1     ;(direct1)→(direct)
MOV  direct,@Ri         ;[(Ri)]→(direct),i = 0,1
MOV  direct,#data       ;data→(direct)
```

如：

```
MOV  30H,A              ;(A)→(30H),把累加器 A 的内容复制给内部 RAM 为 30H 的单元
MOV  P1,R2              ;(R2)→(P1),把 R2 的内容从 P1 口输出
MOV  38H,60H           ;(60H)→(38H),把 60H 单元的内容复制给 38H 单元
MOV  TL0,@R1           ;[(R1)]→(TL0),把 R1 内容指定单元的内容送到计数器 TL0 中
MOV  58H,#36H          ;36H→(58H),把常数 36H 写入内部 RAM 的 58H 单元
MOV  PSW,#00011000B    ;把 00011000B 写入 PSW
```

需要指出的是,CPU 访问 SFR 只能采取直接寻址方式,因此,上述指令中对 P1 和 TL0 的访问可以写成下列形式:

```
MOV  P1,R2 → MOV 90H, R2
MOV  TL0,@R1 → MOV 8CH, @R1
MOV  PSW,#00011000B → MOV 0D0H, #00011000B
```

不管哪种形式,汇编时它们的指令代码是相同的。对于编程者来说,第一种使用 SFR 名称的形式更方便。

4) 以间接地址为目的操作数的传送指令

```
MOV  @Ri,源操作数;
```

这是一组以某一个单元为目的操作数传送指令,与上一组指令不同的是,单元地址不是直接给出的,而是由地址寄存器 R0 或 R1 的内容间接给出的,有以下 3 种形式:

```
MOV  @Ri,A             ;(A)→[(Ri)],i = 0,1
MOV  @Ri,direct        ;(direct)→[(Ri)],i = 0,1
MOV  @Ri,#data         ;data→[(Ri)],i = 0,1
```

如：

```
MOV  @R0,A             ;(A)→[(R0)],把 A 的内容送给地址寄存器 R0 内容指定的单元
MOV  @R1,36H          ;(36H)→[(R1)],把 36H 单元的内容送给另一个单元,该单元
                       ;的地址由地址寄存器 R1 内容指定
MOV  @R0,SBUF         ;(SBUF)→[(R0)],把串行口接收缓冲器 SBUF 的内容送给地址寄存
                       ;器 R0 内容指定的单元
MOV  @R0,#0D6H        ;给地址寄存器 R0 内容指定的单元设置常数 0D6H
```

例 3.1　在内部 RAM 中,30H 单元的内容为 40H,40H 单元的内容为 10H,当前从 P1 口输入数据 11001010B,分析下列程序的执行结果:

```
MOV  R0, #30H;
MOV  A,  @R0;
MOV  R1,  A;
MOV  B,  @R1;
MOV  @R1, P1;
MOV  P2,  P1;
```

分析如下:

```
MOV  R0, #30H          ;30H→(R0),(R0) = 30H
MOV  A,  @R0           ;[(R0)]→(A),即[30H]→(A),(A) = 40H
MOV  R1,  A            ;(A)→(R1),(R1) = 40H
```

```
MOV   B,   @R1          ;[(R1)]→(B),即[40H]→(B),(B) = 10H
MOV   @R1, P1           ;(P1)→[(R1)],即(P1)→[40H],(40H ) = 11001010B = 0CAH
MOV   P2,  P1           ;(P2) = 0CAH
```

执行结果：(30H)＝40H，(R0)＝30H，(R1)＝40H，(A)＝40H，(B)＝10H，(40H)＝0CAH，(P2)＝0CAH。

例 3.2 设计程序把单片机 P1 口引脚当前的状态从 P3 口输出。

```
MOV   P1, ♯0FFH         ;P1 口全写 1,置 P1 口为输入
MOV   A,P1              ;读取 P1 口引脚的状态
MOV   P3,A              ;从 P3 口输出
```

也可用下面的程序实现：

```
MOV   P1, ♯0FFH         ;P1 口全写 1,置 P1 口为输入
MOV   P3,P1             ;读取 P1 口引脚的状态,并从 P3 口输出
```

5）十六位数据传送指令

```
MOV   DPTR, ♯data16     ;data8～15→(DPH),data0～7→(DPL).
```

这是 MCS-51 单片机指令系统中唯一的一条设置 16 位二进制常数的指令。该指令操作等同于分别对 DPH 和 DPL 的操作：

```
MOV   DPH, ♯data8～15
MOV   DPL, ♯data0～7
```

两种实现方法的区别在于：前者为三字节指令,指令周期为两个机器周期；而后者为两条指令共 3 字节,需要 4 个机器周期才能执行完毕。如：

```
MOV   DPTR, ♯2368H      ;(DPTR) = 2368H;(DPH) = 23H,(DPL) = 68H,
MOV   DPTR, ♯35326      ;(DPTR) = 35326 = 89FEH
```

在使用通用数据传送指令时,应注意以下几点。

(1) 通用数据传送指令不支持工作寄存器 R0～R7 之间的数据直接传送。如把 R2 的内容传递给 R5,但可以采用下面的方法实现：

```
MOV   40H, R2
MOV   R5, 40H
```

如果知道此时 CPU 使用的当前工作寄存器组,可用传送指令实现。假设当时的 RS0＝0,RS1＝1,则 R2 和 R5 的地址分别是 12H 和 15H,把 R2 的内容传递给 R5 可以采用：

```
MOV      15H, R2
```

或

```
MOV      R5, 12H
```

(2) 通用数据传送指令不支持工作寄存器 R0～R7 内容直接传送给由地址寄存器内容指定的单元,或由地址寄存器内容指定单元的内容送给工作寄存器 R0～R7,如果在程序中需要这样的数据传送,可以采用其他方式间接实现。例如,把地址寄存器 R1 内容指定的单元内容传送给工作寄存器 R5,可以采用：

```
MOV   A, @R1
MOV   R5, A
```

把 R7 内容送给地址寄存器 R0 内容指定的单元,可以用下面的方法:

```
MOV  30H, R7
MOV  @R0, 30H
```

(3) 数据传送指令中,地址寄存器只有 R0 和 R1 可以担当,其他工作寄存器无此功能。

(4) 虽然 MCS-51 单片机有两个 16 位的寄存器:PC 和 DPTR,但只有 DPTR 用户可以用指令方式直接设置其内容。

2. 堆栈操作指令

堆栈是在内部 RAM 中开辟的一个先进后出(后进先出)的区域,用来保护 CPU 执行程序的现场,如 CPU 响应中断和子程序调用时的返回地址、重要单元和寄存器的内容等。其中重要单元和寄存器的内容采用堆栈操作指令完成。在保护时,先把它们传送到堆栈区暂时保存,待需要时再从堆栈区取出送回原来的单元和寄存器。堆栈的操作有两种:入栈和出栈。

1) 入栈指令

```
PUSH  direct;
```

入栈指令的功能是把指定单元 direct 的内容压入堆栈,指令执行时不影响标志位 Cy,AC,OV,P。CPU 操作过程如下。

(1) (SP)+1→(SP),修改堆栈指针。

(2) (direct)→[(SP)],指定单元 direct 的内容入栈,即把该单元的内容送到由堆栈指针 SP 内容所指的单元。

例 3.3　把内部 RAM 的 60H 单元入栈。

```
MOV  SP, #70H        ;(SP) = 70H,栈区开辟在 71H 开始的内部 RAM 区域
PUSH 60H             ;(SP) + 1→(SP),则(SP) = 71H;
                     ;(60H)→[(SP)],则(60H)→(71H),60H 单元内容被保存到栈
                     ;区的 71H 单元中,60H 单元的内容没有改变
```

例 3.3 的程序的执行过程如图 3.7 所示。

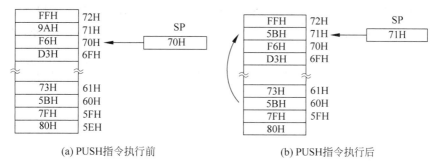

(a) PUSH指令执行前　　　　　　　　(b) PUSH指令执行后

图 3.7　PUSH 指令的执行过程

2) 出栈指令

```
POP  direct
```

出栈指令的功能是把堆栈中由(SP)所指单元的内容传送到指定的 direct 单元。指令执行时不影响标志位 Cy,AC,OV,P。CPU 操作过程如下。

(1) [(SP)]→(direct),出栈,把堆栈中由(SP)所指单元的内容传送到 direct 单元。

（2）(SP)－1→(SP)，修改堆栈指针。

例 3.4 把存储在堆栈区 71H 单元的内容恢复到内部 RAM 的 60H 单元。

```
MOV  SP,  ♯71H      ;(SP)=71H,目前的栈顶为 71H 单元
POP  60H            ;出栈,[(SP)]→(60H),即(71H)→(60H)
                    ;修改栈顶指针(SP)-1→(SP),(SP)=70H
```

上述程序的执行过程如图 3.8 所示。

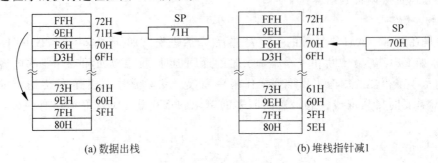

(a) 数据出栈　　　　　　　　　　　(b) 堆栈指针减1

图 3.8　POP 指令的执行过程

在使用堆栈时，应注意以下几点。

（1）PUSH 和 POP 指令的操作数必须是单元地址。PUSH 指令中指定的单元地址是被保护单元的地址（源操作数），指令隐含了目的操作数；而 POP 指令中指定的单元地址是内容要恢复的单元地址（目的操作数），指令隐含了源操作数。

（2）MCS-51 单片机的堆栈建在内部 RAM 中，单片机复位后，(SP)=07H，从 08H 单元开始的区域均为栈区。在应用系统中，一般把栈区开辟在内部 RAM 的 30H～7FH 这一区域，栈区最好靠近内部 RAM 的末端，以避免堆栈向上增长时覆盖有效数据。

（3）在使用堆栈操作指令时，入栈指令 PUSH 和出栈指令 POP 应成对出现，保护指定单元内容时，必须遵循先进后出的原则，否则，单元内容在出栈恢复时会发生改变。

（4）MCS-51 单片机不支持对工作寄存器 R0～R7 直接使用堆栈操作指令。如果要用堆栈操作保护寄存器 Rn(n=0～7)的内容，可对该工作寄存器对应的单元操作。如当 RS1 和 RS0 为 10 时，把 R5 的内容入栈，可用"PUSH 15H"；出栈用"POP 15H"即可恢复 R5 的内容。

例 3.5　设当前堆栈指针(SP)的内容为 70H，20H 单元的内容为 0FFH。下列程序执行后，DPTR 的内容是多少？

```
MOV  DPTR,  ♯0123H
MOV  R0, ♯20H
PUSH DPH
PUSH DPL
MOV  A,  @R0
MOV  DPL,  A
MOV  DPH,  ♯50H
MOV  R0,  ♯00H
POP  DPL
POP  DPH
```

程序执行过程分析如下：

```
MOV   DPTR, #0123H        ;(DPTR) = 0123H
MOV   R0, #20H            ;(R0) = 20H
PUSH  DPH                 ;(SP) + 1→(SP),(SP) = 71H,DPH 的内容入栈,则(71H) = 01H
PUSH  DPL                 ;(SP) + 1→(SP),(SP) = 72H,DPL 的内容进栈,则(72H) = 23H,
                          ;此时,DPTR 的内容全部入栈保护
MOV   A, @R0             ;[(R0)]→(A),即[20H]→(A),(A) = 0FFH
MOV   DPL,  A            ;(DPL) = 0FFH
MOV   DPH, #50H          ;(DPH) = 50H,此时,(DPTR) = 50FFH
MOV   R0, #00H           ;(R0) = 00H
POP   DPL                ;恢复 DPTR 内容.[(SP)]→(DPL),即[72H]→(DPL),
                         ;则(DPL) = 23H.(SP) - 1→(SP),(SP) = 71H
POP   DPH               ;[(SP)]→(DPH),即[71H]→(DPH),则(DPH) = 01H
                        ;(SP) - 1→(SP),(SP) = 70H.此时,(DPTR) = 0123H,内容恢复
```

在例 3.5 中,在 DPTR 内容入栈保护之后,DPTR 被释放,对它进行了其他操作,操作完成之后,又采用出栈操作恢复了 DPTR 内容。这种方法常用于子程序模块中。由于单片机中,存储单元和寄存器是唯一的,如果在子程序中使用了相同的资源,但又不希望子程序运行时影响这些资源在调用之前的状态,在进入子程序时首先把它们入栈保护,释放资源,待调用子程序结束时,再利用出栈操作把它们恢复到子程序调用之前的状态,使调用前后它们保持相同的状态。如果交换 DPH 和 DPL 出栈的顺序,结果会是什么呢?

3. 交换指令

这是一组需要累加器 A 参与完成的指令,数据交换在内部 RAM 存储单元与累加器 A 之间或累加器 A 的高低 4 位之间进行,可以实现整字节或半字节的数据交换。

1) 字节交换指令

```
XCH   A,源操作数;
```

将源操作数与累加器 A 的内容互换,源操作数必须是工作寄存器、SFR 或内部 RAM 的存储单元。这组指令有 3 种形式:

```
XCH   A,Rn               ;(A)↔(Rn),n = 0~7
XCH   A,direct           ;(A)↔ (direct)
XCH   A,@Ri              ;(A)↔ [(Ri)],i = 0,1
```

例 3.6　将内部 RAM 的 20H 单元的内容与 40H 单元的内容交换。

方法一:

```
MOV  A,20H
XCH  A,40H
MOV  20H,  A
```

方法二:

```
MOV  A,20H
MOV  20H, 40H
MOV  40H, A
```

2) 半字节交换指令

```
XCHD  A,@Ri              ;(A)_{0~3}↔ [(Ri)]_{0~3},i = 0,1
```

把指定单元内容的低 4 位与累加器 A 的低 4 位互换,而二者的高 4 位保持不变,如图 3.9 所示。

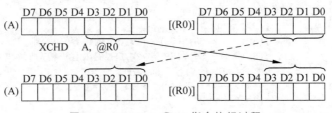

图 3.9　XCHD A，@R0 指令执行过程

例 3.7　编程实现把内部 RAM 的 20H 单元的内容低 4 位与 R7 单元的内容低 4 位交换。

程序如下：

```
MOV  R0,  #20H
MOV  A, R7
XCHD A,  @R0          ;20H 单元内容的低 4 位与累加器 A 的低 4 位互换
MOV  R7, A            ;累加器 A 内容送 R7，完成题目要求
```

3）高低 4 位互换指令

```
SWAP A               ;(A)_{0~3} ↔ (A)_{4~7}
```

将累加器 A 的高 4 位和低 4 位互换，如图 3.10 所示。只有累加器 A 能够实现高 4 位和低 4 位互换。

例 3.8　把内部 RAM 存储单元 7BH 的内容高低 4 位互换。

```
MOV A, 7BH
SWAP A
MOV 7BH, A
```

例 3.9　8 位十进制数以压缩 BCD 码的形式依次存储在内部 RAM 以 2BH 单元开始的区域中，先存高位，设计程序把该数右移 2 位（即除以 100），并存储在原来的位置。

分析：十进制数右移 2 位，相当于这个数除以 100，假设 $X=12345678$，右移 2 位后，$X=123456$，移位前后存储在内部 RAM 中的映射如图 3.11 所示。显然，可以采用数据传送的方式实现上述要求，也可以采用单元内容交换的方法实现。

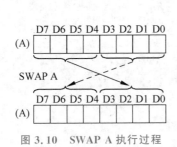

图 3.10　SWAP A 执行过程

图 3.11　X 右移前后存储单元的内容

方法一：采用传送指令

```
MOV  2EH, 2DH
MOV  2DH, 2CH
MOV  2CH, 2BH
MOV  2BH, #0         ;存储最高位单元清零
```

方法二：采用交换指令

```
CLR  A
XCH  A, 2BH
XCH  A, 2CH
XCH  A, 2DH
XCH  A, 2EH
```

这两种方法的区别是：第一种方法在程序存储器中需要 12 个单元存储指令代码，执行时需要 8 个机器周期；而后者只需要 9 个单元，执行时间为 5 个机器周期。

4. 访问程序存储器的数据传送指令

MCS-51 单片机的程序存储器主要用于存放程序指令代码（Code），还可用来存放程序中需要的常数。这些常数存储在程序存储器的一个区域，由若干连续单元构成，通常称为表或表格（Table）。因此，访问程序存储器的数据传送指令也叫查表（Lookup Table），它的功能是从程序存储器某个单元读取一字节的常数。指令有两种形式：

```
MOVC A,@A + DPTR    ;[(A) + (DPTR)]→(A),常数所在存储单元的地址由 DPTR 和累加
                    ;器 A 的内容之和确定
MOVC A,@A + PC      ;(PC) + 1→(PC),CPU 取指令代码;[(A) + (PC)]→(A),常数所在
                    ;存储单元的地址由程序计数器(PC)和累加器 A 的内容之和确定
```

例 3.10 采用查表方法获取一个数 $x(0 \leqslant x \leqslant 15)$ 的平方值。

首先在程序存储器中建立一个 $0 \leqslant x \leqslant 15$ 的平方表，定义从 5000H 开始的连续 16 个单元中分别存有 $0 \sim 15$ 的平方值。x 存放在累加器 A 中，x 取值为 00H~0FH。程序执行后，得到 x 的平方值在累加器 A 中。分别用上述两种指令设计查表程序。

（1）采用"MOVC A,@A＋DPTR"指令。

```
MOV  DPTR, #5000H    ;表的首地址送 DPTR
MOVC A,@A + DPTR     ;查表获得的值送累加器 A
RET                  ;返回
ORG  5000H           ;0≤x≤15 的平方表从 5000H 存放
   DB 00H            ;0², DB: Define a byte,伪指令,在此定义 5000H 单元的内容是常
                     ;数而非指令代码,在程序中起说明作用
   DB 01H            ;1² 存放在 5001H 单元
   DB 04H            ;2² 存放在 5002H 单元
...
   DB 0E1H           ;15² = 225,存放在 500FH 单元
```

说明：若(A)=00H，程序执行后，$[(A)+(DPTR)]→(A)$，即 $(00+5000)=(5000H)→$ (A)，则(A)=00H。若(A)=02H，则 $[(A)+(DPTR)]→(A)$，即 $(5002H)→(A)$，(A)=04H。

实际上，如果平方表放在程序存储器的其他地方，如存放在 3700H，只要在程序中修改表的首地址，"MOV DPTR,#3700H"，程序运行的结果是相同的。

（2）采用"MOVC A,@A＋PC"指令。

由于这条指令执行时，其结果与 PC 有关，为了分析方便，把每条指令及其代码同时给出，程序从程序存储器的 1000H 单元开始存放，同样，x 存放在累加器 A 中，x 取值为 00H~0FH。程序执行后得到 x 的平方值在累加器 A 中。

【标号】	【指令】	【注释】	【单元地址】	【指令代码】
CHECKUP:	INC A	;(A)的内容 +1	1000H	04
	MOVC A,@A + PC	;(PC) + 1→(PC),	1001H	83

```
                          ;[(A)+(PC)]→(A)
        RET               ;返回                    1002H        22
        DB 00H            ;0²                      1003H        00H
        DB 01H            ;1²                      1004H        01H
        DB 04H            ;2²                      1005H        04H
        …                                                       …
        DB 0E1H           ;15²                     1012H        0E1H
```

说明：如果(A)＝02H时，执行此程序，首先(PC)＝1000H，由于"INC A"为单字节指令，(PC)+1→(PC)，则(PC)＝1001H，CPU取指令代码04，解释执行后(A)被加1，其内容变为03H。接着，由于(PC)＝1001H，(PC)+1→(PC)，则(PC)＝1002H，CPU取代码83解释执行：[(A)+(PC)]→(A)，即[03+1002]→(A)，则(A)的内容为04H，即2的平方。

如果去掉指令"INC A"，执行的结果正确吗？从程序代码在程序存储器中的存储位置来看，查表指令与平方表首地址之间有1字节的偏移量，给累加器加1正是为了弥补这个偏移量而设置的。如果没有加1处理，执行结果是不对的。

MCS-51单片机中从程序存储器中获取常数只有通过累加器A，虽然上述两条指令的功能是相同的，但二者在使用时查表的范围是不一样的。

（1）"MOVC A,@A+DPTR"指令中，累加器A和DPTR的内容用户可以通过指令直接设定。16位数据指针DPTR为基址寄存器，取值范围为0000H～0FFFFH，也就是说常数表可以放置在程序存储器64KB空间的任何位置，而且表的最大长度可以接近64KB。

（2）"MOVC A,@A+PC"是以程序计数器(PC)作为基址寄存器，该指令的执行结果与PC的内容有关，指令执行时PC的内容无法用传送指令指定，只有累加器A是可改变的，它取值范围为00H～0FFH。因此，使用这条指令时，常数表必须紧跟该指令存放，且长度不能大于256字节。

5．访问外部RAM和外部I/O口的数据传送指令

MCS-51单片机系统中，扩展的外部RAM和外部I/O口是统一编址的，CPU访问外部RAM和外部I/O口时使用相同的指令，助记符为MOVX。CPU访问外部RAM和外部I/O口时采用间接寻址方式，外部RAM单元地址或外部I/O口地址由地址寄存器的内容指出，其中DPTR，R0，R1可作为地址寄存器，因此，有两种形式的指令。

1）以DPTR为地址寄存器的访问外部RAM和外部I/O口的指令

（1）读（输入）指令。

```
    MOVX   A,@DPTR      ;[(DPTR)]→(A);
```

在读控制信号$\overline{RD}$为0时，把DPTR内容指出的外部RAM单元的内容或外部I/O口的状态读到累加器A中。DPTR内容指出16位地址，寻址范围为0000H～0FFFFH，即64KB。CPU执行读外部数据存储器和外部I/O口指令的时序如图3.12所示。CPU读数据时，单元地址分别由P0和P2口输出，P0输出DPL(低8位地址)，P2输出DPH(高8位地址)。

例3.11 把外部RAM的2000H单元的内容存入单片机内部RAM的30H单元。

```
    MOV    DPTR,#2000H  ;把外部RAM单元的地址放入DPTR
    MOVX   A,@DPTR      ;把外部RAM单元存储的数据读入CPU
    MOV    30H,A        ;存储读取的数据到30H单元
```

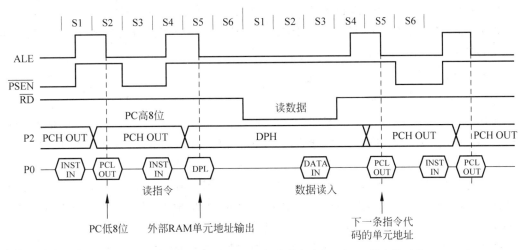

图 3.12 CPU 执行读外部数据存储器和外部 I/O 口指令的时序

（2）写（输出）指令。

```
MOVX  @DPTR,A        ;(A)→[(DPTR)];
```

在写控制信号 $\overline{WR}$ 为 0 时，把单片机累加器 A 的内容输出到 DPTR 内容指出的外部 RAM 单元或外部 I/O 口，DPTR 内容指出 16 位地址，寻址范围为 0000H～0FFFFH，即 64K。CPU 执行写外部数据存储器和外部 I/O 口指令的时序如图 3.13 所示。

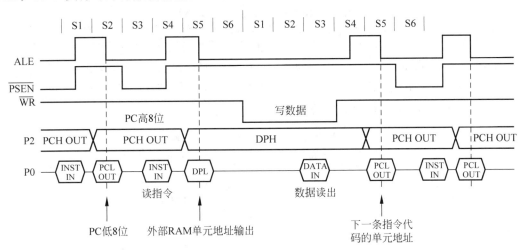

图 3.13 CPU 执行写外部数据存储器和外部 I/O 口指令的时序

例 3.12 把单片机内部 RAM 的 20H 单元的内容转存到外部 RAM 的 8000H 单元。

```
MOV   DPTR,  #8000H   ;把外部 RAM 单元的地址放入 DPTR
MOV   A,  20H         ;从内部 RAM 的 20H 单元读取要写入的数据
MOVX  @DPTR,  A       ;把数据写到外部 RAM 的 8000H 单元
```

2) 以 R0 和 R1 为地址寄存器的访问外部 RAM 和外部 I/O 口的指令

（1）读（输入）指令。

```
MOVX  A,@Ri          ;[(P2)(Ri)]→(A),i=0,1
```

以 R0 或 R1 内容作为低 8 位地址，由 P0 口送出，寻址范围为 00H～0FFH，即 256 个单元的地址空间，高 8 位由当前的 P2 口状态提供。在控制信号 $\overline{RD}$(P3.7)为 0 时，把指定单元或 I/O 口的内容读入累加器 A。

（2）写（输出）指令。

```
MOVX  @Ri,A          ;(A)→[(P2)(Ri)],i = 0,1
```

以 R0 或 R1 内容作为低 8 位地址，由 P0 口送出，寻址范围为 256 个单元的地址空间，高 8 位由当前的 P2 口状态提供。在控制信号 $\overline{WR}$(P3.6)为 0 时，把累加器 A 的内容输出到指定的单元或 I/O 口。

上述两种指令的操作时序与图 3.12 和图 3.13 相同。值得一提的是，采用 R0 或 R1 作为地址寄存器指出的是外部 RAM 和外部 I/O 口的低 8 位地址，当扩展的数据存储器单元和 I/O 口的空间不大于 256 个时，P2 口可以作为 I/O 口使用。

例 3.13   256 个单元的 RAM 芯片与 8051 单片机的连接如图 3.14 所示，外部 RAM 的地址范围为 00H～0FFH，此时系统中 P1 和 P2 口为 I/O 口，设 R0 和 R1 的内容分别为 12H 和 34H，外部 RAM 的 34H 单元的内容为 56H，分析下列指令序列的执行结果。

```
MOVX  A, @R1
MOVX  @R0, A
MOV   @R0, A
```

分析如下：

```
MOVX  A, @R1        ;外部 RAM 的 34H 单元内容送给累加器 A
MOVX  @R0, A        ;累加器 A 内容送给外部 RAM 的 12H 单元，外部 RAM(12H) = 56H
MOV   @R0, A        ;累加器 A 内容送给内部 RAM 的 12H 单元，内部 RAM(12H) = 56H
```

上述指令序列执行后，外部 RAM 的 34H 单元的内容分别被送到内部 RAM 的 12H 和外部 RAM 的 12H 单元。另外，CPU 在执行"MOVX @Ri,A"和"MOVX A，@Ri"指令时，特殊功能寄存器 P2 的内容会保持在 P2 口上。

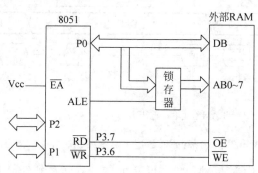

图 3.14　外部 RAM 芯片与 8051 单片机的连接

CPU 对外部 RAM 和外部 I/O 口的读写必须通过累加器 A，外部 RAM 和外部 I/O 口的地址为 16 位，内部 RAM 的地址为 8 位，不属于同一个地址空间，它们之间不能直接进行数据传送。另外，读写控制信号 $\overline{RD}$ 和 $\overline{WR}$ 仅在执行 MOVX 时才会有效，系统中没有对外部 RAM 和外部 I/O 口读写时，P3.6 和 P3.7 可作为 I/O 口使用。

3.3.3　算术运算指令

算术运算类指令(Arithmetic Instruction)共有 24 条,实现加、减、乘、除、加 1、减 1 及十进制调整等运算。MCS-51 单片机指令系统仅提供两个单字节无符号二进制数的算术运算,带符号或多字节二进制数的算术运算,需要通过设计算法把它们转化为单字节无符号二进制数的算术运算才能实现。

1. 加法指令

1) 不带进位位的加法指令

不带进位位的 8 位二进制数加法指令的一般形式:

```
ADD   A,源操作数    ;(A)+源操作数→(A)
```

这组指令实现两个无符号的 8 位二进制数加法运算,运算结果存储在累加器 A 中,运算过程影响标志位 Cy,AC,OV,P,有以下 4 种指令形式:

```
ADD   A,#data       ;(A)+data→(A)
ADD   A,Rn          ;(A)+(Rn)→(A),n=0~7
ADD   A,direct      ;(A)+(direct)→(A)
ADD   A,@Ri         ;(A)+[(Ri)]→(A),i=0,1
```

加法指令执行过程与标志位之间的关系如图 3.15 所示;若最高位 D7 在运算过程中产生进位,则(Cy)=1;若低半字节(低 4 位)在运算过程中向高半字节(高 4 位)进位位时,则(AC)=1;D6 与 D7 两位在运算过程中其中一位有进位位,而另一位没有,则(OV)=1,否则,(OV)=0。运算结果(A)中 1 的个数为偶数,(P)=0,否则,(P)=1。

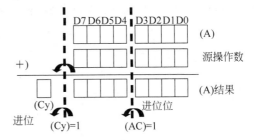

图 3.15　加法指令执行过程与标志位之间的关系

例 3.14　设(A)=0C3H,(20H)=0AAH,执行指令"ADD A,20H",执行过程如图 3.16 所示,则(A)=6DH,(Cy)=1,(OV)=1,(AC)=0,(P)=1。

例 3.15　单字节二进制加法。已知 x 存放在 20H 单元,y 存放在 21H 单元,求 $z=x+y$(设 z 小于 0FFH)。

图 3.17 是两个单字节相加的过程,程序如下:

```
MOV   A,20H
ADD   A,21H
MOV   22H,A           ;结果存在 22H 单元
```

```
    1100 0011
  + 1010 1010
  ───────────
  1 0110 1101
```

图 3.16　例 3.14 的执行过程

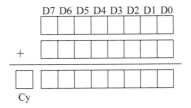

图 3.17　两个单字节相加的过程

2）带进位位的加法指令

8 位二进制带进位位加法指令的一般形式：

ADDC A,源操作数 ;(A)＋源操作数＋(Cy)→(A)

这组指令实现两个无符号的 8 位二进制数的加法运算，并且在运算时，把当前的进位位 Cy 的状态计入运算结果，运算结果存储在累加器 A 中，运算过程影响标志位 Cy，AC，OV，P，有以下 4 种指令形式：

```
ADDC  A,♯data      ;(A)＋ data＋(Cy)→(A)
ADDC  A,Rn         ;(A)＋ (Rn)＋(Cy)→(A),n=0～7
ADDC  A,direct     ;(A)＋ (direct)＋(Cy)→(A)
ADDC  A,@Ri        ;(A)＋[(Ri)]＋(Cy)→(A),i=0.1
```

例 3.16 单字节二进制加法：已知 x 存放在 20H 单元，y 存放在 21H 单元，求 $z＝x＋y$。

两个任意的 8 位二进制数单字节相加，结果会是几字节呢？可以事先估计一下，然后给计算结果分配适度的存储单元。因为是无符号数，一字节最大的二进制数为 0FFH，最小为 00H。如果 x,y 都是 0FFH，$x＋y$ 的结果为 1FEH。因为计算机中的数据是以字节形式存放的，所以需两个单元存储。给 z 分配两个单元：22H 和 23H，前者存放 z 的高 8 位，后者存储 z 的低 8 位。程序的实现算法如图 3.18 所示。

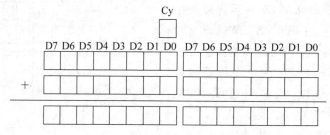

图 3.18 两个单字节相加实现算法

程序如下：

```
MOV   A, 20H
ADD   A, 21H
MOV   23H, A       ;和的低 8 位
MOV   A, ♯00
ADDC  A, ♯00       ;处理进位
MOV   22H, A       ;和的高 8 位
```

3）加 1 指令

加 1(Increment)指令是把指定单元或寄存器的内容加 1，指令的一般形式：

INC 源操作数 ;源操作数＋1→源操作数

这组指令有以下形式：

```
INC   A        ;(A)＋1→(A),该指令执行时,不影响标志位 Cy、AC 和 OV
INC   Rn       ;(Rn)＋1→(Rn),n=0～7.该指令执行时,不影响标志位
INC   direct   ;(direct)＋1→(direct),该指令执行时,不影响标志位
INC   @Ri      ;[(Ri)]＋1→[(Ri)],i=0, 1.该指令执行时,不影响标志位
INC   DPTR     ;(DPTR)＋1→(DPTR),该指令执行时,不影响标志位
```

例 3.17　设 R0 的内容为 7EH,内部 RAM 的 7EH 和 7FH 单元的内容分别为 0FFH 和 40H,P1 口的内容为 55H,执行下列指令后,R0,P1,7EH 和 7FH 单元的内容分别是多少?

```
INC  @R0
INC  R0
INC  @R0
INC  7FH
INC  P1
```

分析:

```
INC  @R0          ;[(R0)]+1→[(R0)],即[7EH]+1→[7EH],所以,(7EH)=00H
INC  R0           ;(R0)+1→(R0),所以,(R0)=7FH
INC  @R0          ;[(R0)]+1→[(R0)],即[7FH]+1→[7FH],所以,(7FH)=41H
INC  7FH          ;(7FH)+1→(7FH),所以,(7FH)=42H
INC  P1           ;(P1)+1→(P1),(P1)=56H,并从P1口输出
```

程序执行结束后,(R0)=7FH,(P1)=56H,(7EH)=00H,(7FH)=42H。

例 3.17 中,(7EH)=0FFH,该单元内容加 1 变成了 00H,这种现象称为上溢。类似地,(DPTR)=0FFFFH 时,"INC DPTR"指令执行后,DPTR 内容为 0000H。在程序中使用 INC 类指令时,应注意上溢现象。

在例 3.17 中,对 P1 口进行加 1 操作"INC P1"时,CPU 进行了三步操作:第一,读 P1 寄存器;第二,P1 寄存器加 1 计算,写 P1 寄存器和引脚输出;第三,P1 寄存器内容刷新、引脚状态重置。指令执行改变了 P1 口的输出状态和对应的 SFR 的内容。因此,用 INC 类指令对 P0,P1,P2,P3 口操作时,参与运算的是 I/O 口对应的寄存器的内容,而不是来自引脚的状态,但最终的运算结果将从 I/O 口的引脚输出,并修改对应寄存器的内容。

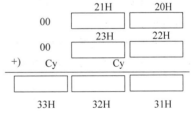

图 3.19　两个双字节相加实现算法

例 3.18　双字节二进制加法。

双字节加法的实现算法如图 3.19 所示,设 x 存放在 21H,20H 单元(高 8 位在 21H 单元),y 存放在 23H,22H 单元,$z=x+y$ 存放在 33H,32H,31H 单元。程序如下:

```
MOV  R0, #20H     ;指向被加数的低8位
MOV  R1, #22H     ;指向加数的低8位
MOV  A, @R0
ADD  A, @R1
MOV  31H, A       ;结果的低8位
INC  R0           ;修改单元地址
INC  R1
MOV  A, @R0
ADDC A, @R1
MOV  32H, A       ;结果的中8位
MOV  A, #00
ADDC A, #00       ;处理进位
MOV  33H, A       ;结果的高8位
```

4) 十进制加法调整指令

十进制数采用 BCD 码表示时,用 4 位二进制编码来表示 1 位十进制数,采用紧凑格式

存储,一个单元可存放两位十进制数,通常叫作压缩 BCD 码格式(Packed-BCD format)。在 MCS-51 单片机中,不论是不带进位的加法指令,还是带进位的加法指令,它们仅支持两个 8 位二进制数的运算。两个十进制数相加时也必须借助于加法指令实现,用二进制数的加法运算法则处理 BCD 码的加法运算,但其运算结果会产生错误。如计算十进制 99 与 23 之和,它们的压缩 BCD 码分别是 10011001 和 00100011,在单片机中它们相加的计算过程如图 3.20 所示。加法指令执行

```
  1001 1001
+ 0010 0011
───────────
  1011 1100
```
图 3.20 BCD 码 99 与 23 相加的运算过程

结果为 10111100B,即 0BCH,显然“B”和“C”不是十进制数的数符,运算结果是不正确的。因此,必须对上述结果进行调整。十进制加法调整指令的功能就是在用加法指令完成 BCD 码加法运算之后,对运算结果进行处理,把运算结果转换为 BCD 码形式。指令如下:

DA   A;

CPU 执行“DA   A”的流程如图 3.21 所示。若(A)$_{0\sim3}$ > 9 或(AC)=1,则(A)+06H→(A);若(A)$_{4\sim7}$ > 9 或(Cy)=1,则(A)+60H→(A),指令执行时影响标志位 Cy,AC,OV 和 P。使用“DA   A”指令时,必须注意以下几点。

（1）该指令的前提是进行了两个 2 位十进制数（BCD 码）的加法,需要对加法运算的结果进行调整,使结果变为十进制数,即将累加器 A 中的和调整为 BCD 码。

（2）必须与加法指令联合使用。

（3）单独使用该指令时,不能保证累加器 A 中的数据正确地转换为 BCD 码,因为“DA   A”的调整结果不仅依赖于累加器 A 的内容,而且与标志位 Cy 和 AC 的状态有关。

例 3.19 两个 4 位十进制数以紧凑 BCD 码格式存储在内部 RAM 中,编程实现求这两个数的和。

十进制数在计算机中以 BCD 码存储,一个单元可以存储一个 2 位十进制数,即两个 BCD 码,存储 4 位十进制数需两个单元。实现算法如图 3.22 所示。

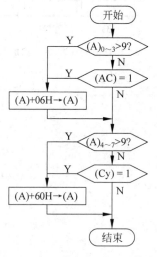

图 3.21 CPU 执行“DA   A”的流程

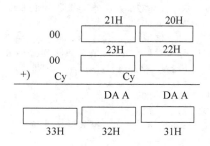

图 3.22 两个 4 位十进制数相加

程序如下:

```
MOV    R0, #20H    ;指向被加数的低 2 位
```

```
MOV    R1,  ＃22H          ;指向加数的低2位
MOV    A,   @R0
ADD    A,   @R1
DA     A
MOV    31H,  A             ;结果的低2位;十位和个位
INC    R0                  ;修改单元地址
INC    R1
MOV    A,   @R0
ADDC   A,   @R1
DA     A
MOV    32H,  A             ;结果的中2位;十位和百位
MOV    A,   ＃00
ADDC   A,   ＃00           ;处理进位
MOV    33H,  A             ;结果的高2位,最高2位无须调整,其结果只有00或01两种可能
```

2. 减法指令

1) 带借位的减法指令

MCS-51单片机没有不带借位的减法指令,带借位的减法指令一般形式:

```
SUBB   A,源                ;(A)－源－(Cy)→(A)
```

这组指令是把两个无符号的8位二进制数相减后,再减去当前的借位位Cy的状态,运算结果在累加器A中;指令执行时影响标志位Cy,AC,OV,P。指令有以下4种形式:

```
SUBB   A,＃data            ;(A)－data－(Cy)→(A)
SUBB   A,Rn                ;(A)－(Rn)－(Cy)→(A)
SUBB   A,direct            ;(A)－(direct)－(Cy)→(A)
SUBB   A,@Ri               ;(A)－[(Ri)]－(Cy)→(A)
```

例3.20 设累加器A的内容为0C9H,寄存器R2的内容为5AH,当前Cy的状态为1,执行指令"SUBB A,R2"后,累加器A和标志位Cy,AC,OV,P的状态如何?

指令"SUBB A,R2"的执行过程如图3.23所示。累加器A的内容为6EH,(Cy)=0,(AC)=1,(OV)=0,(P)=1。

```
              111 11      借位
              1100 1001   (A)
              0101 1010   (R2)
            －          1 (Cy)
              ──────────
              0110 1110   (A) 差
```

图3.23 "SUBB A,R2"的执行过程

0C9H－5AH=6FH,而例3.20中累加器A的内容为6EH,这是因为减法指令执行时,当前的进位位Cy参与了运算。在进行减法时,如果不能确定进位位Cy的状态,在应用减法指令时,必须对进位位Cy清零(用指令"CLR Cy"或"CLR C"),以保证正确的运算结果。

2) 减1指令

减1指令的一般形式:

```
DEC    源                  ;源操作数－1→源操作数
```

源操作数必须是一个寄存器或存储单元,有以下4种形式:

```
DEC    A                   ;(A)－1→(A),该指令执行时,不影响标志位Cy,AC和OV
DEC    Rn                  ;(Rn)－1→(Rn),n=0～7,该指令执行时,不影响标志位
DEC    direct              ;(direct)－1→(direct),该指令执行时,不影响标志位
DEC    @Ri                 ;[(Ri)]－1→[(Ri)],i=0,1,该指令执行时,不影响标志位
```

若原来寄存器或单元的内容为00H,减1运算后,其内容变为0FFH,即向下溢出。与

INC 类指令类似,对 I/O 口操作时,参与减 1 运算的是 I/O 口对应的寄存器的内容,而不是来自于引脚的状态,但最终的运算结果将从 I/O 口的引脚输出,并修改寄存器的内容。

例 3.21 设 R0 的内容为 7EH,内部 RAM 的 7DH 和 7EH 单元的内容分别为 00H 和 40H,P1 口寄存器的内容为 55H,执行下列指令后,R0,P1 和 7EH 单元的内容分别是多少?

```
DEC    @R0
DEC    R0
DEC    @R0
DEC    7EH
DEC    P1
```

分析:

```
DEC    @R0        ;[(R0)]-1→[(R0)],即[7EH]-1→[7EH],所以,(7EH)=3FH
DEC    R0         ;(R0)-1→(R0),所以,(R0)=7DH
DEC    @R0        ;[(R0)]-1→[(R0)],即[7DH]-1→[7DH],所以,(7DH)=0FFH
DEC    7EH        ;(7EH)-1→(7EH),所以,(7EH)=3EH
DEC    P1         ;(P1)-1→(P1),(P1)=54H,并从 P1 口输出
```

上述指令执行后,(R0)=7DH,(7EH)=3EH,(P1)=54H,P1 口输出 54H。

例 3.22 双字节二进制减法:x 存放在 20H,21H 单元(高 8 位在 20H 单元),y 存放在 22H,23H 单元(高 8 位在 22H 单元),$x \geqslant y$,求 $z = x - y$。

双字节二进制减法算法如图 3.24 所示。程序如下:

```
MOV    R0,  #21H     ;指向被减数的低 8 位
MOV    R1,  #23H     ;指向减数的低 8 位
MOV    A,   @R0
CLR    Cy
SUBB   A,   @R1
MOV    @R0, A        ;存结果的低 8 位
DEC    R0            ;修改单元地址
DEC    R1
MOV    A,   @R0
SUBB   A,   @R1
MOV    @R0, A        ;存结果的高 8 位
```

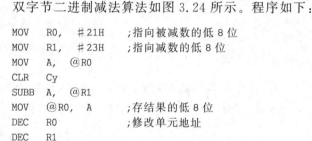

图 3.24 双字节二进制减法算法

例 3.23 2 位十进制数减法。

MCS-51 单片机没有十进制数减法指令。为了实现十进制数减法,引入十进制数补码,采用补码相加的方法实现。例如:

$$67 - 34 = 67 + [-34]_{补}$$

在二进制求反码时,数符 1 的反码为 0,0 的反码为 1。按照这样的规律类比,十进制时,数符 0 的反码为 9,1 的反码为 8,2 的反码为 7,……,9 的反码为 0,那么,有

$$[-34]_反 = 65$$

$$[-34]_补 = [-34]_反 + 1 = 66$$

这样,$67 - 34 = 67 + [-34]_{补} = 67 + 66 = 133$,如果将最高位丢弃,运算结果是准确无误的。实际上,2 位十进制数的补码还可以采用另外一种简捷的方法,如:

$$[-34]_补 = 100 - 34 = 66$$

上述过程还可以写成:

$$[-34]_补 = 100 - 34 = 99 - 34 + 1 = 65 + 1 = 66$$

进一步也可写成：

$$[-34]_{补}=99+1-34\Rightarrow9A-34=66$$

通过以上分析，可以得到2位十进制数减法的算法。设2位十进制数 x 和 y 分别为被减数和减数，$x\geq y$，差为 z，那么：

$$z=x-y=x+[-y]_{补}=x+100-y=x+99+1-y\Rightarrow x+9A-y$$

这个算法分两步，第一步是求补码，实质上是一个二进制数减法；第二步是十进制数加法。程序如下：

```
MOV   A,  #9AH
CLR   C              ;清进位位
SUBB  A,  R5         ;减数 y 存放在 R5 中,求出的补码在累加器 A 中
ADD   A,  R4         ;被减数 x 存放在 R4 中
DA    A              ;调整十进制数加法运算的结果
MOV   R6, A          ;差 z 存放在 R6 中
```

3. 乘法指令

```
MUL   AB ;
```

乘法指令实现 $(A)\times(B)$，乘积的高8位存储在寄存器B中，低8位在累加器A中，若乘积大于255，即寄存器B内容非0时，则溢出标志OV置1；若乘积小于255，即寄存器B内容为0时，则溢出标志OV清零。不论在哪种情况下，乘法指令执行结束时，Cy总是被清零的。

乘法指令实现的是两个8位无符号二进制数相乘，结果是两字节。只有累加器A和寄存器B具有实现乘法的功能，其他寄存器和单元不能直接实现。

例3.24 已知 $(A)=4EH$，$(B)=5DH$，执行指令"MUL AB"后的结果是：$(B)=1CH$，$(A)=56H$，$(OV)=1$，$(Cy)=0$。

例3.25 已知 x 存放在20H单元，y 存放在21H单元，求 x×y。

```
MOV   A,   20H       ;取被乘数 x
MOV   B,   21H       ;取乘数 y
MUL   AB
MOV   22H, A         ;乘积的低 8 位
MOV   23H, B         ;乘积的高 8 位
```

例3.26 已知 x 存放在R2和R3中，高8位在R2中，y 存放在R1，求 x×y，乘积结果存在R4,R5,R6中。

图3.25是从多位十进制数乘法类比推理得到的多字节乘以单字节的实现算法。多字节乘法算法与手算十进制数乘法的方法是相同的，只不过用一字节代替了十进制数的一位。

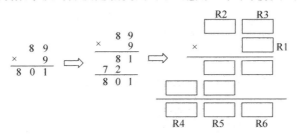

图 3.25　多字节乘以单字节的实现算法

程序如下：

```
MOV    A,  R3          ;x 的低 8 位
MOV    B,  R1          ;乘数 y
MUL    AB
MOV    R6,  A          ;乘积的低 8 位
MOV    R5,  B          ;暂存中间结果
MOV    A,  R2          ;x 的高 8 位
MOV    B,  R1          ;乘数 y
MUL    AB
ADD    A,  R5          ;求乘积的中 8 位
MOV    R5,  A          ;存储乘积的中 8 位
MOV    A,  #00
ADDC   A,  B           ;计算乘积的高 8 位,把中 8 位运算产生的进位计入高 8 位
MOV    R4,  A          ;存储乘积的高 8 位
```

4. 除法指令

```
DIV    AB
```

除法指令实现累加器 A 内容除以寄存器 B 的内容。指令执行后,商在累加器 A 中,余数在寄存器 B 中。若除数寄存器 B 的内容为 0,则标志位 OV 置 1;若寄存器 B 的内容不为 0,则标志位 OV 清零;除法指令执行后,Cy 被清零。

除法指令实现的是两个 8 位无符号的二进制数相除,商和余数也是 8 位无符号二进制整数。只有累加器 A 和寄存器 B 具有实现除法的功能,其他寄存器和单元不能直接实现。

例 3.27 已知 x 存放在 20H 单元,y 存放在 21H 单元,求 x/y。

```
MOV    A,  20H         ;取被除数 x
MOV    B,  21H         ;取除数 y
DIV    AB
MOV    22H,  A         ;商存在 22H 单元
```

例 3.28 把 R7 中的二进制数转换为十进制数,并以压缩 BCD 码的格式存放到 R4 和 R5 中。

一字节无符号二进制数的取值范围为 00H～0FFH,对应的十进制数为 0～255,以二进制数 0FEH 为例,它除以 100,商即为其十进制数的百位"2",余数为 36H(54)。然后,余数再除以 10,由本次运算的商和余数就可以得到其十进制数的十位和个位。压缩 BCD 码存储格式是用一个单元存储 2 位十进制数,组装上述运算得到的十进制数各位,结果为：百位"02"存在 R4 中,十位与个位"54"存在 R5 中。程序如下：

```
MOV    A,  R7          ;取被转换的二进制数
MOV    B,  #100        ;
DIV    AB              ;被转换数除以 100,商为百位数
MOV    R4,  A          ;转换的百位数存到 R4
MOV    A,  B           ;取余数
MOV    B,  #10         ;
DIV    AB              ;被余数除以 10,商为十位数,余数为个位数
SWAP   A               ;
ADD    A,  B           ;变换成压缩 BCD 码格式
MOV    R5,  A          ;十进制数的十位、个位
```

例 3.29 4 位十进制数以压缩 BCD 码的形式存储在 R4 和 R5 中,高位在 R4 中,把该

数转化为分离式 BCD 码的形式,存储在 30H 单元开始的区域。

BCD 码是十进制数符的 4 位二进制编码,如 23,它的压缩 BCD 码是 0010 0011,写成分离式 BCD 码形式,即用一字节表示一位十进制数,其结果是 0000 0010,00000011。因此,一字节的压缩 BCD 码分离方法是:用该字节除以 16,商为该字节高位对应的 BCD 码,余数为该字节低位对应的 BCD 码。程序如下:

```
MOV   R0,#30H        ;设置分离式 BCD 存储区首地址,千位
MOV   A,R4           ;取千位、百位分离
MOV   B,#10H
DIV   AB
MOV   @R0,A          ;存千位
INC   R0             ;修改存储单元地址
MOV   @R0,B          ;存百位
INC   R0             ;修改存储单元地址
MOV   A,R5           ;取十位、个位分离
MOV   B,#10H
DIV   AB
MOV   @R0,A          ;存十位
INC   R0
MOV   @R0,B          ;存个位
```

3.3.4　逻辑运算指令

逻辑运算指令可以完成与、或、异或、清零、求反和左右移位等操作。

1. 由累加器 A 实现的逻辑操作指令

1)累加器 A 清零指令

```
CLR   A
```

把累加器 A 的内容清零,只影响标志位 P。与"MOV A,#00H"的执行结果相同。

2)累加器 A 取反指令

```
CPL   A
```

累加器 A 的内容按位取反,不影响任何标志位。

例 3.30　设(A)＝56H(01010110B),执行命令"CPL　A",结果为 A9H(10101001B)。

3)累加器 A 循环左移指令

```
RL    A
```

把累加器 A 的内容循环左移 1 位,最高位移入最低位,指令操作不影响标志位。操作如图 3.26 所示,当(A)≤07FH 时,左移 1 位相当于(A)乘以 2。

4)累加器 A 带进位位循环左移指令

```
RLC   A
```

把累加器 A 的内容连同进位位 Cy 左移 1 位,累加器 A 的最高位移入进位位 Cy,而 Cy 原来的内容被移入累加器 A 的最低位,如图 3.27 所示。该指令每次只移动 1 位,影响标志位 Cy 和 P。

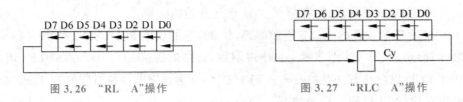

图 3.26 "RL A"操作　　　　　图 3.27 "RLC A"操作

例 3.31 设 x 存在于 33H 单元中，采用移位指令求 2x。

在二进制中，最低位补 0 左移一位，其结果为原数的 2 倍。程序如下：

```
MOV    A, 33H        ;取 x
CLR    Cy
RLC    A
MOV    20H, A        ;结果的低 8 位
CLR    A;
RLC    A             ;处理进位
MOV    21H, A        ;结果的高 8 位
```

5）累加器 A 循环右移指令

```
RR     A
```

把累加器 A 的内容右移 1 位，最低位移入最高位，如图 3.28 所示，该指令操作不影响任何标志位，当(A)为偶数时，右移 1 位相当于(A)除以 2。

6）累加器 A 带进位位循环右移指令

```
RRC    A
```

累加器 A 的内容连同进位位 Cy 被右移 1 位，最低位移入 Cy，而 Cy 原来的状态被移入累加器 A 的最高位，如图 3.29 所示。指令执行时影响标志位 Cy 和 P。

图 3.28 "RR A"操作　　　　　图 3.29 "RRC A"操作

例 3.32 多字节二进制数除以 2。

在二进制中，最高位补 0 右移一位，其结果为原数的 1/2。图 3.30 是用指令"RRC A"实现 16 位二进制数除以 2 的算法。因为"RRC A"仅能实现 8 位右移，因此，需要将多字节分解成多个单字节。

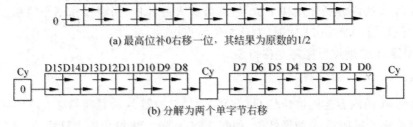

(a) 最高位补0右移一位，其结果为原数的1/2

(b) 分解为两个单字节右移

图 3.30 用带进位位循环右移"RRC A"实现除以 2 的算法

设二进制数存放在 R5 和 R6 中,结果仍存放在原处,程序如下:

```
MOV    A,  R5          ;高 8 位
CLR    C
RRC    A
MOV    R5,  A          ;商的高 8 位
MOV    A,  R6          ;低 8 位
RRC    A
MOV    R6,  A          ;商的低 8 位
```

实际上,程序执行完后,(Cy)为余数。

2. 与逻辑运算指令

与逻辑运算指令的一般形式:

```
ANL    目的操作数,源操作数;
```

这组指令实现两个 8 位二进制数的与运算,除了累加器 A 可作为目的操作数,单元也可以作为目的操作数。

1) 以累加器 A 为目的操作数的与逻辑运算指令

```
ANL    A,♯data        ;(A)∧data→(A)
ANL    A,Rn           ;(A)∧(Rn)→(A), n = 0～7
ANL    A,direct       ;(A)∧(direct)→(A)
ANL    A,@Ri          ;(A)∧[(Ri)]→(A), i = 0,1
```

这是两个 8 位二进制数相与的运算,运算结果存储在累加器 A 中,由于与运算不产生进位,这 4 条指令执行时仅影响标志位 P。

2) 以某个单元为目的操作数的与逻辑运算指令

```
ANL    direct,♯data ;(direct)∧data→(direct)
ANL    direct,A     ;(direct)∧(A)→(direct)
```

这组指令的特点在于:进行与运算时,一个单元作为目的操作数,因此,指令执行时不会影响任何标志位。这种操作方式只支持指定单元与 8 位二进制数和累加器 A 之间的运算。

设 $d_i(i=7～0)$ 为 8 位二进制数的 1 位数,进行与运算时:

$$d_i \wedge 0 = 0$$
$$d_i \wedge 1 = d_i$$

因此,与运算常用于使某些位清零,实现屏蔽操作。如果要屏蔽某位,就把该位和 0 相与,要保留,则和 1 相与。

例 3.33 在单片机应用系统中,希望把从 P1 口读取的数据的 0,3,5,6 位状态保留,其他位状态屏蔽。

根据题意,保留 P1 口的 0,3,5,6 位的状态的屏蔽码为 01101001B,程序如下:

```
MOV  P1, ♯0FFH            ;P1 口全写 1,设置为输入状态
MOV  20H, P1              ;把从 P1 口地区的状态存入 20H 单元
ANL  20H, ♯01101001B     ;屏蔽无用位,保留 0,3,5,6 位
```

例 3.34 在单片机应用系统中,希望保留 P1 口的 0,3,5,6 位状态,其他位状态屏蔽。

```
ANL  P1, ♯01101001B      ;屏蔽无用位,保留 0,3,5,6 位,运算结果写入 P1 寄存器并从 P1 输出
```

上述指令执行时，首先读取 P1 寄存器的状态，再进行与运算，然后再把运算结果写入寄存器 P1，并从 P1 口输出，P1.1，P1.2，P1.4，P1.7 被清零了，输出低电平。

例 3.35 已知 2 位十进制数以压缩 BCD 码格式存放在 30H 单元，把 2 位数分开，以分离 BCD 码形式分别存放在两个单元 20H 和 21H 中。

设 21H，20H 单元分别存十位数和个位数的 BCD 码，根据题目要求，程序如下：

```
MOV    A,  30H
ANL    A,  #0F0H            ;取十位
SWAP   A                    ;把 BCD 码转移到低 4 位
MOV    21H, A               ;存十位的 BCD 码
MOV    A,  30H
ANL    A,  #0FH             ;取个位
MOV    20H, A               ;存个位的 BCD 码
```

3. 或逻辑运算指令

或逻辑运算指令的一般形式：

```
ORL    目的操作数,源操作数
```

这组指令实现两个 8 位二进制数的或运算，除了累加器 A 可作为目的操作数，单元也可以作为目的操作数。

1）以累加器 A 为目的操作数的或逻辑运算指令

```
ORL    A,#data             ;(A)∨data→(A)
ORL    A,Rn                ;(A)∨(Rn)→(A),n=0~7
ORL    A,direct            ;(A)∨(direct)→(A)t
ORL    A,@Ri;              ;(A)∨[(Ri)]→(A),i=0,1
```

这是两个 8 位二进制数相或的运算，运算结果存储在累加器 A 中，由于或运算不产生进位，指令执行时仅影响标志位 P。

2）以某个单元为目的操作数的或逻辑运算指令

```
ORL    direct,#data        ;(direct)∨data→(direct)
ORL    direct,A            ;(direct)∨(A)→(direct)
```

这组指令在进行或运算时，一个单元作为目的操作数，指令执行时不会影响任何标志位。这种操作方式只支持指定单元与 8 位二进制数和累加器 A 之间的运算。

设 $d_i(i=7\sim0)$ 为 8 位二进制数的 1 位数，进行或运算时：

$$d_i \vee 0 = d_i$$
$$d_i \vee 1 = 1$$

或运算常用于使某些位置 1，实现置位操作。如果要使某位置位，就把它与 1 相或。

例 3.36 把累加器 A 的低 4 位由 P1 口的低 4 位输出，并且保持 P1 口的高 4 位不变。

根据题目要求，程序如下：

```
ANL    A,  #00001111B      ;提取 A 的低 4 位
MOV    R7, A               ;暂存 A 的低 4 位
MOV    A,  P1              ;读取 P1 口
ANL    A,  #11110000B      ;保留 P1 高 4 位,屏蔽低 4 位
ORL    A,  R7              ;合并
MOV    P1, A               ;输出
```

4. 异或逻辑运算指令

异或逻辑运算指令的一般形式：

XRL　　目的操作数,源操作数

这组指令实现两个 8 位二进制数的异或运算,除了累加器 A 可作为目的操作数,单元也可以作为目的操作数。

1) 以累加器 A 为目的操作数的异或逻辑运算指令

```
XRL    A,♯data            ;(A)⊕data→(A)
XRL    A,Rn               ;(A)⊕(Rn)→(A),n = 0～7,
XRL    A,direct           ;(A)⊕(direct)→(A)
XRL    A,@Ri;             ;(A)⊕[(Ri)]→(A),i = 0, 1
```

这是两个 8 位二进制数的异或运算,运算结果存储在累加器 A 中,由于异或运算不产生进位,因此,指令执行时仅影响标志位 P。

2) 以某个单元为目的操作数的异或逻辑运算指令

```
XRL    direct,♯data        ;(direct)⊕data→(direct)
XRL    direct,A            ;(direct)⊕(A)→(direct)
```

这组指令把一个单元作为目的操作数,指令执行时不会影响任何标志位。这种操作方式只支持指定单元与 8 位二进制数和累加器 A 之间的运算。

设 $d_i(i=7～0)$ 为 8 位二进制数的 1 位数,进行异或运算时：

$$d_i \oplus 0 = d_i$$
$$d_i \oplus 1 = \overline{d_i}$$

异或运算常用于使某些位取反。如果某位与 1 相异或,就把该位取反;与 0 相异或,则可以保持该位原来的状态不变。

例 3.37　已知一个负数的原码存放在 30H 单元,求它的补码。

负数求补码的步骤是：先求该数的反码,然后反码加 1。求反码可以采用以下 3 种方法。

(1) 采用异或指令,最高位与 0 异或以保留符号位,数值位与 1 异或取反。

(2) 采用取反指令,所有位均取反,然后最高位置 1 以实现保持符号位不变的目的。

(3) 采用算术方法,先把负数取绝对值,即最高位清零,然后用 0FFH 减去它。

综上所述,求存储在 30H 单元负数补码的程序如下：

程序 1：

```
MOV   A,   30H
XRL   A,   ♯01111111B     ;求反码:保留符号位,数值位按位取反
ADD   A,   ♯01            ;补码 = 反码 +1
MOV   30H,  A             ;存补码
```

程序 2：

```
MOV   A,   30H
CPL   A                   ;求 A 的各位全部取反
ORL   A,   ♯10000000B     ;恢复符号位
ADD   A,   ♯01H           ;补码 = 反码 +1
MOV   30H,  A             ;存补码
```

程序3：

```
ANL    30H, #01111111B        ;求绝对值
MOV    A, #0FFH
CLR    C
SUBB   A, 30H                 ;求反码
ADD    A, #01H                ;求补码
MOV    30H,  A                ;存补码
```

3.3.5 位操作指令

位操作指令支持对位的直接操作，包括位传送、位逻辑运算以及位控制转移指令，为逻辑处理提供了一种高效的方法，可使逻辑电路软件化，减少系统中元器件的数量，提高系统可靠性。本节介绍位传送和位运算指令，位控制转移指令将在3.3.6节介绍。

1. 位数据传送指令

```
MOV    C,bit                  ;(bit)→(C)
MOV    bit,C                  ;(C)→(bit)
```

位传送指令仅支持某1个指定位bit与布尔处理器C之间的状态传送，两位之间不能直接进行状态传送，必须通过C来进行。

例3.38 把单片机内部RAM中的标志位状态从P1.2引脚输出，设标志位存储在28H.0位。

程序如下：

```
MOV    C,  28H.0             ;取标志位的状态
MOV    P1.2,  C              ;输出,P1.2的状态取决于标志位的状态
```

2. 位修正指令

1）清零

```
CLR    C                     ;0→(C)
CLR    bit                   ;0→(bit)
```

这组指令把位累加器C或指定位bit的状态清零。因为C是PSW的最高位Cy，也可用"CLR Cy"指令清零。

2）置位

```
SETB   C                     ;1→(C)
SETB   bit                   ;1→(bit)
```

这组指令把位累加器C或指定位bit的状态置1。

3）取反

```
CPL    C                     ;(C̄)→(C)
CPL    bit                   ;(b̄it)→(bit)
```

这组指令是把位累加器C或指定位bit的状态取反，操作如图3.31所示，功能上相当于非门。

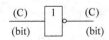

图3.31 取反指令的功能

3. 位逻辑运算指令

1）位逻辑与运算指令

```
ANL    C,bi                  ;(C)∧(bit)→(C)
```

该指令把位累加器 C 与指定位 bit 的状态相与,运算结果存储在 C 中。指令操作如图 3.32 所示。

```
ANL    C,/bit                    ;(C)∧(bit̄)→(C)
```

该指令把位累加器 C 与指定位 bit 的非状态相与,运算结果存储在 C 中。指令中斜线 "/"表示对指定位 bit 的状态逻辑取反。指令的操作形式如图 3.33 所示。值得注意的是,指令执行并不改变指定位 bit 的状态。

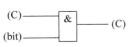

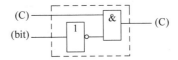

图 3.32 "ANL C,bit"指令的功能   图 3.33 "ANL C,/bit"指令的功能

在与运算指令中,只有 C 能作为该指令的目的操作数,两个位的状态不能直接相与。

2) 位逻辑或运算指令

```
ORL    C,bit                     ;(C)∧(bit)→(C)
```

该指令把 C 与指定位 bit 的状态相或,运算结果存储在 C 中。指令操作如图 3.34 所示。

```
ORL    C,/bit                    ;(C)∧( / bit)→(C)
```

该指令把 C 与指定位 bit 的非状态相或,运算结果存储在位累加器 C 中,指令的执行不改变指定位 bit 的状态。指令操作如图 3.35 所示。

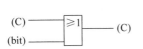

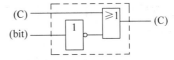

图 3.34 "ORL C,bit"指令的功能   图 3.35 "ORL C,/bit"指令的功能

在或运算指令中,同样只有 C 能作为目的操作数,两个位的状态是不能直接相或的。

例 3.39 已知逻辑表达式:$Q=U(V+W)+\overline{X\overline{Y}}+\overline{Z}$,设 U 为 P1.1,V 为 P1.2,W 为 P1.3,X 为 27H.1,Y 为 27H.0,Z 为 TF0,Q 为 P1.5。采用位操作指令实现该逻辑表达式。

根据逻辑表达式可得图 3.36 所示的电路,它也是程序设计的框图,框图设计时考虑了指令和逻辑门电路的关系。程序如下:

```
MOV    C, P1.2              ;取 V
ORL    C, P1.3              ;(V + W)
ANL    C, P1.1              ;U(V + W)
MOV    20H.0, C             ;暂存中间结果 U(V + W)于 20H 单元的第 0 位
MOV    C, 27H.1             ;取 X
ANL    C, /27H.0            ;X Ȳ
CPL    C                    ;X̄Ȳ
ORL    C, /TF0              ;X̄Ȳ + Z̄
ORL    C, 20H.0             ;U(V + W) + X̄Ȳ + Z̄
MOV    P1.5, C              ;输出
```

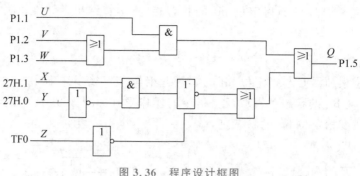

图 3.36　程序设计框图

3.3.6　控制转移指令

在工程应用中,自上而下的顺序模式程序只能实现一些简单的、用途有限的功能;通常程序总是伴随着逻辑判断,由判别结果决定下一步做什么。逻辑判断有两种结果:条件成立或条件不成立,这样,程序就有两种执行顺序。另外,为了实现某种意图,在程序中需要强制 CPU 转移到指定的模块去执行程序,改变程序执行的顺序。改变程序执行顺序是由控制转移指令实现的。MCS-51 单片机提供了丰富的控制转移指令,包括无条件转移指令、条件转移指令,以及子程序调用及返回指令。

1. 无条件转移类指令

CPU 在执行程序的过程中,碰到该类型指令将"无条件"地根据指令的类型改变 PC 的内容,从而实现转移。共有 4 种不同类型,分别叙述如下。

1) 转移指令

AJMP　addr11　　　　　　　　;addr11——反映在指令代码中的 11 位地址

指令代码为两字节,CPU 执行过程如下:

(1) CPU 取指令:$(PC)+2 \rightarrow (PC)$;

(2) 执行指令:获取目标地址并转移,$(PC)_{15\sim11}$ 作为目标地址的高 5 位,addr11$\rightarrow$$(PC)_{10\sim0}$ 作为目标地址的低 11 位,即将 16 位目标地址送给 PC,程序转移到目标地址处执行。

该指令在指令代码中仅提供 11 位转移地址,因此,CPU 执行程序的转移范围为本条指令上下 2KB 的空间。CPU 执行程序时碰到该指令会立即转移到目标地址处。在程序中,该指令的使用方式:

AJMP　LABEL

LABEL 在编程时指定目标标号或目标地址,要求程序无条件地转移到 LABEL 处。

2) 长转移指令

LJMP　addr16　　　　　　　　;addr16——反映在指令代码中的 16 位地址

指令代码为三字节,CPU 执行过程如下:

(1) CPU 取指令:$(PC)+3 \rightarrow (PC)$;

(2) 执行指令:获取目标地址,addr16$\rightarrow$(PC),将指令中给定的 16 位目标地址 addr16 送给 PC,程序转移到目标地址 addr16 处执行。

CPU 执行程序时,碰到该指令立即转移到指令指定的目标地址处执行程序。该指令提供 16 位转移地址,转移范围为 64KB。该指令直接指出了要转移到的 16 位目标地址,因此,CPU 可以转移到程序存储器 64KB 地址空间的任何单元。在程序中该指令的使用方式:

```
LJMP    LABEL
```

程序转移到标号 LABEL 处。

3) 短转移指令

```
SJMP    rel                    ;rel——反映在指令代码中的转移相对偏移量,补码
```

指令代码为两字节,CPU 执行过程如下:

(1) CPU 取指:(PC)+2→(PC);

(2) 执行指令:获取目标地址并转移,(PC)+rel→(PC) 作为目标地址送给 PC,程序转移到目标地址处执行。

指令代码中给定的转移相对偏移量 rel 为 8 位二进制补码,因此,该指令的转移范围是本条指令上方最远 128B,下方最远 127B。在程序中该指令的使用方式:

```
SJMP    LABEL
```

程序转移到指定的标号 LABEL 处。

上述 3 种指令的功能是相同的,其功能与高级语言中的 GOTO 语句类似。3 条指令的区别在于它们的转移范围:LJMP 指令的转移范围为 64KB,可以转移到程序存储器的任何地方,AJMP 指令的转移范围为该指令上方和下方 2KB,而 SJMP 指令为本指令上方 128B、下方 127B。编程时只需在指令的助记符 LJMP、AJMP、SJMP 之后以标号或 16 位地址的形式指定目标地址,汇编系统在汇编时会把正确的目标地址格式添加在指令的指令代码中。如果给出的目标地址超出所用指令的转移范围,汇编系统会提示错误信息,用较大转移范围的指令替换原来的指令即可。

值得一提的是,目前大多数汇编系统支持"JMP LABEL"形式,它不是 MCS-51 的标准指令,是 LJMP/AJMP/SJMP 的一般形式,汇编系统汇编时会按照默认的指令方式(3 种指令中的一种)汇编程序,并把正确的目标地址格式添加在指令的指令代码中。

4) 间接转移指令

```
JMP    @A + DPTR
```

指令代码为 1 字节,CPU 执行过程如下:

(1) CPU 取指:(PC)+1→(PC);

(2) 执行指令:获取目标地址并转移,(DPTR)+(A)→(PC) 作为目标地址送给 PC,程序转移到目标地址处执行。

该指令转移到的目标地址是由累加器 A(8 位无符号数)和数据指针 DPTR(16 位无符号数)的内容相加形成的。它可以根据运算结果(累加器 A 的内容)的不同,把程序转移到不同的位置,执行不同功能的程序,具有多分支转移功能,即散转功能,又叫散转指令。该指令执行时,不改变累加器 A 和 DPTR 的内容,也不影响任何标志位。

例 3.40 设应用系统的操作键盘上定义了 5 个功能键:FUN0～FUN4,它们对应的键值分别为 00H～04H,FUN0 按下时,执行处理程序 P_FUN0,FUN1 按下时,执行处理程序 P_FUN1,以此类推,如图 3.37 所示。

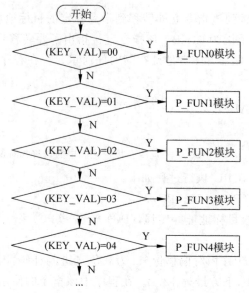

图 3.37　例 3.40 的执行过程流程图

"JMP @ A + DPTR"具有散转功能，类似于高级语言的 CASE 或 SWITCH 语句，它可以根据变量或表达式的值，使程序转移到指定的标号处。设键按下后，键值存放在 KEY_VAL 单元，采用 AJMP 指令使程序转移到指定处理程序，为了便于分析，把指令代码与程序一起给出，程序从 0200H 单元开始存放。程序如下：

```
【地址】  【指令代码】  【标号】        【指令】                    【注释】
0200H    90 02 27                   MOV DPTR,#JMP_TABLE        ;设置转移表首地址
0203H    E5 40                      MOV  A, KEY_VAL            ;KEY_VAL 为 40H
0205H    23                         RL   A                    ;AJMP 指令代码为双字节,因
                                                              ;此键值乘以 2
0206H    73                         JMP  @ A + DPTR
0207H    61 00       JMP_TABLE:     AJMP P_FUN0               ;P_FUN0 模块入口地址为 0300H
0209H    81 00                      AJMP P_FUN1               ;P_FUN1 模块入口地址为 0400H
020BH    A1 00                      AJMP P_FUN2               ;P_FUN2 模块入口地址为 0500H
020DH    C1 00                      AJMP P_FUN3               ;P_FUN3 模块入口地址为 0600H
020FH    E1 00                      AJMP P_FUN4               ;P_FUN4 模块入口地址为 0700H
```

上述程序在运行过程中动态地确定程序转移的分支。设计程序时，事先把需要散转的分支建成一个由转移指令组成的表格，分支的选择由键值确定。由于 AJMP 指令代码为两字节，在检索分支时，把键值乘以 2 使程序能够正确地转移到指定的分支。

也可以采用 LJMP 指令使分支转移的范围更大一些，由于 LJMP 指令为 3 字节，计算转移目标地址时，键值应乘以 3。程序如下：

```
                 MOV  DPTR, #JMP_TABLE        ;设置转移表首地址
                 MOV  A, KEY_VAL              ;KEY_VAL 内容为键值
                 RL   A
                 ADD  A, KEY_VAL              ;LJMP 指令代码为 3 字节,键值乘以 3
                 JMP  @ A + DPTR
JMP_TABLE:       LJMP P_FUN0                  ;P_FUN0 模块入口
                 LJMP P_FUN1                  ;P_FUN1 模块入口
                 LJMP P_FUN2                  ;P_FUN2 模块入口
                 LJMP P_FUN3                  ;P_FUN3 模块入口
                 LJMP P_FUN4                  ;P_FUN4 模块入口
```

2. 条件转移指令

CPU 执行条件转移指令时,当满足给定条件时,程序转移到目的地址处执行;否则,顺序执行转移指令的下一条指令。

1) 以累加器 A 的内容为条件的转移指令。

(1) 以累加器 A 的内容等于零为条件的转移指令。

JZ rel

指令代码为 2 字节,CPU 执行过程如下:

① 取指令:(PC)+2→(PC);

② 执行并获取目标地址:当(A)=0 时,(PC)+rel→(PC),转移;当(A)≠0 时,顺序执行下一条指令。

CPU 执行过程流程图如图 3.38(a)所示。编写程序时,该指令的使用方式:

JZ LABEL

编程使用方式的流程图如图 3.38(b)所示。

(2) 以累加器 A 内容不等于零为条件的转移指令。

JNZ rel

指令代码为 2 字节,CPU 的执行过程如下:

① 取指令:(PC)+2→(PC);

② 执行并获取目标地址:当(A)≠0 时,(PC)+rel→(PC),转移;当时(A)=0,顺序执行下一条指令。

CPU 执行过程的流程图如图 3.39(a)所示。编写程序时,它的使用方式:

JNZ LABEL

编程使用方式的流程图如图 3.39(b)所示。

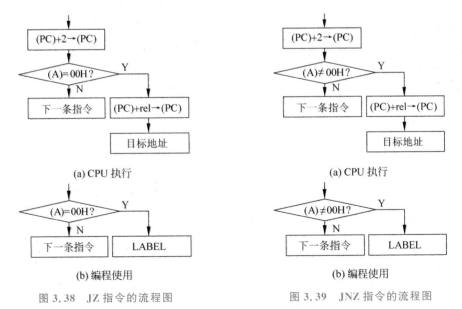

图 3.38 JZ 指令的流程图   图 3.39 JNZ 指令的流程图

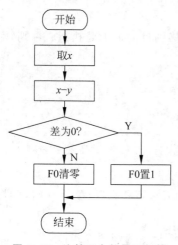

图 3.40 比较两个数是否相等
的程序流程图

例 3.41 设无符号数 x 存放于 20H 单元，y 存放于 21H 单元，比较两个数 x、y 是否相等，若相等置标志位 F0 位为 1，否则，F0 清零。

解：比较两个数是否相等，最简单的方法是把两个数相减，若差为 0，则二者相等；否则，不相等。上述方法的程序流程图见图 3.40，程序如下：

```
        MOV   A, 20H        ;取 x
        CLR   C
        SUBB  A, 21H        ;x - y,产生比较条件
        JZ    EQUX          ;x - y = 0,相等
        CLR   F0            ;不相等,清标志位 F0(PSW.5)
        RET                 ;返回
EQUX:   SETB  F0            ;相等,标志位 F0 置 1
        RET                 ;返回
```

例 3.41 也可以用 JNZ 指令实现，此时的判断条件是差不为 0。这两种指令的判别对象为 A 的内容，判断条件是 A 的内容为 0 或不为 0，程序设计时，建立判断条件的途径如下。

（1）数据传送，累加器 A 作为目的操作数的指令。

（2）算术运算，加、减、乘、除指令。

（3）逻辑运算，与累加器 A 有关的与、或、异或指令。

（4）移位指令，与累加器 A 有关的移位指令。

2）比较转移指令

（1）累加器 A 与指定单元比较的转移指令。

CJNE A,direct,rel

该指令的指令代码为 3 字节，CPU 执行过程：

① 取指令：$(PC)+3\rightarrow(PC)$；

② 执行并获取目标地址：若 $(A)>(direct)$，则 $(PC)+rel\rightarrow(PC)$，且 $0\rightarrow(Cy)$；若 $(A)<(direct)$，则 $(PC)+rel\rightarrow PC$，且 $1\rightarrow(Cy)$；若 $(A)=(direct)$，则顺序执行该指令的下一条指令，且 $0\rightarrow(Cy)$。CPU 执行过程流程图如图 3.41（a）所示。

编写程序时，它的使用方式：

CJNE A,direct,LABEL

编程使用方式的流程图如图 3.41（b）所示。

这条指令支持累加器 A 与指定单元的内容之间的比较，若二者不相等则转移，并且通过标志位 Cy 的状态指出了两个操作数的大小信息；如果二者相等，则顺序执行程序。比较

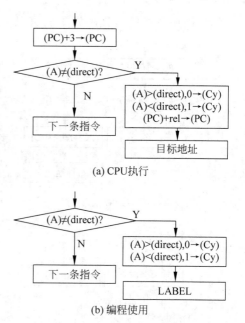

(a) CPU执行

(b) 编程使用

图 3.41 "CJNE A,direct,ret"指令的流程图

的结果不传送,即不影响累加器 A 和指定单元的内容,但是指令执行时影响标志位 Cy。

重新用 CJNE 指令实现例 3.41,程序如下:

```
        MOV   A,  20H
        CJNE  A,  21H,  NEQ        ;比较 x 和 y,不相等则转移到 NEQ
        SETB  F0
        RET
NEQ:    CLR   F0
        RET
```

下列 3 种指令与前面介绍的比较指令的功能相似,不同的是它们支持工作寄存器或存储单元与给定的常数进行比较。

(2) 累加器 A 的内容与常数比较的转移指令。

CJNE A,♯data,rel

该指令把累加器 A 的内容与给定的 8 位二进制常数比较,指令代码为 3 字节,CPU 执行过程为:

① 取指令:(PC)+3→(PC);

② 执行并获取目标地址:

若(A)>data,则(PC)+rel→(PC),且 0→(Cy);

若(A)<data,则(PC)+rel→(PC),且 1→(Cy);

若(A)=data,则顺序执行,且 0→(Cy)。

在程序中使用方式:

CJNE A,♯data,LABEL

(3) 工作寄存器内容与常数比较的转移指令。

CJNE Rn,♯data,rel

该指令把工作寄存器的内容与给定的 8 位二进制常数比较,指令代码为 3 字节,CPU 执行过程:

① 取指令:(PC)+3→(PC);

② 执行并获取目标地址:

若(Rn)>data,则(PC)+rel→(PC),且 0→(Cy);

若(Rn)<data,则(PC)+rel→(PC),且 1→(Cy);

若(Rn)=data,则顺序执行,且 0→(Cy)。

在程序中,该指令的使用方式:

CJNE Rn,♯data,LABEL

(4) 指定单元内容与常数比较的转移指令。

CJNE @Ri,♯data,rel   ;i=0,1

该指令把地址寄存器指定的内部 RAM 单元的内容与给定的 8 位二进制数比较。指令代码为 3 字节,CPU 执行过程:

① 取指令:(PC)+3→(PC);

② 执行并获取目标地址:

若[(Ri)]＞data，则(PC)＋rel→(PC)，且 0→(Cy)；
若[(Ri)]＜data，则(PC)＋rel→(PC)，且 1→(Cy)；
若[(Ri)]＝data，则顺序执行，且 0→(Cy)。
在程序中的使用方式：

```
CJNE    @Ri，#data，LABEL        ;i＝0,1
```

例 3.42 从内部 RAM 的 30H 单元开始连续存储有 20 个无符号 8 位二进制数。统计这一组数据中 00H 的个数，结果存入 60H 单元。

CJNE 类比较指令实现两个无符号的 8 位二进制数的比较，分析题目要求，得到的程序流程图如图 3.42 所示。程序如下：

```
        MOV   A, #20        ;数据长度
        MOV   60H, #00H      ;统计个数清零
        MOV   R0, #30H       ;设置数据块首地址
NEXT:   CJNE  @R0, #00H, GOON ;逐个取单元并比较
        INC   60H            ;统计单元内容为 00H 的个数
GOON:   INC   R0             ;修改地址
        DEC   A              ;数据长度减 1
        JNZ   NEXT           ;比较完否？
        RET
```

3) 以进位位 Cy 状态为判别条件的转移指令

(1) 以 Cy 状态是 1 为判别条件的转移指令。

```
JC  rel
```

该指令的指令代码为 2 字节，CPU 执行过程：

① 取指令：(PC)＋2→(PC)；

② 执行并获取目标地址：若(Cy)＝1，则(PC)＋rel→(PC)；若(Cy)＝0，则顺序向下执行。

CPU 执行过程流程图如图 3.43(a)所示。

该指令在程序中的使用方式：

```
JC  LABEL
```

编程使用方式的流程图如图 3.43(b)所示。

(2) 以 Cy 状态是 0 为判别条件的转移指令。

```
JNC  rel
```

该指令的指令代码为 2 字节，CPU 执行过程：

① 取指令：(PC)＋2→(PC)；

② 执行并获取目标地址：

若(Cy)＝0，则(PC)＋rel→(PC)；

若(Cy)＝1，则顺序向下执行。

CPU 执行过程流程图如图 3.44(a)所示。

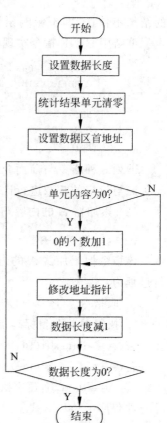

图 3.42 例 3.42 的程序流程图

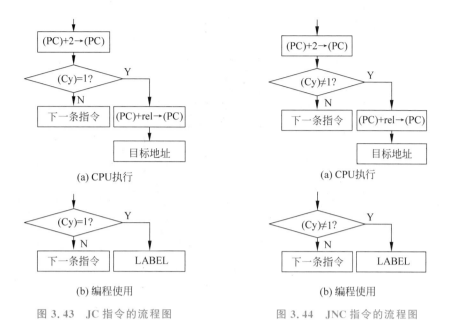

图 3.43 JC 指令的流程图   图 3.44 JNC 指令的流程图

该指令在程序中的使用方式：

JNC   LABEL

编程使用方式的流程图如图 3.44(b) 所示。

以上两种以进位标志位 Cy 的状态为判断条件，满足条件则转移到目标地址处。在程序设计时，建立判断条件的途径如下。

（1）位传送：MOV C，bit。

（2）算术运算（加、减法指令）：ADD/ADDC/SUBB。

（3）带进位移位的指令：RLC A，RRC A。

（4）位逻辑运算：与、或运算。

例 3.43 比较两个 8 位二进制无符号数 x、y 的大小，并将大数存放在 MAX 单元，若相等，置标志位 F0 为 1；否则，F0 清零。

根据题意，可采用两种方法比较 x、y 的大小，程序流程图如图 3.45 所示。设 x 和 y 分别存储在 20H 和 21H 单元。

方法一：采用减法比较大小。

```
        MOV  A,  20H            ;取 x
        CLR  C
        SUBB A,  21H            ;减法
        JZ   EQUXY             ;差为 0,相等
        CLR  F0                ;不相等
        JNC  GRT              ;没有借位,x 大于 y
        MOV  MAX, 21H          ;y 大于 x,存大数
        RET                   ;返回
EQUXY:  SETB F0                ;x 和 y 相等
GRT:    MOV  MAX, 20H          ;存大数
        RET
```

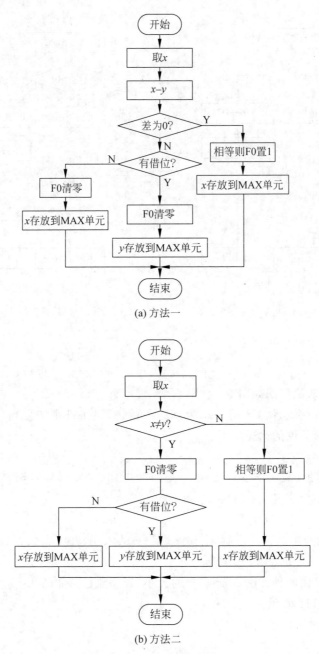

(a) 方法一

(b) 方法二

图 3.45 程序流程图

方法二：采用比较指令。

```
        MOV  A,  20H            ;取 x
        CJNE  A,  21H,  NEQ     ;比较 x 和 y 是否相等
        SETB  F0               ;相等
        MOV  MAX, A            ;存大数
        RET                   ;返回
NEQ:    CLR  F0               ;不相等,F0 清零
        JC  LESS              ;(Cy) = 1,y 大于 x
        MOV  MAX, A           ;存大数
```

```
        RET
LESS:   MOV  MAX, 21H                    ;y 大于 x
        RET
```

4）以位状态为判别条件的转移指令

（1）以位状态为 1 作为判别条件转移指令。

```
JB  bit,rel
```

该指令的指令代码为 3 字节，CPU 执行过程：

① 取指令：（PC）＋3→（PC）；

② 执行并获取目标地址：

若（bit）＝1，则（PC）＋rel→（PC）；

若（bit）＝0，则顺序向下执行。

CPU 执行过程流程图如图 3.46（a）所示。

该指令在程序中的使用方式：

```
JB  bit, LABEL
```

编程使用方式的流程图如图 3.46（b）所示。

（2）以位状态为 0 作为判别条件转移指令。

```
JNB  bit,rel
```

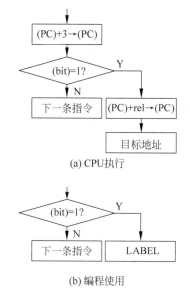

(a) CPU执行

(b) 编程使用

图 3.46 JB 指令的流程图

该指令的指令代码为 3 字节，CPU 执行过程：

① 取指令：（PC）＋3→（PC）；

② 执行并获取目标地址：

若（bit）＝0，则（PC）＋rel→（PC）；

若（bit）＝1，则顺序向下执行。

CPU 执行过程流程图如图 3.47（a）所示。

该指令在程序中的使用方式：

```
JNB  bit, LABEL
```

编程使用方式的流程图如图 3.47（b）所示。

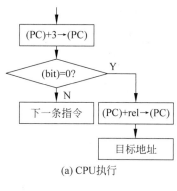

(a) CPU执行

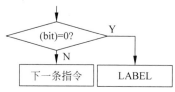

(b) 编程使用

图 3.47 JNB 指令的流程图

例 3.44 利用标志位实现控制键的多重定义。单片机应用系统如图 3.48 所示。在系统运行过程中，要求按下按钮 S，电机 M 启动，再次按下它时，电机 M 停机，能够重复实现。

用 20H.7 位的状态标记电机的状态，（20H.7）为 0，电机处于停机状态，反之，电机处于开机状态。程序设计流程图如图 3.49 所示，程序如下：

```
          SETB  P1.0              ;置 P1.0 为输入口
          CLR  P1.3              ;关电机
          CLR  20H.7             ;电机为停机状态
NO_PRESS: JB  P1.0, NO_PRESS     ;判断开关 S 是否按下
          JNB  20H.7, ON;         ;P1.0 为低电平，S 按下，电机启动
          CLR  P1.3              ;(20H.7)＝1，电机在运转，则停机
          CLR  20H.7             ;更改电机运行状态：停机
```

```
                SJMP    NO_PRESS          ;等待 S 按下启动
ON:             SETB    P1.3              ;电机启动,(P1.3)=1,KA 得电,电机启动运行
                SETB    20H.7             ;更改电机运行状态:启动
                SJMP    NO_PRESS          ;等待 S 按下停机
```

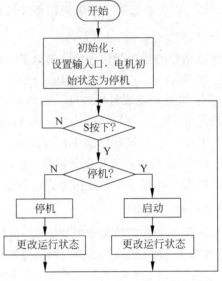

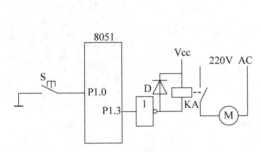

图 3.48　单片机应用系统　　　　　图 3.49　例 3.44 的程序设计流程图

（3）判别位状态并清零的转移指令。

```
JBC    bit,rel
```

该指令的指令代码为 3 字节,CPU 执行过程:

① 取指令：(PC)+3→(PC)；

② 执行并获取目标地址：

若(bit)=1,则 bit 位被清零,(PC)+rel→(PC)；

若(bit)=0,则顺序向下执行。

该指令执行时,位状态测试和清零一起完成;指令执行完毕,测试位 bit 的状态总为 0。CPU 执行过程流程图如图 3.50(a)所示。

该指令在程序中的使用方式:

```
JBC    bit, LABEL;
```

编程使用方式的流程图如图 3.50(b)所示。

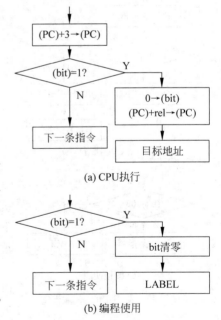

图 3.50　JBC 指令的流程图

例 3.45　已知累加器 A 的内容为 56H(01010110B),执行下列指令序列:

```
JBC    ACC.3, LABEL1
JBC    ACC.2, LABEL2
```

程序将转移到 LABEL2 处,并且累加器 A 的内容变为 52H(01010010B)。

5）循环控制转移指令

（1）以工作寄存器内容作为循环控制变量的转移指令。

```
DJNZ   Rn,rel                              ;n = 0～7
```

该指令的指令代码为 2 字节,CPU 执行过程:

① 取指令:(PC)+2→(PC);

② 执行并获取目标地址:寄存器 Rn 的内容减 1,
(Rn)−1→(Rn);判断 Rn 的内容是否为 0,若(Rn)≠0,则
(PC)+rel→(PC);若(Rn) = 0,则结束循环,顺序执行。

CPU 执行过程流程图如图 3.51(a)所示。

该指令在程序中的使用方式:

```
DJNZ   Rn,LABEL
```

编程使用方式的流程图如图 3.51(b)所示。

(2) 以单元的内容作为循环控制变量的转移指令。

```
DJNZ   direct,rel
```

该指令的指令代码为 3 字节,CPU 执行过程:

① 取指令:(PC)+3→(PC);

② 执行并获取目标地址:

单元内容减 1,(direct)−1→(direct);判断单元内容
是否为 0:

若(direct)≠0,则(PC)+rel→(PC);

若(direct)=0,则结束循环,顺序执行。

在程序中,该指令的使用方式:

```
DJNZ   direct,LABEL
```

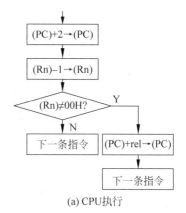

(a) CPU执行

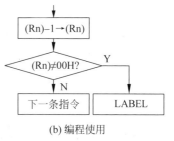

(b) 编程使用

图 3.51　DJNZ 指令的流程图

除了指令代码是 3 字节以外,上述指令的执行过程和编程使用方式与前一条指令相同。
这两组指令含有减 1 运算,使用时应注意循环控制变量的下溢现象。

例 3.46　把内部 RAM 从 20H 单元开始的 20 个单元清零。

解:根据题意,程序设计流程图如图 3.52 所示。程序如下:

```
        MOV  R0,  ＃20H        ;设置数据区首地址
        MOV  R5,  ＃20         ;数据个数
DO:     MOV  @R0, ＃00H        ;单元内容清零
        INC  R0               ;修改地址指针
        DJNZ R5,  DO          ;循环结束否?若否,继续清零
        RET
```

例 3.47　把外部数据 RAM 中的从 ADDRESS_X 单元开始存储的 LEN 字节数据块传
送到内部数据 RAM。在内部数据 RAM 中数据块从 BUFFER 单元开始存放。

解:根据题目要求,程序设计流程图如图 3.53 所示,程序如下:

```
          MOV  DPTR, ＃ADDRESS_X      ;源数据块首地址
          MOV  R0,   ＃BUFFER         ;目的存储区首地址
          MOV  20H,  ＃LEN            ;数据长度
TRANSFER: MOVX A,    @DPTR            ;取数据
          MOV  @R0,  A                ;存数据
          INC  DPTR                  ;修改源地址指针
```

```
INC   R0                    ;修改目的地址指针
DJNZ 20H, TRANSFER          ;传送结束
RET                         ;返回
```

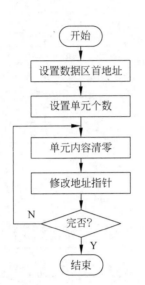

图 3.52　例 3.46 的程序设计流程图

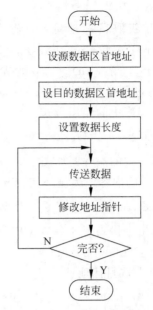

图 3.53　例 3.47 的程序设计流程图

3. 子程序调用及返回指令

在程序设计中，经常会遇到某种相同的计算和操作需要进行多次，除了参与运算的数据不同之外，其他完全相同。这种相同的程序段，如果每用一次编写一次，既麻烦，又使程序变得冗长而杂乱。冗长的程序不仅浪费了程序存储器的存储空间，而且增加了程序出错的概率。为了克服上述缺点，程序设计采用子程序（Subroutine）的概念，把程序中多次使用的程序段独立出来，单独编成一个程序，使其标准化，存储起来以备需要时调出使用，这样的程序称为子程序。与子程序相对的是主程序（Main Routine），它是使用子程序的程序。主程序使用子程序称为调用。

主程序调用子程序是通过调用指令实现的。CPU 在执行主程序的过程中，遇到子程序调用指令，它将转移去执行子程序，当子程序执行结束后，再返回主程序，从子程序调用指令的下一条指令开始继续向下执行。由子程序返回到主程序是通过子程序中的一条指令——返回指令实现的。主程序调用和子程序返回过程如图 3.54 所示。

为了使 CPU 能够正确地返回到主程序中的子程序调用指令的下一条指令，在 CPU 调用子程序之前，必须把调用指令的下一条指令的地址保存起来，这个地址为返回地址，被保护在堆栈中。子程序执行结束时，通过返回指令把返回地址重新赋给 PC，这样 CPU 将执行子程序调用指令的下一条指令。

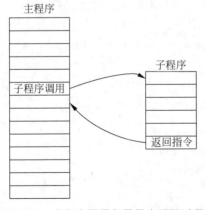

图 3.54　主程序调用和子程序返回过程

下面介绍 MCS-51 单片机的子程序调用及返回指令。

1）调用指令

（1）长调用指令。

LCALL   addr16

该指令的指令代码为 3 字节，CPU 执行过程：

① 取指令：$(PC)+3 \rightarrow (PC)$；

② 保护返回地址：

$(SP)+1 \rightarrow (SP)$，$(PC)_{0 \sim 7} \rightarrow [(SP)]$；

$(SP)+1 \rightarrow (SP)$，$(PC)_{8 \sim 15} \rightarrow [(SP)]$。

取子程序入口地址，调用子程序：addr16 $\rightarrow (PC)$。

由于指令给出的是 16 位地址，该指令转移范围为整个程序存储器空间，即 64KB。在程序中，该指令的使用方式：

LCALL   SUBROUTINE

标号 SUBROUTINE 是子程序名，或者是子程序的入口地址，一般是指主程序转入子程序时要执行的第一条指令所在单元的地址。

（2）短调用指令。

ACALL   addr11

该指令的指令代码为 2 字节，CPU 执行过程：

① 取指令：$(PC)+2 \rightarrow (PC)$；

② 保护返回地址：

$(SP)+1 \rightarrow (SP)$，$(PC)_{0 \sim 7} \rightarrow [(SP)]$；

$(SP)+1 \rightarrow (SP)$，$(PC)_{8 \sim 15} \rightarrow [(SP)]$。

获取子程序入口地址：addr11 $\rightarrow (PC)_{0 \sim 10}$，$(PC)_{11 \sim 15}$ 不变，构成子程序的入口地址，调用子程序。

在 ACALL 的指令代码中给出 11 位地址，该指令的转移范围为本条指令上下 2KB。在程序中，该指令的使用方式：

ACALL   SUBROUTINE

子程序调用指令 ACALL，LCALL 在改变 PC 内容的方式上与转移指令 AJMP、LJMP 是一样的，因此也可分别称其为短调用和长调用。它们的区别在于指令 ACALL、LCALL 在实现调用前，先把下一条指令的地址推入堆栈保存，以便执行子程序返回指令 RET 时能找到返回地址，实现正确返回。而转移指令 AJMP、LJMP 指令不需要保护返回地址。

值得一提的是，目前大多数汇编器支持"CALL   SUBROUTINE"形式，它不是 MCS-51 的标准指令，而是 LCALL/ACALL 的一般形式，汇编时，汇编系统将按照默认的指令方式汇编程序，并把正确的目标地址格式添加到指令的指令代码中。

2）返回指令

（1）子程序返回指令。

RET

该指令的指令代码为 1 字节，CPU 执行过程：

① 取指令：(PC)+1→(PC)；

② 从堆栈中取返回地址：

$[(SP)]$→$(PC)_{8\sim15}$，$(SP)-1$→(SP)；

$[(SP)]$→$(PC)_{0\sim7}$，$(SP)-1$→(SP)。

返回指令的功能是：控制程序从当前执行的子程序返回到主程序本次调用指令（ACALL/LCALL）的下一条指令处。CPU 执行 RET 的目的就是要从堆栈中取出这条指令的地址，该地址称为返回地址。

在程序中，该指令的使用方式：

```
RET
```

在程序设计时，子程序的最后一条指令必须是 RET，它标志子程序结束。

子程序是为了实现一些公用功能而编写的程序。子程序具有通用性，它既可以被一个程序多次调用，也可以被多个不同的程序调用。另外，子程序可以存储在程序存储器的任何地方。主程序调用子程序时，事先应该把子程序需要的有关参数存放在约定的位置（存储单元、寄存器、可寻址位），子程序执行时，从约定位置取得运算所需的参数，当子程序执行完毕后，将执行结果也存入事先约定的位置，返回主程序后，主程序就可以从约定位置上取得所需要的结果，这个过程称为参数传递。

为了便于调用，编写子程序时，一般应提供以下信息。

- 子程序名称，即入口地址或标号。
- 子程序功能描述。
- 输入输出参数，也称为子程序的入口条件和出口条件。
- 子程序中所用寄存器、存储单元和可寻址位。
- 子程序中所调用的其他子程序。

另外，有时还包含该子程序的调用示例。

主程序对子程序调用时，一般包括以下几个步骤：保护现场，调用子程序，恢复现场。由于主程序每次调用子程序的工作是事先安排的，根据实际情况，有时保护现场和恢复现场的步骤可以省略。

例 3.48 编写内部 RAM 多个单元清零的子程序，并把从 20H 单元开始的 20 个单元清零。

解：根据例 3.46 的思路，编写一个内部 RAM 多个单元清零的子程序。

① 子程序入口条件：R0 中存放待清零的内部 RAM 区首地址，R2 中存放待清零的单元个数。

② 出口条件：无。

③ 子程序功能：把从固定起始单元开始的多个单元清零。

程序如下：

```
CLR_RAM:    MOV  @R0, #00H        ;单元内容清零
            INC  R0               ;修改地址指针
            DJNZ R2, CLR_RAM      ;循环结束否?若否,则继续清零
            RET
```

主程序：

```
        MOV   R0,  ♯20H          ;设置数据区首地址
        MOV   R2,  ♯20           ;单元个数
        ACALL  CLR_RAM
        RET
```

（2）中断返回指令。

```
RETI
```

该指令的指令代码为 1 字节,CPU 执行过程：

① 取指令：$(PC)+1 \to (PC)$；

② 从堆栈中取返回地址：

$[(SP)] \to (PC)_{8\sim15}$,$(SP)-1 \to (SP)$；

$[(SP)] \to (PC)_{0\sim7}$,$(SP)-1 \to (SP)$。

在程序中的使用方式：

```
RETI
```

该指令专用于中断处理程序,是中断处理结束的标志。每一个中断处理程序的最后一条指令必须是 RETI 指令。RETI 指令与 RET 指令的区别在于 RETI 指令在实现中断返回的同时,重新开放中断使 CPU 能够接收同优先级的另外一个中断请求。在应用系统中不包含中断处理时,二者的作用是相同的。

4. 空操作指令

```
NOP
```

该指令的指令代码为 1 字节,CPU 执行过程：

取指令：$(PC)+1 \to (PC)$。

这是一条单字节指令,执行时间（指令周期）为 1 个机器周期（T_M）。该指令执行时,不做任何操作（即空操作）,仅将程序计数器（PC）的内容加 1,使 CPU 指向下一条指令继续执行程序。这条指令常用来产生一个机器周期的时间延迟。

例 3.49　一个能延时 1s 的软件延时子程序。假设系统的晶体振荡器频率为 6MHz。

```
DELAY:  MOV R2,♯250          ;指令周期为 1T_M
DELY1:  MOV R3,♯250          ;1T_M
DELY2:  NOP                   ;1T_M
        NOP                   ;1T_M
        NOP                   ;1T_M
        NOP                   ;1T_M
        NOP                   ;1T_M
        NOP                   ;1T_M
        DJNZ  R3,   DELY2      ;指令周期为 2T_M
        DJNZ  R2,   DELY1      ;指令周期为 2T_M
        RET                   ;指令周期为 2T_M
```

由于晶振的频率为 6MHz,则 $T_M = 2\mu s$,总延时时间为

$$T = T_M + [250 \times (2T_M + 6 \times T_M) + 3T_M] \times 250 + 2T_M = 1001ms \approx 1s$$

例 3.50　LED 阵列的灯位以图 3.55(a)的方式布置,图 3.55(b)为 LED 阵列控制电路原理图。工作时,要求 LED 从右向左逐个点亮并保持,阵列中所有的 LED 全亮后保持一段

时间后，从左向右依次逐个熄灭，如此循环。系统晶振频率为12MHz。

(a) LED灯位布置

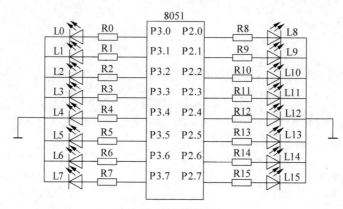

(b) LED阵列控制电路

图3.55　LED阵列控制电路原理图

根据图3.55(b)可知，当输出口输出1时，LED亮，输出0时，LED熄灭。LED阵列从右向左依次点亮时，可采用"RLC A"指令，令Cy为1，每移入一次Cy的状态，向左点亮一个LED，当所有LED全亮时，输出口P2和P3输出全为1，即可停止左移，进入保持阶段。从左向右熄灭LED的实现过程与点亮相似。程序流程图见图3.56。

用R2和R3分别存储P3和P2口的控制码，程序如下：

```
START:   MOV R2, #00H          ;初始状态,自右向左
         MOV R3, #00H
REDO:    SETB C                ;置1,逐个点亮
         MOV A, R2
         RLC A
         MOV R2, A
         MOV A, R3
         RLC A
         MOV R3, A             ;移位,产生控制码
         MOV P3, R2            ;输出显示
         MOV P2, R3
         ACALL DELMS           ;延时
         XRL A, R2             ;若LED全亮,(R2) = (R3) = 0FFH
         JNZ REDO              ;没全亮,则继续
         MOV R7, #50;
HOLD:    ACALL DELMS           ;保持全亮延时,约5s
         DJNZ R7, HOLD
REDO1:   CLR C                 ;逐个熄灭
         MOV A, R3
         RRC A
         MOV R3, A
         MOV A, R2
```

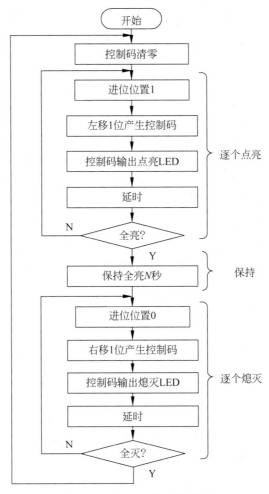

图 3.56 例 3.50 程序流程图

```
        RRC A
        MOV R2,A                 ;移位产生控制码
        MOV P3,R2                ;输出显示
        MOV P2,R3
        ACALL DELMS              ;延时
        XRL A,R3                 ;若 LED 熄灭,(R2) = (R3) = 00H
        JNZ RED01               ;没全熄灭,则继续
        LJMP START
;延时子程序:
DELMS:  MOV R5,♯100
DELX0:  MOV R6,♯250
D00:    NOP                      ;1T_M
        NOP                      ;1T_M
        DJNZ R6,D00             ;2T_M, 250 × 4μs = 1000μs = 1ms
        DJNZ R5,DELX0          ;约 100 × 1ms = 100ms
        RET
```

3.4 汇编语言程序设计

3.4.1 伪指令

伪指令（Pseudo Instruction）是汇编语言中起解释说明的命令，它不是单片机的指令。在集成开发环境中，伪指令向编译系统说明程序在程序存储器的哪个区域、到何处结束、变量所表示的单元地址或数值等。汇编时伪指令不会产生目标代码，不影响程序的执行。

不同的编译系统使用的伪指令种类不同，常用的有以下几种伪指令。

1. 设置起始地址伪指令 ORG

ORG xxxxH

设置程序从程序存储器的 xxxxH 单元开始存放。在一个汇编语言源程序中，可以多次定义 ORG 伪指令，但要求规定的地址由小到大安排，各段之间地址不允许重叠。如：

```
       ORG       0100H
SUB:   MOV       R0,#30H
       …
```

程序汇编后，子程序 SUB 的代码从 0100H 单元开始存放，也就是"MOV R0,#30H"指令代码的第一字节存放在程序存储器的 0100H 单元中。

2. 赋值伪指令 EQU

变量代号 EQU 数值

EQU 指令用来给变量代号赋值。在同一个源程序中，任何一个变量代号只能赋值一次。赋值以后，变量代号在整个源程序中的值是固定的，不可改变。变量代号可以表示一个单元地址或者一个立即数。EQU 指令后面的数值可以是 8 位或 16 位的二进制数，也可以是事先定义的表达式，在有的向编译系统中，数值的形式也可以为位地址。如：

```
LEN        EQU 20       ;在程序中变量 LEN 的值为 20
Xdata      EQU 4F8BH    ;在程序中变量 Xdata 的值为 4F8BH
FLAGX      EQU 20H.7    ;在程序中变量 FLAGX 表示 20H.7
```

3. 定义字节数据伪指令 DB

[单元地址代号:] DB   data

DB 用来说明程序存储器单元的内容是一字节的常数 data，而非指令代码。单元地址代号可以省略。如：

```
ADDR1:DB 30H
```

ADDR1 单元的内容设置为 30H。DB 也可用来定义多个连续单元为常数，如：

```
ORG  1000H
DB    30H, 31H, 32H, 33H, 34H, 35H, 36H, 37H, 38H, 39H, 2EH, 0DH
```

向编译系统说明从程序存储器的 1000H 单元开始存储了 12 字节的常数。

4. 定义双字节数据伪指令 DW

[单元地址代号:] DW data16

DW 用来定义程序存储器相邻两个单元的内容为常数。如：

ADDR2:DW 0FDE1H

编译系统把 0FDE1H 的高 8 位 0FDH 放在 ADDR2 单元,低 8 位 0E1H 放在 ADDR2＋1 单元。

```
      ORG  0400H
XTABLE:DW 1345, 2241, 34556
```

向编译系统说明常数表格 XTABLE 从 0400H 单元开始存放。

5. 位地址赋值伪指令 BIT

变量代号　BIT　位地址

BIT 用于定义有位地址的位,把位地址赋予指定的变量代号。如：

```
CS      BIT    P2.0
FLAG    BIT    20H.6
```

6. 汇编结束伪指令 END

```
END
```

END 是用来告诉编译系统,源程序到此结束。在一个程序中,只允许出现一条 END 伪指令,而且必须安排在源程序的末尾。

3.4.2 程序设计举例

1. 算术运算程序

在 MCS-51 单片机指令系统中,算术运算指令仅支持两个无符号的 8 位二进制数的运算,二进制数算术运算是按字节的方式进行的。

例 3.51 多字节二进制加法。

以 3 字节无符号二进制数为例,算法如图 3.57 所示,图中 1 个方框代表 1 个单元,Cy 为进位。最低字节运算时,若令 Cy 为 0,那么,完成 3 字节的加法运算进行了 3 次相同的加法操作,因此,可采用循环结构实现两个 3 字节数据的加法运算。

(1) 采用循环结构设计的多字节二进制加法程序。

设两个数分别存在内部 RAM 的 20H 和 30H 单元开始的区域,低 8 位在前,程序如下：

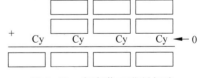

图 3.57　多字节二进制加法

```
        MOV  R0, ＃20H        ;被加数低 8 位存储单元地址
        MOV  R1, ＃30H        ;加数低 8 位存储单元地址
        MOV  R5, ＃03H        ;字节数
        CLR  C               ;首次加法运算(Cy)清零
DOAD1:  MOV  A, @R0;          ;取(被)加数
        ADDC A, @R1          ;取加数
        MOV  @R0, A          ;存和
        INC  R0              ;修改存储地址
        INC  R1
        DJNZ R5, DOAD1       ;运算结束?
        CLR  A               ;处理高 8 位运算的进位
        ADDC A, ＃00H
```

```
            MOV    @R0, A
            RET
```

（2）把单字节加法操作提取出来作为一个子程序。

```
; 单字节加法子程序 BIN_ADD
; 入口条件: R0 指出被加数所在单元的地址; R1 指出加数所在单元的地址
; 出口条件: R0 指出和所在单元的地址,进位在 Cy 中
BIN_ADD: MOV    A, @R0;
            ADDC   A, @R1
            MOV    @R0, A
            INC    R0
            INC    R1
            RET
```

那么,3 字节二进制数加法程序如下:

```
            MOV    R0, ♯20H
            MOV    R1, ♯30H
            MOV    R5, ♯03H
            CLR    C
DOAD:       ACALLBIN_ADD
            DJNZ   R5, DOAD
            CLR    A
            ADDC   A, ♯00H
            MOV    @R0, A
            RET
```

例 3.52 多字节二进制减法。

多字节二进制减法与多字节二进制加法相似,图 3.58 为 3 字节二进制减法的算法。假设两个 3 字节数据分别存放在内部 RAM 的 20H 和 30H 单元开始的区域,低 8 位在前,程序如下:

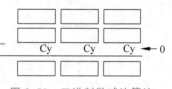

图 3.58 二进制数减法算法

（1）单字节减法子程序 BIN_SUB:

```
; 入口条件: R0 指出被减数所在单元的地址; R1 指出减数所在单元的地址
; 出口条件: R0 指出差所在单元的地址,借位在 Cy 中
BIN_SUB: MOV    A, @R0;
            SUBB   A, @R1
            MOV    @R0, A
            INC    R0
            INC    R1
            RET
```

（2）3 字节无符号二进制数减法程序:

```
            MOV    R0, ♯20H
            MOV    R1, ♯30H
            MOV    R5, ♯03H
            CLR    C
DOSUB:      ACALL  BIN_SUB
            DJNZ   R5, DOSUB
            RET
```

例 3.53 多位十进制数加法。

十进制数在计算机中可以采用 BCD 码的形式存放。采用压缩式(或紧凑形式)BCD 码格式存放十进制数时,一个存储单元可以存储 2 位。MCS-51 单片机仅支持二进制加法运算,采用 ADD 和 ADDC 指令的结果是二进制数,因此,两个以 BCD 码形式存储的数据,在用 ADD 和 ADDC 运算之后,必须对其运算结果进行调整。多位十进制数加法的算法与多字节二进制数加法的算法相似,如图 3.59 所示。6 位十进制数加法程序如下:

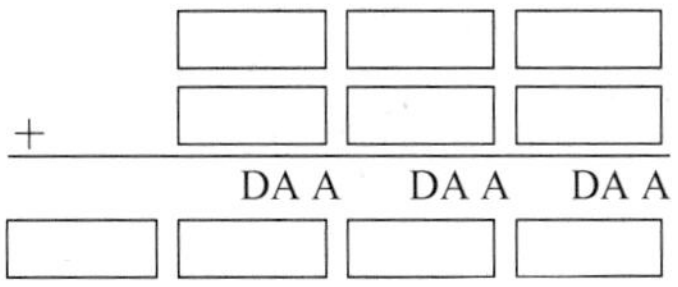

图 3.59　十进制数加法算法

(1) 2 位十进制数加法子程序 SH_ADD:

```
;入口条件:R0 指出被加数所在单元的地址;R1 指出加数所在单元的地址
;出口条件:R0 指出和所在单元的地址,进位在 Cy 中
SH_ADD:   MOV   A, @R0;
          ADDC  A, @R1
          DA    A                   ;结果调整为十进制数
          MOV   @R0, A
          INC   R0
          INC   R1
          RET
```

(2) 6 位十进制数加法程序:

```
          MOV   R0, #20H
          MOV   R1, #30H
          MOV   R5, #03H
          CLR   C
DOAD:     ACALLSH_ADD
          DJNZ  R5, DOAD
          CLR   A
          ADDC  A, #00H
          MOV   @R0, A
          RET
```

例 3.54　多位十进制减法。

2 位十进制数减法算法如下:X－Y＝X＋100－Y→X＋9AH－Y。把十进制减法变换成二进制减法(求十进制减数的补码)和十进制加法两步进行。多位十进制数减法也采用了同样的算法,在进行高位减法运算时考虑了低位的借位状态。设被减数存放在 20H 开始的内部 RAM 存储单元,减数存放在 30H 开始的存储单元,6 位十进制数减法的程序如下。

(1) 2 位十进制数减法子程序:

```
;入口条件:R0 指出被减数所在单元的地址;R1 指出减数所在单元的地址
;出口条件:R0 指出差所在单元的地址,借位在 Cy 中
SH_SUB:   MOV   A, #9AH
          SUBB  A, @R1
          ADD   A, @R0
          DA    A
          MOV   @R0, A
          INC   R0
          INC   R1
          CPL   C
          RET
```

(2) 6 位十进制数减法程序:

```
            MOV  R0, ♯20H
            MOV  R1, ♯30H
            MOV  R5, ♯03H
            CLR  C
DOSUB:      ACALL SH_SUB
            DJNZ R5, DOSUB
            RET
```

例 3.55　多字节无符号二进制数乘法。

多字节无符号二进制数乘法算法与十进制数乘法相似。以两个 2 字节二进制数相乘为例介绍多字节数的乘法算法，如图 3.60 所示。图中被乘数为 X，其高 8 位和低 8 位分别存储在 XH 和 XL 单元，乘数为 Y，其高 8 位和低 8 位分别存储在 YH 和 YL 单元。算法分两步进行：首先，分别用乘数的高 8 位和低 8 位与被乘数相乘求出部分积，分别存储在 XYH3～XYH1 和 XYL3～XYL1 单元，乘法运算可以把例 3.25 作为乘法子程序来调用。第二步，采用加法运算求出乘积并存储在 XY4～XY1 单元。读者可参考图 3.60 的流程图编写程序。

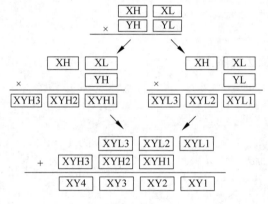

图 3.60　2 字节二进制数乘法算法

例 3.56　多字节无符号二进制数除法。

两个多字节无符号二进制数的除法是采用移位和减法运算实现的，实现过程与进行十进制数除法相似，每次进行除法运算时先试商，如果余数大于减数则商 1，否则，商 0。图 3.61 为 16 位二进制数除以 8 位二进制数的程序流程图。该算法要求被除数的高 8 位数据必须小于除数，否则，作为溢出处理，子程序把标志位 OV 的状态置为 1 并返回。

16 位无符号二进制数除以 8 位无符号二进制数子程序如下：

```
;入口条件:被除数存储在 R4、R5 中,除数存储在 R7 中
;出口条件:(OV) = 0 时,商在 R3 中;(OV) = 1 时,溢出
;子程序执行时,使用了单片机的 PSW,A,R3～R7
DIV21:  CLR  C
        MOV  A,R4
        SUBB A,R7
        JC   DV50
        SETB OV                    ;商溢出
        RET
DV50:   MOV  R6,♯8                 ;(R4R5/R7 - →R3)
DV51:   MOV  A,R5
        RLC  A
        MOV  R5,A
```

```
              MOV   A,R4
              RLC   A
              MOV   R4,A
              MOV   F0,C
              CLR   C
              SUBB  A,R7
              ANL   C,/F0
              JC    DV52
              MOV   R4,A
      DV52:   CPL   C
              MOV   A,R3
              RLC   A
              MOV   R3,A
              DJNZ  R6,DV51
              MOV   A,R4            ;四舍五入
              ADD   A,R4
              JC    DV53
              SUBB  A,R7
              JC    DV54
      DV53:   INC   R3
      DV54:   CLR   OV
              RET
```

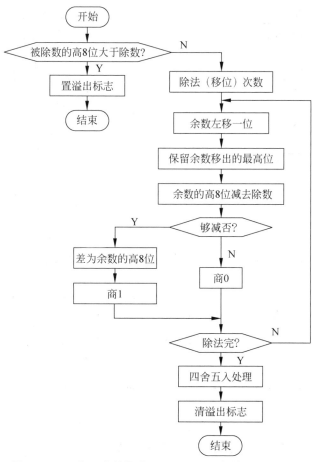

图 3.61　16 位二进制数除以 8 位二进制数的程序流程图

2. 循环程序的设计

1）循环程序的组成

循环程序由 4 部分组成：初始化部分、循环处理部分、循环控制部分和结束部分。循环结构组成见图 3.62。

（1）初始化部分用来设置循环处理之前的初始状态，如循环次数、变量初值、地址指针的设置等。

（2）循环处理部分又称为循环体，是重复执行的处理程序段，是循环程序的核心部分。

（3）循环控制部分用来控制循环继续与否。

（4）结束部分是对循环程序全部执行结束后的结果进行分析、处理和保存。

程序设计中常见的典型循环结构如图 3.62 和图 3.63 所示，前者为先处理后判断的结构，后者为先判断后处理的结构。根据循环程序也可分为单重循环和多重循环。程序设计时，若循环次数已知，可用循环次数计数器控制循环；若循环次数是未知的，则需按条件控制循环。

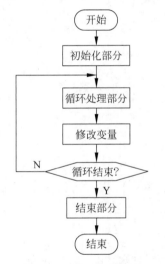

图 3.62　循环结构组成

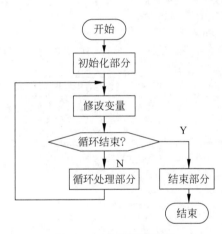

图 3.63　典型循环结构

2）循环程序设计举例

例 3.57　设单片机系统采集的 8 字节数据存储在内部 RAM 的 30H 开始的单元中，求它们的均值。

计算一组数据平均值的公式为 $\bar{x} = \sum\limits_{i=1}^{N} x_i / N$，其中，$x_i$ 为第 i 个数据，N 为数据的个数。因此，要计算出平均值需要进行两种运算：求数据的总和及数据总和除以数据个数。

（1）求数据的总和。

设 S 为数据的总和，求多个数据总和的算法如下：

$$S=0 \qquad i=0$$
$$S=S+x_i \qquad i=1,2,\cdots,N$$

该算法的程序流程图见图 3.64。设总和 S 存放在寄存器 R5 和 R6 中，R5 存高 8 位，则求总和子程序如下：

```
SIGMA:     MOV  R1,#30H              ;数据区首地址
           MOV  R5,#00H              ;存放总和的单元清零
           MOV  R6,#00H              ;
           MOV  R4,#08H              ;数据个数
SIGMA1:    MOV  A,@R1                ;取数据
           ADD  A,R6                 ;求和
           MOV  R6,A
           CLR  A
           ADDC A,R5
           MOV  R5,A
           INC  R1
           DJNZ R4,SIGMA1
           RET
```

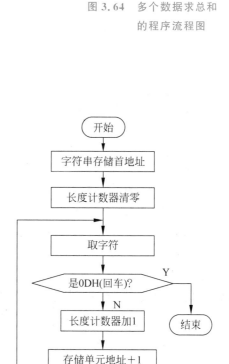

图 3.64　多个数据求总和的程序流程图

（2）求均值。

在汇编语言设计时，除数为 2^n 时，除法可以采用移位的方法实现，这样做效率更高。$S/8=((S/2)/2)/2$，即通过调用 3 次右移除以 2 过程即可。采用移位方法求均值的程序如下：

```
MEAN:      MOV  R4,#03H
DIV2:      MOV  A,R5                 ;R5 和 R6 中存放总和,R5 存放高 8 位
           CLR  C
           RRC  A
           MOV  R5,A                 ;商的高 8 位
           MOV  A,R6                 ;低 8 位
           RRC  A
           MOV  R6,A                 ;商的低 8 位
           DJNZ R4,DIV2
           RET
```

子程序返回时，均值存储在 R6 中。

（3）8 个单字节数据求均值的主程序如下：

```
ACALL SIGMA
ACALL MEAN
RET
```

例 3.58　一个字符串从内部 RAM 的 40H 单元开始存放，以回车符（ASCII 码为 0DH）为结束标志，编写程序测试字符串长度。

这是一个循环次数未知的循环程序设计例题。为了测试字符串的长度，字符串中的每个字符依次与回车符（0DH）比较，如果比较不相等，则字符串长度计数器加 1，继续测试；否则，该字符为回车符，则检测结束，长度计数器的值就是字符串的长度。程序流程图如图 3.65 所示。设 R7 为字符串长度计数器，程序如下：

图 3.65　测试字符串长度的程序流程图

```
           MOV  R7,#00H              ;设置长度计数器初值
           MOV  R0,#40H;
LOOP:      MOV  A,@R0
```

```
            CJNE  A, #0DH, NON
            RET                         ;如果是回车符,则字符串结束
NON:        INC   R7                    ;长度计数器加 1
            INC   R0                    ;修改存储单元地址
            SJMP LOOP
```

3. 查表程序的设计

查表程序是单片机应用系统中常用的一种程序,例如,显示输出时,利用它提取字型编码,数值运算时,利用它可以避免进行复杂的数值运算,实现插补、修正、计算、转换等功能。查表程序简单、执行速度快。查表就是根据自变量 x 在表中找出 y。在计算机中,把一组数据按照某种关系连续地存放在程序存储器中就形成了常数表,通过查表指令提取常数,设计的主要问题是建立自变量 x 与存储数据 y 的单元地址之间的关系,x 通常是 y 在表中的存储顺序。

例 3.59 设字符 $0 \sim 9$、$A \sim F$ 的 ASCII 码存储在程序存储器中,编写子程序由 $x(0 \leqslant x \leqslant F)$ 查找其对应的 ASCII 码。

ASCII 码为 7 位二进制编码,一个单元也可存储一个字符的 ASCII 码。如果 ASCII 码表存放在以 ASC_TAB 单元开始的区域,则存储 ASCII 码的单元地址与 x 的关系为: ASC_TAB$+x$。设 x 存储在寄存器 R2 中,从子程序返回时 ASCII 码存储在 R2 中,子程序如下:

```
CHECHUP:  MOV   DPTR, #ASC_TAB      ;设置表的首地址
          MOV   A, R2               ;取 x
          MOVC  A, @A+DPTR          ;查表取 ASCII 码
          MOV   R2, A               ;存储查到的 ASCII 码
          RET
ASC_TAB:  DB    30H, 31H, 32H, 33H, 34H, 35H, 36H, 37H, 38H, 39H
          DB    41H, 42H, 43H, 44H, 45H, 46H
```

例 3.60 一个 16 路的巡回检测报警系统,把每路的报警阈值（2 字节）存放在一个表格中,系统运行时,需要根据巡检回路号取出报警阈值,与采样值进行比较,以判断采样值是否超过限位。编写获取回路报警阈值的查表程序。

设巡检回路号为 x,$0 \leqslant x \leqslant F$（16 个回路）,每个回路的报警限位阈值被存储在两个相邻的单元,由于 MCS-51 单片机的查表指令每次操作只能从程序存储器中取出一个单元的内容,因此,2 字节的阈值需要两次查表操作才能得到。设报警阈值存储在 LIM_TAB 开始的区域,阈值第一字节的存储单元地址为 LIM_TAB$+2x$,第二字节为 LIM_TAB$+2x+1$。设回路号存放在 R2 中,回路报警限位值存入 R3 和 R4,子程序如下:

```
CHECHUP:  MOV   DPTR, #LIM_TAB      ;阈值表的首地址
          MOV   A, R2               ;取 x
          ADD   A, R2               ;计算 2x
          MOV   R2, A               ;2x 暂存于 R2 中
          MOVC  A, @A+DPTR          ;取阈值的第一字节
          MOV   R3, A               ;阈值第一字节存于 R3 中
          INC   R2                  ;2x+1
          MOV   A, R2
          MOVC  A, @A+DPTR          ;取阈值的第二字节
          MOV   R4, A               ;阈值的第二字节存于 R4 中
          RET
```

```
LIM_TAB: DW    3233, 26, 1020, 2435, 423, 267, 200, 435
         DW    130, 86, 11345, 2400, 4230, 32267, 220, 352
```

例 3.61 在一个压力测量仪表中,传感器输出电压由 10 位 A/D 转换器转换为二进制数送入单片机,仪表显示器以 4 位十进制数形式显示压力值。通过实验得到了 A/D 转换值与压力的对应关系,并把它存储在单片机中。设计由 A/D 转换值获取十进制数压力值的程序。

由于 A/D 转换值 x 与压力值的对应关系已知,建立的常数表包含了 $2^{10} = 1024$ 个压力值,若以压缩 BCD 码形式存储,4 位十进制数压力值需两个单元存储。若表从 PRS_TAB 单元开始存储,高 2 位存储在单元 PRS_TAB+$2x$ 中,低 2 位存储在单元 PRS_TAB+$2x+1$ 中。设将 A/D 转换值 x 存到 R2 和 R3,压力值放在 R4 和 R5 中,子程序如下:

```
CONVT:   MOV   DPTR, #PRS_TAB        ;表的首地址
         MOV   A, R3
         ADD   A, R3
         MOV   R3, A
         MOV   A, R2
         ADDC  A, R2
         MOV   R2, A                 ;计算 2x,并暂存于 R2 和 R3 中
         MOV   A, DPL
         ADD   A, R3
         MOV   DPL, A
         MOV   A, R2
         ADDC  A, DPH
         MOV   DPH, A                ;计算 PRS_TAB + 2x,结果存于 DPTR
         CLR   A
         MOVC  A, @A + DPTR          ;取高 2 位
         MOV   R4, A                 ;存高 2 位
         INC   DPTR                  ;计算 PRS_TAB + 2x + 1,结果存于 DPTR
         CLR   A
         MOVC  A, @A + DPTR
         MOV   R5, A                 ;存低 2 位
         RET
PRS_TAB: DW    0304H, 0420H, 0523H, …
```

4. 检索程序的设计

数据检索的任务是查找关键字,通常有两种方法:顺序检索和对分检索。本节介绍前者,对分检索可参阅相关资料。

例 3.62 设有一单字节无符号数的数据块,存储在内部 RAM 以 30H 单元为首地址的区域中。长度为 50 字节,试找出其中最小的数,并放在 20H 单元。

程序流程图如图 3.66 所示。首先把第一个数据取出作为最小数,然后依次取出其余的数据与其比较,如果小于指定的最小数,则替换;否则,继续比较。

```
         MOV   R7, #50               ;设置比较次数
         MOV   R0, #30H              ;设置数据块首地址
         MOV   A, @R0                ;
         MOV   20H, A                ;取第一个数作为最小数
LOOP1:   INC   R0                    ;修改存储单元地址
         MOV   A, @R0                ;取数
         CJNE  A, 20H, LOOP          ;与最小数比较
LOOP:    JNC   LOOP2                 ;若取出的数不小于最小数,则继续
         MOV   20H, A                ;取出的数据小于最小数,则替换原来的最小数
```

```
LOOP2:     DJNZ R7,LOOP1                     ;比较完否?
           RET
```

例 3.63 一个 ASCII 码字符串存放在 20H 单元开始的区域,以'EOT'为结束标志。从其中找字符'A',若找到,把标志位 F0 置 1,否则,把 F0 清零。

程序流程图如图 3.67 所示。对于要检索的字符串,只要发现一个字符'A',则停止检索,把标志位 F0 置 1。若整个字符串没有发现'A',则标志位清零。程序如下:

```
           EOT   EOU 041-1                   ;EOT 的 ASCII 码
INDEX:     MOV  R1,♯20H
           CLR  F0
NEXT:      MOV  A,@R1
           CJNE A,♯ 'EOT',GOON
           RET
GOON:      CJNE A,♯ 'A', NON
           SETB F0
           RET
NON:       INC R1
           SJMP NEXT
```

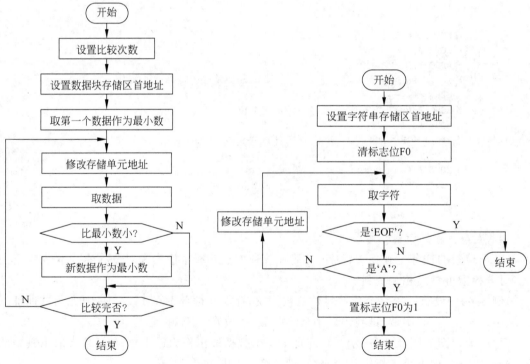

图 3.66 例 3.62 的程序流程图   图 3.67 例 3.63 的程序流程图

5. 分支程序的设计

分支程序主要是根据判断条件的成立与否来确定程序的走向,可组成单分支结构和多分支结构。

单分支结构一般为两者选一的处理,程序的判断部分仅有两个出口。通常用条件判断指令来确定分支的出口。这类单分支选择结构有 3 种典型的形式,见图 3.68。

(1) 如果条件满足,执行程序段 2;否则,执行程序段 1,结构如图 3.68(a)所示。

（2）如果条件满足，则不执行程序段1，仅执行程序段2；否则，先执行程序段1，再执行程序段2，结构如图3.68(b)所示。

（3）当条件不满足时，重复执行程序段1，只有当条件满足时，才停止执行程序段1，开始执行程序段2，结构如图3.68(c)所示。

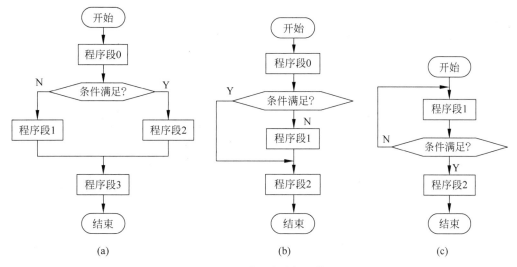

图 3.68　单分支选择结构

多分支选择结构是指程序的判别部分有两个以上的出口流向，如图3.69所示。

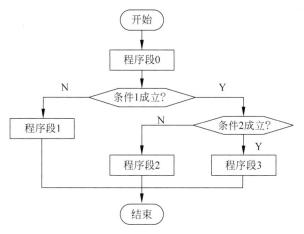

图 3.69　多分支选择结构

例 3.64　x 和 y 为两个带符号单字节数据，以原码方式存放，编写程序求它们的乘积。

MCS-51单片机的乘法指令支持两个 8 位无符号二进制数相乘，两个带符号二进制数相乘的方法程序流程图如图3.70所示，若符号相同，乘积符号为正，数值为两个数绝对值之积；若符号相异，乘积符号为负，数值为两个数绝对值之积。

设 x 和 y 分别存放在 40H 和 41H 单元，乘积存放的 R4、R3 中，程序如下：

```
MOV  A,40H              ;取 x
XRL  A,41H              ;符号运算
JB   ACC.7,DIFF         ;符号相异,转移
MOV  A,40H
```

```
        ANL   A,♯01111111B        ;x取绝对值
        MOV   B,41H
        ANL   B,♯01111111B        ;y取绝对值
        MUL   AB
        MOV   R3,A
        MOV   R4,B                ;存乘积
        RET
DIFF:   MOV   A,40H               ;
        ANL   A,♯01111111B        ;x取绝对值
        MOV   B,41H               ;
        ANL   B,♯01111111B        ;y取绝对值
        MUL   AB
        MOV   R3,A                ;存乘积的低8位
        ORL   B,♯10000000B        ;符号相异,乘积符号为负,置符号位为1
        MOV   R4,B                ;存乘积的高8位
        RET
```

例 3.65 设变量 x 存放在内部 RAM 的 30H 单元中,求解下列函数式,并将 y 存入 40H 单元。

$$y = \begin{cases} x-1, & x < 10 \\ 0, & 10 \leqslant x < 100 \\ x+1, & x \geqslant 100 \end{cases}$$

程序流程图如图 3.71 所示。程序如下:

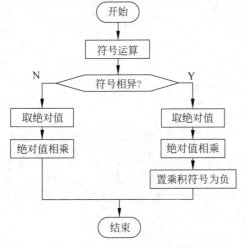

图 3.70 带符号二进制乘法的程序流程图

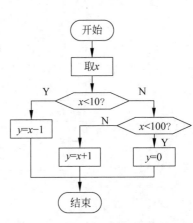

图 3.71 例 3.65 的程序设计框图

```
        MOV   A,30H               ;取 x
        CLR   C
        SUBB  A,♯10
        JNC   GT10                ;x大于或等于10,转移
        MOV   A,30H
        DEC   A                   ;x-1
        MOV   40H,A
        RET
GT10:   MOV   A,30H
        SUBB  A,♯100
```

```
        JC   LS100          ;x 小于 100,转移
        MOV  A,30H
        INC  A
        MOV  40H,A           ;x + 1
        RET
LS100:  MOV  40H, ♯00
        RET
```

6. 码制转换程序的设计

码制转换程序是单片机应用系统常用程序,如 CPU 计算、存储是采用二进制形式,而人机界面常采用十进制,需要码制转换;设备之间交换信息有时采用 ASCII 码,CPU 处理时也需要转换。本节主要介绍常用的不同进制数之间的转换程序设计方法。

1) 二进制数与十进制数(BCD 码)之间的转换程序设计

例 3.66 设 4 位十进制数(BCD 码)存储在 R2 和 R3 中,R2 存放千位和百位,R3 存放十位和个位,把该数转换为二进制数。

设 4 位十进制数为 $x = d_3 d_2 d_1 d_0$,它可以表示为

$$x = d_3 \times 10^3 + d_2 \times 10^2 + d_1 \times 10^1 + d_0 \times 10^0$$
$$= (((d_3 \times 10 + d_2) \times 10) + d_1) \times 10 + d_0 \tag{3.1}$$

也可以表示为

$$x = (d_3 \times 10 + d_2) \times 10^2 + (d_1 \times 10^1 + d_0) \tag{3.2}$$

式(3.1)和式(3.2)是两种转换算法。显然,式(3.2)的算法比较简单。$x = d_3 d_2 d_1 d_0$ 以 BCD 码形式存储时,$d_3 d_2$ 存放在一个单元,而 $d_1 d_0$ 存放在一个单元。设计程序时,只要设计 2 位 BCD 码转换的子程序,在高两位 $d_3 d_2$ 转换完乘以 100 之后,再加上低两位 $d_1 d_0$ 的转换结果即可得到转换结果。2 位 BCD 码转换为二进制数的子程序如下:

```
        ;入口条件:待转换的 2 位十进制(BCD)码整数在累加器 A 中
        ;出口条件:转换后的单字节十六进制整数仍在累加器 A 中
        ;影响寄存器:PSW、A、B、R4; 堆栈需求: 2 字节
BCDH:   MOV  B, ♯10H        ;分离十位数和个位数
        DIV  AB
        MOV  R4, B          ;商为十位数,余数为个位数,暂存个位数于 R4
        MOV  B, ♯10         ;将十位数转换成二进制数
        MUL  AB             ;d₁ × 10 + d₀
        ADD  A, R4          ;转换结果在 A 中
        RET
```

下面为 4 位十进制数转换为二进制数子程序,转换结果仍然存储在 R2 和 R3 中:

```
BCD2BN: MOV  A, R3          ;将个位、十位转换成十六进制
        LCALL BCDH          ;调用子程序 d₁ × 10 + d₀
        MOV  R3, A          ;存个位、十位的二进制数转换结果
        MOV  A, R2          ;将千位和百位转换成二进制
        LCALL BCDH          ;d₃ × 10 + d₂
        MOV  B, ♯100        ;(d₃ × 10 + d₂) × 100
        MUL  AB
        ADD  A, R3          ;x = (d₃ × 10 + d₂) × 10² + (d₁ × 10¹ + d₀)
        MOV  R3, A
        CLR  A
        ADDC A, B
```

```
        MOV  R2, A
        RET
```

例 3.67 设 16 位二进制数存储在 R6 和 R7 中，R6 中存放高 8 位，把该数转换为 BCD 码形式，并把结果存储在 R3，R4 和 R5 中。

16 位二进制数可以转换为 5 位 BCD 码，因此需要 3 个单元存放。二进制数转换为十进制数的方法为按权展开，设 16 位二进制数 $x = d_{15}d_{14}\cdots d_1 d_0$，则对应的十进制数为

$$x_{10} = d_{15} \times 2^{15} + d_{14} \times 2^{14} + \cdots + d_1 \times 2^1 + d_0 \times 2^0$$
$$= (\cdots + (d_{15} \times 2 + d_{14}) \times 2 + d_{13}) \times 2 + \cdots + d_1) \times 2 + d_0 \tag{3.3}$$

式(3.3)为二进制数转换为十进制数的算法。转换时，乘以 2 可以采用左移方法实现，从最高位 d_{15} 开始，逐位加到 BCD 码存储单元的最低位，并进行十进制加法调整，然后左移，当最低位 d_0 加入后，转换完成。程序流程图如图 3.72 所示。程序如下：

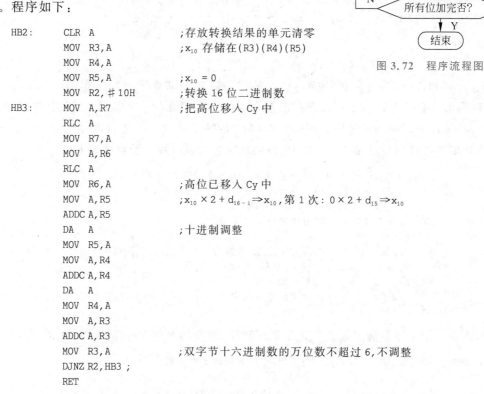

图 3.72 程序流程图

```
HB2:    CLR  A              ;存放转换结果的单元清零
        MOV  R3, A          ;x₁₀ 存储在(R3)(R4)(R5)
        MOV  R4, A
        MOV  R5, A          ;x₁₀ = 0
        MOV  R2, ♯10H       ;转换 16 位二进制数
HB3:    MOV  A, R7          ;把高位移入 Cy 中
        RLC  A
        MOV  R7, A
        MOV  A, R6
        RLC  A
        MOV  R6, A          ;高位已移入 Cy 中
        MOV  A, R5          ;x₁₀×2+d₁₆₋ᵢ⇒x₁₀,第 1 次：0×2+d₁₅⇒x₁₀
        ADDC A, R5
        DA   A              ;十进制调整
        MOV  R5, A
        MOV  A, R4
        ADDC A, R4
        DA   A
        MOV  R4, A
        MOV  A, R3
        ADDC A, R3
        MOV  R3, A          ;双字节十六进制数的万位数不超过 6,不调整
        DJNZ R2,HB3 ;
        RET
```

2）ASCII 代码与十六进制数之间的转换程序设计

例 3.68 把两个 ASCII 码表示的十六进制数转换成一字节的十六进制数。

在 ASCII 码表中，数符'0'～'9'的 ASCII 码是 30H～39H，与其代表的十六进制数值相差 30H；数符'A'～'F'的 ASCII 码为 41H～46H，与其代表的十六进制数值相差 37H。因此，1 位十六进制数的 ASCII 码转换为十六进制数时，当 ASCII 码减去 30H 的差小于 0AH 时，其差值就是转换结果；否则，差值还应再减去 07H 才能得到转换结果。设 1 位十

六进制数的 ASCII 码存储在 R1 中,其转换结果也存储在 R1 中,子程序如下:

```
ASC2HEX: MOV  A,R1        ;取操作数
         CLR  C           ;清进位标志位 C
         SUBB A,#30H      ;ASCII 码减去 30H
         MOV  R1,A        ;暂存结果
         SUBB A,#0AH      ;结果是否>9?
         JC   DONE        ;若差≤9,则转换结束
         XCH  A,R1
         SUBB A,#07H      ;若>9,再减 07H
         MOV  R1,A
DONE:    RET
```

通过两次调用子程序 ASC2HEX,然后把转换结果组装成一字节的十六进制数,即可实现题目要求。设两个 ASCII 码分别存储在 R5 和 R6 中,转换结果存储在 R4 中,程序如下:

```
ASCNT:   MOV  A,R5        ;取第一个十六进制数的 ASCII,高位
         MOV  R1,A
         LCALL ASC2HEX
         MOV  A,R1        ;第一个十六进制数的 ASCII 码的转换结果
         SWAP A
         MOV  R4,A        ;作为 2 位十六进制数的高位
         MOV  A,R6        ;取第二个十六进制数的 ASCII,低位
         MOV  R1,A
         LCALL ASC2HEX
         MOV  A,R1        ;第二个十六进制数的 ASCII 码的转换结果
         ORL  A,R4        ;组装 2 位十六进制数
         MOV  R4,A
         RET
```

十六进制数转换为 ASCII 码的方法比较简单:数符'0'～'9'加上 30H,数符'A'～'F'加上 37H。读者可以根据以上思路编写程序。

3) ASCII 代码与十进制数(BCD 码)之间的转换程序设计

十进制数符'0'～'9'对应的 ASCII 码是 30H～39H,因此,'0'～'9'的 BCD 码加上 30H(或者与 30H 相或)就是它所对应的 ASCII 码;反之,数符'0'～'9'的 ASCII 码减去 30H(或者与 00001111B 相与)就是它的 BCD 码。

3.5　本章小结

(1) 指令是人们给计算机的命令。一台计算机所有指令的集合称为指令系统。指令有两种表示方式:机器语言和汇编语言。

(2) 寻址方式是 CPU 执行指令时获取操作数的方式。MSC-51 单片机具有 7 种寻址方式:立即寻址、直接寻址、寄存器寻址、寄存器间接寻址、变址寻址、位寻址和相对寻址。

(3) MCS-51 单片机共有 111 条指令。按功能可分为 5 大类:数据传送类指令、算术运算类指令、逻辑运算类指令、控制转移类指令和位操作类指令。

(4) 数据传送类指令分为:通用传送指令、堆栈操作指令、交换指令、访问程序存储器的数据传送指令、访问外部 RAM 和外部 I/O 口的数据传送指令。

通用传送指令:

MOV　目的操作数，源操作数

作为目的操作数的可以是寄存器（累加器 A，工作寄存器 R0～R7）、特殊功能寄存器和内部 RAM 的存储单元，其中内部 RAM 存储单元的地址在指令中有两种方式：直接给出单元地址，或者由地址寄存器@R0 或@R1 间接指出。除了寄存器（累加器 A，工作寄存器 R0～R7）、特殊功能寄存器和内部 RAM 的存储单元可作为源操作数外，还有 8 位二进制常数。

单片机有一条十六位二进制常数的操作指令：

MOV DPTR, ♯data16

堆栈操作指令有两种：

PUSH/POP direct

MCS-51 单片机的交换指令有字节交换、半字节交换和一字节高低 4 位互换 3 种形式，完成交换必须有累加器 A 参与。

① 字节交换指令：

XCH　A,源操作数

实现累加器 A 与指定寄存器或单元（直接和间接指出）的内容进行交换。

② 半字节交换指令：

XCHD　A,@Ri

只能实现累加器 A 与地址寄存器@R0 或@R1 间接指出的存储单元的低 4 位互换。

③ 高低 4 位互换指令：

SWAP　A

它是累加器 A 独有的一种运算，把 A 的内容高 4 位和低 4 位互换。

MCS-51 单片机访问数据存储器或外部 I/O 口只能通过累加器 A 实现，被访问的存储单元或外部 I/O 口的地址必须通过地址寄存器间接给出。有以下两种操作：

读（输入）：MOVX　A,源操作数　　　;源操作数为@DPTR、@Ri
写（输出）：MOVX　目的操作数,A　　;目的操作数为@DPTR、@Ri

MCS-51 单片机访问程序存储器也只能通过累加器 A 实现，仅有读操作。CPU 读取程序存储器某个单元的内容的（查表）指令：

MOVC　A,　@A + PC
MOVC　A,　@A + DPTR

前者在使用时，常数表应紧跟该指令，最大长度不大于 256B，后者常数表可以放在程序存储器的任何地方。

（5）MCS-51 单片机支持两个无符号的 8 位二进制数的算术运算：

① 加、减运算指令：

```
ADD                              ⎧♯data  8 位二进制常数
ADDC    A,源操作数; 源操作数 ⎨Rn  工作寄存器
SUBB                             ⎪direct  内部 RAM 单元或 SFR
                                 ⎩@Ri  地址寄存器指定的内部 RAM 单元
```

② 乘、除运算指令：MUL/DIV　AB。

③ 十进制数（BCD 码）加法调整指令：DA A。

以上运算必须有累加器 A 参与,指令执行影响标志位。

④ 加 1、减 1 指令:

$$
\begin{matrix}
\text{INC} \\
\text{DEC}
\end{matrix}
\quad \text{源操作数; 源操作数}
\begin{cases}
\text{累加器 A} \\
\text{Rn \quad 工作寄存器} \\
\text{direct \quad 内部 RAM 单元或 SFR} \\
\text{@Ri \quad 地址寄存器指定的内部 RAM 单元}
\end{cases}
$$

使用时应注意上溢和下溢现象。另外,还有 1 条十六位二进制数加 1 指令:INC DPTR。

(6) 逻辑运算指令可以分成两类:

一类是针对累加器 A 的逻辑操作指令:

① 清零:CLR A;

② 取反:CPL A;

③ 左、右移位:RL/RLC A; RR/RRC A。

另一类为逻辑运算指令:与、或、异或。它们的指令格式:

$$
\begin{matrix}
\text{ANL} \\
\text{ORL} \\
\text{XRL}
\end{matrix}
\quad \text{A, 源操作数; 源操作数}
\begin{cases}
\#\text{data \quad 8 位二进制常数} \\
\text{Rn \quad 工作寄存器} \\
\text{direct \quad 内部 RAM 单元或 SFR} \\
\text{@Ri \quad 地址寄存器指定的内部 RAM 单元}
\end{cases}
$$

$$
\begin{matrix}
\text{ANL} \\
\text{ORL} \\
\text{XRL}
\end{matrix}
\quad \text{direct, \quad 源操作数; 源操作数}
\begin{cases}
\#\text{data \quad 8 位二进制常数} \\
\text{A \quad 累加器}
\end{cases}
$$

通常,与运算用于屏蔽,或运算用于置位,而异或运算用于取反。

(7) 控制转移指令改变了程序的执行顺序,MCS-51 单片机的控制转移指令有无条件转移指令、条件转移指令、循环控制转移指令、子程序调用及返回指令。

无条件转移指令包含 LJMP/AJMP/SIMP LABEL,它们的功能相同,转移范围不同。

条件转移指令根据判别条件有以下 4 组。

① 以累加器 A 的内容为判别条件:JZ/JNZ LABEL。

② 以进位位的状态为判别条件:JC/JNC LABEL。

③ 以可寻址位的状态为判别条件:JB/JNB/JBC LABEL。

④ 以 2 字节数据比较为判别条件的指令:

```
CJNE  A, direct, LABEL
CJNE  A, #data, LABEL
CJNE  Rn, #data, LABEL
CJNE  @Ri, #data, LABEL
```

CJNE 比较操作不改变两个操作数的状态,但影响标志位 Cy 的状态。若(Cy)=0,则第一操作数大于第二操作数;若(Cy)=1,则第一操作数小于第二操作数。

循环控制转移指令:

```
DJNZ Rn/direct, LABEL
```

DJNZ 指令执行时,指定寄存器和单元内容先减 1,然后再判断减 1 之后的内容是否为 0。

调用指令:ACALL/LCALL SUBROTINE;两种调用指令的功能相同,调用范围不同。

返回指令：RET，表示子程序到此结束，由此处返回主程序。

中断返回指令：RETI，表示中断处理到此结束，由此处返回主程序，返回主程序后，CPU 可以响应新的中断请求。

空操作指令：NOP，延时一个机器周期。

伪指令是汇编语言中起解释说明的命令，它不是单片机的指令、汇编时，不会产生目标代码，不影响程序的执行。

常用的伪指令有：(1)设置程序块的起始地址：ORG；(2)赋值：EQU；(3)定义字节数据：DB；(4)定义双字节数据：DW；(5)位地址赋值：BIT；(6)源程序汇编结束：END。

3.6　复习思考题

一、选择题

1. 指令"MOV A,@R0"的寻址方式是(　　)。

    A. 寄存器寻址　　　B. 寄存器间接寻址　　　C. 直接寻址　　　D. 立即寻址

2. 指令"MOV R0,♯75"的寻址方式是(　　)。

    A. 寄存器寻址　　　B. 寄存器间接寻址　　　C. 直接寻址　　　D. 立即寻址

3. 下列对工作寄存器操作的指令中，正确的是(　　)。

    A. MOV R1,R7　　　　　　　　　　B. MOV R1,@R1

    C. MOV R2,@DPTR　　　　　　　　D. MOV R1,B

4. 要把内部 RAM 的一个单元内容取到累加器中，下面指令中正确的是(　　)。

    A. MOV A,@R2　　　　　　　　　　B. MOVX A,@R1

    C. MOV A,@R1　　　　　　　　　　D. MOV A,@DPTR

5. 下面交换指令中正确的是(　　)。

    A. XCH A,@R1　　　　　　　　　　B. XCH A,♯3AH

    C. XCH 20H,R1　　　　　　　　　　D. XCH R1,20H

6. 下面半字节交换指令中正确的是(　　)。

    A. XCHD A,@R1　　　　　　　　　　B. XCHD A,R1

    C. XCHD A,♯23H　　　　　　　　　D. XCHD A,20H

7. CPU 要取外部 RAM 的一个单元内容，下面指令中正确的是(　　)。

    A. MOV @R1,A　　　　　　　　　　B. MOVX @DPTR,A

    C. MOV A,@R1　　　　　　　　　　D. MOVX A,@DPTR

8. CPU 执行"MOV PSW,♯38H"后，当前工作寄存器组(　　)。

    A. 保持不变　　　　　　　　　　　B. 切换到 BANK0

    C. 切换到 BANK1　　　　　　　　　D. 切换到 BANK2

    E. 切换到 BANK3

9. 累加器 A 的内容为 0BCH，执行指令"ADD A,♯2DH"后，OV 和 P 的状态是(　　)。

    A. 0,0　　　　　　B. 0,1　　　　　　C. 1,0　　　　　　D. 1,1

10. 累加器 A 的内容为 0BCH，Cy 当前状态为 1，执行指令"SUBB A,♯0D7H"后，Cy 和 AC 的状态是(　　)。

A. 0,0　　　　　　B. 0,1　　　　　　C. 1,0　　　　　　D. 1,1

11. 下列哪条减法指令是正确的？（　　）

    A. SUBB R7,♯05H　　　　　　　　　B. SUBB 30H,@R1

    C. SUBBC A,♯30H　　　　　　　　　D. SUBB A,@R1

12. "MUL AB"指令执行后，若积超过255，则（　　）。

    A. (Cy)=1　　　B. (AC)=1　　　　C. (OV)=1　　　D. (P)=1

13. "DIV AB"指令执行后，（　　）。

    A. (Cy)=0　　　B. (AC)=1　　　　C. (OV)=1　　　D. (P)=1

14. 要滤除掉20H单元的最低位和最高位，正确的操作是（　　）。

    A. XRL 20H,♯81H　　　　　　　　B. ANL 20H,♯7EH

    C. ORL 20H,♯81H　　　　　　　　D. SUBB 20H,♯81H

15. 要把累加器A的第3、4位取反，正确的操作是（　　）。

    A. XRL A,♯18H　　　　　　　　　B. ANL A,♯18H

    C. ORL A,♯18H　　　　　　　　　D. SUBB A,♯18H

16. 要把特殊功能寄存器IE的第3、4位置1，正确的操作是（　　）。

    A. XRL IE,♯18H　　　　　　　　　B. ANL IE,♯18H

    C. ORL IE,♯18H　　　　　　　　　D. ADD IE,♯18H

17. 下列指令中，能实现对20H单元内容取反的是（　　）。

    A. CPL 20H　　　　　　　　　　　B. ANL 20H,♯00H

    C. XRL 20H,♯0FFH　　　　　　　　D. XRL 20H,♯00H

18. 下列指令中，指令执行影响标志位的是（　　）。

    A. CPL　A　　　B. RLC A　　　　C. RL A　　　　D. RR A

19. 把20H单元的最低位送入累加器A对应的位置，正确的做法是（　　）。

    A. MOV A,20H.0　　　　　　　　　B. MOV ACC.0,20H.0

    C. MOV 0E0H,00H　　　　　　　　D. 不能直接传送

20. 已知(2FH.7)=0，执行"ANL C,/2FH.7"指令后，(2FH.7)的状态是（　　）。

    A. 0　　　　　　　　　　　　　　B. 1

    C. 不能确定　　　　　　　　　　　D. 取决于C当前的状态

21. 下列指令中错误的是（　　）。

    A. CLR A　　　B. CLR 27H.5　　　C. CLR R7　　　D. CLR C

22. LJMP指令的转移范围是（　　）。

    A. 本条指令上、下方2KB

    B. 64KB

    C. 本条指令上方128B、下方127B

    D. 本条指令上、下方128B

23. JZ指令的判断条件是（　　）。

    A. 某一单元的内容为0

    B. 工作寄存器Rn的内容为0，n=0～7

    C. 累加器A的内容为0

    D. 一个 SFR 的内容为 0

24. CJNE 指令执行时，影响的标志位是(　　　)。

    A. OV   B. Cy

    C. AC   D. P

25. 指令"JBC 28H.5,GOON"执行后，28H.5 的状态是(　　　)。

    A. 1   B. 0   C. 不确定   D. 与 C 相同

26. 已知(R7)=78H，执行指令"DJNZ R7,NEXT"后，R7 的内容是(　　　)。

    A. 79H   B. 78H   C. 不确定   D. 77H

27. 对于子程序调用指令 ACALL 来说，子程序在程序存储器中的放置范围是(　　　)。

    A. 本条指令上、下方 2KB   B. 64KB

    C. 本条指令上方 128B、下方 127B   D. 本条指令上、下方 128B

28. 对于子程序调用指令 LCALL 来说，子程序在程序存储器中的放置范围是(　　　)。

    A. 本条指令上、下方 2KB   B. 64KB

    C. 本条指令上方 128B、下方 127B   D. 本条指令上、下方 128B

29. 关于 RET 指令，不正确的描述是(　　　)。

    A. 放置在子程序的最后，标志一个子程序的结束

    B. CPU 执行该指令的目的是获取返回地址

    C. RET 指令执行时包含了出栈操作

    D. RET 指令是程序结束标志，CPU 执行程序时，遇到 RET 指令，终止执行的程序

30. 关于 NOP 指令，下面说法正确的是(　　　)。

    A. CPU 什么也不做，原地踏步

    B. CPU 处于等待状态，需要消耗一定时间

    C. CPU 不做任何操作，只把 PC 的内容加 1，产生一个机器周期的延时

    D. 无用指令

二、思考题

1. 什么是寻址方式？在 MCS-51 单片机有哪几种寻址方式？

2. 设内部 RAM 中 59H 单元的内容为 50H，CPU 执行下列程序段后，寄存器 A、R0 和内部 RAM 中 50H、51H 单元的内容是多少？

```
MOV  A, 59H
MOV  R0, A
MOV  A, #00H
MOV  @R0, A
MOV  A, #25H
MOV  51H, A
MOV  52H, #70H
```

3. 已知 4EH 和 4FH 单元的内容分别为 20H 和 5FH，执行下列指令后，DPTR 的内容是多少？

```
MOV  A, 4EH
MOV  R0, #4FH
XCH  A, @R0
SWAP A
```

```
XCHD A,@R0
MOV  DPH,@R0
MOV  DPL,A
```

4. CPU 执行下列程序后,A 和 B 寄存器的内容是多少?

```
MOV  SP, #3AH
MOV  A, #20H
MOV  B, #30H
PUSH ACC
PUSH B
POP  ACC
POP  B
```

5. 设外部 RAM 的 2000H 单元内容为 80H,CPU 执行下列程序后,A 的内容是多少?

```
MOV  P2, #20H
MOV  R0, #00H
MOVX A,  @R0
```

6. 指令 XCH、XCHD 和 SWAP 有什么区别?

7. 指令"MOVC A,@A+DPTR"与"MOVC A,@A+PC"有什么不同?

8. 假定累加器 A 的内容为 30H,CPU 执行指令下列后 CPU 把程序存储器的哪个单元的内容送到了累加器 A 中?

```
1000H: MOVC A ,@A + PC
```

9. 假定 DPTR 的内容为 8100H,累加器的内容为 40H,CPU 执行下列指令后,读取的是程序存储器哪个单元的内容?

```
1000H: MOVC A,@A + DPTR
```

10. 假定(SP)=60H,(ACC)=30H,(B)=70H,CPU 执行下列程序后,SP,60H,61H、62H 的内容各是多少?

```
PUSH ACC
PUSH B
```

11. 假定(SP)=62H,(61H)=50H,(62H)=7AH,CPU 执行下列程序后,SP,60H,61H,62H 及 DPTR 的内容各是多少?

```
POP  DPH
POP  DPL
```

12. 假定(A)=85H,(R0)=20H,(20H)=0AFH,CPU 执行指令

```
ADD  A,  @R0
```

累加器 A 及 Cy,AC,OV,P 的内容是多少?

13. 假定(A)=85H,(20H)=0FEH,(Cy)=1,执行指令

```
ADD  A,  20H
```

累加器 A 的内容及 Cy,AC,OV,P 的内容是多少?

14. 假定(A)=0FFH,(R3)=0FH,(30H)=0F0H,(R0)=40H,(40H)=00H,CPU 执行下列指令后,上述寄存器和存储单元的内容是多少?

```
INC  A
INC  R3
INC  30H
INC  @R0
```

15. 假定（A）＝56H,（R5）＝67H,CPU 执行下列指令后 A 和 Cy 的内容是多少？

```
ADD  A,R5
DA   A
```

16. 分析下面的程序,指出是对哪几个单元进行了加法运算,结果存在哪个单元？

```
MOV  A,20H
MOV  R0,#30H
ADD  A,@R0
INC  R0
ADD  A,@R0
MOV  @R0,A
```

17. ADD 指令和 ADDC 指令有什么不同？

18. DA 指令起什么作用？它如何使用？

19. 假定（A）＝0FH,（R7）＝19H,（30H）＝00H,（R1）＝40H,（40H）＝0FFH,CPU 执行下列指令后,上述寄存器和存储单元的内容是多少？

```
DEC  A
DEC  R7
DEC  30H
DEC  @R1
```

20. 分析下面的程序,参与加减法运算的单元有哪些？结果存在哪个单元？

```
MOV  A,20H
MOV  R0,#30H
CLR  C
SUBB A,@R0
DEC  R0
ADD  A,@R0
MOV  @R0,A
```

21. 假定（A）＝50H,（B）＝0A0H。CPU 执行指令"MUL AB"后,寄存器 B 和累加器 A 的内容各是多少？Cy 和 OV 的状态是什么？

22. 假定（A）＝0FBH,（B）＝12H。执行指令"DIV AB"后,寄存器 B 和累加器 A 的内容各是多少？Cy 和 OV 各是什么状态？

23. 已知（A）＝83H,（R0）＝17H,（17H）＝34H。CPU 执行完下列程序段后 A 的内容是多少？

```
ANL  A,#17H
ORL  17H,A
XRL  A,@R0
CPL  A
```

24. 设（A）＝55H,（R5）＝0AAH,如果 CPU 分别执行下列指令,A 和 R5 的内容是多少？

```
(1) ANL  A,R5
```

(2) ORL　A,R5

(3) XRL　A,R5

25. 分析下列指令序列,写出它所实现的逻辑表达式。

MOV　C,　P1.0
ANL　C,　P1.1
ORL　C,　/P1.2
MOV　P3.0, C

26. 指令"LJMP PROG"和"LCALL PROG"有什么区别?

27. 已知(20)＝00H,执行下列程序段后,程序将如何执行?

DJNZ 20H, REDO
MOV　A, 20H

28. CPU 分别执行指令"JB ACC.7,LABEL"和"JBC ACC.7,LABEL"后,它们的结果有什么不同?

29. RET 和 RETI 指令有什么区别?

30. 当系统晶振为12MHz 时,计算下列子程序的执行时间。

SUBRTN:MOV　R1,#125
REDO:　PUSH ACC
　　　　POP　ACC
　　　　NOP
　　　　NOP
　　　　DJNZ R1,REDO
　　　　RET

三、程序设计

1. 把内部 RAM 的 20H,21H,22H 单元的内容依次存入 2FH,2EH 和 2DH 中。

2. 把外部 RAM 的 2040H 单元内容与 3040H 单元内容互换。

3. 把内部 RAM 的 40H 单元与 5000H 单元的低 4 位互换。

4. 已知一个二维数据表格如下,存储在程序存储器中,编程实现自动查表。

X	0	1	2	3	4	…	0B	0C	0D	0E	0F
Y	11	12	01	AD	DD	…	AB	24	4B	7C	AA

5. 已知二进制数 X 和 Y,X 被存放在 20H(高 8 位)和 21H(低 8 位)单元,Y 被存放在 22H,编程实现 X＋Y。

6. 已知 8 位十进制数 X 和 Y 以压缩 BCD 的格式存储,X 被存放在 20H～23H 单元,Y 被存放在 40H～43H 单元,编程实现 X＋Y。

7. 已知十进制数 X 和 Y 以压缩 BCD 码的格式存储,X 被存放在 20H(高位)和 21H 单元,Y 被存放在 22H 和 23H 单元,编程实现 X－Y。

8. 已知二进制数 X 被存放在 20H 单元,编程实现 X^3。

9. 已知二进制数 X 被存放在 20H(高 8 位),21H,22H 单元,Y 被存放在 30H 单元,编程实现 X×Y。

10. 二进制数 X 被存放在 20H(高 8 位),21H 单元,用移位方法实现 2X。

11. 4 位十进制数 X 以压缩 BCD 的格式存储在内部 RAM 中,编程实现 X 乘以 10。

12. 二进制数 X 被存放在 20H（高 8 位）、21H 单元，用移位方法实现 X/2。

13. 4 位十进制数 X 以压缩 BCD 的格式存储在内部 RAM 中，编程实现 X/10，并把小数部分存储在 R6 中。

14. 非正数 X 被存放在 20H（高 8 位）、21H 单元，求该数的补码。

15. X 是二进制数，编程实现下列要求：X＝0 时，执行程序 PROG1；X＝1 时，执行程序 PROG2；X＝2 时，执行程序 PROG3；X＝3 时，执行程序 PROG4。

16. 求出无符号单字节数 X,Y,Z 中的最大数，并把它存放在 50H 单元。

17. 请把内部 RAM 的 20H～2FH 连续 16 个单元的内容转移到外部 RAM 的 2000H 单元开始的区域中。

18. 假设 U 为 P1.1，V 为 P1.2，W 为 P3.3，X 为 28H.1，Y 为 2EH.0，Z 为 TF0，Q 为 P1.5，编制程序实现下列逻辑表达式：$Q=\bar{U}+V+W+\overline{X\bar{Y}}\cdot\bar{Z}$。

19. 一批 8 位二进制数据存放在单片机内部 RAM 以 20H 单元开始的区域，数据长度为 100 个，编程统计该批数据中数值为 65H 的数据的个数，将统计结果存放在 R7 中。

20. 一批 8 位二进制数据存放在单片机内部 RAM 以 10H 单元开始的区域，数据长度为 50 个，编制程序统计该批数据中的偶数，并把偶数存放在内部 RAM 以 50H 开始的区域。

21. 编程查询外部 RAM 的 3000H 单元中 0 和 1 的个数，把结果存储在 R5 和 R6 中。

22. 4 位十进制数以压缩 BCD 码格式被存放在 20H（高位）和 21H 单元，请将该数转换为分离式 BCD 码形式，并将结果存在 30H,31H,32H,33H 单元。用调用子程序的方法实现。

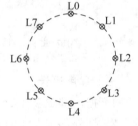

图 3.73 显示装置

23. 用 P1 口驱动图 3.73 所示的 LED 显示装置，设计驱动电路并编制程序实现下列要求：LED 依次顺时针点亮——逆时针灭——全亮若干秒全灭，周而复始地重复上述过程。系统晶振为 12MHz。

24. 已知 a、b 为 8 位无符号二进制数，分别存在 data 和 data＋1 单元，编写程序计算 5a＋b。

25. 已知 16 位二进制数以补码形式存放在 data 和 data＋1 单元，求其绝对值并将结果存储在原单元。（提示：求出原码后，再求绝对值）

26. 在单片机内部 RAM 中从 20H 单元开始存储 50 个数据，请编写一个程序统计其中正数的个数，并将统计结果存放于 70H 单元。

27. 从内部 RAM 的 20H 单元开始存一批带符号的 8 位二进制数据，数据长度存放在 1FH 单元中，统计其中大于 0、小于 0、等于 0 的个数，并把统计结果分别存放在 ONE, TWO,THREE 单元。

28. 从内部 RAM 的 20H 单元开始存放 30 个带符号的 8 位二进制数据，编写一个程序，分别把正数和负数存放在 51H 和 71H 开始的区域，并统计正数和负数的个数，分别存放在 50H 和 70H 单元。

29. 搜索一串 ASCII 码字符串中的最后一个非空格字符，该字符串从外部 RAM 的 8000H 单元开始存放，以回车符（ASCII 码为 0DH）结束。编程实现搜索，并将搜索到的最后一个非空格字符的单元地址存放在 40H 和 41H 单元。

30. 5 个双字节无符号数求和,数据存放在外部 RAM 的 5000H 单元开始的区域,把结果存放在以 SUM 开始的内部 RAM 单元中。

31. 把外部 RAM 中 BLOCK1 为首地址的数据块传送到内部 RAM 中以 BLOCK2 为首地址开始的区域,数据长度为 length。

32. 把长度为 LENGTH 的字符串从内部 RAM 的 BLOCK1 单元开始传送到外部 RAM 的以 BLOCK2 单元开始的区域,在传送过程中如果碰到回车符(CR)时,传送即刻结束。

33. 某一应用系统数据缓冲区开辟在外部 RAM 中,用于存储单字节数据,缓冲区从 BUFFER 单元开始,长度为 100 个单元,为了某种统计需要,要求缓冲区的非负数存储在单元地址为 BLOCK1 开始的区域,其余的数存储在单元地址为 BLOCK2 开始的区域,这两个缓冲区也设置在外部 RAM 中。

34. 已知无符号数二进制数 x 存放于 20H 单元,y 存放于 21H 单元,编写程序实现下列表达式:

$$y = \begin{cases} x/2, & x < 5 \\ 5x - 7, & 5 \leqslant x < 15 \\ 30, & x \geqslant 15 \end{cases}$$

35. 已知逻辑表达式 $Q = \overline{(\overline{W+V}) + \overline{U(\overline{DE})} + X}$,其中,Q 为 P1.5,X 为 P1.0,U 为 P1.1,V 为 P1.2,W 为 22H.0,D 为 22H.5,E 为定时计数器 T0 的溢出标志 TF0,请编写程序实现上述逻辑功能。

36. 在 20H,21H 和 22H 单元存储了一个 6 位十进制数,把该数转换成 ASCII 码并存放到 30H 单元开始的区域。

37. 编写程序把 6 位十进制数转换为二进制数。

## 第 4 章

C51语言及程序设计

C 语言主要应用于普通计算机平台。C51 语言是在标准 C 语言的基础上扩展的面向 80C51 系列单片机的 C 语言,它继承了标准 C 语言的结构化的程序设计方法优点,同时针对 80C51 系列单片机的硬件结构特点进行了扩展,使其兼具了汇编语言对硬件的操控能力。C51 语言具有高级语言的特点,与汇编语言相比,最大限度地减少了对硬件及寄存器的操作。C51 语言程序运行在 80C51 内核的单片机平台之上,可支持众多型号的单片机(微处理器),对于具有 80C51 内核的兼容系列单片机,应用程序可以容易地实现移植。编译器把 C 语言转换为机器语言,常用的 8051/80C51 编译器有:Keil C51 编译器、IAR Embedded Workbench、mikroC PRO 等,这几种编译器支持的 C51 略有差异,本章以 Keil Cx51 编译器为基础,介绍 C51 语言基础知识及其基本程序设计方法,包括对 C51 的标识符和关键字、存储区、存取类型及存储模式、数据类型及变量、运算符及表达式、控制语句、函数、数组与指针等,最后介绍几个简单的 C51 程序设计例程。

4.1 C51 语言

4.1.1 C 语言与 C51 语言

1. C51 语言和标准 C 语言的区别与联系

C51 语言是在标准 C 语言基础上发展起来的面向单片机的程序设计语言,与标准 C 语言存在一些差异,了解 C51 语言和 C 语言的区别与联系,可以更好地掌握 C51 的技术特点。

C51 语言和标准 C 语言区别主要表现在以下几方面。

1) 库函数

C51 语言的库函数剔除了标准 C 语言库函数中不适用于微控制器系统的函数,如字符屏幕和图形文件操作函数,同时增加了一些针对 80C51 单片机(微控制器)硬件特点的库函数,如寄存器库函数、循环位移、绝对地址访问等,使用这些库函数可以简化用户程序设计的工作量,提高编程效率。

2) 数据类型

C51 语言继承了标准 C 语言所有的数据类型,在此基础上增加了 bit、sbit、sfr、sfr16 等 4 种特有的数据类型。

3）变量的存储模式

标准 C 语言是针对通用计算机设计的，通用计算机的程序和数据存储在一个统一编址的存储空间——计算机内存中。而 80C51 单片机的程序存储器、数据存储器是分开设置的，数据存储器又有内部数据存储器、外部数据存储、特殊功能寄存器区、位寻址空间等，C51 语言的变量存储模式与 80C51 单片机的存储器区相关联，种类比标准 C 语言的变量存储模式多。

4）输入输出处理

普通计算机系统和单片机应用系统的外设有较大的差异。普通计算机系统的标准输入输出设备包括键盘、显示器、打印机等，因此 C 语言标准函数库提供了文本输入和输出函数，如 getchar、printf、scanf 等，用于接收键盘输入，并把信息输出到显示器或打印机上。单片机应用系统的输入输出设备范围更为广泛，包括键盘、显示器、A/D 转换器、D/A 转换器和其他能与之相连的智能外设等。但是，C51 函数库中的输入输出函数，虽然与 C 函数库的函数具有相同的函数名，如 getchar，但其操作对象是不一样的，C51 中单片机的输入输出通常是由串行口来完成的，在应用输入输出函数之前，需要对所用的串行口初始化。

5）函数的使用

中断系统是单片机的重要组成部分，当 CPU 响应中断请求时，它会暂停当前工作转而去处理中断。C51 语言中提供了专门的中断函数来处理中断事件，中断函数被调用时会自动进行现场保护，中断处理结束返回时，函数会自动恢复现场，保证了中断处理不会对暂停执行的程序产生影响。在标准 C 语言中没有专门的中断函数，需要中断机制处理事件时，需要定义中断函数。

另外，用 C51 语言设计程序时，必须在程序的开头以头文件的形式调用专用寄存器库函数，以便编译器加载 80C51 单片机硬件资源（如定时器、中断、I/O 口等），而应用标准 C 语言时则不用。

在应用系统设计开发时，用户利用单片机有限的硬件资源实现检测和控制任务，因此，在程序设计时需要基于硬件资源考虑应用程序代码大小，同时应尽量避免过多的程序嵌套。而使用 C 语言设计程序时，一般不用过多关注程序代码长度。

2. C51 语言程序的结构

C51 语言程序的结构与 C 语言基本相同。C51 语言源程序由若干个函数单元组成，每个函数都是完成某个特殊任务的子程序段。C51 语言程序的一般结构如图 4.1 所示。

预处理命令是通知编译器编译用户源程序时，把所需要的头文件（＊.h）读入后再进行编译。头文件包含程序编译时的一些必要的信息。C51 语言编译器提供一系列不同用途的头文件。读入头文件是在对程序编译时才完成的。预处理命令以＃开头，如＃include。

```
#include< >              预处理命令

char fun_1();
float fun_2();            函数定义
...
int fun_n();

main()                   主函数
{
    int a,b;
    ...                  函数体
}

fun_1()
{
    int a1,b1;
    ...                  函数1
}

fun_2()
{
    char a1,b1;
    ...                  函数2
}

...

fun_n()
{
    char x1,y1;          函数n
    ...
}
```

图 4.1　C51 语言程序的一般结构

同 C 语言一样，一般情况下，一个程序除了必须有一个主函数之外，还可能有若干个功能函数。在 C51 语言程序中的函数也必须要"先声明，后调用"，在调用函数之前必须对其进行说明定义。函数是应用程序的基本单位，用户可以根据实际需要设计各种不同用途的功能函数。

一个 C51 语言程序必须有而且只能有一个名为 main() 的主函数，应用程序执行都是从 main() 函数开始的。main 是主函数名，要执行的内容为主函数体，函数体位于括号 {} 之中。函数体中包含若干条语句，每条语句都必须以分号";"结束。为了使程序便于阅读和理解，可以给程序或语句加上必要的注释，注释部分为符号"//"之后的内容，或者是符号 /* …… */ 之间的内容，这些内容在编译时不会产生代码。在函数体中，对所用的变量也采用"先声明，后使用"的原则。函数包括函数名和函数体，是用户根据实际需要设计的功能模块程序。

下面为一个 C51 语言的应用程序。

```c
# include < reg51.h>

sbit LED_pin = P2^0;                //将 P2.0 设置为 LED 引脚
void delay(int ms);

void main()
{
   while(1)                         //无限循环 LED 闪烁
   {
     LED_pin = 0;
     delay(500);                    //等待 500 毫秒
     LED_pin = 1;
     delay(500);                    //等待 500 毫秒
   }
}

void delay(int ms)
{
   unsigned int i, j;
   for(i = 0; i < ms; i++)          //外部 for 循环为给定的毫秒值
     {
      for(j = 0; j < 1275; j++)     //每毫秒执行一次
        {
         ;                          //空语句,等待
        }
     }
}
```

4.1.2 C51 语言的标识符和关键字

1. 标识符

标识符是用来表示源程序中定义对象名称的符号，这些对象包括变量、常量、函数、数组、结构、语句标号、特殊功能寄存器、引脚等。

C51 语言的标识符分为系统标识符和用户自定义标识符。

系统标识符，如特殊功能寄存器引脚名称、引脚名称等，具有固定名称和特定的含义。

用户自定义标识符，如变量、常量、函数、数组、结构、语句标号等，它们的命名规则与 C

语言基本相同,规则如下:

(1) 标识符由字母(a～z,A～Z)、数字(0～9)和下画线(_)组成。

(2) 标识符的首字符必须是字母或下画线。但是由于有些编译系统专用的标识符是以下画线"_"开头的,因此,编程定义标识符时一般不要以下画线开头。

(3) 标识符区分大小写,如"chang"和"Chang"表示两个不同的标识符。

(4) 标识符的有效长度不超过 32 个字符。

(5) 自定义的标识符不能与系统定义的关键字重名。

2. 关键字

关键字是一类具有固定名称和特定含义的专用特殊标识符。C51 语言继承了 C 语言所有的关键字,设计程序时,不允许将关键字另作他用,因此又称其为保留字,表 4.1 为 C 语言(ANSI C)的 32 个标准关键字。根据单片机硬件特点和 C51 自身技术特点,C51 语言还扩展了关键字(见表 4.2)。在 C51 程序设计时,应特别注意用户自定义的标识符不可与这些关键字重复,否则无法正确编译。

表 4.1　C 语言的关键字

序号	关键字	用　　途	说　　明
1	auto	存储种类说明	用以说明局部变量
2	break	程序语句	跳出当前循环或 switch 结构
3	case	程序语句	switch 语句中的分支标记
4	char	数据类型说明	单字节整型数或字符型数据
5	const	存储种类说明	在程序执行过程中不可更改的常量值
6	continue	程序语句	结束当前循环,开始下一轮循环
7	default	程序语句	switch 语句中的"其他"分支
8	do	程序语句	循环语句的循环体
9	double	数据类型说明	声明双精度浮点型变量或函数返回值类型
10	else	程序语句	构成 if…else 选择结构
11	enum	数据类型说明	声明枚举类型
12	extern	存储种类说明	指定对应变量为外部变量
13	float	数据类型说明	声明浮点型变量或函数返回值类型
14	for	程序语句	构成 for 循环结构
15	goto	程序语句	构成 goto 转移结构
16	if	程序语句	构成 if…else 条件结构
17	int	数据类型说明	声明整型变量或函数返回值类型
18	long	数据类型说明	声明长整型变量或函数返回值类型
19	register	存储种类说明	声明寄存器变量
20	return	程序语句	函数返回
21	short	数据类型说明	声明短整型变量或函数返回值类型
22	signed	数据类型说明	有符号数,二进制数据的最高位为符号位
23	sizeof	运算符	计算表达式或数据类型的字节数
24	static	存储种类说明	声明静态变量
25	struct	数据类型说明	声明结构类型数据
26	switch	程序语句	构成 switch 选择结构
27	typedef	数据类型说明	重新进行数据类型定义

序号	关键字	用　途	说　　明
28	union	数据类型说明	声明联合类型数据
29	unsigned	数据类型说明	声明无符号类型变量或函数返回值
30	void	数据类型说明	声明函数无返回值或无参数,声明无类型指针
31	volatile	数据类型说明	说明该变量在程序执行中可被隐含地改变
32	while	程序语句	构成 while 和 do…while 循环结构

表 4.2　C51 语言扩展的关键字

序号	关键字	用　途	说　　明
1	bit	位变量声明	声明一个位变量或位类型的函数
2	sbit	位变量声明	声明一个可位寻址变量
3	sfr	特殊功能寄存器声明	声明一个特殊功能寄存器(8 位)
4	sfr16	特殊功能寄存器声明	声明一个 16 位的特殊功能寄存器
5	data	存储类型说明	直接寻址的 8051 内部数据存储器
6	bdata	存储类型说明	可位寻址的 8051 内部数据存储器
7	idata	存储类型说明	间接寻址的 8051 内部数据存储器
8	pdata	存储类型说明	"分页"寻址的 8051 外部数据存储器
9	xdata	存储类型说明	8051 外部数据存储器
10	code	存储器类型说明	8051 程序存储器
11	interrupt	中断函数声明	定义一个中断函数
12	reentrant	再入函数声明	定义一个再入函数
13	using	寄存器组定义	定义 8051 的工作寄存器组
14	_at_	地址声明	声明变量存储的具体地址

4.1.3　C51 语言的数据类型

1. 基本数据类型

C 语言的基本数据类型为 char(字符型)、int(整型)、float(浮点型)、double(双精度型)等,通过数据类型修饰符限定程序中变量的数据长度(所需存储单元的个数)及其可表示数值的范围。数据类型修饰符为: signed(带符号数),unsigned(无符号数),short(短整数),long(常整数)。C51 语言在 C 语言的基础上,扩展了 bit、sbit、sfr、sfr16 4 种基本数据类型。C51 语言的基本数据类型见表 4.3。需要注意的是,C 语言中 double 数据类型是 8 字节,而C51 语言中 double 数据类型是 4 字节,与 float 数据类型取值范围相同。

表 4.3　C51 语言的数据类型、数据长度和数值范围

序号	数据类型	表示方法	数据长度	数　值　范　围
1	无符号字符型	unsigned char	1 字节	0~255
2	有符号字符型	signed char	1 字节	−128~+127
3	无符号整型	unsigned int	2 字节	0~65535
4	有符号整型	signed int	2 字节	−32768~+32767
5	无符号长整型	unsigned long	4 字节	0~4294967295
6	有符号长整型	signed long	4 字节	−2147483648~+2147483647
7	单精度浮点型	float	4 字节	$\pm1.175494\times10^{-38}\sim\pm3.402823\times10^{38}$

序号	数据类型	表示方法	数据长度	数 值 范 围
8	双精度浮点型	double	4 字节	$\pm 1.175494 \times 10^{-38} \sim \pm 3.402823 \times 10^{38}$
9	特殊功能寄存器型	sfr	1 字节	$0 \sim 255$
10		sfr16	2 字节	$0 \sim 65535$
11	位类型	bit	1 位	0 或 1
12		sbit	1 位	0 或 1

sfr 及 sfr16 分别为单字节和双字节型特殊功能寄存器数据类型,该数据类型的变量可操作 MCS-51 单片机中的特殊功能寄存器。需要强调的是,在 C51 程序中,所有特殊功能寄存器必须先用 sfr 或 sfr16 定义,然后才能够访问。

例 4.1 特殊功能寄存器型的定义。

```
sfr P0 = 0x80;              //定义了 P0 端口,其特殊功能寄存器地址为 0x80
sfr16 DPTR = 0x82;          //定义 DPTR,其中 DPL = 82H,DPH = 83H
```

位类型数据有两种:bit 和 sbit,均为 1 个二进制位,数值为 0 或 1。位类型是 C51 语言扩充的数据类型,用于访问 MCS-51 单片机中的位寻址空间的位。bit 用于定义普通的位变量,该变量位于内部 RAM 的位寻址区,程序编译时该变量的位地址是可以变化的;sbit 用于定义位变量为特殊功能寄存器中的可寻址位,程序编译时,其位地址不可变。

程序设计时,应注意 sbit 与 bit 的区别:bit 型变量的位地址是由编译器为其随机分配的,用户程序不能指定,位地址范围是在内部 RAM 的位寻址区;而 sbit 型变量的位地址则是由用户在程序中指定,是可寻址的 SFR 中的位。另外,sfr 型变量和 sbit 型变量都必须定义为全局变量,即必须在所有 C51 函数之前进行定义,否则就会编译出错。

为了用户处理方便,C51 编译器把 MCS-51 单片机的常用特殊功能寄存器进行了统一定义,并存放在一个名为 reg51.h 或 reg52.h 的头文件中,用户使用时,只需要在程序最开始时用一条预处理命令 #include<reg51.h>把这个头文件包含到程序中,就可使用特殊功能寄存器名和特殊位名称了。

例 4.2 位类型定义。

```
bit lock = 0;               //定义一个名为 lock 的位变量且初值为 0
sbit lock = 0xD3;           //将位的绝对地址赋值给变量 lock
sbit S = P0^1;              //将 P0 端口的引脚 P0.1 定义为变量 S
```

2. 数据类型转换

C51 语言程序设计时,遇到运算中变量的数据类型不一致时,则需要根据情况先转换成相同类型数据,然后进行计算。转换规则是向高精度数据类型转换、向无符号数据类型转换。转换顺序为:(1)bit→char→int→long→float;(2)signed→unsigned。

另外,在程序设计时还应注意:

(1) 特殊功能寄存器类型 sfr 变量可以给字符型 char 或整型 int 变量赋值,也可以反向赋值。可以与字符型 char 或整型 int 变量进行逻辑运算、算术运算。

(2) 位数据类型 bit/sbit 变量可以给字符型 char 或整型 int 变量赋值,也可以与字符型 char 或整型 int 变量进行逻辑运算;但是,不能直接进行算术运算,如果需要,必须经过强制转换再进行算术运算。

数据类型转换是在程序编译时自动进行的。除了自动转换外，C51 也可以像 ANSI C 一样，通过强制类型转换的方式实现数据类型的转换。位数据类型 bit/sbit 变量可以强制转换成字符型 char 或整型 int 变量。

例 4.3 强制数据转换。

```
float f;
unsigned int d;
unsigned char c;
bit b = 1;
d = (int)f;                    //f 转换为 int 型
c = c + (char)b;               //位变量必须经过强制转换才能够参与算数运算
```

4.1.4 存储区、存储器类型及存储模式

通用计算机的数据和程序存储在同一个存储器中——内存，而 MCS-51 系列单片机有片内程序存储器、内部数据存储器、外部程序存储器、外部数据存储器以及多个特殊功能寄存器，存储器结构比通用计算机复杂。因此，C51 语言中的存储规则与 C 语言存在明显的差异。

1. 存储区和存储器类型

MCS-51 系列单片机有 3 类独立的存储空间：片内数据存储空间、外部数据存储空间和程序存储空间。

如第 2 章所述，MCS-51 单片机的片内存储空间包括片内 RAM 和特殊功能寄存器区，如图 4.2 所示，片内 RAM 的 128 个单元，地址范围为 00～7FH，C51 语言定义其为 DATA 区，其中 20～2FH 单元中的 128 位构成位寻址区，位地址范围为 00～7FH，C51 语言定义其为 BDATA 区，可寻址的特殊寄存器区，地址范围为 80～0FFH，C51 语言定义其为 SFR 区。

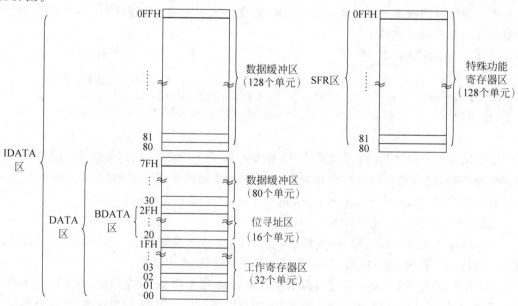

图 4.2 片内数据存储器空间

对于芯片上有 256 个单元内 RAM 的单片机，它们的低 128 个单元的内部 RAM，地址范围为 00～7FH，既可直接寻址，又可间接寻址，C51 语言定义其为 DATA 区。而高 128 个单元的内部 RAM，地址范围为 80～0FFH，只能间接寻址，C51 语言定义其为 IDATA 区，与这个地址空间重叠的特殊功能寄存器区，地址范围也为 80～0FFH，这个区域的寄存器单元只能采用间接寻址访问，C51 语言定义其为 SFR 区，如图 4.2 所示。

对于外部 RAM 和外部 I/O 口共享的 64KB 空间，地址范围为 0000～0FFFFH，C51 语言定义其为 XDATA 区，其中，这个空间首页的 256 个单元被定义为 PDATA 区，如图 4.3 所示。

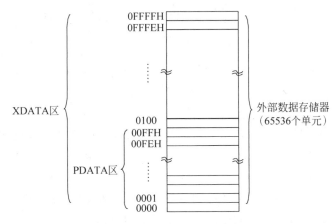

图 4.3　外部数据存储器空间

对于程序存储器的 64KB 空间，地址范围为 0000～0FFFFH，C51 语言定义其为 CODE 区，如图 4.4 所示。

程序设计时，被定义变量必须指明其放置的单片机存储器类型，否则，该变量没有任何实际意义，也无法对其进行存储操作。变量存储的存储器类型由存储器类型关键字来定义。

C51 语言的存储器类型关键字用来指明常量或变量的存储区域，使常量或变量被定位在不同的存储空间。C51 语言的存储器类型关键字见表 4.4。其中

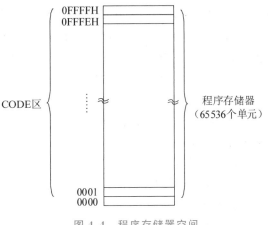

图 4.4　程序存储器空间

data 和 idata 用来定义位于内部 RAM 的变量，bdata 用来定义位于内部 RAM 位寻址区的布尔型变量，xdata 和 pdata 用来定义位于外部 RAM 的变量，code 用于定义位于程序存储区的变量或常量。sfr 用于定义位于特殊功能寄存器区的变量。表 4.4 列出了 C51 语言的存储器类型、存储区域以及存储空间的对应关系。

表 4.4　C51 语言存储器类型、存储区域和存储空间的对应关系

序号	存储器类型	存储区	长度	值域	对应存储空间
1	data	DATA	8 位	0～255	内部 RAM 的低 128 字节空间，地址范围为 00H～7FH

续表

序号	存储器类型	存储区	长度	值域	对应存储空间
2	bdata	BDATA	1 位	0 或 1	内部 RAM 位寻址区的 16 字节空间,地址范围为 20H～2FH,128 位,允许以字节、位的方式访问
3	idata	IDATA	8 位	0～255	内部 RAM 的 256 字节空间,地址范围为 00H～FFH,通过间接寻址访问
4	pdata	PDATA	8 位	0～255	外部 RAM 的首页 256 字节空间,地址为 0000H～00FFH,用地址寄存器 R0 或 R1 间接访问
5	xdata	XDATA	16 位	0～65535	外部 RAM 的 64KB 空间,地址范围为 0000H～FFFFH,用 DPTR 作为地址寄存器间接访问
6	code	CODE	16 位	0～65535	程序存储器 ROM 的 64KB 空间,地址范围为 0000H～FFFFH
7	sfr	SFR	8 位	0～255	特殊功能寄存器区为 128 字节空间,地址范围为 80H～FFH,只能够定义特殊功能寄存器型变量,不能定义一般数据类型变量

程序设计时,应注意以下几点。

(1) data 声明的变量位于 DATA 区,即内部 RAM 低 128 个单元的区域,单元地址为 00～7FH。在 MCS-51 单片机中,CPU 访问内部 RAM 的速度是最快的,应尽可能地把频繁使用的变量置于 DATA 区。

(2) bdata 声明的布尔变量位于 BDATA 区,即由内部 RAM 的 20H～2FH 单元构成的位寻址区,BDATA 区的变量不允许 float 和 double 型数据。

(3) idata 声明的变量位于 IDATA 区,单元地址为 00～FFH,CPU 采用间接寻址方式访问这个区域。另外,需要指出的是,IDATA 区的低 128 个单元与 DATA 区是重叠的。

(4) pdata 和 xdata 声明的变量在外部 RAM 中,pdata 定义的变量仅有 256 个单元的空间,xdata 定义的变量的地址空间为 65536 个单元。

(5) ROM 区所存的数据是不可改变的,一般 ROM 区中可存放数据表、跳转向量和状态表。

(6) C51 语言用默认的工作寄存器组传递参数,DATA 区至少失去 8 字节空间。另外,当堆栈溢出时,程序会自动复位。

一般情况下,C51 编译器只支持 64KB 的存储空间,且默认所有的指针为 16 位。因此,当存储空间超过 64KB 时,Cx51 编译器设置了一个 FAR 存储区——针对一些 8051 兼容芯片提供的扩展地址空间。Cx51 编译器用 3 字节指针访问 FAR 存储区(最多可达 16MB),提供了两个 Cx51 存储器类型 far 和 const far 来访问扩展 RAM 中的变量和 ROM 中的常数。传统的 8051 系列也可用 far 和 const far 变量,但需要配置 XBANKING.A51 文件,把以地址扩展的 SFR 空间或扩展的存储空间映射到 xdata 空间。

例 4.4 变量的存储器类型定义。

```
char data m = 0;          //定义了字符型变量 m,分配在 DATA 区
bit bdata s;              //定义了位型变量 s,定位在 BDATA 区
float idata v;            //定义了浮点型变量 v,分配在 IDATA 区,且只能间接寻址方式访问
unsigned int pdata x;     //定义了无符号整型变量 x,定位在 PDATA 区
unsigned char code display[5] = {0x3f,0x5b,0x66,0x7d,0x7f};  //定义了无符号字符型变量数组
                                                             //display,分配在 CODE 区
```

例 4.5 FAR 存储区定义。

```
unsigned char far far_variable;
unsigned char const far far_const_variable;
```

例 4.6 不同存储器类型的变量定义以及内存配置情况。

通过下面程序段说明使用 C51 指定不同存储器类型的变量及其在内存中的配置情况。

```
# include < reg51.h >
unsigned char code usg_var0 = 0x1a;          //声明为 code char 数据型态
void main()
{
    unsigned char data usg_var1 = 0x2b;      //声明为 data 型态
    unsigned char idata usg_var2 = 0x3c;     //声明 idata 型态
    unsigned char bdata usg_var3 = 0x4d;     //声明为 bdata char 数据型态
    unsigned char xdata usg_var4 = 0x5e;     //声明为 xdata char 数据型态
    unsigned char pdata usg_var5 = 0x6f;     //声明为 pdata char 数据型态
    unsigned char usg_var6;                  //声明为一般数据型态
    usg_var6 = usg_var0;                     //取出 code 数据(ROM)
}
```

把上述程序在 Keil C51 编译之后,其 Disassembly(反汇编)窗口代码如图 4.5 所示。图中灰色部分为原 C51 语言代码,汇编语言代码以 C 为标识,C 表示程序存储器,冒号":"

```
C:0x0000    020020    LJMP      C:0020
    3: void main()
    4: {
    5:          unsigned char data usg_var1=0x2b;  // 声明为 data 型态
C:0x0003    75082B    MOV       0x08,#0x2B
    6:          unsigned char idata usg_var2=0x3c; // 声明 idata 型态
C:0x0006    780A      MOV       R0,#0x0A
C:0x0008    763C      MOV       @R0,#0x3C
    7:          unsigned char bdata usg_var3=0x4d; // 声明为 bdata char 数据型态
C:0x000A    75204D    MOV       0x20,#0x4D
    8:          unsigned char xdata usg_var4=0x5e; // 声明为 xdata char 数据型态
C:0x000D    900001    MOV       DPTR,#0x0001
C:0x0010    745E      MOV       A,#0x5E
C:0x0012    F0        MOVX      @DPTR,A
    9:          unsigned char pdata usg_var5=0x6f; 声明为 pdata char 数据型态
   10:          unsigned char usg_var6; // 声明为一般数据型态
   11:
C:0x0013    7800      MOV       R0,#0x00
C:0x0015    746F      MOV       A,#0x6F
C:0x0017    F2        MOVX      @R0,A
   12:          usg_var6=usg_var0; // 取出 code 数据(ROM)
C:0x0018    90002C    MOV       DPTR,#usg_var0(0x002C)
C:0x001B    E4        CLR       A
C:0x001C    93        MOVC      A,@A+DPTR
C:0x001D    F509      MOV       0x09,A
   13: }
C:0x001F    22        RET
C:0x0020    787F      MOV       R0,#0x7F
C:0x0022    E4        CLR       A
C:0x0023    F6        MOV       @R0,A
C:0x0024    D8FD      DJNZ      R0,C:0023
C:0x0026    758120    MOV       SP(0x81),#0x20
C:0x0029    020003    LJMP      main(C:0003)
C:0x002C    1A        DEC       R2
```

图 4.5　Disassembly 窗口代码

之后为存储单元地址,紧接着的 16 进制代码为机器码,最后一部分为汇编指令。通常一行 C51 语句代码的功能是由若干条汇编指令实现的。

由图 4.5 可以看到:

(1) 声明为 data 型的内部存储器,利用直接寻址将数据配置在 0x08 地址单元(内部 RAM 区:0x00~0x7F);

(2) 声明为 idata 型的内部存储器,利用间接寻址(MOV @R0,0x3c),将数据配置在 0x0A 地址单元;

(3) 声明为 bdata 型的内部存储器配置在 0x20 地址单元(位寻址区:0x20~0x2F);

(4) 声明为 xdata 型的内部存储器利用 DPTR 寄存器(MOVX @DPTR,A)),将数据配置在 64K 外部数据存储器的 0x0001 地址单元;

(5) 声明为 pdata 型的内部存储器利用地址寄存器 R0(MOVX @R0,A),将数据配置在页外内存的 0x00 地址单元(外部 RAM 页:0x00~0xFF);

(6) 声明为 code 型的存储器,配置在程序存储器(ROM)的 0x0829 地址单元,利用指令 MOVC A,@A+DPTR,把该单元的数据取到单片机中,并放置在内部 RAM 区的 0x09 单元。

2. 存储模式

存储模式用于指出变量在没有指明存储器类型时默认的存储区属性。如果在定义变量时选择默认的存储区属性,编译器会自动地选择默认的存储区域,也就是存储模式。默认的存储模式有三种类型:SMALL、COMPACT 和 LARGE。程序编译时,编译器通过存储模式限定了变量的默认存储区域和参数的传递方法。表 4.5 列出了 C51 语言的存储模式及其说明。

1) SMALL 模式

在 SMALL 模式下,所有的默认变量、参数都存储在内部 RAM 中,参数的传递是通过寄存器、堆栈或片内 RAM 完成的。

SMALL 模式的优点是存储速度快、程序执行效率高。但是,由于内部 RAM 地址空间有限,一般适用于较小的程序。

2) COMPACT 模式

在计算机中,把连续的 256 个单元称为一个存储页,即 1 页为 256 个单元。在 COMPACT 模式下,所有默认变量都存储在外部 RAM 的一个存储页中,最多为 256 字节(单元),用间接寻址指令访问,由地址寄存器 R0 和 R1 指出外部 RAM 存储单元的低 8 位地址。如果使用的存储单元多于一页,可用 P2 口指定所用的存储页,即存储单元的高 8 位地址,此时,必须初始化 P2 口以保证使用正确的外部存储页。

COMPACT 模式的数据存储空间比 SMALL 模式充裕,但存取速度比 SMALL 模式慢,但比 LARGE 模式快。

3) LARGE 模式

在 LARGE 模式下,所有的参数变量都放在外部 RAM 中,最多可达 64KB(单元),用间接寻址指令访问,由 DPTR 指出外部 RAM 单元地址的十六位地址。

LARGE 模式的数据存储空间容量大,但存取速度慢。

表 4.5 C51 语言的存储模式及其说明

序号	存储模式	说　　明
1	SMALL	变量默认存储在内部 RAM 中,默认存储器类型为 data、idata,数据访问速度快,但存储容量很小。在 SMALL 模式下,参数的传递是通过寄存器、堆栈或片内数据存储区完成的
2	COMPACT	变量和局部数据段定位在单片机的外部 RAM,默认存储器类型为 pdata
3	LARGE	变量和局部数据段都定位在单片机的外部数据区,默认存储器类型为 xdata,最多可有 64KB

需要指出的是,C51 编译器支持混合模式,可以对函数设置编译模式,为提高运行速度,在 LARGE 模式下也可以将一些函数设置为 COMPACT 模式或 SMALL 模式。如果程序或函数未指明编译模式,编译器按 SMALL 模式处理。用 pragma 定义存储模式时,一般放在应用程序的开始位置,命令格式为:

♯pragma 存储模式

例 4.7 存储模式定义。

```
♯pragma SMALL                    //定义存储模式为 SMALL 模式
♯pragma COMPACT                  //定义存储模式为 COMPACT 模式
♯pragma LARGE                    //定义存储模式为 LARGE 模式
```

4.1.5 C51 语言的常量

常量即常数,是在程序运行过程中不能改变的量,如固定的数据表、字符等。C51 语言常量的数据类型有整型、浮点型、字符型、字符串型以及位标量。其中,整型、浮点型、字符型与 C 语言表示方式相同;不同的是,C 语言中字符串常量通常是以字符类型数组方式处理的,在存储字符串时,系统会在字符串末尾加上"\0"转义字符作为该字符串的结束符,而 C51 把字符串作为一种常量。另外,位标量是 C51 语言扩充的一种常量类型。

(1) 整型常量。

整型常量表示方法如下:

十进制整数,如 1234、0、−789;

十六进制整数,0x 开头、数据以十六进制表示,如 0x34、−0x3B;

长整数,十进制整数和十六进制整数的末位数字后加字母 L,如 1042L、6034L、0xff340L。

(2) 浮点型常量。

浮点型常量可分为十进制和指数表示形式。

十进制浮点型常量由数字和小数点组成,整数或小数部分为 0 时,可以省略不写,但必须有小数点,如 0.8999、.8999、899.9、−8999.。

指数浮点型常量表示形式为:[±]数字[.数字]e[±]数字。其中,[ ]中的内容为可选项,其中的内容根据具体情况可有可无,指数部分必须是整数。−12345e-3,7.0e8,3.30e-3。

（3）字符型常量。

字符型常量是单引号内的字符，如'f'、'D'等。对于不可显示的控制字符，在该字符前面加一个反斜杠"\"组成专用转义字符。利用转义字符可以完成一些特殊功能和输出时的格式控制。常用的转义字符见表 4.6。

表 4.6　常用的转义字符

序　　号	转 移 字 符	含　　义	ASCII 码
1	\0	空字符(NULL)	00H
2	\n	换行符(LF)	0AH
3	\r	回车符(CR)	0DH
4	\t	水平制表符(HT)	09H
5	\b	退格符(BS)	08H
6	\f	换页符(FF)	0CH
7	\'	单引号	27H
8	\"	双引号	22H
9	\\	反斜杠	5CH

（4）字符串型常量。

字符串型常量由双引号（" "）内的字符组成，如"test"、"Chang'an"等。当引号内没有字符时，为空字符串。需要注意的是，字符串常量"A"和字符常量'A'是不同的，前者在存储时要多占用 1 字节的空间。

常量可以用以下几种方式定义：

① 宏定义的 define 命令，如：

#define OFF 1　　　　　　　　　　　　　/*定义常量标识符 OFF,其值为 1*/

② 使用 CODE 空间，如：

char code array[ ] = {1, 2, 3, 4};　　　　/*定义一个常数表,存放在程序存储器中*/

③ 常量定义关键词 const，如：

const int MAX = 60;　　　　　　　　　　/*定义整数常数 MAX,并赋值为 60*/

④ 使用 enum 枚举常量，如：

enum switchENUM {ON, OFF};　　　　　　/*ON 值为 0,OFF 值为 1*/

（5）位标量。

位标量是 C51 编译器的一种扩充数据类型。位标量用关键字"bit"来定义，它的值是一个二进制位，其值为 0 或 1。如：bit flag＝0。

例 4.8　常量定义。

```
#define False 0x0;              //用预定义语句可以定义常量
#define True 0x1;              //定义 False 为 0,True 为 1,
                               //编译时程序用到 False 自动替换为 0,True 替换为 1
unsigned int code a = 100;     //用 code 把 a 定义在程序存储器中并赋值
const unsigned int c = 100;    //用 const 定义 c 为无符号 int 常量并赋值
```

4.1.6　C51 语言的变量

变量是在程序运行过程中可以发生改变的量。程序中使用的变量必须事先声明,指出变量的名称、它所用的数据类型以及存储模式。这样编译系统才能为变量分配相应的存储空间。

1. C51 语言变量的定义

C51 语言变量由 4 部分组成:存储种类、数据类型、存储器类型以及变量名列表,一般格式为:

　　[存储种类] 数据类型 [存储器类型] 变量名列表;

定义多个变量时,变量名列表的各个变量之间用逗号“,”隔开,格式中[]中的内容可以缺省。在变量定义时,除了数据类型和变量名表是必要的,其他是可选的。

存储种类是指变量在程序执行过程中的作用范围,即变量的作用域。存储种类有 4 种:自动(auto)、外部(extern)、静态(static)和寄存器(register),因此,在应用程序中,变量按存储种类可分为自动变量、外部变量、静态变量和寄存器变量。

1) 自动变量

自动变量是用关键字 auto 声明的变量,一般在函数内部或者复合语句中使用,其作用域范围是函数或者复合语句的内部,故也称局部变量。在 C51 程序中,函数或复合语句内部定义自动变量时,关键字 auto 可以省略,默认为自动变量。

程序执行过程中,对自动变量是动态分配存储空间的。当程序执行到自动变量的声明语句时,根据变量类型为其分配存储空间。当其所属的函数或者复合语句执行完毕后,自动变量的存储空间会立刻取消,自动变量失效,在其所属的函数或者复合语句外部将不能使用该变量。自动变量通常被分配在单片机的内部 RAM 中。

例 4.9　定义自动变量。

```
auto char bdata statu;              //定义 status 为字符型自动变量,该变量位于 bdata 区
auto int code id[2] = {0x12, 0x8a}; //定义 id[2]为整型自动变量,该变量为 code
                                    //区中,是长度为 2 的数组,且初值为 0x12 和 0x8a
```

2) 外部变量

外部变量是以关键字 extern 标识的变量,如果一个变量定义在所有函数的外部,即整个程序文件的最前面,那么该变量为全局变量。全局变量也称为外部变量。

外部变量被定义后,即分配了固定的存储空间,在程序的整个执行期间都是有效的。程序中的多个函数或模块共享的外部变量都能够对外部变量进行操作。外部变量在程序执行期间一直占据分配的存储空间。

例 4.10　定义外部变量。

```
extern float idata x,y,z;           //在 idata 区定义外部浮点型变量 x、y、z
```

例 4.11　使用外部变量。

```
void main()
{
  extern int e;
}
int e;  //此时,由于全域变量 e 被定义在 main 函数之后,所以在 main 中不能直接存取这个变量(编
```

译器会视 e 是一个没有定义的符号），但是通过加入外部变量，就可以在 main 中存取变量 e.

3）静态变量

用 static 定义的变量称为静态变量。静态变量在程序调用结束后其占用的内存单元并不被释放（其值保持不变）。静态变量分为内部静态变量和外部静态变量。

内部静态变量在函数体内部定义，当函数退出时，内部静态变量始终存在，但不能被其他函数使用；当再次进入该函数时，该变量将保存上次的结果。

外部静态变量是在函数外部定义的，变量的作用域为当前的源文件，是全局变量。在多文件或多模块处理中，外部静态变量只在文件内部或模块内部有效。

例 4.12　定义静态变量。

```
static char m, n;              //定义 m 和 n 为 2 个位于 data 区中的有符号字符型静态变量
static unsigned char data x;   //在内部 RAM 中定义静态无符号字符型变量 x
```

例 4.13　静态变量举例。

```
void function()
{
  static int s;
  s = 5;
}
```

当第一次进入 function 时，会建立静态变量 s，并且在函数结束时，保留它的值（s=5）。当再次进入 function 时，不会再重建一个变量 s，而直接把原先 s 的内容拿出来用，所以一进入 function，s 的值就已经是 5 了（在执行 s=5 之前），静态变量一直要到程序结束后才会被释放。

4）寄存器变量

用 register 声明的变量称为寄存器变量。在单片机中，寄存器变量的操作速度比其他类型的变量快。寄存器变量常用于某一变量频繁使用的情况（例如循环控制变量），可以提高系统的运算速度。C51 编译器会自动识别程序中使用频率最高的变量，并自动将其作为寄存器变量，程序员无须专门声明。由于受硬件寄存器长度的限制，所以寄存器变量只能是 char、int 或指针型。寄存器说明符只能用于说明函数中的变量和函数中的形式参量，因此不允许将外部变量或静态变量说明为"register"。

例 4.14　寄存器变量的定义和使用。

```
void main()
{
  register int m, n;
  for (n = 0; n <= 30000; n++)
  for (m = 0; m <= 100; m++) ;
  printf ("ok\n");
}
```

存储器类型是指变量所处的存储空间。如 4.1.4 节所述，C51 语言的存储器类型有 data、bdata、idata、pdata、xdata、code 和 sfr。

需要注意的是，变量的存储种类和存储器类型是不一样的。存储器类型用于指明变量所处的存储空间，而存储种类用于指明变量在程序运行过程中的作用域。变量的存储种类与存储器类型是完全无关的。

例 4.15　变量的定义。

```
int y;                           //定义整型自动变量 y,它的存储器类型由编译器指定的存储模式确定
char data var1;                  //在 data 区定义字符型自动变量 var1
int idata var2;                  //在 idata 区定义整型自动变量 var2
int a = 55;                      //定义整型变量 a 并赋初值 55,位于由编译器默认的存储区
char code text[] = "INPUT PARAMETER:";      //在 code 区定义字符串 INPUT PARAMETER:
unsigned char xdata vector [10][4];         //在 xdata 区定义无符号字符型 2 维数组 vector
static unsigned long xdata array [10];      //在 xdata 区定义静态无符号长整型数组 array
char xdata * px;                            //在 xdata 区定义一个指向对象类型为 char 的指针
                                            //px,指针 px 在编译器默认的存储区
```

2. 特殊功能寄存器变量的定义

如第 2 章所述,8051 系列单片机有一些可寻址的特殊功能寄存器,如累加器 ACC、程序状态字寄存器 PSW、堆栈指针寄存器 SP、定时器工作方式寄存器 TMOD、中断允许寄存器 IE 等。为了能够直接访问这些特殊功能寄存器,C51 编译器扩充了关键字 sfr 和 sfr16,用关键字 sfr 和 sfr16 来分别定义 8 位特殊功能寄存器和 16 位特殊功能寄存器变量,在源程序中直接定义这些特殊功能寄存器。特殊功能寄存器变量的定义格式为:

8 位特殊功能寄存器变量: sfr 寄存器名 ＝ 寄存器地址
16 位特殊功能寄存器变量: sfr16 寄存器名 ＝ 寄存器地址

需要注意的是,在关键字 sfr 和 sfr16 后面必须是一个变量名,可任意选取,等号后面的地址必须是常数,不允许有带运算符的表达式,而且必须在特殊功能寄存器的地址范围(80H～0FFH)之内。

例 4.16　特殊功能寄存器变量定义举例。

```
sfr PSW = 0xd0;                  //定义程序状态寄存器地址 D0H
sfr P1 = 0x90;                   //定义 P1 端口地址 90H
sfr TMOD = 0x89;                 //定义定时器/计时器控制寄存器地址为 89H
sfr P0 = 0x80;                   //定义特殊功能寄存器 P0,其地址为 80H/
sfr P3 = 0xB0;
sfr PSW = 0xD0;
sfr ACC = 0xE0;
sfr B = 0xF0;
sfr SP = 0x81;
sfr DPL = 0x82;
sfr DPH = 0x83;
sfr PCON = 0x87;
```

在使用 sfr16 访问 16 位特殊功能寄存器时,应注意 sfr16 定义的地址是其低字节地址。

```
sfr16 DPTR = 0x82;    //定义 16 位特殊功能寄存器 DPTR,其低八位 DPL 地址为 82H(DPL = 82H),
                      //高八位 DPH 地址为 83H
```

在 8051 兼容单片机,特殊功能寄存器常组合成 16 位来使用,采用关键字 sfr16 来定义这些寄存器。例如,兼容单片机中的定时器 T2,定义方式如下:

```
sfr16 T2 = 0xCC;      //定时器/计数器 T2 的计数器低八位地址为 T2L = 0CCH,高八位地址 T2H = 0CDH
```

sfr16 不能用于定时器/计数器 T0 和 T1。

使用 sfr 和 sfr16 定义特殊功能寄存器变量时应注意:

(1) 定义特殊功能寄存器中的地址必须在 0x80～0xff 范围内。

(2) 特殊功能寄存器变量只能作为全局变量,这是由单片机的结构决定的。

（3）用 sfr 和 sfr16 每次只能定义一个特殊功能寄存器。

（4）用 sfr 或 sfr16 定义的是固定地址的变量，即变量名与固定地址对应，具有特定的意义，在应用时不能像一般变量那样随意赋值。

3. 位变量的定义

C51 语言也扩展了定义位变量的关键字 sbit，用于定义特殊功能寄存器的可寻址位。位变量的定义方式有 3 种。

（1）直接将特殊功能寄存器的可寻址位的位地址赋给位变量：

sbit 位变量名 = 位地址

如：

```
sbit CY = 0xD7;       //将位地址赋值给变量 CY
sbit AC = 0xD6;       //将位地址赋值给变量 AC
```

（2）把可寻址位在特殊功能寄存器中的位置编号赋给位变量，位的位置编号为 0～7 的常数。

sbit 位变量名 = 特殊功能寄存器名^位位置编号

如：

```
sbit RS1 = PSW^4;
sbit RS0 = PSW^3;
sbit EA  = IE^7;
```

（3）把特殊功能寄存器单元地址作为基地址，把可寻址位在该寄存器对应单元的位置编号赋给位变量，基地址必须在 0x80H ～0xff 之间，位的位置编号为 0～7 的常数。

sbit 位变量名 = 单元地址^位位置编号

如：

```
sbit OV = 0xD0^2;
sbit CY = 0xD0^7;
sbit PS = 0xB8^4;
```

另外，可用 bdata 存储器类型把变量定义到内部 RAM 的可位寻址区，把这个变量构建为可寻址位对象，这样，用关键字 sbit 可以访问可位寻址对象中的某一位。例如：

```
int bdata iWord;          //在位寻址区定义一个整型变量 iWord
char bdata flag;          //在 bdata 区定义字符型变量 flag
char bdata arary[4];      //在位寻址区定义一个数组 array[4]
sbit mybit0 = iWord^0;    //取整型变量的第 0 位(最低位)状态给位变量 mybit0
sbit mybit15 = iWord^15;  //取整型变量的第 15 位(最高位)状态给位变量 mybit15
sbit flag0 = flag^0;      //在 bdata 区定义可位寻址变量 flag0
```

也可以用 bit 数据类型定义一个位变量，如：

```
bit flag;                 //定义位变量 flag
bit flag' = 0;            //定义位变量 flag',初始化其状态为 0
```

4.2　C51 语言的语句

4.2.1　运算符及表达式

C51 语言的运算符与标准 C 语言的类似，主要有赋值运算符、算术运算符、关系运算符、逻辑运算符、位运算符、复合赋值运算符、逗号运算符、条件运算符等。

1）赋值运算符

在 C51 语言中，赋值运算符"＝"是将一个表达式的运算结果赋值给一个变量，允许在一个语句中给多个变量赋值，赋值顺序自右向左。赋值语句以"；"结尾。赋值语句的格式如下：

变量 ＝ 表达式；

例 4.17　赋值运算。

```
x = 75;                     //将 75 赋给变量 x
x = 7 * 5;                  //将 35 赋给变量 x
x = 7 * x;                  //将表达式 7x 运算结果传递给变量 x
x = y = 0xff;               //将常数 0xff 赋给变量 x 和 y
```

2）算术运算符

C51 语言支持的算术运算符及说明如表 4.7 所示。

表 4.7　算术运算符及说明

序　号	运　算　符	说　明
1	＋	加或取正值运算符
2	－	减或取负值运算符
3	＊	乘法运算符
4	／	除法运算符
5	％	取余运算符
6	++	递增运算符
7	——	递减运算符

算术运算符把运算对象连接起来形成算术表达式。如：

```
a + b
3 * x + (y + z)/2
```

与 C 语言相同，算术运算时：

（1）2 个浮点数相除，其结果为浮点数，如 10.0/5.0，运算结果为 2.0。

（2）2 个整数相除，其结果为整数，如 14/6，运算结果为 2。

（3）取余运算要求 2 个运算对象均为整型数据，例如：7％4 的运算结果为 3。

（4）取正值和取负值运算时，其结果为取运算对象的正值和负值。

（5）递增运算与递减运算只能用于变量，不能用于表达式，如 i++。

（6）递增运算与递减运算时，运算符与变量顺序位置不同，运算过程是不一样的。如 x++ 与 ++x，x++ 是先使用 x 的值，再进行递增运算 x＋1，++x 是先进行递增运算 x＋1，再使用 x 的值。

C51 语言的运算符的优先级及运算顺序与 C 语言一致。

在计算一个表达式的值时，取负值（－）的优先级最高，其次是乘法（＊）、除法（／）和取余（％）运算符，加法（＋）和减法（－）运算符的优先级最低。

在算术表达式中，可用圆括号来改变运算符的优先级，例如，在计算表达式 x＋y/(a－b)的值时，首先计算(a－b)，然后计算 y/(a－b)，最后计算 x＋y/(a－b)。

在一个表达式中，如果各个运算符的优先级别相同，则计算时按 C 语言规定的结合方向进行。

例 4.18 算术运算程序举例。

```
# include < reg51. h >
void main()
{
  unsigned int a = 37, b = 45;            //定义无符号数
  unsigned int c,d,e,f,g;
  c = a + b;
  d = a - b;
  e = a * b;
  f = a/b;
  g = a % b;
  a++;
  b-- ;
}
```

运算结果为：

a = 0x2c   b = 0x2c   c = 0x52   d = 0x08   e = 0x0681   f = 0x00   g = 0x08

3）关系运算符

C51 语言有 6 种关系运算符（见表 4.8）。关系运算符把 2 个表达式连接起来构成关系表达式。关系表达式的一般形式为：

表达式 1 关系运算符 表达式 2

关系运算符通常用来判别某个条件是否满足，关系表达式的运算结果为逻辑量，只有 0 和 1 两种值。当关系表达式比较关系成立时，其运算结果为 1；当比较关系不成立时，其运算结果为 0。

关系表达式的运算结果可以作为一个逻辑量参与逻辑运算，也可用作分支或循环程序的判别条件。

表 4.8 关系运算符

序 号	运 算 符	说 明
1	>	大于
2	<	小于
3	>=	大于或等于
4	<=	小于或等于
5	==	等于
6	!=	不等于

表 4.8 中，1～4 种关系运算符具有相同的优先级，5、6 两种关系运算符具有相同的优先级，但前 4 种的优先级高于后 2 种。用关系运算符将两个表达式连接起来即成为关系表达式。如：

x > y
x > = (y + a)
(x = 4)!= (y = a)

例 4.19 关系运算符使用。

设 a＝5,b＝9,6 种关系运算及其结果如下：

```
a > b;                          //运算结果为 0
a < b;                          //运算结果为 1
a > = b;                        //运算结果为 0
a < = b;                        //运算结果为 1
a == b;                         //运算结果为 0
a != b;                         //运算结果为 1
```

例 4.20 关系运算符实例。

```
#include <reg51.h>
void main()
{
  int a = 0xc3,b = 0x1f;
  int c,d,e,f,g,h;
  c = (a > b);
  d = (a < b);
  e = (a == b);
  f = (a < = b);
  g = (a > = b);
  h = (a != b);
}
```

程序运行结果为:

a = 0xc3   b = 0x1F   c = 0x01   d = 0x00   e = 0x00   f = 0x00   g = 0x01   h = 0x01

4) 逻辑运算符

C51 语言有 3 种逻辑运算符:

(1) 逻辑或: ||;

(2) 逻辑与: &&;

(3) 逻辑非: !。

逻辑运算符用来求某个条件式的逻辑值,逻辑运算符将关系表达式或逻辑量连接起来构成逻辑表达式,逻辑表达式运算结果为逻辑量 0 或 1。

逻辑与、逻辑或表达式的一般形式为:

条件式 1 逻辑运算符 条件式 2

设条件式 1 成立时,其结果为 1;条件式 1 不成立时,其结果为 0,以此类推。表 4.9 为逻辑与、逻辑或的运算操作及结果。

表 4.9 逻辑与、逻辑或运算真值表

序　号	条件式 1	条件式 2	(条件式 1)&&(条件式 2)	(条件式 1)||(条件式 2)
1	0	0	0	0
2	0	1	0	1
3	1	0	0	1
4	1	1	1	1

逻辑非表达式的一般形式为:

逻辑运算符 条件式

条件式的结果为 1 时,表达式: !(条件式)的运算结果为 0。反之,表达式运算结果为 1。

逻辑运算符的优先级为（由高至低）：逻辑非！→ 逻辑与 && →逻辑或||,即逻辑非的优先级最高。

在 C 语言中,通常把一个非零的数值认为是逻辑 1,数值零为逻辑 0。设 $a=8$,$b=3$,$c=0$,则

```
a||b;                  //运算结果为1
b||c;                  //运算结果为1
a||c;                  //运算结果为1
a&&c;                  //运算结果为0
a&&b;                  //运算结果为1
b&&c;                  //运算结果为0
!(a==b);               //运算结果为1
```

例 4.21 逻辑运算实例。

```c
#include <reg51.h>
void main()
{
  int a = 0x42,b = 0x51;
  int c,d,e;
  c = a&&b;
  d = a||b;
  e = !c;
}
```

程序运行结果为：

$a = 0x42$ $b = 0x51$ $c = 0x01$ $d = 0x01$ $e = 0x00$

5）位运算符

位运算符将 2 个参与运算的对象以二进制形式按位作逻辑运算,其对象只能是整型或字符型数据。C51 语言有 6 种位运算符,如表 4.10 所示。

表 4.10 位运算符

序　　号	运　算　方　式	运　　算　　符
1	按位与	&
2	按位或	|
3	按位异或	^
4	按位取反	~
5	左移	<<
6	右移	>>

位运算的一般形式如下：

变量1 位运算符 变量2

位运算是按位对变量进行操作,并不改变参与运算的变量的值。如果要按位改变运算变量的值,则需要赋值操作。

位运算仅适用于字符型（char）、整型（int）变量,不能用来对浮点型（float）数据操作。

位运算的优先级从高到低依次是：按位取反（~）→左移（<<）和右移（>>）→按位与（&）→按位异或（^）→按位或（|）。

例 4.22 按位逻辑运算举例。

```
设 a = 0x19, b = 0x09, c = 0x0f, d = 0x3a
a&b = 0x09              //a&b = 00011001B & 00001001B = 00001001B = 0x09
a|b = 0x19              //a|b = 00011001B | 00001001B = 00011001B = 0x19
a^b = 0x10              //a^b = 00011001B ^ 00001000B = 00010000B = 0x10
~c = 0xf0               //~c = ~00001111B = 11110000B = 0xf0
d << 2 = 0xe8           //d << 2 = 00111010B << 2 = 0011101000B = 0xe8
b >> 2 = 0x02           //b >> 2 = 00001001B >> 2 = 00000010B = 0x02
```

例 4.23 位运算程序举例。

```
#include <reg51.h>
void main()
{
  P0 = 0xc4;            //设定 P0 端口的初始值
  P0 = P0 & 0x0F;       //P0 端口做 AND 位运算
  P0 = P0 | 0x30;       //P0 端口做 OR 位运算
  P0 = P0 ^ 0xF0;       //P0 端口做 XOR 位运算
  P0 = ~P0;             //P0 端口做反相位运算
  P0 = P0 >> 1;         //P0 端口做右移位元运算
  P0 = P0 << 2;         //P0 端口做左移位元运算
}
```

6) 复合赋值运算符

在赋值运算符"="的前面加上其他运算符,即可组成复合赋值运算符。复合赋值运算首先对变量进行某种运算,然后再将运算的结果赋给该变量。复合运算的一般形式为:

变量 复合赋值运算符 表达式

C51 语言的复合赋值运算符见表 4.11。

表 4.11 复合赋值运算符

序　号	运算方式	运算符
1	加法赋值	+=
2	减法赋值	-=
3	乘法赋值	*=
4	除法赋值	/=
5	取模赋值	%=
6	逻辑与赋值	&=
7	逻辑或赋值	|=
8	逻辑异或赋值	^=
9	逻辑非赋值	~=
10	右移位赋值	>>=
11	左移位赋值	<<=

例 4.24 复合赋值运算。

```
a += 3;                //相当于 a = a + 3
a *= 5;                //相当于 a = a * 5
a %= 2;                //相当于 a = a % 2
a &= 0x36;             //相当于 a = a&0x36
a ^= 0xff;             //相当于 a = a^0xff
a <<= 2;               //相当于 a = a << 2
x *= y + 8;            //相当于 x = x * (y + 8)
```

```
x% = y + 8;                    //相当于 x = x%(y + 8)
x << = 8;                      //相当于 x = x << 8
y^ = 0x55;                     //相当于 y = y^0x55
x& = y + 8;                    //相当于 x = x&(y + 8)
```

例 4.25　复合赋值运算实例。

```
#include < reg51.h>
void main()
{
  int a = 45,b = 37;
  a + = b;
  a - = b;
  a * = b;
  a/ = b;
  a% = b;
  a| = b;
  a^ = b;
  a << = b;
  a >> = b;
}
```

7）逗号运算符

在 C51 语言中，逗号"，"用于将 2 个以上的表达式连接起来。逗号表达式的一般格式为

表达式 1,表达式 2,…,表达式 n

程序执行时，从左至右依次计算出各个表达式的值，而逗号表达式的值是最右边的表达式的值，即表达式 n 的运算结果。

例 4.26　逗号运算符。

执行下面语句后，x 为表达式 a * 3 的运算结果：

```
x = (a = 5,a * 3);             //结果 x 的值为 15
```

例 4.27　逗号运算符举例。

```
b = 1;c = 2;d = 3;
a = (++b,c -- ,d + 3);        //括号优先级高,先算括号里面的再赋值,则 a = d + 3 = 6
e = ++b,c -- ,d + 3;          //赋值优先级高,则 e = ++b = 2
```

8）条件运算符

条件运算符"？:"把 3 个表达式连接在一起构成一个条件表达式，其一般格式为：

逻辑表达式? 表达式 1: 表达式 2

条件运算是根据逻辑表达式的值选择条件表达式的值，条件表达式中，逻辑表达式的类型与表达式 1、表达式 2 的类型可以不同。

条件表达式的操作过程为：首先计算逻辑表达式，当逻辑表达式的值为 1 时，把表达式 1 的值作为条件表达式的值；当逻辑表达式的值为 0 值时，将表达式 2 的值作为条件表达式的值。

例 4.28　条件运算符。

把整型变量 a、b 中较大的数赋值给变量 c。

c = (a > b)? a : b

//假设 a = 6，b = 9，计算(a > b)不成立，逻辑表达式运算结果为0，取表达式2的值给c，则c值为9

例 4.29　条件运算符。

a = (b > 0)?(2 * 3):7;　　　　　　　　　//当 b > 0 时,a = 6；当 b≤0,a = 7

9）运算符的优先级

一个表达式中可能含有多个运算符,运算符的优先级决定了编译器对表达式的求值顺序。C51语言各种运算符的优先级见表4.12,表中较小数字代表较高的优先级。

表 4.12　C51 语言的运算符优先级

优先级	运算符	名称或含义	优先级	运算符	名称或含义
1	( )	圆括号		<	小于
	[ ]	数组下标		<=	小于或等于
	.	成员选择（对象）	7	==	等于
	—>	成员选择（指针）		!=	不等于
2	—	负号运算符	8	&	按位与
	（类型）	强制类型转换	9	^	按位异或
	++	递增运算符	10			按位或
	--	递减运算符	11	&&	逻辑与
	*	取值运算符（指针）	12	||	逻辑或
	&	取地址运算符	13	?:	条件运算符
	!	逻辑非运算符		=	赋值运算符
	~	按位取反运算符		/=	除法赋值
	sizeof	长度运算符		*=	乘法赋值
3	/	除法		%=	取模赋值
	*	乘法		+=	加法赋值
	%	取余（取模）	14	—=	减法赋值
4	+	加法		<<=	左移赋值
	—	减法		>>=	右移赋值
5	<<	左移		&=	按位与赋值
	>>	右移		^=	按位异或赋值
6	>	大于		|=	按位或赋值
	>=	大于或等于	15	,	逗号运算符

4.2.2　C51 语言的基本语句

与 C 语言相同,C51 语言的基本语句可分为 5 种:表达式语句、空语句、复合语句、控制语句和函数调用语句。

1. 表达式语句

表达式语句由一个表达式加分号";"组成,是 C51 语言中最基本的语句。例如:

例 4.30　表达式语句。

a = b * 29;

b = 9; y = 7;　　　　　　　　　//C51 语言允许一行写若干条语句

y = (x + y)/c;

++i;

2. 空语句

空语句就是只有一个分号";"的语句,计算机执行该语句时,什么也不做。程序设计时,当程序在语法上需要有一个语句,但在语义上并不要求有具体的动作时,可以采用空语句。如串行通信时等待发送结束时使用如下语句:

```
while(!TI);
```

例 4.31 空语句实例。

```
void delay(intn)                              //延时函数
{
    unsigned int i, j;
    for(i = 0; i < n; i++)
      {
        for(j = 0; j < 125; j++)
          {
            ;                                 //空语句
          }
      }
}
```

3. 复合语句

复合语句是指由若干条语句组合、用{}括起来而形成的功能块程序。复合语句无须以分号";"结束,但其内部所包含的语句仍以分号";"结束。复合语句的一般形式为:

```
{
    局部变量定义;
    语句1;
    语句2;
    …
    语句n;
}
```

复合语句在执行时,其中各条单语句依次顺序执行。整个复合语句在语法上等价于一条单语句。复合语句允许嵌套,即在复合语句内部还可以包含别的复合语句。例如,函数的函数体就是一个复合语句。

例 4.31 复合语句实例。

```
void main()
{
    unsigned int a, b, c, d;
    SCON = 0x50;                              //设置串行口工作方式1,允许接收
    TMOD = 0x20;                              //设置定时器1定时方式2
    TH1 = 0xE8;                               //在 11.0592MHz 晶振频率下,1200 波特率
    TI = 1;
    TR1 = 1;                                  //启动定时器
    a = 5, b = 6, c = 7, d = 8;
    printf("0: %d, %d, %d, %d\n", a, b, c, d)  //从串行口发出
      {                                       //复合语句1
        unsigned int a, e
        a = 10, e = 100;                      //此定义仅在复合语句1中生效
        printf("1: %d, %d, %d, %d, %d \n", a, b, c, d, e)
          {                                   //复合语句2
```

```
      unsigned int b, f;
      b = 11, f = 200;                           //此定义仅在复合语句1中生效
      printf("2: %d, %d, %d, %d, %d, %d\n", a, b, c, d, e, f)
    }
    printf("1: %d, %d, %d, %d, %d, \n", a, b, c, d, e)
  }
  printf("0: %d, %d, %d, %d\n", a, b, c, d)
while (1)
}
```

运行结果(Keil 的 Serial Windows 查看)为：

```
0: 5, 6, 7, 8
1: 10, 6, 7, 8, 100
2: 10, 11, 7, 8, 100, 200
1: 10, 6, 7, 8, 100
0: 5, 6, 7, 8
```

4. 控制语句

控制语句用来实现对程序流程的控制,包括选择、循环、转移和返回等语句。下面介绍前 3 种语句。

1) 选择语句

选择语句也称为条件语句或者分支语句。程序由多路分支构成,程序执行过程中根据指定的条件,选择执行其中一条分支,而其他分支上的语句不被执行。这种语句包括 if 选择语句和 switch 选择语句。

(1) if 选择语句。

if 语句用来判定所给定的条件是否满足,根据判定结果决定执行哪一个分支,是一种二选一的操作。C51 语言提供 3 种形式的 if 语句。

① if 语句。

```
if (条件表达式) 语句
```

如果条件表达式的结果为真,执行其后面的语句;否则,不执行后面的语句,顺序执行该语句的下一条语句。条件表达式之后的语句也可为复合语句。执行过程如图 4.6 所示。

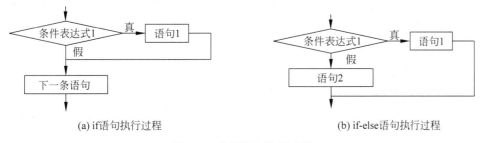

(a) if语句执行过程　　　　　　　　(b) if-else语句执行过程

图 4.6　选择语句执行过程

② if-else 语句。

```
if (条件表达式)
  {语句 1}
else
  {语句 2}
```

如果条件表达式的结果为真,执行语句1；否则,执行语句2。同样地,语句1和语句2也可为复合语句。执行过程如图4.6(b)所示。

③ if-else if 语句。

```
if (条件表达式1)
  {语句1}
else if   (条件表达式2)
  {语句2}
   …
else if (条件表达式n)
  {语句n}
else
   {语句n+1}
```

如果条件表达式1的结果为真,执行语句1；否则,判断条件表达式2,如果其结果为真,执行语句2；否则,再判断条件表达式3,以此类推。如果条件表达式1~n 都不满足(全部为假),则执行语句n+1。语句1~语句n+1 也可为复合语句。执行过程如图4.7所示。

if 语句的判断条件可以是逻辑表达式、关系表达式或者其他表达式,甚至可以是一个变量或者宏。程序中有多个 if-else 语句对时,else 总是和最近的一个 if 配对的。

例4.32 简单分支程序举例。

```
# include < reg51.h>
void main()
{
  while(1)
  {
    if(P1 == 0x01)
        P0 = 0x80;
    else
        P0 = 0;
  }
}
```

例4.33 多重分支程序举例。

```
# include < reg51.h>
void main()
{
  P1 = 0x00;
  for( ; ; )
   {
     if(P1&0x01)
     P0 = 0x80;
     else if (P1&0x02)
     P0 = 0xC0;
     else if (P1&0x04)
```

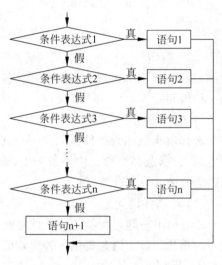

图 4.7 **if-else if** 语句执行过程

//判断 P1 输入状态,决定 P0 输出结果

```
    P0 = 0xE0;
    else if (P1&0x08)
    P0 = 0xF0;
    else
    P0 = 0x00;
  }
}
```

（2）switch 选择语句。

switch 语句也是一种用来实现多方向条件分支的语句。虽然采用条件语句也可以实现多方向条件分支，但分支较多时，会使条件语句的嵌套层次太多，程序冗长，可读性降低。switch 语句处理多分支选择，程序结构清晰。switch 语句的一般形式如下：

```
switch (表达式)
{
  case 常量表达式1:语句1;
  break;
  case 常量表达式2:语句2;
  break;
  …
  case 常量表达式n:语句m;
  break;
  default:语句m+1;
  break;
}
```

当 switch 语句的表达式的值与某一 case 中常量表达式一致时，则执行相应 case 后面的语句，遇到 break 语句则退出 switch 选择语句；若未出现 break 语句，则将继续执行后续的 case 语句。若所有 case 表达式都不能与 switch 表达式相匹配，则执行 default 语句。当不符合条件要求时，不做任何处理，default 语句可以缺省。执行过程如图 4.8 所示。

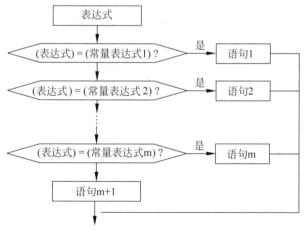

图 4.8 switch-case 语句执行过程

例 4.34 switch 多重分支程序举例。

```
#include <reg51.h>
void main()                          //判断 P1 输入状态,决定 P0 输出结果
{
  P1 = 0x00;
```

```
    while(1)
    {
      switch(P1)
      {
        case 0x01 :
        P0 = 0x80;
        break;
        case 0x02 :
        P0 = 0xC0;
        break;
        case 0x04 :
        P0 = 0xE0;
        break;
        case 0x08 :
        P0 = 0xF0;
        break;
      }
    }
}
```

2）循环语句

在程序设计时，对于一些反复进行多次的操作可用循环语句来实现。C51 语言的循环控制语句有 4 种：for 语句、while 语句、do-while 语句以及 goto 语句。

（1）for 语句。

for 语句既可以用于已知循环次数的情况，也可以用于循环次数未知但循环结束条件已知的情况。for 语句的形式为：

```
for (表达式 1; 表达式 2; 表达式 3)
{
    循环体语句
}
```

在 for 语句中，表达式 1 为对循环变量赋初值，表达式 2 判断循环结束条件是否满足，从而决定是否执行本次循环，表达式 3 是对循环变量进行更新。for 语句的执行过程如图 4.9 所示。for 语句中，3 个表达式都是可以省略的可选项，但是"；"不能省略。如下列语句可以实现无限循环。

```
for( ; ; )                                    //无限循环
```

（2）while 语句。

while 语句用于循环结束条件已知的情况，while 语句形式如下：

```
while (表达式)
{
    循环体语句
}
```

while 语句先求解条件表达式的值，当条件表达式的值为真（非 0 值）时，执行循环体语句；否则，终止执行循环体，而去执行后续的语句，while 指令的执行过程如图 4.10 所示。

while 语句循环体中应有使循环最终能结束的语句，否则循环体将会进入无限循环。如果条件表达式初始值为假，则循环体一次都不执行。

（3）do-while 语句。

do-while 语句的一般格式为:

```
do
{
  循环体语句;
}
while(条件表达式);
```

do-while 语句是先执行循环体语句,然后判断条件表达式的值,如果条件表达式的值为真,则继续执行下一次循环,否则终止循环,其执行过程如图 4.11 所示。需要注意的是,该语句条件表达式后面的分号";"是不能忽略的。

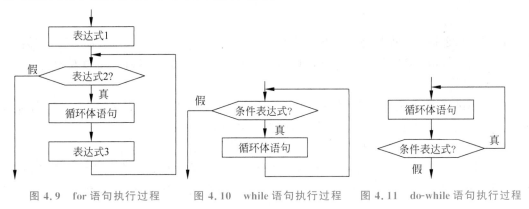

图 4.9　for 语句执行过程　　图 4.10　while 语句执行过程　　图 4.11　do-while 语句执行过程

例 4.35　循环程序举例。

```
void main()
{
  int i,sum1 = 0;                    //for 循环用变量
  int j = 1,sum2 = 0;                //while 循环用变量
  int k = 1,sum3 = 0;                //do while 循环用变量
  for(i = 1;i < = 10;i++)            //for 循环叙述计算 1 加到 10 的总和
  sum1 + = i;
  while(j < = 10)                    //while 循环叙述计算 1 加到 10 的总和
  {
    sum2 + = j;
    j++;
  }
  do                                 //do - while 循环叙述计算 1 加到 10 的总和
  {
    sum3 + = k;
    k++;
  }
  while(k < = 10);
}
```

程序运行结果为:

i = 11　sum1 = 55　j = 11　sum2 = 55　k = 0x0B　sum3 = 0x37

(4) goto 语句。

goto 语句是一个无条件转移语句,其一般形式为:

```
goto 语句标号;
```

　　计算机执行该语句时，程序会跳转到指定的语句标号处，执行语句标号指向的语句。用于指向语句的语句标号是一个带冒号"："的标识符。将 goto 语句和 if 语句一起使用，可以构成一个循环结构。程序设计中，采用 goto 语句来跳出多重循环，需要注意的是，只能用 goto 语句从内层循环跳到外层循环，而不允许从外层循环跳到内层循环。

　　例如，下列程序周而复始地执行一段程序：

```
redo:
    x = (x + y) * z;
    …
    goto redo;
```

　　（5）循环的嵌套。

　　循环嵌套是指一个循环体中又包含了另外一个完整的循环结构，内循环中再嵌套循环，形成多重循环结构。C51 语言中，for 循环、while 循环和 do-while 循环都可以互相嵌套。

　　3）转移语句

　　在程序设计中，有时需要提前终止循环并从循环体中跳出，有时需要中止本次循环而去执行下一次循环。因此，需要应用转移功能的语句实现上述需求。

　　C51 语言的转移语句有 3 种：break、continue 和 goto。

　　goto 语句前面已经介绍，它是一种无条件转移语句，可以无条件转向任何指定的位置。但是，在应用程序设计时，应谨慎使用 goto 语句，避免导致程序流程混乱和降低程序的可读性。

　　break 语句的一般形式为：

```
break;
```

　　break 语句常用于终止并退出循环程序和 switch 选择语句，不能用于循环语句和 switch 语句之外的任何其他语句中。

　　continue 语句用于结束本次循环操作，它跳过了循环体中尚未执行的语句，转去执行下次循环操作。

　　break 与 continue 语句的区别是，continue 结束的是本次循环，程序要进行下一次循环条件判断，然后决定是否再一次执行循环体。而 break 终止了整个循环过程，使程序跳出了循环体，不再进行循环条件的判断。

　　例 4.36　break 语句的使用。求圆的面积 S，当 S 大于 25 时，退出 for 循环。

```
void main()
{
  int i;
  int S = 0;
  for (i = 1; i < = 10; i++)
  {
    S = pi * i * i                              //计算圆的面积
    if(S > 25) break;
  }
}
```

　　例 4.37　continue 语句的使用。求 50～100 范围内不能被 4 整除的数的个数。

```
void main()
```

```
{
  unsigned int x,i;
  x = 0;
  for(i = 50;i <= 100;i++)
  {
    if(i % 4 == 0) continue;
    x++;
  }
}
```

5. 函数调用语句

在 C 语言中,一个应用程序是由主函数和若干个其他函数组成的,函数是完成特定功能的程序模块。由主函数调用其他函数,其他函数也可以相互调用,同一个函数可以被一个或多个函数调用。函数调用是 C 语言的基本功能之一,C51 语言也是如此,其函数调用的一般形式为:

函数名(实参数列表);

如果调用的是无参数函数,则"实参数列表"可以缺省,但括号不能省略。如果函数有多个参数量,各参数量之间用逗号隔开。实参与函数的形参个数相同、类型匹配。

在应用程序中,以函数在程序中出现的位置来分,有以下 3 种常见的函数调用方式。

(1) 函数语句。把函数调用作为一个语句。此时不要求函数返回数值,只要求其完成一定的操作。假设在应用程序中对定时器/计数器 0 初始化的函数为 IniTimer0,调用该函数为:

IniTimer0();

(2) 函数表达式。函数出现在一个表达式中,即函数表达式,需要函数返回一个确定的值,该值参与表达式的运算。如在表达式中用正弦函数:

y = 2.0 * sin(x);

(3) 函数参数。函数调用作为一个函数的实参。如:

m = max(a,max(b,c));

4.3　C51 语言的函数

函数是一个能够完成一定功能的程序模块。在 C51 语言中,一个完整的程序通常包含若干个功能相对单一的函数。功能较多的程序常常在设计时按功能分成多个子程序,每个子程序都用函数来实现。这些函数能被反复调用,一些常用函数还可以作为函数库在其他程序中直接调用,以实现模块化的程序设计,提高编程工作的效率。

C51 语言的函数从结构上可以分为主函数和普通函数。一个程序是从主函数 main() 开始执行的,主函数在一个程序中是唯一的,它可以调用其他函数,但是不允许被其他函数调用。普通函数包含标准库函数和用户自定义函数两类。

4.3.1　库函数

库函数是由编译系统的函数库提供的。编译系统把一些独立的功能模块做成公用函数,并将它们集中存放在系统的函数库中,供应用程序设计时使用,这种函数被称为库函数或标准库函数。

同 C 语言一样，C51 语言的库函数包含在不同的头文件中，该文件包含了常数与宏定义、类型定义和函数原型，在 Cx51 编译系统中这些头文件被统一放置在一个 inc 文件夹中，主要的头文件见表 4.13。在程序设计时，通过预处理命令 ♯include <头文件名.h>调用指定的头文件，载入相应的库函数，供程序调用。设计程序时，应充分利用这些标准的库函数资源，以提高效率和节省开发时间。

表 4.13　C51 语言的头文件

序　号	头文件	功　能　描　述
1	absacc.h	定义了直接访问单片机各类存储器空间的宏
2	assert.h	定义了对程序生成测试条件的宏
3	ctype.h	定义了包含 ACSII 字符分类和转换函数的宏
4	intrins.h	定义了编译器内部固有函数
5	math.h	定义了浮点数数学运算库函数
6	reg51.h	定义了所有 8051 的特殊功能寄存器
7	setjmp.h	定义了特殊跳转的函数
8	stdarg.h	定义了允许访问可变长度参数列表的函数的参数的宏
9	stddef.h	定义了 offsetof 宏，用于计算偏移量
10	stdlib.h	定义了数据类型转换及存储器定位函数
11	string.h	定义了包含字符串和缓冲区操作的函数，也定义了 null 函数
12	stdio.h	定义了输入输出的函数和 EOF 常数

在单片机应用程序开发时，常用以下几种头文件。

（1）单片机特殊功能寄存器定义头文件 reg51.h 或 reg52.h。主要用来定义特殊功能寄存器的地址、程序状态寄存器的位地址、定时器/计数器控制寄存器的位地址、中断使能控制器位地址、引脚特殊功能位地址、中断优先级控制寄存器位地址、串行口控制寄存器位地址。

（2）浮点数数学运算函数库头文件 math.h。math.h 支持的浮点数运算见表 4.14。

表 4.14　C51 语言的主要数学运算函数

函数名	函 数 功 能	函数名	函 数 功 能	函数名	函 数 功 能
abs	取绝对值	cosh	求双曲余弦	modf	求余数小数部分
acos	求反余弦	exp	求 e^x 函数的幂	pow	求 x^y
asin	求反正弦	fabs	求浮点数绝对值	sin	求正弦
atan	求反正切	floor	取整	sinh	求双曲正弦
atan2	求反正切	fmod	求浮点数的余数	sqrt	求平方根
cabs	求字符取绝对值	labs	求长整数绝对值	tan	求正切
ceil	求下限	log	求自然对数	tanh	求双曲正切
cos	求余弦	log10	求 10 为底的对数		

（3）内部固有函数头文件 intrins.h。

C51 语言内部固有函数有 9 种，见表 4.15。这些固有函数在编译时生成程序代码，而不是调用函数。

表 4.15 C51 语言的固有函数及功能

序号	函数名	函 数 功 能
1	_chkfloat_(v)	检查浮点数的状态,0—浮点数,1—浮点数 0,2—正溢出(＋INF),3—负溢出(＋INF),4—NaN,错误状态(不是一个数)
2	_crol_(c, b)	把单字节数 c 左移 b 位
3	_cror_(c, b)	把单字节数 c 右移 b 位
4	_irol_(i, b)	把整数(双字节数)i 循环左移 b 位
5	_iror_(i, b)	把整数(双字节数)i 循环右移 b 位
6	_lrol_(l, b)	把长整数(4 字节数)l 循环左移 b 位
7	_lror_(l, b)	把长整数(4 字节数)l 循环右移 b 位
8	_nop_	给应用程序插入一个 NOP 指令
9	_testbit_	生成 JBC 指令,测试位目标位 b 并清零

4.3.2 自定义函数

1. 函数的定义

用户自定义函数是用户根据自己的需要而编写的函数。函数被调用前必须先对其定义,其一般格式如下:

```
函数返回值类型 函数名(形式参数表)[函数模式]
{
    函数体
}
```

函数模式是指处在哪种编译模式:small、compact、large。定义函数时可缺省,如果没有设置,则默认为 small 模式。

自定义函数从其定义的形式可分为:无参数函数、有参数函数以及空函数。

① 无参数函数:调用这种函数时,既无须参数输入,也不返回结果给调用函数。它是为完成某种操作而编写的。

② 有参数函数:在调用此种函数时,需要提供输入参数,实际参数与函数的形式参数必须一一对应,在函数返回时将处理结果提供给调用它的其他函数。

③ 空函数:这种函数体内无语句。调用空函数时,什么工作也不做,仅消耗计算机的运行时间。在程序设计时,定义这种函数并不是为了执行某种操作,有时是为了程序功能的后续扩充。

2. 函数的参数及返回值

与 C 语言一样,函数之间的信息是通过参数传递的,通过参数传递,一个函数能对不同的变量进行特定功能的操作和处理,从而使函数具有通用性和灵活性。

1) 函数的参数

函数的参数包括实际参数和形式参数。在函数调用格式中,调用函数名称后面括号中的变量称为实际参数。对于被调用函数,其函数名后括号中的变量为形式参数,其作用范围仅限在被调用函数范围之内。实际参数与形式参数之间的数据传递是单向的,只能由实际参数传递给形式参数,而不能由形式参数传递给实际参数。实际参数与形式参数的类型必须一致。被调用函数的最后结果由它的 return 语句返回给调用函数。

2）函数的返回值

每一个函数都是为实现特定功能而设计的,如果某个函数调用了一个特定的自定义函数,则必然是希望能将处理或操作后的结果反馈回来。返回语句用于终止函数的执行,并控制程序返回到调用该函数时所处的位置。返回语句有2种形式:

① 无参数方式。

```
return;
```

使程序返回到调用该函数的位置执行。

② 参数方式。

```
return(表达式);
```

计算表达式的值,并把表达式的值作为函数的返回值,使程序返回到调用该函数的位置执行。

一个函数的内部可以含有多个 return 语句,但程序仅执行其中的一个 return 语句而返回主调用函数。一个函数的内部也可以没有 return 语句,在这种情况下,当程序执行到最后一个界限符"}"处时,就自动返回主调用函数。

3）函数的调用

在一个函数中需要用到某个特定的功能或操作时,就可以调用相应的功能函数。4.2.2节已经介绍了 3 种函数调用方式。需要强调的是,函数调用需要遵守以下规则。

① 被调用函数必须是已经存在的函数,或者是库函数,或者是用户自定义的函数。

② 如果程序中使用的不是库函数或者不是同一头文件中的自定义函数,则应该在程序的开头使用预处理命令♯include,将所有的函数信息包含进来。

③ 如果被调函数定义在调用它的函数之后,则需在调用语句之前对被调函数声明。

与 C 语言一样,C51 语言编程也允许在一个函数中调用其他函数,即函数嵌套。由于每次调用函数时都需要 2 个内部 RAM 单元保护返回地址,编译器通常依靠设在内部 RAM 的堆栈来传递参数,因此,嵌套层数不要太多,过多函数嵌套会导致堆栈空间溢出。另外,函数的递归调用也是允许的,在使用函数递归时,应注意通过条件控制结束递归调用,避免无终止自身调用。

例 4.38 基本函数的应用——延时子程序。

8051 单片机程序中常常会用到时间延迟子程序。本例中首先建立一个单位时间为10ms 的延迟子程序,并利用传递参数 100,实现 1s 的时间延迟。

```
void delay10ms(int count)        //延时子函数,延时时间由形参变量 count 决定
{
  int i,j;
  for(i = 0;i < count;i++)        //通过自变量 count 控制外循环数
  for(j = 0;j < 1940;j++);
}
main()
{
  delay10ms(100);
}
```

例 4.39 函数返回值应用程序举例。

```
♯include < reg51.h >
```

```
char CHK_PORT(char inp);
void main()
{
  P0 = 0x00;                        //P0 端口初始输出 0000 0000
  P1 = 0x00;                        //P1 端口初始输出 0000 0000
  while(1)
  {
    P0 = CHK_PORT(P1);
  }
}
char CHK_PORT(char inp)
{
  char temp_out;
  switch(inp)
  {
    case 0x01 :
    temp_out = 0x80;
    break;
    case 0x02 :
    temp_out = 0xC0;
    break;
    case 0x04 :
    temp_out = 0xE0;
    break;
    case 0x08 :
    temp_out = 0xF0;
    break;
    default:
    temp_out = 0;
  }
    return temp_out;
}
```

例 4.40　函数应用程序举例。

定义一个返回两个整数最大值的函数 max()。

```
int max(int x, int y)              //函数定义语句
{
  int z;
  z = x > y?x:y;
  return(z);
}
void main()                        //主函数
{
  int a = 3, b = 5;
  c = max(a,b);                    //函数调用
}
```

main()是主函数,a 和 b 是实际参数。max 是自定义函数,其功能是求取两个整数中的最大数。主函数通过调用 max 函数来求取 a 和 b 的最大数。x 和 y 就是被调函数的形式参数,return 语句返回值为 z(=5),即 x 和 y 中的最大数。程序运行的结果 c=5。

4.3.3　中断函数

中断函数用于声明某个函数是中断服务函数。C 语言中没有中断函数的定义,C51 扩展了关键字 interrupt 来将一个函数定义成中断服务函数。中断服务函数的定义格式为:

```
返回值类型 函数名(形参列表) interrupt n using m
{
    函数体
}
```

interrupt 是 C51 语言定义的关键字，interrupt n 表示中断处理函数及中断源编号。C51 语言支持 32 个中断源，n 取值为 0～31。表 4.16 列出了 8051/8052 单片机的中断源编号和入口地址。其他与 8051 兼容芯片相关的中断源可查阅相关资料。

表 4.16 中断源编号

编号 n	中 断 源	中断入口地址
0	外部 $\overline{\text{INT0}}$	0003H
1	定时器/计数器 T0	000BH
2	外部 $\overline{\text{INT1}}$	0013H
3	定时器/计数器 T1	001BH
4	串行口	0023H
5	定时器/计数器 T2	002BH

interrupt 属性的参数是一个 0～31 范围内的整数常数，在函数原型中，该属性不允许是表达式或包含运算符号。

using 属性用来选择工作寄存器组，m 为工作寄存器组编号，m 为 0～3，该工作寄存器组由 PSW 寄存器中 RS1、RS0 位选择，如表 4.17 所示。

表 4.17 工作寄存器组选择

编号 m	RS1	RS0	工作寄存器区
0	0	0	BANK 0
1	0	1	BANK 1
2	1	0	BANK 2
3	1	1	BANK 3

例 4.41 中断函数举例。

下面为一个定时器/计数器 T0 的中断处理函数，该函数使用了工作寄存器组 2。

```
unsigned int interruptcnt;
unsigned char second;
void timer0 (void) interrupt 1 using 2
{
  if (++ interruptcnt == 4000)        //计数至 4000
  {
    second++;
    interruptcnt = 0;                 //清除 int 计数器
  }
}
```

编译器编译时，interrupt 属性对中断函数的目标代码的影响如下。

（1）ACC、B、DPH、DPL 和 PSW 的内容在函数调用时被保存到堆栈中。

（2）如果中断函数没有用 using 属性指定工作寄存器组，那么，中断函数中使用的所有工作寄存器内容都会保存在堆栈中。

（3）保存在堆栈的工作寄存器和特殊寄存器内容会在退出中断函数之前被恢复。

（4）中断函数以 RETI 指令结束。

（5）编译器会自动生成中断向量。

在应用中断服务函数时应注意：

（1）中断函数不能指定参数，即中断函数不能传递参数。

如果中断函数有返回值，则不能使用 using 属性，因为返回值是存在工作寄存器中，返回时要恢复原来的寄存器组，将导致返回值错误。

如果函数使用工作寄存器传递入口参数，也不能使用该属性，因为函数切换工作寄存器组会丢失入口参数，从而导致错误。

（2）中断函数没有返回值，一般将其定义为 void 类型。

（3）不能把中断函数作为普通的自定义函数直接调用，否则会产生编译错误。直接调用中断过程是无意义的，因为中断退出时 CPU 执行 RETI 指令，意味着 CPU 响应了一次无中断请求的中断处理，因此，可能导致不可预料的执行结果。另外，也不能通过函数指针调用中断函数。

（4）如果在中断函数中调用了其他函数，则被调用函数所用寄存器须与中断函数一致。另外，在此种情况下，被调用的函数最好设置为可重入的，这是由于中断是随机的，有可能出现中断服务函数所调用的函数出现嵌套调用的情形。其次，中断函数最好写在程序尾部，且禁止使用 extern 存储类型说明，以防其他程序调用。

（5）进入中断服务函数，ACC、B、PSW 会进栈，结束时出栈。如有 using n 修饰符，程序开始将 PSW 入栈后还要修改 PSW 中的工作寄存器组选择位 RS1、RS0。

4.4　C51 数组与指针

4.4.1　数组

在 C 语言中，数组、结构体和共同体等类型属于构造类型的数据，它们是由整型数据、字符型数据、浮点型数据等基本类型数据按照一定规则组成的。本书仅介绍数组数据型，其他构造类型请读者参考相关资料。

数组是若干个同类变量的有序集合，被存放在内存中一块连续的存储空间内，由数组名标识，通过数组名和下标可以访问数组的任意元素。C51 语言中的数组可以是一维、二维、多维数组或者字符数组。

1. 一维数组

下标的维度为 1 的数组称为一维数组。C51 语言中数组的下标是从 0 开始的，数组的定义格式如下：

数据类型　数组名[元素个数] = {初值,初值,……};

数据类型指明数组中各个元素存储的数据类型。元素个数只能是正整数，用方括号"[ ]"括起来。数组元素的初值可以在定义时赋给，也可以先定义后赋值。

例 4.42　数组定义。

```
unsigned char x[10];              //定义一个无符号字符数组 x,元素个数为 10
unsigned int y[3] = {1,2,3} ;     //定义无符号整型数组 y,赋初值 1、2、3
```

y[2] = 10;   //将数组 y 的第三个元素赋值为 10

C51 语言中引用数组时，只能引用数组中的元素，不能一次引用整个数组。但若是字符数组，则可以一次引用整个数组。

2. 二维数组或多维数组

基于一维数组的概念，如果一个数组的下标个数为 2 或者更多，则称其为二维数组或多维数组。

二维数组的定义形如下：

数据类型 数组名[行数][列数]；

其中，行数和列数都是正整数，例如 int a[3][4]定义的是一个 3 行 4 列的二维数组 a。同样地，二维数组可以在定义时进行初始化，也可在定义后逐个元素进行赋值。

二维数组 int a[3][4]的排列形式如下：

	第 0 列	第 1 列	第 2 列	第 3 列
第 0 列	a[0][0]	a[0][1]	a[0][2]	a[0][3]
第 1 列	a[1][0]	a[1][1]	a[1][2]	a[1][3]
第 2 列	a[2][0]	a[2][1]	a[2][2]	a[2][3]

例 4.43 二维数组的定义。

```
int a[3][4] = {{1,2,3,4},{5,6,7,8},{9,10,11,12}};    //对数组 a 的每一个元素初始化
int a[3][4] = {{1,2,3,4,5,6,7,8,9,10,11,12}};        //对数组 a 的每一个元素初始化,
                                                     //本句的作用效果和上句相同
int a[3][4] = {{1,2,3,4},{5,6,7,8},{}};              //a 数组部分初始化,未初始化
                                                     //元素的初值默认为 0
```

3. 字符数组

用来存放字符数据的数组称为字符数组，字符数组元素的数据类型为字符，即字符数组中的每个元素都是一个字符，因此可用字符数组来存放不同长度的字符串。字符数组的定义方法与一般数组相同。

例 4.44 字符数组的定义。

```
char x[20];
char Name1[] = {"CHANG'AN"};                  //定义字符数组 Name1 并给每个元素赋初值
char Name2[] = {'C','H','A','N','G','A','N','\0'};   //定义字符数组 Name2 并给每
                                              //个元素赋初值,Name1 和 Name2 的数组内容是一致的
```

4. 数组作为函数的参数

数组元素可以用作变量作为函数的参数，也可以将数组名作为函数的参数。一个数组的数组名表示该数组的首地址。以数组名作为函数的参数时，在函数调用过程中，参数传递方式采用的是地址传递，将实际参数数组（实参数组）的首地址传递给被调函数中的形式参数数组（形参数组），使两个数组占用同一段内存单元。若数组 a 的起始地址为 0x1000，则数组 y 的起始地址也是 0x1000，显然，数组 a 和 y 占用同一段内存单元，如图 4.12 所示。

	a(0)	a(1)	a(2)	a(3)	a(4)	a(5)	a(6)	a(7)	a(8)	a(9)
0x0100	22	13	45	23	02	77	38	01	09	56
	y(0)	y(1)	y(2)	y(3)	y(4)	y(5)	y(6)	y(7)	y(8)	y(9)

图 4.12   数组传递参数

用数组名作为函数的参数时,应在主函数和被调用函数中分别定义数组。在 2 个函数中定义的数组类型必须一致。但是,函数调用时,实参数组和形参数组的维数可以一致,也可以不一致,编译器并不检查形参数组的维数,只是将实参数组的首地址传递给形参数组而已。定义形参数组时可以不指定维数,只在数组名后面跟一个空的方括号[],但应设置另外的参数来传递该数组元素的个数,以便在被调用函数时能够处理数组元素。

用数组名作为函数的参数时,参数的传递过程采用的是地址传递。地址传递方式具有双向传递的性质,即形式参数的变化将导致实际参数也发生变化,这种性质在程序设计中有时很有用。

4.4.2　指针

1. 变量的指针和指针变量

C 语言中,指针是用来对存储单元直接访问的一种方式。指针类型数据是专门用来确定其他类型数据地址的,一个变量的地址就称为该变量的指针,指针即单元地址。

在单片机中,对一个单元的地址指出形式有 2 种,一种是给出单元的地址——直接寻址,另一种是单元地址存放的一个地址寄存器中——间接寻址。在 C 语言中,关于指针有 2 个常用的名词:变量的指针和指针变量。

(1) 变量的指针。

变量的指针用来指出变量的存储单元地址,类似汇编语言的直接寻址。如变量 i 存放在内部 RAM 的 50H 单元,即单元地址 50H 即为 i 的指针,即 i=0x5A,如图 4.13(a)所示。

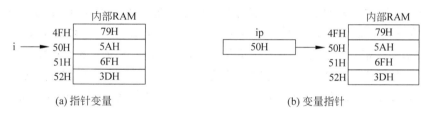

(a) 指针变量　　　　　　　　　　(b) 变量指针

图 4.13　指针变量与变量指针

(2) 指针变量。

指针变量是用来存储变量指针的变量,换句话说,就是用另一个变量来存储变量的指针,再由变量指针值指出该变量存储单元的地址。类似于汇编语言的间接寻址方式,指针变量与地址寄存器类似,是存储变量指针(变量存储单元地址)的变量。如果用一个变量 ip 来存放变量 i 的地址 50H,把变量 i 的值存放在 ip 所指向的单元中,ip 是一个指针变量,即 *ip=0x5A,如图 4.13(b)所示。

如图 4.13 所示,对于一个变量 i,既可以通过变量名 i 来访问它(即直接访问),也可以通过指向它的指针变量 ip(*ip)来访问它(即间接访问)。符号" * "为指针运算符,它只能与指针变量一起使用,其运算结果是该指针变量所指向的变量的值。

2. C51 语言的指针变量

C51 语言支持所有标准 C 语言中对指针的运算和操作。但是,由于 8051 单片机体系结构的限制，Cx51 有 2 种形式的指针：通用指针（generic pointer）和存储器指针（memory-specific pointer）。

通用指针可用于访问任何变量，无须考虑变量在单片机存储器空间的位置，在编译器系统中 C51 库函数多用通用指针传递参数。函数可以通过通用指针来存取被存放在任何存储空间的数据。

存储器指针所指对象具有明确的存储器空间，在指针声明时会包括存储器类型，并且指出一个特定的存储器空间。

3. C51 语言指针变量的定义

C51 语言的指针变量定义的一般形式为：

数据类型 [存储器类型1] * [存储器类型2]标识符；

其中，"标识符"为定义的指针变量名，"数据类型"说明该指针变量所指向的变量的类型，"存储器类型1"和"存储器类型2"在定义时可有可无。如果使用"存储器类型1"选项，则指针被定义为存储器指针，否则，该指针为通用指针。"存储器类型2"选项可指定指针本身所在的存储器空间。

在存储指针变量时，通用指针需要 3 字节，第 1 字节为指针存储器类型、第 2 字节和第 3 字节分别为存储该指针的 2 字节的地址偏移量，其中高位地址为第 2 字节，低位地址字节为第 3 字节，如图 4.14 所示。

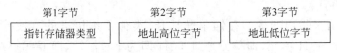

图 4.14 通用指针存储格式

在图 4.14 中，指针存储器类型以编码形式由编译器在编译时给出，其中 data、idata 和 bdata 类型存储器编码为 00H，xdata 类型为 01H，pdata 类型为 0FEH，code 类型为 0FFH。

存储器指针在定义时已经声明了存储器类型，并且总是指向此声明的特定存储器空间。由于存储器指针的存储器类型在编译时已经确定，因此，在图 4.14 中用来表示存储器类型的字节就不再需要了，指向 idata、data、bdata 和 pdata 的存储器指针用 1 字节保存，指向 code 和 xdata 的存储器指针用 2 字节保存。

例 4.45 指针定义。

```
定义通用指针：数据类型 * [存储器类型]标识符；
char *s;                    //定义字符型指针 s
int *numptr;                //定义整型指针 numptr
char *xdata strptr;         //定义位于 xdata 空间的字符指针
int *data numptr;           //定义位于 data 空间的整型指针
long *idata varptr;         //定义位于 idata 空间的长整型指针

定义存储器指针：数据类型 [存储器类型1] * [存储器类型2]标识符；
char data *str;             //ptr to string in data
int xdata *numtab;          //ptr to int(s) in xdata
long code *powtab;          //ptr to long(s) in code
char data *xdata str;       //ptr in xdata to data char
int xdata *data numtab;     //ptr in data to xdata int
long code *idata powtab;    //ptr in idata to code long
```

```
char xdata *ptr;              //xdata 指出数据存储在片外 RAM,此时 ptr 占 2 字节
char idata *ptr;              //idata 指出数据在片内 RAM,间接寻址空间,指针 ptr 为 1 字节
char xdata *data ptr;         //指针 ptr 在片内 RAM,数据在片外 RAM(xdata),
                              //数据为 1 字节(char)
```

存储器指针指向数据的存储分区在编译时就已经确定,其优点在于运行速度快,但兼容性较差。通用指针可用于存取任何变量而不必考虑变量的存储空间,它所指对象的存储器空间只有在运行期间才能确定,编译器在编译时无法优化存储方式,必须生成通用的代码以保证其能对任意空间的对象进行存取,因此,通用指针产生的代码的运行速度要稍慢一些。

4. 指针变量的赋值与引用

指针变量是含有一个数据对象地址的特殊变量,只能存放地址。与指针变量有关的运算符有 2 个：取地址运算符 & 和指针运算符 * 。

指针变量被定义后,它就可以像其他基本类型变量一样被引用。下面为指针变量的定义、赋值和引用的举例。

例 4.46 指针变量的赋值与引用。

```
//变量定义:
int i,x,y;
int *pi, *px, *py;
//指针赋值:
pi = &i;                  //变量 i 的地址赋给指针变量 pi,使 pi 指向 i
px = &x;                  //px 指向 x
py = &y;                  //py 指向 y
//指针变量引用:
*pi = 0;                  //等价于 i = 0;
*pi += 1;                 //等价于 i + = 1;
( *pi)++;                 //等价于 i++;
//指向相同类型数据的指针之间相互赋值.
pX = py;                  //原来指针 px 指向 x,py 指向 y,赋值后,px 和 py 都指向 y
```

5. 数组与指针

在 C 语言中,能够用数组实现的运算都可以通过指针来完成。例如,一个整型数组 X 声明为：

```
int X[10];
```

则数组 X 的元素分别为 X[0]、X[1]、……、X[9]。数组名 X 为元素 X[0]的地址,*X 则表示 X 所表示地址单元中的内容,即 X[0]。

如果定义一个指向整型变量的指针 pX,并赋给该数组第一个元素 X[0]的地址,操作如下：

```
int *pX;
pX = &X[0];
```

这样,就可通过指针 pX 对数组 X 操作,则 *pX 代表 X[0], * (pX+i)代表 X[i],也可用 pX[0]、pX[1]、…、pX[9]的形式。

6. 指针类型转换

通用指针和存储器指针可以相互转换。指针转换可以采用编程方式进行类型强制转

换，也可以由编译器采用默认方式强制转换。

如 printf、sprintf 和 gets 之类的 C51 库函数，它们是采用通用指针传递参数的。如果以存储器指针传递参数，则编译器将该存储器指针自动转换为通用指针。

例 4.47 指针类型转换。

```
extern int printf(void *format, ...);              //函数中指针类型的转换
extern int myfunc(void code *p, int xdata * pq);
int xdata *px;
char code *fmt = "value = % d | % 04XH\n";
void debug_print(void)
  {
  printf(fmt, *px, *px);                           //fmt 已被转换
  myfunc(fmt, px);                                 //fmt 未被转换
  }
```

在上面的例程中，因为 printf 的原型需要一个通用指针作为第一个参数，调用 printf 函数时，2 字节代码存储器指针的参数 fmt 被自动转换或强制转换为 3 字节通用指针。

如果采用存储器指针作为自定义函数的参数，但程序中又没有给出该函数原型，则存储器指针也会自动转换为通用指针。

在调用函数时，如果确实需要采用存储器指针传递参数，那么指针的自动转换就可能会导致错误。为了避免此类错误出现，应该在程序的开始处用 ♯include 把函数原型说明文件包含进来，或者直接给出函数原型声明。

例 4.48 指针与变量应用举例。

将 var_a 变量的内存地址指定为 ptr_a，使用 & 符号。将 ptr_a 作为变量 var_a 的指针。

```
void main()
{
  char *ptr_a;
  char var_a = 0x6f;
  ptr_a = &var_a;
}
```

在 keil 中单步运行，观察编译窗口可知：指针 ptr_a＝0x0B，数据变量 var_a＝0x6f。在内存窗口的 d:0x0B 的地址上，可以看到存放着 0x6f 这个变量数据。

例 4.49 指针与数组编程举例。

```
♯ include < reg51. h >
void main()
{
  int i;
  char array[5] = {0xc1,0xc2,0xc3,0xc4,0xc5};
  char *ptr_a;
  ptr_a = &array;
  for(i = 0;i < = 4;i++)
  P0 = array[i];
}
```

在 keil 中单步运行，在［Watch］窗口与内存窗口中观察结果。由结果可看出，array 数组数据的指针地址 ptr_a 指在 0x80 的地址，因此在［Memory］窗口可以看到这五个数组元

素的地址为 d:0x80～0x0c。在单步执行过程中,循环可以将这 5 个数据逐一送到 P0 端口作为输出显示。

■ 4.5　预处理命令 ◆

与 C 语言类似,C51 编译器内置编译预处理功能——编译预处理器,在源文件被编译成机器语言和目标代码之前,编译预处理器处理 C51 语言源程序中的源文本(source text),把替换文本插入 C51 语言源的文件中。预处理器功能需要通过源代码文件中所包含预处理指令来激活。预处理命令可以在编写程序时加在需要的地方,但它只在程序编译时起作用,且通常是按行进行处理的,类似于汇编语言中的伪指令。编译器在对整个程序进行编译之前,先对程序中的编译控制行进行预处理,然后将预处理的结果与整个 C 语言源程序一起进行编译,以产生目标代码。常用的预处理命令有:宏定义、头文件和条件编译。

预处理命令由符号"♯"开头。如:

```
# program PRINT
# include < stdio. h>
# define DEBUG 1
```

4.5.1　宏定义

宏定义命令为:♯define。它的作用是定义一个替换字符串,字符串是常数,或其他任何字符串,甚至还可以是带参数的宏。

宏定义的形式有:符号常量的宏定义和带参数的宏定义。

1) 符号常量的宏定义

符号常量的宏定义是一种简单的宏定义,一般格式为:

♯define 标识符 常量表达式

其中,"标识符"是定义的宏符号名(也称宏名)。它的作用是在源程序中用标识符来代替常量表达式。

♯define LEN 128

它定义了一个名为 LEN 的宏,当 LEN 在程序中使用时,将被取代为文本符号 128。因此,在源程序中,下列语句:

```
char buffer[LEN];
```

在预处理后,将替换为:

```
char buffer[128];
```

随后,再被编译器编译处理为机器码。

通常,C51 源程序中的所有宏定义都集中放在程序最开始位置,任何宏在被使用之前必须用♯define 命令定义。如果需要修改程序中的某个宏定义的常量,可以不必修改整个程序,而只需修改相应的宏定义即可。

通常将宏符号名用大写字母表示,以区别于变量名和函数名。

宏定义不是 C51 语言的语句,在宏定义行的末尾不要加分号,否则在编译时将连同分号一起进行替换而导致出现语法错误。

需要注意的是，预处理命令对于程序中用双引号括起来的字符串内的字符，即使该字符与宏符号名相同，也不作替换。

宏符号名的有效范围是起始于宏定义命令♯define，直到该源程序文件结束。通常将宏定义命令♯define写在源程序的开头，作为源程序文件的一部分，这样，宏定义在整个文件范围内有效。需要时也可以用命令♯undef来终止宏定义的作用域。

2）带参数的宏定义

带参数的宏定义可对源程序中出现的宏符号名进行字符串替换和参数替换。带参数宏定义的一般格式为：

♯define 宏符号名(参数表) 表达式

其中，表达式中包含了在括号中所指定的参数，这些参数称为形式参数，在随后的源程序中它们将被实际参数替换。如

♯define MAX(x,y) ((x)>(y)?(x):(y))

宏定义行定义了一个名为 MAX 的宏，它有 2 个参数 x 和 y。在源程序中使用 MAX 宏时，MAX 将被文本 ((x)>(y)?(x):(y))替换，如果 x 和 y 是数值常量，预处理器计算出宏的结果，并替换为它们之间的较大值。例如，源程序为：

int a = MAX(15,20);

预处理后，该语句变为：

int a = 20;

在下面源程序中：

int a = MAX(myvar,20);

预处理的结果是：

int a = ((myvar)>(20)?(myvar):(20));

使用带参数的宏定义时，应注意：

（1）传递给宏的参数数量必须与宏定义中指定的参数数量匹配；

（2）宏定义时，宏符号名与括号之间不能有空格，否则在宏展开时会将空格以后的所有字符作为实际字符串对前面的宏名进行替换。例如：

♯define SQ (x)(x * x)

源程序中使用：

y = SQ(5)

预处理后，宏展开后的语句为：

y = (x)(x * x) (5)

宏定义♯define 将 sQ 作为符号常量定义，用(x)(x * x)替换了 sQ。

（3）宏定义命令♯define 要求在一行内写完，若一行之内写不下，需用"\"表示下一行继续。例如：

♯define PR(a,b) printf("％d l t％d l n", l(a) >(b)?(a):(b),\

```
(a)<(b)? (b):(a))
```

（4）通常将宏定义中使用的参数用圆括号括起来，这样复合表达式在传递给宏时不会引起歧义。如

```
#define MAX(x,y) ((x) > (y) ? (x) : (y))
```

如果源程序中，有如下语句：

```
int a = MAX(x - 5,10);
```

则预编译器展开后：

```
int a = ((x - 5) > (10) ? (x - 5) : (10));
```

如果宏定义时参数未用括号括起来，如：

```
#define MAX(x,y) x > y ? x : y
```

则上述源程序中的语句就会被展开为：

```
int a = x - 5 > 10 ? x - 5 : 10;
```

如此，与源程序的设计意图相差甚远。

需要指出的是，不论是哪种宏定义，在源程序中使用时，应注意以下几点。

（1）宏定义通常在源程序的开始位置，不会存储在目标文件中，宏定义的有效范围只在一个源文件内。从宏定义开始，在下面3种情况下结束：碰到取消该宏定义的指令（使用 #undef）结束、对其重新定义，或者到了源文件的末尾。

（2）如果要在多个源文件中使用宏定义，可以把宏定义放置在一个包含文件中，该包含文件可以用 #include 命令包含在引用该宏定义的每个源文件中。

（3）引用带有参数的宏时，预处理器先将参数替换到引用宏的语句中，然后处理其他宏调用。

（4）一个宏可以包含对其他宏的引用，但不会展开对自身的引用。

3）宏运算

下面是3个常见的宏运算，它们可以用在预处理命令 #define、#if 和 #elif 中。

（1）字符串转换（#）。

在宏定义中，操作符（#）把宏参数转换为字符串常量。操作符（#）只能在有指定实参或形参列表的宏中使用。符号（#）紧接在一个宏参数名的前面时，传递给宏的参数被括在引号内，并被看作字符串常量。如宏定义：

```
#define stringizer(x)  printf(#x "\n")
```

假设引用该定义

```
stringizer(text);
```

预处理后的源程序为：

```
printf("text\n");
```

（2）拼接操作（##）。

在宏定义中，操作符（##）用于拼接组合2个参数，使宏定义中的2个单独的标记拼接成一个标记。在宏定义中，一个宏参数的名称紧跟在操作符（##）的前、后，则宏参数和操

作符（＃＃）会替换为传递参数的值。如：

```
#define tokenpaster(n) printf("token" #n " = %d", token##n)
```

假设引用该定义

```
tokenpaster(34);
```

预处理后的源程序为：

```
printf("token34 = %d", token34);
```

（3）定义操作（defined）。

定义操作用于确定常量表达式中的标识符是否被＃define命令定义，定义操作的形式为：

```
defined(identifier)
```

或者标识符不带括号：

```
defined identifier
```

如果标识符已经定义，则"defined (identifier)"值为 true(1)，否则，该值为 false(0)。

defined 操作符只能在＃if 或＃elif 命令中使用。

下列一组宏语句检验 var 是否被定义，如果 var 已定义，则用＃undef 语句解除定义，并重新定义 var 为 50。

```
#if defined var
#undef var
#define var 50
#endif
```

4）预定义宏

C51 编译器提供了一些预定义的常量，用于在预处理器命令和 C51 源程序中生成可移植的程序，如表 4.18 所示。预定义宏符号名的首尾相接双下画线，如__C51__。这些常量定义时，不能用＃define 和＃undef 命令再定义。

表 4.18　预定义宏

序　号	常　量	说　明
1	__C51__	C51 编译器版本号
2	__CX51__	CX51 编译器版本号
3	__DATE__	编译起始日期（格式：month dd yyyy）
4	__DATE2__	编译起始日期（格式：mm/dd/yy）
5	__FILE__	编译的源文件名
6	__LINE__	当前编译行在源文件中的行编号
7	__MODEL__	编译选择的存储器模式，有以下 3 种。 0：SMALL；1：COMPACT；2：LARGE
8	__TIME__	编译起始时间（格式：hh:mm:ss）
9	__STDC__	定义为 1 表示完全符合 ANSI C 标准

4.5.2　头文件

头文件或包含文件由预处理器包含和处理。头文件提供了一种在较大规模源程序中发布全局变量、函数原型、常量和宏定义的便捷方式。头文件用包含命令＃include 在编译时包含到源程序中。文件包含是指一个程序文件将另一个指定的文件的全部内容包含进来。文件包含命令的一般格式为：

　　＃include 文件名

或

　　＃include<文件名>

例如：

　　＃include < math. h >将 C51 编译器提供的浮点数运算库函数的文件 math. h 包含到源程序中。

包含命令＃include 的功能是用指定文件的全部内容替换该预处理行。在较大规模程序设计时，文件包含命令十分有用。为了适应模块化编程的需要，可以将组成源程序的功能函数分散到多个较小规模源程序文件中（分别由若干个程序完成），最后用＃include 命令将它们嵌入一个总的源程序文件中。

需要注意的是：1 个 include 命令只能指定一个被包含文件，如果程序中需要包含多个文件，则需要使用多个 include 命令。另外，还可将一些常用的符号常量、带参数的宏以及构造类型的变量等定义在一个独立的文件中，当某个程序需要时，再用 include 命令将其包含到程序中，这样可以减少重复劳动，提高程序设计效率。

包含命令 include 通常放在源程序的开头位置，被包含的文件一般是一些公用的宏定义和外部变量说明，当它们出错，或者是由于某种原因需要修改时，只须修改相应的包含文件即可，而无须修改源程序文件。在程序设计时，当需要调用编译器提供的库函数时，需要在程序开头使用 include 命令把其相关的说明文件包含到源程序中。

4.5.3 条件编译

一般情况下，源程序编译时，对其所有的行全部编译。但是，有时希望对其中部分源程序仅在满足一定条件时才编译，即条件编译。条件编译命令类似于 if 语句，可用于测试已定义的宏或算术表达式。条件命令执行的测试在编译时由编译器完成。根据测试的结果，编译过程中包含或排除部分源代码，被排除或者忽略的部分源程序不会被编译器编译，也不会生成目标代码。

C51 编译器的预处理器提供以下条件编译命令：＃elif、＃else、＃endif、＃ifdef、＃ifndef、＃if，如表 4.19 所示。

表 4.19　条件编译命令

序号	命令	说　　明	命令使用方式
1	＃elif	elseif 分支条件判断命令，与 ＃if、＃ifdef、＃ifndef 命令联合使用构成 ＃if-＃elif-＃endif、＃ifdef-＃elif-＃endif、＃ifndef-＃elif-＃endif 分支程序形式	＃if expression … ＃elif expression … ＃else … ＃endif

序号	命令	说　　明	命令使用方式
2	#else	else 分支命令，当 #if、#ifdef、#ifndef. 之后的表达式不成立时，执行 #else 命令指向的程序块	#if expression … #else … #endif
3	#endif	#if-#elif-#endif、#ifdef-#elif-#endif、#ifndef-#elif-#endif 分支程序块的结束命令	#endif
4	#ifdef	#if 命令的特殊形式，如果参数被定义，则条件编译	#if def name 等价于：#if defined(name)
5	#ifndef	#if 命令的特殊形式，如果参数未被定义，则进行条件编译	#ifndef name 等价于：if !defined(name)
6	#if	如果表达式值为 Ture(1)，则条件编译	#if expression … #endif

这些命令可以构成以下条件编译结构：

（1）if-endif。

```
#if 表达式
    程序段;
#endif
```

如果表达式的值为 TURE，则对程序段编译并生成目标代码；否则不编译该程序段。

（2）if-else-endif。

```
#if 表达式
    程序段1;
#else
    程序段2;
#endif
```

如果表达式的值为 TURE，则对程序段1编译并产生有效代码，忽略程序段2。否则，忽略程序段1，编译程序段2并生成目标代码。

（3）if-elif-else-endif。

```
#if 表达式1
    程序段1;
#elif 表达式2
    程序段2;
#elif 表达式n - 1
    程序段n-1;
#else
    程序段n;
#endif
```

如果表达式1的值为 TURE，则编译程序段1；否则忽略程序段1。判断表达式2是否为 TURE，如果表达式2的值为 TURE，则编译程序段2；否则，继续判断表达式3……以此类推。

以上结构中,命令♯if 可以用♯ifdef、♯ifndef 替换。其中的程序段既可以是 C51 语言源程序,也可以是宏定义的命令行。

在应用系统程序设计时,有时为了测试或验证 I/O 操作的正确性,通常先设计一个测试程序。在测试验证之后,也常常把测试程序保留下来用作参考。用条件编译命令可以将测试程序留在源程序中,在应用程序编译时使这些程序不生成目标代码。如:

```
♯define DEBUG 0

♯if DEBUG   /*** Test Case ***/

    测试程序;

♯endif
```

另外,在应用程序开发时,往往需要重新编写一部分程序,但又想与早期的版本进行对比,可采用如下条件编译方法:

```
♯if 0   /*** Old code ***/
    旧版本程序;
♯endif
修改的程序;
…
```

除了前面介绍的预处理命令之外,C51 编译器还有一些预处理命令,如:♯error、♯program 和♯line 预处理命令等。

(1)♯error 命令。

♯error 命令用于使预处理器发送错误提示信息。命令格式如下:

```
♯error "message"
```

命令行中的 message 为错误提示信息。

♯error 命令通常嵌入条件编译之中,用来捕捉一些不可预料的编译条件。例如:

```
♯ifndef __KEIL__
♯error "This code will not work without the Keil Compiler."
♯endif
```

这段程序插入源程序中,编译时如果发现_KEIL_没定义,则提示信息"This code will not work without the Keil Compiler. ",并停止编译。

(2)♯warning 命令。

♯warning 命令与♯error 命令类似,用于使预处理器发送警告提示信息。命令格式如下:

```
♯warning "message"
```

例如,未定义_KEIL_时,提示信息"This code probably will not work without the Keil Compiler. "。

```
♯ifndef __KEIL__
♯warning "This code probably will not work without the Keil Compiler."
♯endif
```

（3）♯message 命令。

♯message 命令用于在列表文件中提示信息。其命令格式为：

♯message "message"

例如，如果未定义 MYCODE 时，则输出信息："This code will not work without the Keil Compiler."。

```
# ifndef MYCODE
# message "This code will not work without the Keil Compiler."
# endif
```

（4）♯program 命令。

♯program 命令用于在源程序中向编译器传送各种编译控制命令。命令格式为：

♯program 编译命令名列表

例如，编译某个源程序时，希望采用 DEBUG、CODE、LARGE 编译命令，则在源程序的开始处加命令行：

♯program DB CD LA

♯program 命令可以出现在源程序中的任何行，从而使编译器能重复执行某些编译控制命令，以达到某种特殊的目的。如果♯program 命令后面的参数不是 C51 编译器的合法控制命令，编译器将忽略其作用。需要注意的是，并非所有 C51 编译控制命令都可以在源程序中用♯program 命令多次使用，读者可查阅相关资料。

（5）♯line 命令用于在源文件中为下一行指定行号及其所在文件的文件名。命令格式如下：

♯line 行号 [文件名]

用♯include 命令可使源程序的代码来自多个源文件。编译时预处理器跟踪源代码行号及其所在文件的文件名，这样编译器能够准确地指出导致错误或警告的行。另外，准确的文件名和行号详细信息对源程序代码调试非常有益。

采用第三方工具从其他高级语言生成 C51 语言的源程序代码时，♯line 指令可将生成源代码中的源行号和文件名设置为该语言文件的实际行号和文件名。当输出错误时，行号和引用的文件将是原语言文件的，而不是生成的 C51 语言源文件的。

4.6　C51 语言程序设计

4.6.1　LED 数码管及其显示原理

1. LED 数码管

LED 数码管由若干个发光二极管组合以显示字段。当二极管导通时，相应的一个点或一个笔画发光，就能显示出对应的字符，常用的 8 段 LED 数码管显示器的外型结构如图 4.15(a)所示，COM 为公共端，a～g 和 dp 为显示字段控制端。LED 数码管显示器有 2 种结构。一种是所有发光二极管的阳极连在一起，即共阳数码管，见图 4.15(b)。使用时，它的公共端 COM 接高电平，当某个显示字段控制端接低电平时，对应的字段就被点亮，接高电平时，该显示字段熄灭。另一种是所有发光二极管的阴极连在一起,即共阴数码管,见图 4.15(c)。它的公共端 COM 接低电平,当某个显示字段控制端接高电平时,对应的字段被点亮,接低电平时,该字段熄灭。8 段 LED 数码管显示器字型编码见表 4.20。

由于每个显示字段显示通常需要十到几十毫安的驱动电流,因此显示控制信号必须经过驱动电路才能使显示器正常工作。为了使用方便,常把多个 LED 数码管显示器集成在一起,常见的有 3 位、4 位等,这样体积小、功耗低、可靠性高,同时也减少了印刷电路板的布线。

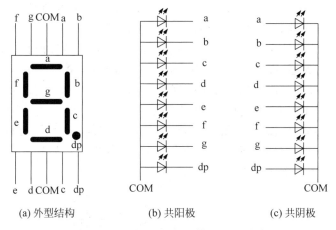

(a) 外型结构　　　(b) 共阳极　　　(c) 共阴极

图 4.15　8 段 LED 数码管显示器结构

表 4.20　8 段 LED 数码管显示器字型编码表

显示字符	共 阳 极									共 阴 极								
	dp	g	f	e	d	c	b	a	字型码	dp	g	f	e	d	c	b	a	字型码
0	1	1	0	0	0	0	0	0	C0H	0	0	1	1	1	1	1	1	3FH
1	1	1	1	1	1	0	0	1	F9H	0	0	0	0	0	1	1	0	06H
2	1	0	1	0	0	1	0	0	A4H	0	1	0	1	1	0	1	1	5BH
3	1	0	1	1	0	0	0	0	B0H	0	1	0	0	1	1	1	1	4FH
4	1	0	0	1	1	0	0	1	99H	0	1	1	0	0	1	1	0	66H
5	1	0	0	1	0	0	1	0	92H	0	1	1	0	1	1	0	1	6DH
6	1	0	0	0	0	0	1	0	82H	0	1	1	1	1	1	0	1	7DH
7	1	1	1	1	1	0	0	0	F8H	0	0	0	0	0	1	1	1	07H
8	1	0	0	0	0	0	0	0	80H	0	1	1	1	1	1	1	1	7FH
9	1	0	0	1	0	0	0	0	90H	0	1	1	0	1	1	1	1	6FH
A	1	0	0	0	1	0	0	0	88H	0	1	1	1	0	1	1	1	77H
B	1	0	0	0	0	0	1	1	83H	0	1	1	1	1	1	0	0	7CH
C	1	1	0	0	0	1	1	0	C6H	0	0	1	1	1	0	0	1	39H
D	1	0	1	0	0	0	0	1	A1H	0	1	0	1	1	1	1	0	5EH
E	1	0	0	0	0	1	1	0	86H	0	1	1	1	1	0	0	1	79H
F	1	0	0	0	1	1	1	0	8EH	0	1	1	1	0	0	0	1	71H
H	1	0	0	0	1	0	0	1	89H	0	1	1	1	0	1	1	0	76H
L	1	1	0	0	0	1	1	1	C7H	0	0	1	1	1	0	0	0	38H
—	1	0	1	1	1	1	1	1	BFH	0	1	0	0	0	0	0	0	40H
.	0	1	1	1	1	1	1	1	7FH	1	0	0	0	0	0	0	0	80H
熄灭	1	1	1	1	1	1	1	1	FFH	0	0	0	0	0	0	0	0	00H

2. LED 数码管显示器的接口设计

LED 数码管有静态和动态 2 种显示方式。

在多位静态显示时,各个 LED 数码管相互独立,公共端 COM 接地(共阴极)或接正电源(共阳极),如图 4.16 所示。每个数码管的 8 个显示字段控制端分别与一个 8 位并行输出口相连,只要输出口输出字型码,LED 数码管就立即显示出相应的字符,并保持到输出口输出新的字型码。采用静态显示方式时,用较小的电流便可获得较高的亮度,编程简单,占用 CPU 时间少,但其占用的口线多,硬件电路复杂,成本高,适用于显示位数较少的场合。

多位 LED 数码管动态显示方式是各个 LED 数码管一位一位地轮流显示,如图 4.17 所示,在硬件电路上,各个数码管的显示字段控制端并联在一起,由一个 8 位并行输出口控制;各个 LED 数码管的公共端作为显示位的位选线,由另外的输出口控制。动态显示时,各个数码管分时轮流地被选通,即在某一时刻只选通一个数码管,并送出相应的字型码,并让该数码管稳定地显示一段短暂的时间,在下一时刻再选通另一位数码管显示……如此循环,即可在各个数码管上显示需要的字符。虽然这些字符是在不同的时刻分别显示,由于人眼存在视觉暂留效应,只要每位保持显示的时间足够短,就可以给人以"同时显示"的感觉。采用动态显示方式比较节省 I/O 口,硬件电路也较简单,但其亮度不如静态显示方式,而且在显示位数较多时,CPU 要依次扫描,占用 CPU 较多的时间。

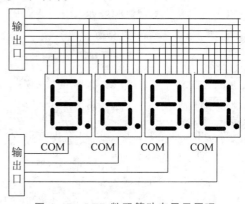

图 4.16 LED 数码管静态显示原理　　　　图 4.17 LED 数码管动态显示原理

例 4.50 图 4.18 为一种编码器显示电路,假设 P1 口具有强推挽输出形式,RP 为限流排电阻(或集成电阻)。根据开关 S3～S0 的闭合状态显示编码,设开关闭合时状态为 0,开关断开时状态为 1,S3～S0 为 0000 时,显示器 LED 显示"0",S3～S0 为 0001 时,显示器显示"1"……以此类推,S3～S0 为 1111 时,显示器显示"F"。

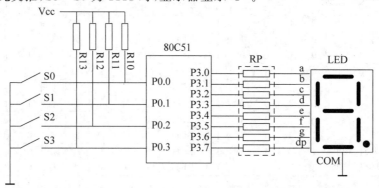

图 4.18 编码器显示电路

根据题目要求,程序设计如下:

```
# include < reg51.h >
# define uchar unsigned char                    ////unsigned char 简写为 uchar

/ ******************** 主程序 ******************** /
void main(void)
    {
        uchar key;
        uchar led[16] = {0x3f,0x06,0x5b,0x4f,0x66,0x6d,0x7d,0x07,0x7f,0x6f,
                0x77,0x7c, 0x39,0x5e,0x79,0x71}; //共阴极数码管 0~F 码值
        while(1)
        {
            key = P0&0x0F;                      //读取 P0 口,屏蔽高 4 位无效信息,再判断
            switch(key)
            {
                case 0x00: P3 = led[0]; break;
                case 0x01: P3 = led[1]; break;
                case 0x02: P3 = led[2]; break;
                case 0x03: P3 = led[3]; break;
                case 0x04: P3 = led[4]; break;
                case 0x05: P3 = led[5]; break;
                case 0x06: P3 = led[6]; break;
                case 0x07: P3 = led[7]; break;
                case 0x08: P3 = led[8]; break;
                case 0x09: P3 = led[9]; break;
                case 0x0A: P3 = led[10]; break;
                case 0x0B: P3 = led[11]; break;
                case 0x0C: P3 = led[12]; break;
                case 0x0D: P3 = led[13]; break;
                case 0x0E: P3 = led[14]; break;
                case 0x0F: P3 = led[15]; break;
            }
        }
    }
```

例 4.51　计数器显示电路如图 4.19 所示,假设 P1、P2 口具有强推挽输出形式,RP1、

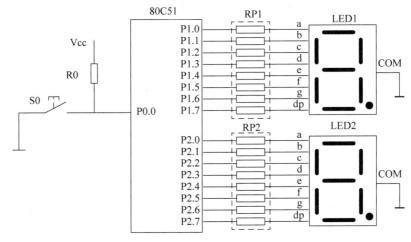

图 4.19　计数器显示电路

RP2 为限流排电阻。它对按键 S0 的按键次数计数并显示，每按 1 次计数加 1，并将按键次数通过 2 个数码管显示。数码管 LED1 显示计数的十位，LED2 显示计数的个位，最大显示计数值 99。当第 100 次按键时，计数器清零，重新计数。

根据题意，程序设计如下：

```
#include <reg51.h>
#define uchar unsigned char              //unsigned char 简写为 uchar
sbit S1 = P0^0;                          //定义按键引脚 P0.0
// ******************* 延时函数 ******************* /
void delay(uchar t)
{
    uchar i, j;
    for(i = 0; i < t; i++)
    {
        for(j = 0; j < 255; j++)
    { ;}
    }
}
/ ******************* 主函数 ******************* /
void main()
{
uchar led[10] = {0x3f,0x06,0x5b,0x4f,0x66,0x6d,0x7d,0x07,0x7f,0x6f};
                                         //共阴极数码管 0～9 码值
    uchar n = 0;
      P1 = 0;
      P2 = 0x3f;                         //数码管初始显示 0
      while(1)
    {
        if(S1 == 0)                      //查询键是否按下？
        {
            delay(100);                  //消抖
            if (S1 == 0)                 //查询键是否按下？
            {
                n = n + 1;               //计数值加 1
                if(n <= 9)
                {
                    P1 = 0;
                    P2 = led[n];
                }
            else if(n < 100)
            {
              P1 = led[n/10];            //取计数值十位数
              P2 = led[n % 10];          //取计数值个位数
                }
            else if(n >= 100)
            {
                    n = 0;               //计数值到达 100,计数清零
                    P1 = P2 = 0;         //显示清零
                }
            }
        }
    }
}
```

例 4.52　图 4.20 是一个 6 位数码管显示器,图中 74LS245 作为驱动器。使用该显示器依次显示数字"123456"。

图 4.20 为动态显示,P1 口为数码管的显示字段控制口,P2 口的 P2.0～P2.5 用于控制数码管的显示位置,分别控制 6 个数码管的公共端 COM。程序设计如下。

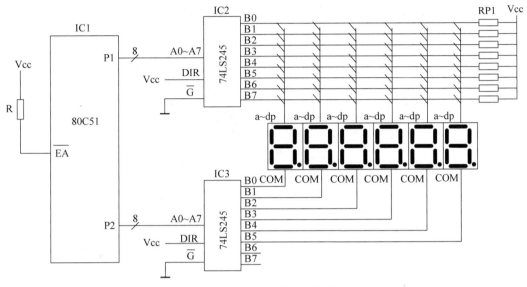

图 4.20　6 位数码管显示器

```
# include < reg51.h>
# include < intrins.h>
# define uchar unsigned char                    //unsigned char 简写为 uchar
    uchar led[16] = {0x3f,0x06,0x5b,0x4f,0x66,0x6d,0x7d,0x07,0x7f,0x6f,
0x77,0x7c, 0x39,0x5e,0x79,0x71};                 //0～F 字形编码

// ****************** 延时函数 ****************** /
void delay(uchar t)
{
    uchar i, j;
    for(i = 0; i < t; i++)
        {
            for(j = 0; j < 255; j++)
            {;}
        }
}

/ *** 显示 1 位函数 *************** /
// ** dis_data: 显示信息 0～F
// ** dis_bit: 显示位置

void display(uchar dis_data,uchar dis_bit)
    {

            dis_data = dis_data&0x0f;
            P1 = led[dis_data];
            P2 = dis_bit;
            delay(1);                            //显示若干 ms
```

```
              P2 = 0xff;                           //关闭显示,消隐
              delay(1);
        }
/ ****************** 主函数 ****************** /
void main( )
{
        uchar a[6] = {1,2,3,4,5,6};               //显示信息
        unsigned int ix;
        uchar disp_cont = 0xfe;                   //显示初始位置
        while(1)
        {
            for(ix = 0; ix < 6; ix++)
            {
                display(a[ix],disp_cont);         //显示
                disp_cont = _crol_(disp_cont,1);//修改显示位置
            }
            disp_cont = 0xfe;                     //重置显示初始位置
        }

}
```

4.6.2　按键及键盘处理原理

1. 按键

按键实际上是一个开关元件,键盘是由一组规则排列的按键组成。也就是说,键盘是一组规则排列的开关。计算机系统中最常见的是触点式开关按键,如机械式开关、导电橡胶式开关等。

触点式开关按键在按下或释放时,由于机械弹性作用,通常伴随有一定时间的触点抖动,其抖动过程如图4.21所示。抖动时间的长短与开关的机械特性有关,机械式开关抖动时间一般为5~10ms。

图4.22是一个按键的连接电路。按键S断开时,输入口0为高电平;当S闭合时,P1.0变为低电平。由于触点抖动,按键S0一次按下时,P1.0处的电平可能出现高低电平多次交替变化的现象,计算机检测按键时被错误地认为有多次操作;S0释放时,也会出现类似的现象。

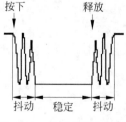

图4.21　触点的抖动过程

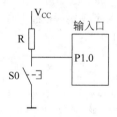

图4.22　按键连接电路

为了克服按键触点抖动导致的检测误判,必须采取措施消除抖动的影响,常用的有硬件和软件2种方法。硬件方法采用硬件电路消除抖动,如RC滤波电路、双稳态触发器或单稳态触发器等。软件方法(见图4.23)所示采用程序延时消除抖动,其原理是当CPU检测到有按键按下时,延时若干ms,再进行一次查询,确认该键是否按下,如果不是按下的状态,则认为是干扰或抖动引起的输入口电平发生变化,不予处理;如果检测到仍然是键按下状态,

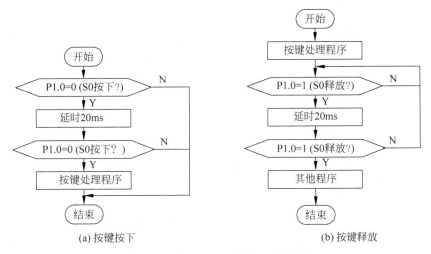

图 4.23　按键软件消抖程序流程图

则确认该键确实按下,再进行下一步处理。同理,键释放时,也应采用相同的步骤来消除抖动的影响。

2. 键盘

键盘由多个按键组成,可分为独立式和矩阵式两种形式。独立式键盘是一组相互独立的按键,它们分别直接与 I/O 口电路连接,每个按键占用 1 根输入口线。独立式键盘配置比较灵活,软件结构简单,但当按键较多时,输入口线浪费较大。矩阵式键盘也称为行列式键盘,用输入和输出口线组成行列结构,按键设置在行和列的交叉点上,按键闭合时,接通输入和输出口线。矩阵式键盘在按键较多时可以节省 I/O 口线。矩阵式键盘可分为编码键盘与非编码键盘。编码键盘用硬件来实现对按键的识别,非编码键盘主要是由软件来实现按键的定义与识别。

1) 独立式键盘

图 4.24 是一个独立式键盘的接口电路。按键 S0～S4 分别连接单片机的 P1.0～P1.4,每个按键单独占用 1 根 I/O 口线,每个按键闭合时不会影响其他 I/O 口线的状态。按键 S0～S4 输入采用低电平有效的方式,上拉电阻 R0～R4 保证了按键断开时 I/O 口线有确定的高电平。当 I/O 口线的内部有上拉电阻时,可不接上拉电阻。按键 S0～S4 查询程序流程图见图 4.25。

2) 矩阵式键盘

矩阵式键盘由行线和列线组成,按键位于行、列

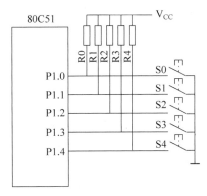

图 4.24　独立式键盘的接口电路

线的交叉点上,图 4.26 为一个 4×4 的矩阵键盘,P1.3～P1.0 作为行线,P1.7～P1.4 作为列线,按键 0～F 的两端分别跨接在行线和列线上。设行线为输出,列线为输入,列线通过电阻上拉到电源正极。没有按键按下时,P1.7～P1.4 输入高电平。当按键闭合时,行线和列线被短接,P1.7～P1.4 输入电平取决于行线 P1.3～P1.0 输出电平。下面介绍矩阵式键盘按键识别的原理。

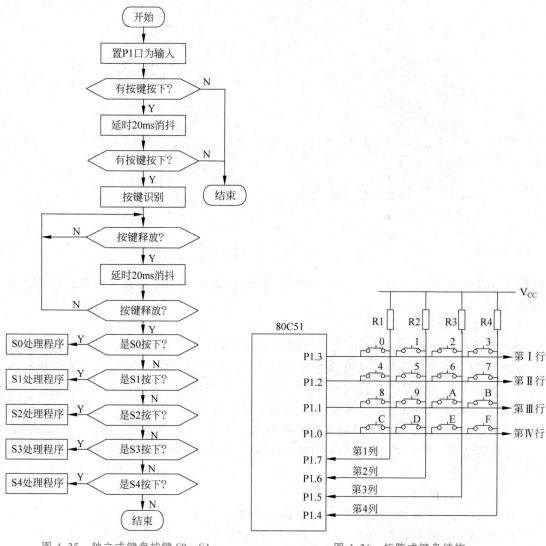

图 4.25　独立式键盘按键 S0～S4
查询程序流程图

图 4.26　矩阵式键盘结构

（1）假设第Ⅰ行的行线 P1.3 输出低电平，其他行线输出高电平，此时，若按下键 0，第Ⅰ行行线和第 1 列列线被短接，则第 1 列的列线 P1.7 变为低电平，由于没有其他键按下，此时表征按键 0 按下的信息为：

　　行线 P1.3、P1.2、P1.1、P1.0 的状态——0111。

　　列线 P1.7、P1.6、P1.5、P1.4 的状态——0111。

　　同理，按下键 2 时，第 3 列的 P1.5 和 P1.3 被短接，表征它的信息是：行线——0111；列线——1101。显然，同一行中任意 2 个按键按下时，表征它们的信息是不同的。

　　（2）现在假设第Ⅲ行的行线 P1.1 输出低电平，其他行线输出高电平，按下键 8 时，表征其按下的信息为：行线——1101；列线——0111。若第Ⅳ行线 P1.0 输出低电平，其他行线输出高电平，按下键 C，表征该按键按下的信息为：行线——1110；列线——0111。同样地，同一列中任意 2 个按键按下时，表征它们的信息也是不同的。

可以看出,行线和列线的状态编码可以唯一地表征某个键被按下了,因此,可以把二者组合成一个特征码,如图 4.27 所示。那么,键 0 按下的特征码为:77H;键 2 按下的特征码为 D7H。图 4.26 按键的特征码见表 4.21。也可以把列线

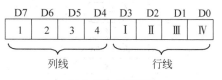

D7	D6	D5	D4	D3	D2	D1	D0
1	2	3	4	I	II	III	IV

列线　　　　行线

图 4.27　特征码

和行线的状态编码取反后作为特征码,按此方法,按键 0 的特征码为 88H,其编码原理与表 4.21 相同。

表 4.21　图 4.26 按键的特征码

按　键	特征码	键　值	按　键	特征码	键　值
0	77	00	8	7D	08
1	B7	01	9	BD	09
2	D7	02	A	DD	0A
3	E7	03	B	ED	0B
4	7B	04	C	7E	0C
5	BB	05	D	BE	0D
6	DB	06	E	DE	0E
7	EB	07	F	EE	0F

表 4.21 中,特征码与按键的关系是一一对应的,它可用来识别键盘上所有的按键。给每个按键分配了一个键值(见表 4.21)。当某个键被确认按下时,键盘处理程序给出该键的键值,通常采用查表或计算的方法获取键值。最直接的方法是采用判别方法,当获取特征码后,逐个判断该特征码是哪个键的,如特征码为 0BDH 时,则把键值 09H 赋给存放键值的单元。

在实际的应用系统中,按键代号可以根据需要定义,如把按键"F"改为"ENTER","D"改为"DEL",按键的特征码不变,其键值也不用改变。

上述按键识别方法称为扫描法。在键识别过程时,依次使行线输出低电平,然后检查列线的输入电平,如果所有列线的输入全为高电平,则该行无键按下;若不全为高电平,则被按下的键在本行,且在输入电平变为低电平的列的交叉点上。4×4 矩阵式键盘扫描程序流程图见图 4.28。

矩阵式键盘的另一种按键识别方法为线反转法。由于扫描法采用逐行扫描查询的方法,当被按下的键处于最后一行时,需要经过多次扫描才能识别出键的位置。线反转法克服了扫描法的缺陷,一般只需要 2 步就可以识别出按键的位置。图 4.29 为采用线反转法的4×4 矩阵式键盘接口电路。按键识别原理如下。

第一步,使行线为输入,列线为输出。列线全部输出低电平,那么,行线中变为低电平的行线为按键所在的行。如按下键 B,P1.7～P1.4 输出全为低电平,则 CPU 从 P1.3～P1.0读入的状态为 1011。

第二步,使行线变为输出,列线变为输入。行线输出全部为低电平,那么,列线中变为低电平的列线为按键所在的列。如按下按键 B 时,P1.3～P1.0 输出全为低电平,则 P1.7～P1.4 的状态为 0111。

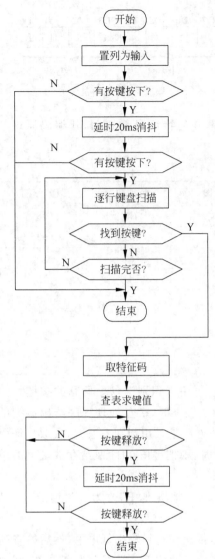

图 4.28　4×4 矩阵式键盘扫描程序流程图　　图 4.29　采用线反转法的 4×4 矩阵式键盘接口电路

在程序设计时，可以用行线和列线的输入状态来构造按键的特征码。如按键 B 的特征码可设计为 01111011，这样，除按键识别方法与扫描法不同外，其他步骤的处理方法是相同的，程序可以按键盘扫描法的思路设计。

线反转法键盘识别及处理程序流程图见图 4.30。在程序中获取行线和列线状态后，先进行取反操作，这样按键所在的行和列的状态为 1；然后通过移位指令，计算出按键所在的行号和列号；再用行号和列号求出键值，由于每行有 4 个按键，因此，键值计算公式为：键值＝4×行号＋列号。

例 4.53　如图 4.31 所示，用按键 K 控制一组 LED 显示状态。当按键 K 按下时，P0 口控制的 LED 开始循环点亮（每次点亮 1 位），松开 K 时，停止显示，熄灭全部的 LED。

采用软件延时的方法消除按键 K 闭合时的抖动，每次改变 LED 显示状态时，该状态稳定一段时间。从 LED0 开始显示，再显示 LED1，以此类推。LED7 显示后，重复上述循环。程序如下：

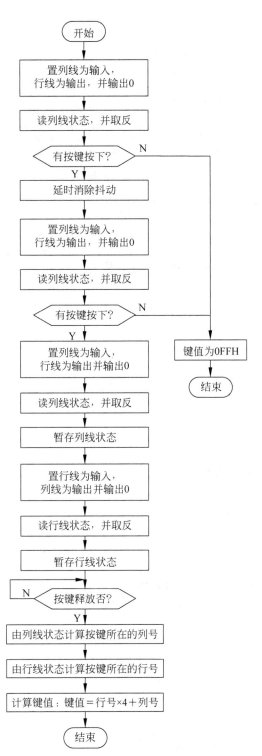

图 4.30 线反转法键盘识别及处理程序流程图

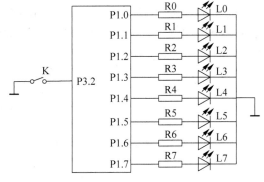

图 4.31 LED 显示电路

```
# include < reg51.h >
# include < intrins.h >
```

```
sbit S1 = P3^2;
// ****************** LED 显示延时,m 毫秒 //
void delay(unsigned int m)
{
    unsigned char j;
    for( ; m > 250; m -- )
    {
        for(j = 125; j > 0; j -- );
        { ;}
    }
}

// ****************** 主函数 ****************** /
void main()
{
    unsigned char temp, num, num1;
    temp = 0x01;                          //显示初始位置: 0000 0001
    P1 = temp;
    while(1)
    {
        if(S1 == 0)
        {
            delay(20);
            if(S1 == 0)
            for(num1 = 0;num1 < 10;num1++)
            {
                for(num = 0;num < 8;num++)
                {
                    P1 = temp;
                    delay(500);
                    temp = _crol_(temp,1);    //移位显示
                }
            }
        }
        P1 = 0x00;
    }
}
```

例 4.54 图 4.32 为一个电机起停的控制电路。按键 S 用于控制电机起停。系统上电后,按键 S 第 1 次按下时,电机起动;按键 S 第 2 次按下时,电机停止;第 3 次按下时,电机再次启动……以此类推。

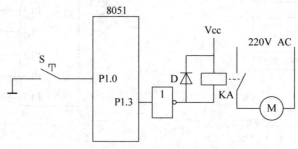

图 4.32 电机起停的控制电路

程序如下：

```
# include < reg51.h>
sbit S1 = P1^0;
sbit S2 = P1^3;
// ****************** 延时(消抖)函数,约 30 毫秒 ****************** /
void delay()
{
    unsigned char i, j;
    for(i = 0; i < 100; i++)
    for(j = 0; j < 100; j-- )
    { ;}
}
/ ****************** 主函数 ****************** /
void main()
{
  S2 = 0;                              //P1.3 引脚输出低电平,电机停止
    while(1)
    {
        if(S1 == 0)
            {
                delay();                 //延时消抖
                if(S1 == 0)              //确认按键 S 按下
                S2 = !S2;                //P1.3 P1.3 引脚输出状态取反·'
                delay();
            }
        }
}
```

例 4.55 键盘与显示接口电路如图 4.33 所示。按键被按下时,在数码管上显示该按键的键值(0~F)。使用 P1 口读取按键值,数码管显示数值由 P2 口输出。

采用扫描方法识别按键,特征码见表 4.21。程序如下：

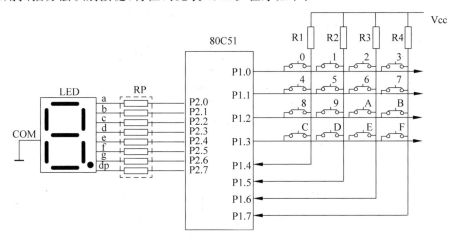

图 4.33 键盘与显示接口电路

```
# include < reg51.h>
# define uchar unsigned char              //unsigned char 简写为 uchar
uchar led[ ] = {0x3f,0x06,0x5b,0x4f,0x66,0x6d,0x7d,0x07,0x7f,0x6f,
    0x77,0x7c,0x39,0x5e,0x79,0x71};       //0~F 显示字形码
```

```c
// ******************* 延时函数 ******************* /
void delay( uchar t )
    {
        uchar i, j;
        for( i = 0; i < t; i++)
        {
            for(j = 0; j < 255; j++)
            { ;}
        }
    }


/ ******************* 主函数 ******************* /
    void main(void)
    {
        uchar key;                      //键值
        P2 = led[0];                    //初值显示 0
        while(1)
        {
            P1 = 0xf0;                   // 置 P1 口 P1.7～P1.4 为输入,P1.3～P1.0 为输出
            if(P1!= 0xf0)                //检测有键按下?
            {
                delay(20);               //延时消抖
                if(P1!= 0xf0)            //P1.7～P1.4 为输入不全为 1,检测是否有键按下?
                {
                    P1 = 0xfe;            //逐行扫描
                    switch(P1)
                    {
                        case 0xee: key = 0; break;       //0 键
                        case 0xde: key = 4; break;       //4 键
                        case 0xbe: key = 8; break;       //8 键
                        case 0x7e: key = 12; break;      //c 键
                    }
                    P1 = 0xfd;                            //逐行扫描
                    switch(P1)
                    {
                        case 0xed: key = 1; break;       //1 键
                        case 0xdd: key = 5; break;       //5 键
                        case 0xbd: key = 9; break;       //9 键
                        case 0x7d: key = 13; break;      //d 键
                    }
                    P1 = 0xfb;                            //逐行扫描
                    switch(P1)
                    {
                        case 0xeb: key = 2; break;       //2 键
                        case 0xdb: key = 6; break;       //6 键
                        case 0xbb: key = 10; break;      //A 键
                        case 0x7b: key = 14; break;      //e 键
                    }
                    P1 = 0xf7;                            //逐行扫描
                    switch(P1)
                    {
                        case 0xe7: key = 3; break;       //3 键
                        case 0xd7: key = 7; break;       //7 键
                        case 0xb7: key = 11; break;      //b 键
```

```
                    case 0x77: key = 15; break;        //F 键
                }
            }
            P1 = 0xf0;                                  //
            while(P1!= 0xf0)                            //判断键释放
            {;}
            P2 = led[key];                              //显示键值
        }
    }
}
```

例 4.56 键盘与显示接口电路如图 4.34 所示。按键被按下时,在数码管上显示该按键的键值(0～F)。使用 P1 口读取按键值,数码管显示数值由 P2 口输出。

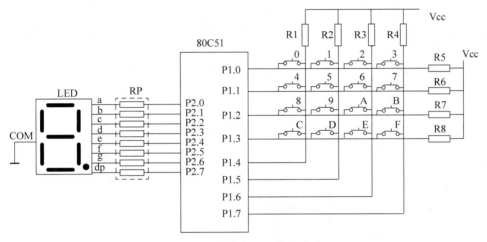

图 4.34 键盘与显示接口电路

```c
# include < reg51.h >
#define uchar unsigned char

int k;                                 //键值
uchar led[ ] = {0x3f, 0x06, 0x5b, 0x4f, 0x66, 0x6d, 0x7d, 0x07, 0x7f, 0x6f, 0x77, 0x7c, 0x39, 0x5e,
0x79, 0x71,0x40};                      //字形编码
//******************* 延时函数 ******************* /
void delay(uchar t)
{
    uchar i, j;
    for(i = 0; i < t; i++)
    {
        for(j = 0; j < 255; j++)
    {;}
    }
}
/ ****************** 键盘处理函数,返回键值 k ****************** /
void GetKey ()                         //
{
    unsigned char input, x, y;
    P1 = 0x0f;
    if(P1!= 0x0f)                      //有键按下?
    {
```

```
        delay(20);                          //消抖
        if(P1!= 0x0f)                       //有键按下?
        {
            P1 = 0xf0;                      //输入输出反转
            x = P1;                         //保存行输入
        }
    }
    P1 = 0xf0;
    if(P1!= 0xf0)
    {
        delay(20);                          //
        if(P1!= 0xf0)                       //
        {
            P1 = 0x0f;                      //
            y = P1;                         //保存列输入
        }
    }
    input = x|y;                            //合成行、列编码(特征码)
        switch(input)                       //识别按键
        {
            case 0xee: k = 0; break;        //
            case 0xde: k = 1; break;
            case 0xbe: k = 2; break;
            case 0x7e: k = 3; break;
            case 0xed: k = 4; break;
            case 0xdd: k = 5; break;
            case 0xbd: k = 6; break;
            case 0x7d: k = 7; break;
            case 0xeb: k = 8; break;
            case 0xdb: k = 9; break;
            case 0xbb: k = 10;break;
            case 0x7b: k = 11;break;
            case 0xe7: k = 12;break;
            case 0xd7: k = 13;break;
            case 0xb7: k = 14;break;
            case 0x77: k = 15;break;
        }
}
/ ***************** 主函数 ***************** /
void main()
{
    k = 16;                                 //显示器初始显示 -
    while(1)
    {
        GetKey();                           //键盘处理,键值在 k 中
        P0 = led[k];                        //显示键值
    }
}
```

4.6.3 典型程序设计

例 4.57 找出一组无序的非负数据的最大值。

假设数据存在外部 RAM 的数组 a 中。为了便于分析,为数组 a 分配了数据。

1. 方法 1——循环程序结构

```
# include < reg51. h>
void main()
{
    unsigned char xdata a[] = {0x3f,0x44,0x32,0x54,0x66,0x56,0x99,0x88,
                       0x77,0x11,0x34};
    unsigned char i,max_num1,x;
    max_num1 = a[0];
    for(i = 0;i < = 11;i++)
    {
        x = a[i];
        if (x > max_num1)
        {
            max_num1 = x;
        }
    }
}
```

2. 方法 2——函数的方法

```
# include < reg51. h>

unsigned char Max_n(unsigned char ax[],unsigned char len)
{
    unsigned char x;
    unsigned char max_num1;
    unsigned int i;

    max_num1 = ax[0];
    for(i = 1;i < len;i++)
    {
        x = ax[i];
        if (x > max_num1)
        {
            max_num1 = x;
        }
    }
    return(max_num1);
}

/ ******************* 主函数 ******************* /
void main()
{
    unsigned char a[] = {0x3f,0x44,0x32,0x54,0x66,0x56,0x99,
0x88,0x77,0x11,0x34};                    //测试数据,
    unsigned char max_num;
    max_num = Max_n(a,11);                //调用函数
    while(1)
    {
        ;
    }
}
```

例 4.58 数据滤波。

在数据采集时,经常用到滤波算法对采集的数据进行预处理。本例主要采用一种经典

的滤波方法——中位值平均滤波法：采集 N 个数据，去掉 N 个周期数据中的最大值和最小值，然后取剩余数据的平均值作为滤波值。中位值滤波算法特别适用于会偶然出现异常值的系统，能过滤因偶然因素引起的波动干扰，对温度、液位的变化缓慢的被测参数有良好的滤波效果。程序如下：

```c
# include < reg51.h >
# include < stdlib.h >
//求累加和函数
unsigned int sumx(unsigned int a[ ],unsigned char len)
{
    unsigned int sum;
    unsigned char i;
    sum = 0;
    for(i = 0;i < len - 1;i++)
    {
        sum = sum + a[i];
    }
    return(sum);
}


//求最大值函数
unsigned int max1(unsigned int a[ ],unsigned char len)
{
    unsigned int max_num;
    unsigned char i;

    max_num = a[0];   ///////
        for(i = 1;i < len;i++)
    {
        if (a[i] > max_num)
        {
            max_num = a[i];
        }
    }
    return(max_num);
}

//求最小值函数
unsigned int min1(unsigned int a[ ],unsigned char len)
{
    unsigned int min_num;
    unsigned char i;

    min_num = a[0];

    for(i = 1;i < len;i++)
    {
        if (a[i] < min_num)
        {
            min_num = a[i];
        }
    }
    return(min_num);
```

```
     }

/ ******************* ???/ ****************** /
void main()
{
     unsigned int a[20],avg;
     unsigned int min11,max11;
     unsigned int sum;
     unsigned char i;
     unsigned int minimum = 4,maximum = 255;

     for(i = 0;i < 15;i++)                           //产生测试用的数组
     {
         a[i] = rand() % (maximum - minimum + 1) + minimum;    //产生测试数据
     }
     max11 = max1(a,15);                             //15 个数据的最大值
     min11 = min1(a,15);                             //15 个数据的最小值
     sum = sumx(a,15);                               //15 个数据的和
     avg = (sum - min11 - max11)/13;                 //去除最大、最小值后的数据平均值
     while(1)
     {;}
}
```

4.7 本章小结

C51 语言是面向 51 系列单片机,且基于标准 C 语言扩展而来的。学习 C51 编程语言应深刻理解其根植于标准 C 语言的基本属性,同时又需要特别注意其相对于标准 C 的扩展。C51 语言与汇编语言各有所长,读者选用编程语言时应基于自身的编程习惯和编程任务的特点及要求。

C51 语言在标准 C 语言关键字的基础上,扩展了面向单片机平台的关键字。这些关键字涉及 C51 针对数据类型、存储类型、中断函数等。

C51 语言在 C 语言 6 种基本数据类型基础上,扩展了 bit、sbit、sfr 和 sfr16 4 种数据类型。C51 语言支持数据类型自动转换及强制转换。

C51 变量定义时需要指明变量的存储类型,这一点与标准 C 语言不同,这是由单片机的存储结构决定的。存储类型包括:data、bdata、idata、pdata、xdata 和 code 6 种。存储类型未设置时由编译模式指定。

C51 语言的存储模式即程序的编译模式,存储模式包括 Small、Compact 和 Large 3 种,若未设置则默认为 Small。

C51 变量定义内容包括存储种类、数据类型、存储类型以及变量名。存储种类与标准 C 语言相同。变量名的命名规则与标准 C 语言相同。定义变量时应特别注意存储种类和存储类型的差别与联系。在 C51 程序中应特别注意特殊功能寄存器变量和位变量的定义和使用方法。

C51 语言的运算符和表达式包括赋值运算符、算数运算符、关系运算符、逻辑运算符、位运算符、复合赋值运算符、逗号运算符、条件运算符。当表达式中出现多种运算符时,应特别注意运算符的优先级。

C51 程序的结构包括顺序结构、选择/分支结构和循环结构。相应地，C51 语言的控制语句包含选择语句、循环语句、转向语句和返回语句。控制语句及语法规则与标准 C 语言相同。

C51 函数分为主函数和普通函数两大类。普通函数又包含库函数和自定义函数。一些针对 51 单片机的标准库函数都放置在常用的头文件中，可使用文件包含的方法直接使用。函数自定义格式与标准 C 语言基本相同，不同之处在于可通过定义格式中关键字 interrupt 定义中断服务函数，并使用关键字 using 确定中断服务函数所使用的工作寄存器组。

C51 语言的数组分为一维数组、二维数组和多维数组，使用规则和方法与标准 C 语言基本相同。C51 语言的指针包括存储器指针和普通指针。存储器指针因明确了指向数据的存储分区而具有更高的代码执行速度。

▌ 4.8 复习思考题

一、选择题

1. C51 数据类型 sfr16 用于定义_____。
    A. 字符型变量　　　　　　　　　　　　　B. 无符号变量
    C. 特殊功能寄存器变量　　　　　　　　　D. 位变量

2. 以下哪种数据类型是 C51 语言相对于标准 C 的扩展类型？
    A. char　　　　　　B. bit　　　　　　C. int　　　　　　D. float

3. C51 程序中函数变量默认存储在_____。
    A. DATA 区　　　　B. PDATA 区　　　C. CODE 区　　　D. SFR 区

4. C51 函数定义格式中_____是不可以缺省的。
    A. 存储种类　　　　B. 返回值类型　　　C. 函数名　　　　D. 形式参数

5. sfr 型变量和 sbit 型变量必须定义为_____。
    A. 自动变量　　　　B. 全局变量　　　　C. 静态变量　　　D. 寄存器变量

6. _____不是用于说明存储类型的关键字。
    A. data　　　　　　B. code　　　　　　C. idata　　　　　D. sfr

7. C51 编译器把 51 单片机的常用特殊功能寄存器和特殊位定义并存放在_____。
    A. 宏定义　　　　　B. 头文件　　　　　C. 自定义函数　　D. 库函数

8. C51 语言的数组使用中，只有当数组为_____数组时，可以一次引用整个数组。
    A. 字符数组　　　　B. 整型数组　　　　C. 二维数组　　　D. 多维数组

9. 函数调用的方式不包括_____。
    A. 函数语句　　　　B. 表达式　　　　　C. 函数参数　　　D. 变量

10. C51 语言的控制语句不包括_____。
    A. 选择语句　　　　B. 循环语句　　　　C. 转向语句　　　D. 转换语句

11. 以下运算符的优先级最高的是_____。
    A.（）　　　　　　B. >>　　　　　　　C. &&　　　　　　D. ->

12. C51 语言中的，_____是唯一的三目运算符。
    A. 条件运算符　　　B. 复合赋值运算符　C. 逗号运算符　　D. 位运算符

13. _____是 C51 的合法变量名？
    A. idata　　　　　　B. start　　　　　　C. code　　　　　D. _at_

14. 片外 RAM 区的无符号字符型变量 a 的正确定义格式为_____。

    A. unsigned char data a　　　　　　B. signed char xdata a

    C. extern signed char data a　　　　　D. unsigned char xdata a

15. 内部 RAM 区的有符号字符型变量 a 的正确定义格式为_____。

    A. char data a　　　　　　　　　　　B. signed char xdata a

    C. extern signed char data a　　　　　D. unsigned char xdata a

16. 已知 P0 端口第 0 位的地址是 0x90,将其定义为位变量 P1_0 的正确格式是_____。

    A. bit P1_0＝0x90;　　　　　　　　　B. sbit P1_0＝0x90;

    C. sfr P1_0＝0x90;　　　　　　　　　D. sfr16 P1_0＝0x90;

17. _____是在 xdata 存储区里定义一个执行 char 型变量的指针变量 p(编译模式 Small)。

    A. char * xdata p;　　　　　　　　　B. char xdata *p;

    C. char xdata * data p;　　　　　　　D. char *p xdata;

18. 定义一个整型指针变量 p 并通过引用操作将其指向整型变量 a 的正确语句是_____。

    A. int * p＝a;　　　　　　　　　　　B. int * p＝&a;

    C. int p＝&a;　　　　　　　　　　　D. int p＝* a;

19. p 为已定义的指向变量 a 的指针变量,使用 p 实现将变量 a 赋值给变量 x 的正确语句是_____。

    A. x＝ *p;　　　　　　　　　　　　　B. x＝p;

    C. x＝&p;　　　　　　　　　　　　　D. *x＝p;

20. 下面关于预处理命令表述正确的是_____。

    A. 预处理命令在编写程序时可以加在程序的任何地方

    B. 预处理命令只在程序编译时起作用

    C. 预处理命令按行进行处理的

    D. 预处理命令是 C51 语言语句

二、思考题

1. C51 语言与汇编语言各自有何特点? 怎样实现两者的优势互补?

2. C51 语言对标准 C 语言的扩展体现在哪些方面?

3. C51 中频繁操作的变量应定义在哪个存储区域? 为什么?

4. C51 数据类型中关键字 bit 和 sbit 都可用于定义位变量,二者的差别在哪里?

5. C51 语言中的指针类型包括哪些? 它们的特点和差别是什么?

6. C51 函数和标准 C 函数的主要差别有哪些?

7. C51 程序中,若 switch 结构中漏掉 break,将产生何种后果?

8. 假定 a＝3,b＝5,下列各表达式的值分别为多少?

(1) (x++) * (-y);

(2) (++x) * (--y);

(3) (x++) * (y--);

(4) (++x) * (y--)。

9. 下列程序执行后,指出变量 h(为 x 的高 8 位)和变量 l(为 x 的低 8 位)的值分别是什么?

```
# include < reg51. h>
# include < stdio. h>
# include < intrins. h>
void main(void)
{
    unsigned int data x;
    unsigned char data h,l;
    h = x >> 8;
    l = x&0x00ff;
}
```

10. 已知 a＝0x45,b＝0x3b,分析下列运算 a&b、a|b、a^b、~a、a << 2、b >> 2 的结果。

11. 常用的预处理命令有哪几种?

12. 说明宏定义命令及其作用。

13. 说明头文件命令及其作用。

14. 简述条件编译的作用。常用的条件编译指令有哪几种?

三、程序设计题

1. 已知一组无符号双字节数据存储在数组 a 中,数据个数为 24 个,求其平均值。

2. 已知单片机接收到的一组 18 个 ASCII 码数据序列被存储在数组 a 中,2 个 ASCII 码构成 1 个测试数据,a[i]为高位,a[i+1]为低位,i＝0~17,设计程序将把 ASCII 码串转换为十六进制格式的数据。

3. 某单片机应用系统采用 ASCII 码串行发送数据,已知待发送的 5 个单字节数据(十六进制)存储在数组 y 中,设计程序将该批数据转换 ASCII 格式的数据,并存储在数组 x 中(每个 x 的元素为 1 个 ASCII 码)。

4. 已知一数组 array＝{0xaa,0xbb,0xcc,0xdd,0xee},设计程序依次将数组中的元素从 P1 口输出。(考虑发送数据之间的延时。)

5. 把一个双字节的二进制数转换成分离 BCD 码格式的十进制数,并存入 Result 数组中。

6. 已知 Data 数组的 Data[0]存储的是 6 位十进制数的最高 2 位、Data[1]存储的是 6 位十进制数的中间 2 位、Data[2]存储的是 6 位十进制数的最低 2 位。把这个数据转换成十六进制数,并把十六进制数的每一位分开,每位作为一个元素存放在 Output 数组中。

7. 编写 C51 程序,把外部 RAM 中从 0x100 开始的 30 字节数据,传送到片内 RAM0x30 开始的区域中。

8. 根据变量 Result 的值把程序转向相应的操作子程序。操作子程序的入口地址分别为 OPRD0,OPRD1,……,OPRDn。

9. 数组 bx 中存一批带符号的八位二进制数据,数组元素为 N 个,请统计其中大于 0、小于 0、等于 0 的个数,并把统计结果分别存放在内部 RAM 指定单元 ONE、TWO、THREE 单元中。

10. 应用系统数据缓冲区开辟在外部 RAM 中,用于存储单字节数据,缓冲区从 BUFFER 单元开始,长度为 100 个单元,为了某种统计需要,要求缓冲区的非负数存储在单元地址为 BLOCK1 开始的区域,其余的数存储在单元地址为 BLOCK2 开始的区域,这两个缓冲区也设置在外部 RAM 中。

11. 已知无符号数二进制数 x,编程实现下列表达式:
$$y=\begin{cases}x/2, & x<5\\5x-7, & 5\leqslant x<15\\30, & x\geqslant 15\end{cases}$$

12. 单片机 P1、P2 口接 16 个 LED 发光二极管,编写 C51 程序实现 LED 灯依次亮→全亮保持后熄灭→依次熄灭→熄灭保持→依次亮,周而复始。LED 点亮和熄灭保持时间用延时方法实现。

13. 利用 8051 单片机实现交通信号灯控制功能,见图 4.35。系统工作时,按动启动按钮时,南北向绿灯亮 20s 后,再闪烁 3s 后灭,接着黄灯亮 7s,之后红灯亮 50s 后灭;与之对应,东西向,红灯亮 30s,接着绿灯亮 40s,闪烁 3 秒,之后黄灯亮 7 秒,如此循环。时序如图 4.36 所示。设计控制系统及控制程序。持续时间用延时方法实现。

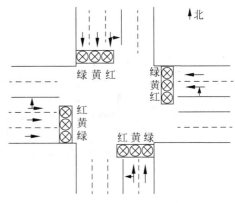

图 4.35　交通灯系统示意图

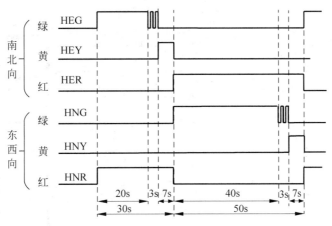

图 4.36　红黄绿灯工作的时序图

14. 一个机电设备系统有 8 种异常状态和故障需要监测,8 种异常状态和故障应故障代号 1~8,无故障时,故障代号为 0,用 1 个 7 段数码管显示。8 种异常状态和故障检测开关分别连接到 P1.0~01.7,用 P0 输出故障代号到 7 段数码管,设计程序每隔一段时间检测一次故障开关的状态,当检测开关闭合时故障发生,显示器显示故障代号(每次显示一种代号)。

15. 4 路抢答器设计。4 小组参与答题竞赛,编号 1~4,当主持人宣布完题目并按下允许抢答开关后,各组分别用 K1、K2、K3、K4 开关参与抢答,抢答器用数码管显示抢答者所在组的编号。结束本次抢答后,主持人按复位按钮清除数码管显示(可默认显示为 0)。设计接口电路和程序实现上述要求。

16. 计数器如图 4.37 所示。每按下 1 次按钮 C,数码管计数器自动加 1,计数器计数到 F(计数 15 次),再按 1 次按钮 C,显示器显示 0。请编程实现计数功能。

17. 2 位加减计数器如图 4.38 所示,计数范围为 0～99。每按 1 次按钮 S0,数码管计数器加 1,每按 1 次按钮 S1,数码管计数器减 1。当计数器计数值为 99 时,再按一次 S0,计数器显示值为 0。当计数器计数值为 0 时,再按一次 S1,计数器显示值为 99。请编程实现计数功能。

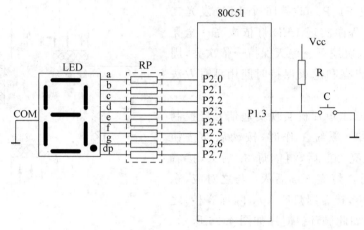

图 4.37 计数器

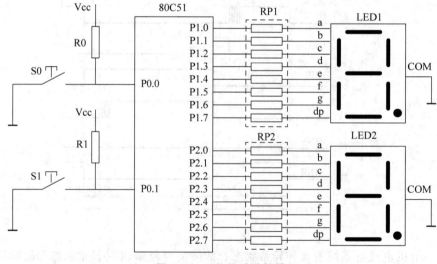

图 4.38 2 位加减计数器

18. 6 位数码管显示器如图 4.20 所示。请在显示器依次显示数组 A 的元素值,设数组 A 的元素个数为 8,双字节无符号数,每个显示稳定时间约为 100ms。

19. 键盘显示器电路如图 4.39 所示。在键盘上按下键,显示器显示键值(按键上方的编号),从左到右,6 次按键后,显示器显示满,再按 1 次键盘上的键,显示器清除,并在最左位显示本次键值,以此类推。设计程序实现上述要求。

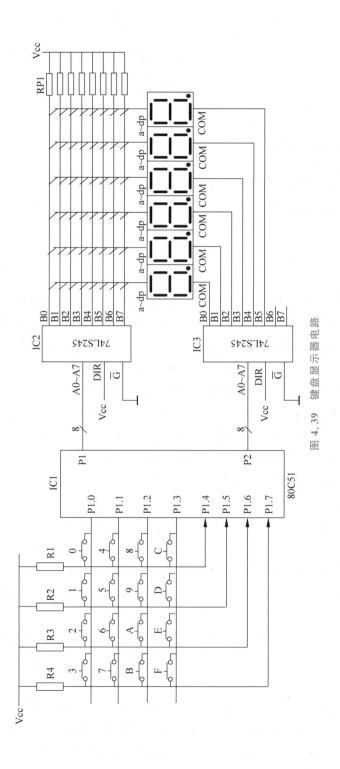

图 4.39　键盘显示器电路

第5章
CHAPTER 5

MCS-51单片机中断系统

5.1 中断系统概述

5.1.1 中断及中断源

在计算机系统中,所谓中断(Interrupt)就是指CPU在执行程序的过程中,由于某一事件发生,要求CPU暂停正在执行的程序,而去执行相应的处理程序,待处理结束后,再返回到原来程序停止处继续执行。触发产生中断(Interrupt Arising)的事件称为中断源(Interrupt Source)。中断发生后,中断源向CPU发出的请求信号叫做中断请求(Interrupt Request)。CPU停止执行现行程序而处理中断称为中断响应(Interrupt Response),CPU停止执行现行程序的间断处称为断点(Breakpoint),CPU执行的与中断相关的处理程序称为中断处理程序或中断服务程序(Interrupt Service Routines),处理过程即为中断处理(Interrupt Process)。中断系统是指完成中断处理的软件和硬件资源,它包括中断源的产生、中断判优、中断响应、中断查询、中断处理等过程,它是计算机系统一个重要的组成部件。一个典型的中断处理过程如图5.1所示。

CPU响应中断请求调用中断处理程序的过程与主程序调用子程序的过程相似(见图5.2),但是,它们是不同的,主要区别在于:调用子程序时,调用哪个子程序、完成什么任务是程序设计时事先安排好的,采用子程序调用指令实现。中断事件发生是随机的,哪个事件发生、何时调用中断处理程序是事先无法确定的,在程序中无法事先安排调用指令,调用中断处理程序的过程是由硬件自动完成的。

触发中断的事件可以是计算机外部的,也可以是计算机内部的,归纳起来,中断源有以下几种情况。

(1)外部设备发生某一事件,如打印机准备就绪、被控设备的参数超过限位阈值等。

(2)计算机内部某个事件发生,如定时器/计数器溢出、串行口接收到一帧数据等。

(3)计算机发生了故障引起中断。如系统电源掉电、运算溢出、系统出错等事件。

(4)人为设置中断。在编程和调试时人为设置的中断事件,如单步执行、设置断点。

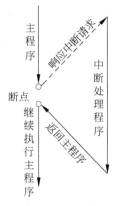
图 5.1 一个典型的中断处理过程

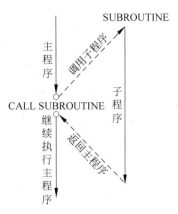
图 5.2 调用子程序的过程

5.1.2 中断技术的作用

计算机系统采用中断技术,可以提高 CPU 的工作效率和处理问题的灵活性,其作用体现在以下几个方面。

(1)解决了快速 CPU 和低速外设之间的速度匹配问题,使 CPU 和外设同时工作。CPU 的工作速度是微秒级的,而外设的工作速度一般在毫秒级以上。CPU 在启动外设工作后继续执行主程序,同时外设也在工作。当外设完成某项任务后,就发出中断申请,请求 CPU 中断它正在执行的程序,转去执行中断处理程序。中断处理完之后,CPU 恢复执行主程序,外设也继续工作。这样,可以启动多个外设同时工作,有效地提高了 CPU 的效率。

(2)可以实现实时处理。所谓实时控制,就是要求计算机能及时地响应被控对象提出的分析、计算和控制等请求,使被控对象保持在最佳工作状态,以达到预定的控制效果。在实时控制中,现场的各种参数、状态随时间和现场变化,可根据要求随时向 CPU 发出中断申请请求 CPU 处理,若中断条件满足,CPU 立即响应并处理。

(3)可以对突发故障及时处理。对于系统掉电、存储出错、运算溢出等难以预料的情况或故障,可由故障源向 CPU 发出中断请求,CPU 响应后,按照事先拟定处理预案进行处理。

(4)可以实现多任务资源共享。当一个 CPU 面对多项任务时,可能会出现在同一时刻几项任务同时要求 CPU 处理的情况,即资源竞争。中断技术是解决资源竞争的有效方法,它可以使多项任务共享一个资源,使得 CPU 能够分时完成多项任务。

5.2 MCS-51 单片机的中断系统

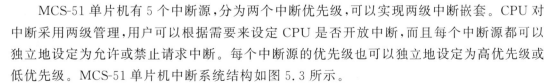

MCS-51 单片机有 5 个中断源,分为两个中断优先级,可以实现两级中断嵌套。CPU 对中断采用两级管理,用户可以根据需要来设定 CPU 是否开放中断,而且每个中断源都可以独立地设定为允许或禁止请求中断。每个中断源的优先级也可以独立地设定为高优先级或低优先级。MCS-51 单片机中断系统结构如图 5.3 所示。

MCS-51 单片机的 5 个中断源分别是两个外部事件中断、两个定时器/计数器计数溢出事件触发的中断和一个串行口缓冲器接收到或发送完数据触发的中断。

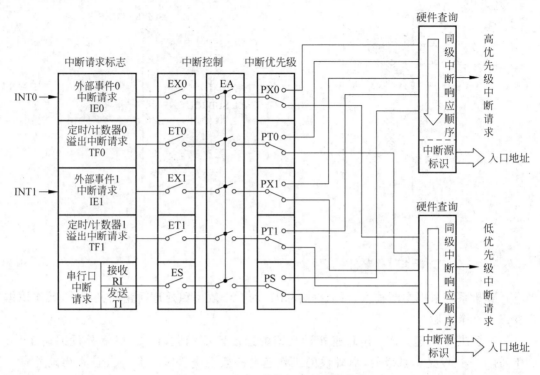

图 5.3   MCS-51 单片机中断系统结构

外部事件中断是由来自单片机外部的信号触发的，中断请求信号分别由引脚 $\overline{INT0}$(P3.2)和 $\overline{INT1}$(P3.3)引入。定时器/计数器溢出中断是计数器发生计数溢出而触发的中断。定时器/计数器溢出中断是为了实现定时或计数的需要而设置的。当计数器发生计数溢出时，意味着定时时间到或计数值已达到要求，向 CPU 请求中断。这是由单片机内部发出的中断请求。串行口中断是为单片机串行数据发送和接收的需要而设置的。当串行口接收或发送完一帧串行数据时，产生一个中断请求。这种请求也是在单片机内部发出的。

中断触发后，中断触发标志被登记在寄存器中，MCS-51 单片机没有专用的中断标志寄存器，它用两个特殊功能寄存器 TCON 和 SCON 分别登记 5 个中断源的中断触发标志，以此向 CPU 请求中断。CPU 开放中断与否、中断源是否允许中断由中断控制寄存器 IE 设定，而中断优先级由中断优先级寄存器 IP 中的位来设定。查询电路用来处理相同优先级时 CPU 响应中断请求的顺序，以实现硬件调用响应的中断处理程序。下面介绍 MCS-51 单片机的中断系统。

5.2.1   MCS-51 单片机的中断标志

MCS-51 单片机的 5 个中断源的中断请求标志如图 5.3 所示。中断标志位的状态为 1 时，表明对应的中断源触发了中断，产生了中断请求。这些标志位分别由两个特殊功能寄存器来存储，即定时器/计数器控制寄存器（Timer/Counter Control Register，TCON）和串行口控制寄存器（Serial Port Control Register，SCON）。中断系统在每个机器周期采样这些标志，并在下一个机器周期查询它们，以确定哪些中断源发出了中断请求，然后进行相应的处理。

1. 定时器/计数器控制寄存器(TCON)

定时器/计数器控制寄存器 TCON 锁存外部事件中断请求标志以及定时器/计数器的溢出标志。TCON 的地址为 88H,各位的位地址为 88H～8FH,TCON 寄存器的内容如图 5.4 所示。

D7	D6	D5	D4	D3	D2	D1	D0
TF1	TR1	TF0	TR0	IE1	IT1	IE0	IT0

图 5.4 TCON 寄存器的内容

1) 外部事件中断请求标志

IE0 为外部事件中断 $\overline{INT0}$ 的中断请求标志位,IE1 为外部事件中断 $\overline{INT1}$ 的中断请求标志位。当外部事件发生时,在单片机引脚 $\overline{INT0}$ 和 $\overline{INT1}$ 产生中断请求信号,IE0 和 IE1 分别由来自引脚 $\overline{INT0}$ 和 $\overline{INT1}$ 的外部中断请求信号触发。

外部事件中断可以由电平触发(Level Activated)或跳变触发(Transition Activated),中断触发的方式取决于 TCON 寄存器中 IT0 和 IT1 的设定。IT0 和 IT1 分别为定义 $\overline{INT0}$ 和 $\overline{INT1}$ 引脚上中断请求信号的触发方式。

下面以外部事件中断 $\overline{INT0}$ 为例来说明外部事件中断触发机制。

当 IT0 为 1 时,设置外部事件中断 $\overline{INT0}$ 为跳变触发方式,如果在 $\overline{INT0}$ 引脚上出现高电平变为低电平的负跳变,IE0 位由硬件自动置 1,以此为标志向 CPU 请求中断。CPU 响应中断时,自动将中断请求标志 IE0 清零。

当 IT0 为 0 时,外部事件中断为电平触发方式。在电平触发方式时,中断请求标志由外部中断请求触发信号控制,如果在 $\overline{INT0}$ 引脚上为低电平时,中断标志位 IE0 位则由硬件置 1,以此为标志向 CPU 请求中断,如果在 $\overline{INT0}$ 引脚上为高电平时,中断标志位 IE0 位则被清零。

外部事件中断为跳变触发方式时,在两个连续的机器周期内,第 1 个机器周期在 $\overline{INT0}$ 引脚上检测到的中断请求信号为高电平,第二个机器周期检测到其为低电平,那么,由硬件自动把 IE0 置 1,向 CPU 请求中断。因此,在这种触发方式下,中断请求信号的高电平和低电平的持续时间应不少于 1 个机器周期,以保证跳变能够被检测到。CPU 响应中断,IE0 自动清零。

在单片机复位时,IT0 被清零,外部事件中断为电平触发方式。

外部事件中断 $\overline{INT1}$ 的中断触发机制与 $\overline{INT0}$ 类似。

2) 定时器/计数器溢出标志

TF0 为定时器/计数器 T0 的计数溢出标志位,TF1 为定时器/计数器 T1 的计数溢出标志位。

以定时器/计数器 T0 为例,定时器/计数器 T0 启动计数后,从初始值开始加 1 计数,当计数器计满后(计数器的所有位都为 1),再计 1 次,计数器溢出,溢出标志位 TF0 由硬件自动置 1 并锁存,以此向 CPU 请求中断。CPU 响应计数器溢出中断后,标志位 TF0 被自动清零。

定时器/计数器 T1 的中断触发过程与 T0 类似。

2. 串行口控制寄存器(SCON)

串行口控制寄存器 SCON 锁存串行口发送结束标志和接收到数据的标志,不论哪个中断标志有效都会触发串行口中断。SCON 的地址为 98H，各位的位地址为 98H～9FH，SCON 寄存器的内容如图 5.5 所示。

D7	D6	D5	D4	D3	D2	D1	D0
SM0	SM1	SM2	REN	TB8	RB8	TI	RI

图 5.5 SCON 寄存器的内容

1) 串行口发送中断请求标志位：TI

当串行口发送缓冲器 SBUF 发送完一帧数据后，由硬件自动把 TI 置 1，以此向 CPU 请求中断。值得注意的是，在 CPU 响应中断时，TI 并不会被自动清零，必须由用户在中断处理程序中用软件清零；否则，CPU 将会陷入响应中断和中断处理当中。

2) 串行口接收中断请求标志位：RI

当串行口接收缓冲器 SBUF 接收完一帧串行数据后，由硬件把 RI 置 1，以此向 CPU 请求中断。同样，在 CPU 响应中断时，RI 并不会被自动清零，必须由用户在中断处理程序中用软件清零；否则，CPU 将会陷入响应中断和中断处理当中，将会造成数据帧的丢失。

由于串行口接收和发送共享一个中断源，发送结束标志 TI 和接收到数据标志 RI 只要其中有一个被置 1，都会产生串行口中断请求。因此，在双工通信时，为了辨别哪一个触发了中断，首先必须在中断处理程序中检测 TI 和 RI 的状态，然后清除标志位（TI 或 RI），再进行相应的中断处理，以保证接收和发送的持续进行。

5.2.2 MCS-51 单片机的中断控制

如图 5.3 所示，MCS-51 单片机的中断控制分为两级，第一级通过 5 个中断允许控制位来确定屏蔽或者允许某个中断源的中断请求，第二级通过 1 个控制位来确定 CPU 开放或禁止中断。MCS-51 单片机提供了一个专门的特殊功能寄存器——中断允许寄存器（Interrupt Enable Register，IE）来保存这些中断允许控制位。IE 寄存器的地址为 0A8H，寄存器中各位的位地址为 0A8H ～0AFH。IE 寄存器的内容如图 5.6 所示。

D7	D6	D5	D4	D3	D2	D1	D0
EA	—	—	ES	ET1	EX1	ET0	EX0

图 5.6 IE 寄存器的内容

1. CPU 的中断控制位：EA

EA 为 MCS-51 单片机的 CPU 中断控制位。

当 EA=0，禁止所有中断源中断 CPU 工作，即禁止 CPU 响应任何中断请求。

当 EA=1，允许中断源中断 CPU 工作，即开放 CPU 的中断响应功能。CPU 开放中断后，每个中断源可以独立地设置为禁止或允许中断。

2. 外部中断允许控制位：EX0 和 EX1

EX0 为外部事件中断 $\overline{INT0}$ 的中断允许控制位。

当 EX0=0，禁止外部事件中断 CPU 工作，即屏蔽了中断请求，即使外部事件发生，中断标志 IE0 置 1，CPU 也不会响应。

当 EX0=1，允许外部事件中断 CPU 工作。在 CPU 开放中断（EA 为 1）且该控制位为 1 的情况下，外部事件发生时 IE0 被置 1，向 CPU 请求中断。

EX1 为外部事件中断 $\overline{\text{INT1}}$ 的中断允许控制位。外部事件中断 $\overline{\text{INT1}}$ 的中断控制过程与 $\overline{\text{INT0}}$ 类似。

3. 定时器/计数器溢出中断允许控制位：ET0 和 ET1

ET0 为定时器/计数器 T0 溢出中断允许控制位。

当 ET0＝0，禁止定时器/计数器计数溢出时中断 CPU 工作。在这种情况下，即使计数器计数溢出，溢出标志位 TF0 置 1，CPU 也不会响应这个中断请求。TF0 可作为查询计数器是否溢出的测试标志。

当 ET0＝1，允许定时器/计数器计数溢出时中断 CPU 工作。在 CPU 开放中断且该控制位为 1 的情况下，一旦计数器计数溢出就会把 TF0 置 1，向 CPU 请求中断。

ET1 为定时器/计数器 T1 溢出中断允许控制位。定时器/计数器 T1 溢出中断控制过程与 T0 类似。

4. 串行中断允许控制位：ES

ES 为串行口的中断允许控制位。当 ES＝0 时，禁止串行口中断，即使接收缓冲器接收到数据把接收中断标志 RI 置位，或者发送缓冲器发送完数据把发送中断标志 TI 置位，CPU 也不会响应这个中断请求。标志位 RI 和 TI 可以作为接收和发送结束的测试标志位。当 ES＝1 时，允许串行口中断，RI 和 TI 二者中只要有一个为 1，即可向 CPU 请求中断。

MCS-51 单片机复位后，IE 被清零，因此，复位后所有中断都是被禁止的。若需要允许中断，必须根据需要重新设置 IE。

例 5.1　一个单片机应用系统要求外部事件 $\overline{\text{INT1}}$、定时器/计数器 T0 以及串行口具有中断功能，如何设定 IE 寄存器？

因为应用系统要求 $\overline{\text{INT1}}$、T0 以及串行口具有中断功能，首先必须使 CPU 开放中断，因此，EA 应设置为 1，$\overline{\text{INT1}}$、T0 以及串行口对应的中断控制位 EX1、ET0 和 ES 也应为 1。程序如下：

```
IE = 0x96;
```

或：

```
EA = 1;        ;CPU 开放中断
EX = 1;        ;允许 INT1 中断
ET = 1;        ;允许定时器/计数器 T0 溢出中断
ES = 1;        ;允许串行口中断
```

5.2.3　MCS-51 单片机的中断优先级

当多个中断源同时请求中断，或者 CPU 正在处理一个中断，又有了新的中断请求，对于上述情形 MCS-51 单片机该如何处理呢？MCS-51 单片机设置了一个中断优先级寄存器（Interrupt Priority Register，IP）用于设置中断源的优先级，每个中断源可以被设置为高优先级或者低优先级（见图 5.3），可以实现两级中断嵌套。对于上述问题，MCS-51 单片机有以下处理原则。

（1）多个中断源同时向 CPU 请求中断时，首先响应高优先级中断源的中断请求。

（2）当 CPU 正在处理一个中断，又有新的中断请求时，如果新的中断请求的优先级高于正在处理的中断，则 CPU 暂停正在执行的中断处理，去响应新的中断请求，即高优先级中断请求可以中断低优先级的中断处理，从而实现中断嵌套，如图5.7所示。如果是新的中断请求的优先级与正在处理的中断相同，或者其优先级低于正在处理的中断，那么，CPU不会响应这个中断请求，将继续执行中断处理，待本次中断处理结束返回后，再对新的中断请求进行处理，也就是说，相同优先级和低优先级的中断请求不能中断高优先级或相同优先级的中断处理。

中断优先级寄存器IP寄存器的地址为0B8H，各位的位地址为0B8H～0BFH。IP寄存器的内容如图5.8所示。

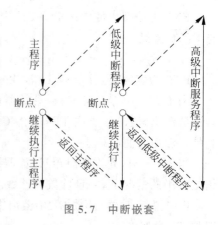

图5.7　中断嵌套

D7	D6	D5	D4	D3	D2	D1	D0
—	—	—	PS	PT1	PX1	PT0	PX0

图5.8　IP寄存器的内容

（1）PX0为外部事件中断 $\overline{\text{INT0}}$ 的优先级设定位；PX0＝0，该中断源为低优先级，PX0＝1，该中断源为高优先级。

（2）PT0为定时器/计数器T0的中断优先级设定位；PT0＝0，该中断源为低优先级，PT0＝1，该中断源为高优先级。

（3）PX1为外部事件中断 $\overline{\text{INT1}}$ 的优先级设定位；PX1＝0，该中断源为低优先级，PX1＝1，该中断源为高优先级。

（4）PT1为定时器/计数器T1的中断优先级设定位；PT1＝0，该中断源为低优先级，PT1＝1，该中断源为高优先级。

（5）PS为串行口中断的优先级设定位。PS＝0，该中断源为低优先级；PS＝1，该中断源为高优先级。

单片机复位时，IP被清零，所有中断源被默认为低优先级中断。在应用系统设计时，可以根据需要把所用中断源设置为高优先级或低优先级中断。

例5.2　把定时器/计数器T0和串行口中断源设置为高优先级。

设置优先级的程序如下：

```
IP = 0x12;
```

或：

```
PT0 = 1;    //设置定时器/计数器 T0 为高优先级中断源
PS = 1;     //设置串行口为高优先级中断源
```

如果有多个相同优先级的中断源同时向CPU请求中断，这时CPU该如何应对呢？如图5.3所示，MCS-51单片机的中断系统设立了一个硬件查询电路，由中断系统内部的查询顺序来确定CPU优先响应哪一个中断请求。优先级相同时，5个中断源的优先级由高到低排列顺序见表5.1。

表 5.1　优先级相同时的中断优先级排列顺序

序号	中　断　源	中断请求标志	优先级
1	外部事件中断 $\overline{INT0}$	IE0	最高
2	定时器/计数器 T0 溢出中断	TF0	
3	外部事件中断 $\overline{INT1}$	IE1	↓
4	定时器/计数器 T1 溢出中断	TF1	
5	串行口接收和发送中断	RI 和 TI	最低

5.2.4　MCS-51 中断响应及处理过程

在程序中设置了 CPU 的中断控制位和中断允许控制位以后,当中断源触发中断时,相应的中断标志位被置 1。MCS-51 单片机的中断系统在每一个机器周期对所有中断标志位的状态进行采样,并在随后的一个机器周期查询这些中断标志,以确定哪一个中断源请求中断。如果中断系统检测到某个中断标志为 1,则表明该中断源向 CPU 发出了中断请求。但是,MCS-51 单片机的 CPU 响应中断请求是有条件的,如果此时不存在下列 3 种情形,CPU 将响应这个中断请求,立即产生一个硬件调用,使程序转移到相应的中断处理程序入口地址处调用中断处理程序,进行中断处理。3 种情形如下。

(1) CPU 正在处理相同优先级或高优先级的中断。

(2) 当前的机器周期不是指令的最后一个机器周期。

(3) 正在执行的指令是中断返回指令 RETI 或者是访问特殊功能寄存器 IE 或 IP 的指令。

CPU 响应中断时,必须是在一条指令执行结束之后。另外,CPU 执行 RETI 指令和对寄存器 IE 和 IP 访问的指令时,即使指令执行结束也不会立即响应,必须至少再执行一条指令方可响应中断请求。

对于有的中断源,CPU 在响应时会自动清除中断请求标志,如外部事件中断 $\overline{INT0}$ 和 $\overline{INT1}$ 跳变触发方式时的中断请求标志 IE0 和 IE1,定时器/计数器溢出的中断标志 TF0 和 TF1。

CPU 响应中断请求时,中断系统会根据中断源的优先级把相应的高优先级触发器或低优先级触发器置 1,以封锁相同优先级和低级优先级的中断请求;然后由硬件自动把当前程序计数器 PC 的内容(即断点)压入堆栈保护,并且把相应的中断处理程序入口地址装入程序计数器 PC,使程序转移到中断处理程序。

中断处理程序是根据处理中断事件的预案而设计的应用程序,即某个中断触发以后需要完成哪些任务。MCS-51 单片机各中断源的中断处理程序入口地址是固定的,见表 5.2。一旦 CPU 响应了某个中断请求,就会直接转到相应的入口地址去执行程序。

表 5.2　各中断源的中断处理程序入口地址和编号

序　　号	中　断　源	入 口 地 址	中 断 编 号
1	外部事件中断 $\overline{INT0}$	0003H	0
2	定时器/计数器 T0 溢出中断	000BH	1
3	外部事件中断 $\overline{INT1}$	0013H	2
4	定时器/计数器 T1 溢出中断	001BH	3
5	串行口接收和发送中断	0023H	4

MCS-51 单片机 CPU 的中断响应过程可用图 5.9 描述。

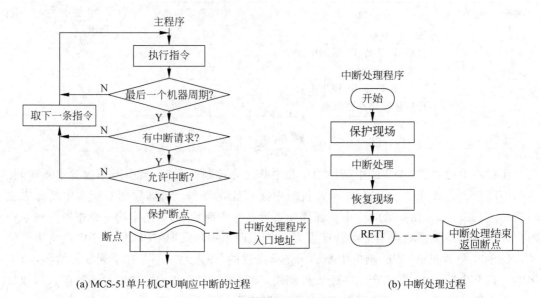

(a) MCS-51单片机CPU响应中断的过程 (b) 中断处理过程

图 5.9 MCS-51 单片机 CPU 的中断响应过程

应用系统中只包含一个优先级中断源时，中断处理程序结构如图 5.10 所示。

值得注意的是，虽然 CPU 响应中断时，自动进行了置位高或低优先级触发器、保护断点、装入中断入口地址到 PC 等操作，但并没有关中断的操作。因此，应用系统包含高低优先级中断源时，为了防止高优先级中断响应干扰现场保护和恢复，中断嵌套程序设计时低优先级中断处理程序如图 5.10(b)所示，而高优先级中断处理程序的结构则无须考虑低中断处理的干扰，其结构图为图 5.10(a)。

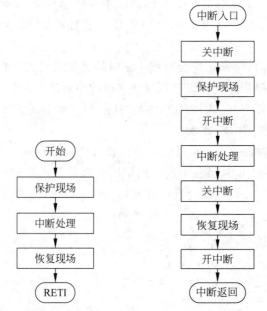

(a) 中断处理程序的一般结构   (b) 低优先级中断处理程序结构

图 5.10 中断处理程序结构

当包含多个相同优先级的中断源时,高、低优先级中断处理可采用图5.10的两种结构,但必须保证各个中断处理程序使用的单元、寄存器不冲突,除非有必要。

由第 4 章可知,在 C51 语言中,中断处理程序被作为一种特殊的函数——中断函数。由于中断函数既不传递参数,又没有返回值,其常用格式为:

```
void 函数名(void) interrupt n using m
{
    函数体;
}
```

interrupt n 指出中断源的编号(见表5.2),using m 用来指定该中断函数所用的工作寄存器组,m 为 0～3。

中断处理程序被编译器编译产生目标代码时,会做如下处理。

(1) 根据中断源编号,自动生成跳转中断入口地址的指令。

(2) 生成保护现场的代码,实现 ACC、B、DPH、DPL 和 PSW 的内容的入栈保护。

(3) 如果中断函数没有用 using 属性指定该函数要使用的工作寄存器组,则生成保护所有工作寄存器的代码,把工作寄存器内容保护在堆栈中。如果使用 using 属性指定,则不产生代码。

(4) 生成恢复现场的代码,在退出中断函数之前,需要恢复保护在堆栈中的工作寄存器和特殊寄存器内容。

(5) 生成中断返回指令(RETI)代码

下面用一个定时器/计数器 T0 中断处理程序的例子来说明生成目标代码的原理。该函数使用了工作寄存器组 3。为了便于说明,把语句所在行的行号标记在其左侧。C51 语言源文件如下:

```
1          extern bit alarm;
2          int alarm_count;
3
4
5          void falarm(void) interrupt 1 using 3 {
6           alarm_count * = 2;
7           alarm = 1;
8          }
```

编译后产生的代码文件为:

```
     ; FUNCTION falarm(BEGIN)
0000 C0E0     PUSH   ACC
0002 C0D0     PUSH   PSW
                     ; SOURCE LINE # 5
                     ; SOURCE LINE # 6
0004 E500     MOV    A, alarm_count + 01H
0006 25E0     ADD    A, ACC
0008 F500     MOV    alarm_count + 01H, A
000A E500     MOV    A, alarm_count
000C 33       RLC    A
000D F500     MOV    alarm_count, A
                     ; SOURCE LINE # 7
000F D200     SETB   alarm
                     ; SOURCE LINE # 8
```

```
0011 D0D0          POP    PSW
0013 D0E0          POP    ACC
0015 32            RETI
     ; FUNCTION falarm(END)
```

从生成的代码文件可以看出，编译后的目标代码由保护现场、中断处理、恢复现场和中断返回 RETI 几部分构成，同时生成了跳转到中断入口地址的指令。另外，由于指定了工作寄存器组，在代码中没有保护工作寄存器的代码。

在应用中断函数时应注意以下几点。

（1）中断函数不能传递参数。如果想要中断函数有返回值，则该函数不能使用 using 属性，因为要返回的值是存放在工作寄存器中的，返回时要恢复到函数调用之前工作寄存器组，会导致错误的返回值。如果中断函数用工作寄存器传递参数，同样也不能使用 using 属性，因为中断函数切换工作寄存器组会丢失这些参数。例如在一个中断函数 ISR1 中调用函数 FUN1，程序如下：

```
void ISR1(void) interrupt 0 using 1
{
    函数体;
}
```

函数 FUN1 声明如下：

```
void FUN1(void)
{
    函数体;
}
```

ISR1 被指定使用工作寄存器区 1，假设 FUN1 在编译时被默认使用工作寄存器区 0，由于 8051 单片机没有工作寄存器到工作寄存器的传送指令。因此，编译器只能对此生成工作寄存器到存储器单元的传送指令。编译器可根据所用的工作寄存器区计算出它的 8 个工作寄存器的单元地址。例如，计算得到函数 FUN1 使用的工作寄存器区 0 的 8 个工作寄存器是 0x00～0x07。如果所选的工作寄存器区不是 0 区，则该函数编译时可能会覆盖这些单元，导致传递的数据丢失，函数的运行结果不正确。为了保证中断函数正确调用 FUN1 函数，可使用 registerbank 编译指令指定 FUN1 使用工作寄存器区 1，这样编译时在函数中不生成切换工作寄存器区的代码。

（2）中断函数不能作为普通的自定义函数调用。直接调用中断过程是无意义的，中断函数退出时 CPU 执行了 RETI 指令，意味着 CPU 响应了一次无中断请求的中断处理，可能导致不可预料的执行结果。另外，也不能通过函数指针调用中断函数。

（3）如果中断函数调用了其他函数，则被调用的函数所用工作寄存器须与中断函数一致。另外，在这种情况下，被调用的函数最好设置为可重入的，这是由于中断是随机的，应用程序运行时有可能会出现中断函数所调用的函数被嵌套调用的情形。其次，中断函数最好写在应程序尾部，且禁止使用 extern 存储类型说明，以防其他程序调用。

（4）编译器编译时，进入中断函数，寄存器 ACC、B、PSW 会入栈保护，中断处理结束退出时这些寄存器内容会被从堆栈中恢复。如果有属性 using n，在中断处理程序中，先对 PSW 内容入栈保护，再修改 PSW 中寄存器选择位指定中断处理程序所用的工作寄存器组。

（5）如果应用系统使用了多个中断源，这些中断源的优先级相同，那么它们的中断函数可以共享同一个工作寄存器组,因为这些中断函数执行时不会被其他中断源的中断请求所中断。以此类推,在应用系统中存在不同优先级的中断源时,可以给具有相同中断优先级的所有中断函数分配给相同的工作寄存器区,这样可减少应用程序所需的工作寄存器区和存储空间。

5.3 外部事件中断及应用

5.3.1 外部事件中断的响应时间

1. 触发方式

MCS-51 单片机的外部事件中断请求是通过 $\overline{\text{INT0}}$ 和 $\overline{\text{INT1}}$ 引脚引入的,通过软件设置触发方式,中断触发方式既可以为电平触发方式,也可以为跳变触发方式,在使用外部事件中断源时,中断触发信号必须与触发方式协调一致,使产生中断触发信号的电路满足以下要求。

(1) 电平触发方式时,由于中断请求标志完全由引脚 $\overline{\text{INT0}}$ 或 $\overline{\text{INT1}}$ 的电平控制,虽然在每个机器周期中断系统都采样中断标志位的状态,但由于单片机只能在执行完一个指令后响应中断请求,因此,$\overline{\text{INT0}}$ 或 $\overline{\text{INT1}}$ 引脚上的中断请求信号必须保持足够长的时间,直到中断实际发生为止;否则,会丢失中断请求。在系统存在多级中断时,必须重视触发信号的有效时间。另外,中断触发信号低电平的维持时间也不能太长,在 CPU 响应中断,进入子程序后,即可撤除本次中断请求信号。

(2) 跳变触发方式时,在 $\overline{\text{INT0}}$ 或 $\overline{\text{INT1}}$ 引脚上的高电平和低电平保持时间必须不少于1 个机器周期。由于 CPU 响应中断时,自动把中断请求标志清零,撤除了本次中断请求,因此,在设计时一般不考虑中断请求信号的撤除问题。

2. 中断响应时间

中断响应时间是指从中断请求标志位置 1 到 CPU 开始执行中断服务程序的第一条指令所持续的时间。CPU 并非每时每刻都对每一个中断请求予以响应;另外,不同的中断请求其响应时间也是不同的,因此,中断响应时间形成的过程较为复杂。本节以外部事件中断为例,说明 MCS-51 单片机的中断响应所需的时间,以便在程序设计时能合理地估算程序的运行时间,进一步提升程序的运行效率。

1) 中断请求立即被 CPU 响应

CPU 在每个机器周期采样 $\overline{\text{INT0}}$ 和 $\overline{\text{INT1}}$ 引脚上的电平,如果中断请求有效,则把相应中断请求标志位置位,然后在下一个机器周期再查询中断请求标志位的状态,这就意味着中断请求信号的低电平至少应维持一个机器周期。这时,如果满足中断响应条件,则 CPU 响应中断请求,在下一个机器周期执行硬件调用,使程序转入中断入口地址处。该调用指令执行时间是两个机器周期,因此,外部中断响应时间至少需要三个机器周期,这是最短的中断响应时间。

2) 中断响应条件不满足,中断请求没有被 CPU 立即响应

虽然中断触发,中断请求标志位被置 1,但是由于中断响应的 3 个条件不能满足,响应被阻断,中断响应时间被延长,假如以下几种情形。

(1) 如果此时一个相同优先级或高优先级的中断正在处理执行,则附加的等待时间取

决于正在执行的中断处理程序的执行时间。

（2）如果正在执行的一条指令还没有到最后一个机器周期，则附加的等待时间为 1～3 个机器周期（因为指令最长的执行时间为 4 个机器周期：乘法、除法指令）。

（3）如果正在执行的指令是 RETI 指令或访问 IE、IP 的指令，则附加的等待时间在 5 个机器周期之内（最多用一个机器周期完成当前指令，再加上最多 4 个机器周期完成下一条指令）。

综上所述，如果系统中只有一个中断源，中断响应时间为 3～8 个机器周期。如果有多个中断或多级中断处理嵌套时，中断响应时间与相同优先级或高优先级的中断处理程序的执行时间有关。

5.3.2 外部事件中断源的应用

1. 外部事件中断方法的选择

单片机应用系统需要处理大量的输入信号，那么，对这些信号处理时是采用查询方式还是采用中断处理方式呢？所谓查询就是让计算机不断地对输入信号进行检测、判断和处理。针对这个问题，应该从系统本身的要求出发，考虑以下两方面的因素。

（1）考察应用系统对输入信号状态变化的反应快慢程度，如果应用系统的最大响应时间较小，那么，对输入信号最好采用中断方法。不管应用系统对输入信号的查询速度有多么迅速，其平均响应时间一般大于中断方法的响应时间。

（2）考察输入信号状态变化的最小持续时间；如果信号触发频率接近指令周期频率的 1/10，那么，最好采用中断方法；否则，查询时需要采用较小的查询循环。

除此之外，应用系统中有多个输入信号，每一个输入都要求用中断方法处理。对于这种情况，要么采用中断源共享的方法，使它们共享 MCS-51 单片机仅有的两个中断源，要么从整个系统的设计要求出发，把其中的一些相对不重要的输入采用查询方式处理。

2. 外部事件中断的初始化及中断处理程序编程步骤

1）中断系统初始化

在主程序对中断系统初始化时，需完成以下设置。

（1）设置外部事件中断请求信号的触发方式。

① 电平触发：$IT_x = 0, x = 0, 1$。由于单片机复位后，IT1 和 IT0 被清零，默认为电平触发方式，因此，有时可以在程序中被省略。

② 跳变触发方式：$IT_z = 1, x = 0, 1$。

（2）开放 CPU 中断：EA=1。

（3）设置外部事件中断允许控制位：EX0=1 或 EX1=1。

（4）如果有中断嵌套处理，设置中断源的优先级。

① 设置外部事件中断源为高优先级：PX0=1 或 PX1=1。

② 设置外部事件中断源为低优先级：PX0=0 或 PX1=0。由于单片机复位后，IP 被清零，默认所有中断源为低优先级，因此，有时在程序中被省略。

在主程序中，对中断系统初始化时，也可以采用下列形式设置中断允许控制位和中断源的优先级：

```
IE = 0x81;          //开中断,开外部事件 0 中断
IP = 0x01;          //设置外部事件 0 中断源为高优先级
```

2) 中断处理程序编程

中断处理程序是根据处理外部事件的具体要求而设计的程序。C51 语言有专门的中断函数。程序设计时,可以参考图 5.10 的结构。

3. 外部事件采用跳变触发方式请求中断

例 5.3　单片机应用系统如图 5.11 所示,P1 口为输出口,外接 8 个指示灯 L0~L7。系统工作时,指示灯 L0~L7 逐个被点亮。在逐个点亮 L0~L7 的过程中,当开关 K 被扳动时,则暂停逐个点亮的操作,L0~L7 全部点亮并闪烁 10 次。闪烁完成后,从暂停前的灯位开始继续逐个点亮的操作。

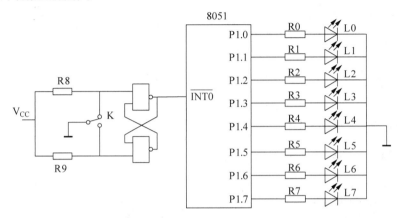

图 5.11　例 4.1 单片机应用系统

为了实现开关 K 扳动 1 次仅在 $\overline{INT0}$ 引脚产生 1 次高电平到低电平的负跳变,用 R-S 触发器设计了消除开关触点机械抖动的电路。K 每扳动 1 次,产生 1 次中断请求,根据题意,设计的程序如下:

(1) 主程序:

```
# include < reg51.h >                        //头文件
# define DataPort P1                         //定义端口 P1
unsigned char code  dofly_DuanMa[8] = {0x01,0x03,0x07,0x0f,
                       0x1f,0x3f,0x7f,0xff};  //逐个点亮显示码
unsigned char code dofly_10[2] = {0xff,0x00}; //全亮、全灭显示码
void Delay(unsigned int t);                  //延时函数声明
void Display(unsigned char Num);
/ * -----------------------------------------------
                  主函数
-------------------------------------------------- * /
void Main(void)
{
    unsigned int j;
    EX0 = 1;                                 //允许外部中断 INT0 中断
    IT0 = 1;                                 //设置 INT0 中断源为跳变触发
    EA = 1;                                  //开放 CPU 中断
    while(1)
      {                                      //正常工作状态,逐个点亮 LED
      j++;
      if(j==8)                               //显示位置
        {
```

```
        j = 0;                                      //显示位置复位
      }
    Display(j);                                     //显示
  }
}
```

（2）延时子程序：

```
/ * -------------------------------------------------
延时函数,含有输入参数 unsigned int t,无返回值
unsigned int 是定义无符号整形变量,其值的范围是 0～65535
------------------------------------------------- * /
void Delay(unsigned int t)
{
  while(t -- );
}
```

（3）显示子程序：

```
/ * -------------------------------------------------
  显示函数,Num 表示显示位置
------------------------------------------------- * /
void Display(unsigned char Num)
{
    DataPort = 0;                                   //全灭,消隐,防止有交替重影
    DataPort = dofly_DuanMa[Num];                   //取显示码并显示
    Delay(50000);                                   //状态维持
}
```

（4）中断处理程序：

```
/ ****************************************************************
 * 名称 ：Outside_Int1()
 * 功能 ：外部中断 0 的中断处理
 * 输入 ：无
 * 输出 ：无
 **************************************************************** /
void Outside_Int1(void) interrupt 0
{
   unsigned char i;
     Delay(2);
      for(i = 0;i < 10;i++)
       { DataPort = dofly_10[0];                    //取显示码,全亮
         Delay(50000);                              //状态维持
         DataPort = dofly_10[1];                    //取显示码,全灭
         Delay(50000);                              //状态维持
       }
   Delay(30);
}
```

4. 外部事件采用电平触发方式请求中断

　　例 5.4　如图 5.12 所示,P1.0～P1.3 为输出,外接指示灯 L0～L3,P1.7～P1.4 为输入,外接开关 K0～K3,欲采用外部中断控制方式实现按钮开关 K0～K3 分别控制指示灯 L0～L3,按钮开关 S 每闭合一次,外部中断触发一次,程序改变一次指示灯的显示状态。

　　在图 5.12 中,当按键 S 每按动一次,在 D 触发器的 CLK 端产生一个正脉冲,D 触发器

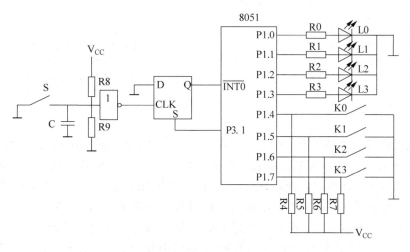

图 5.12　例 5.4 应用系统图

翻转,Q端输出低电平并锁存,产生中断请求信号。由于电平触发时,CPU响应中断后,中断标志 IE0 并不能自动清除,需要用外部手段撤除中断请求信号,因此,在进入中断处理程序后,应通过软件撤除本次的中断请求信号,程序中 P3.1 为 0 时,D 触发器的置位端 S 为1,使 D 触发器的 Q 输出高电平,撤除了本次中断请求。这样,下一次按动 S 时,可以触发新的中断。根据题意,程序如下:

（1）主程序:

```
# include < reg51.h >
sbit KEY0 = P1^4;                           //定义按键 K0 输入端口
sbit KEY1 = P1^5;                           //定义按键 K1 输入端口
sbit KEY2 = P1^6;                           //定义按键 K2 输入端口
sbit KEY3 = P1^7;                           //定义按键 K3 输入端口
sbit LED0 = P1^0;                           //定义 led0 输出端口
sbit LED1 = P1^1;                           //定义 led1 输出端口
sbit LED2 = P1^2;                           //定义 led2 输出端口
sbit LED3 = P1^3;                           //定义 led3 输出端口
sbit SetQ1 = P3^1;                          //定义 D 触发器的 S 端,清除中断请求
sbit SetQ2 = P3^2;                          //定义 INT0 端口
                                            /* 主函数 */
void Main(void)
{
    EX0 = 1;                                //允许外部中断 INT0 中断
    IT0 = 0;                                //设置 INT0 中断源为电平触发方式
    EA = 1;                                 //开放 CPU 中断
    PX0 = 0;                                //设置 INT0 中断源为低优先级
    SetQ1 = 1;
    SetQ2 = 1;
while(1)                                     //主循环
  {}
}
```

（2）中断处理程序:

```
/* 外部中断 INT0 的中断处理 */
void Outside_Int1(void) interrupt 0
```

```
    {
        SetQ1 = 0;                          //清除外部中断请求信号
        LED0 = !KEY0;                       //读入 K0 状态,控制 LED0
        LED1 = !KEY1;                       //读入 K1 状态,控制 LED1
        LED2 = !KEY2;                       //读入 K2 状态,控制 LED2
        LED3 = !KEY3;                       //读入 K3 状态,控制 LED3
        SetQ1 = 1;                          //复位 D 触发器
    }
```

对于跳变触发的外部中断 $\overline{\text{INT0}}$ 或 $\overline{\text{INT1}}$，CPU 在响应中断后由硬件自动清除其中断标志位 IE0 或 IE1，无须采取其他措施。而采用电平触发时，中断请求撤除方法较复杂。因为电平触发时，CPU 在响应中断后，硬件不会自动清除 IE0 或 IE1，也不能用软件将其清除，它是由 $\overline{\text{INT0}}$ 或 $\overline{\text{INT1}}$ 引脚上外部中断请求信号直接决定的。所以，在 CPU 响应中断后，必须立即撤除 $\overline{\text{INT0}}$ 或 $\overline{\text{INT1}}$ 引脚上的低电平。否则，就会引起重复中断。

在图 5.12 中，用开关 S 闭合的事件触发外部中断，当 S 闭合时，在触发器的输入端 CLK 产生一个正脉冲，请求信号不直接加在 $\overline{\text{INT0}}$ 引脚上，而是加在 D 触发器的 CLK 端。由于 D 端接地，当外部中断请求的正脉冲信号出现在 CLK 端时，Q 端输出为 0 并锁存，$\overline{\text{INT0}}$ 为低，外部中断向单片机发出中断请求。CPU 响应中断请求后，进行中断处理，在中断处理程序中用软件来撤除外部中断请求。"SetQ1＝0"使 P3.1 为 0，使 D 触发器输出置位，Q 端输出为 1，从而撤除中断请求。而"SetQ1＝1"使 P3.1 变为 1，其目的是使 D 触发器的输出 Q 受 CLK 控制，新的外部中断请求信号能够向 CPU 再次申请中断。语句"SetQ＝1"是必不可少的；否则，将无法再次形成新的外部中断。

5. 同时使用两个外部中断源

例 5.5 单片机应用系统如图 5.13 所示，P1 口为输出口，外接 8 个指示灯 L0～L7。要求实现下面的要求：

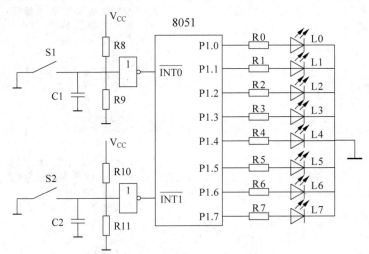

图 5.13 同时使用两个外部中断源的单片机应用系统

（1）系统工作时，指示灯 L0～L7 以 3 个指示灯为一组循环显示。

（2）当 S1 按下时，暂时中断 3 灯循环方式，熄灭全部指示灯，从指示灯 L0 开始逐个点亮并保持，直至 L0～L7 全部点亮，然后熄灭，重复上述过程 5 次后退出，继续 3 灯循环显示模式。

（3）当 S2 按下时，暂时中断 3 灯循环方式，全部指示灯 L0～L7 闪烁显示 10 次后退出，继续 3 灯循环显示模式。

在本例中，S1 和 S2 具有相同的中断优先级，当两个按钮同时按下时，优先响应 S1 的请求；正在处理其中一个时，不会响应另外一个。根据题目要求，同时使用两个外部中断源的程序如下：

（1）主程序：

```
# include < reg51. h >
# define DataPort P1                          //定义 P1 口代号为 DataPort
unsigned char code dofly_DuanMa[8] = {0x07,0x0e,0x1c,0x38,
                   0x70,0xe0,0xc1,0x83};       //正常工作方式时的 LED 显示控制码
unsigned char code dofly_S1[2] = {0xff,0x00}; //工作方式 1 的显示控制码
unsigned char code dofly_S0[9] = {0x00,0x01,0x03,0x07,
                   0x0f,0x1f,0x3f,0x7f,0xff};  //工作方式 2 的显示控制码
void Delay(unsigned int t);                    //函数声明
void Display(unsigned char Num);
/*   主函数 */

void Main(void)
{
    unsigned int j = 0;
    EX0 = 1;                                   //允许外部中断 INT0 中断
    EX1 = 1;                                   //允许外部中断 INT1 中断
    IT0 = 1;                                   //设置 INT0 中断源为跳变触发方式
    IT1 = 1;                                   //设置 INT1 中断源为跳变触发方式
    EA = 1;                                    //开放 CPU 中断
    IP = 0;
    while(1)                                    //正常工作方式
    {
        j++;
        if(j == 8)                             //LED 显示位置
        {
            j = 0;                             //复位 LED 显示位置
        }
            Display(j);                        //显示
    }
}
```

（2）延时子程序：

```
/ * 延时函数,t——延时参数 * /

void Delay(unsigned int t)
{
    unsigned char t0;
    while(t -- )
    {
        for(t0 = 0;t0 < 255;t0++);
    }
}
```

（3）显示子程序：

```
/ * LED 显示函数,Num 为显示位置  * /
void Display(unsigned char Num)
{
    DataPort = 0;                                      //消隐
    DataPort = dofly_DuanMa[Num];                      //LED 显示
    Delay(100);                                        //LED 显示状态维持
}
```

（4）$\overline{INT0}$ 中断源的中断处理程序：

```
/ * 外部中断 INT0 的中断处理——工作方式 1  * /
void Outside_Int1(void) interrupt 0
{
    unsigned char i;
    unsigned char j;
    for(j = 0;j < 5;j++)                               //8 个 LED 逐个点亮,循环 5 次
      {
        for(i = 0;i < 9;i++)
          {
              DataPort = dofly_S0[i];                  //取 LED 显示码显示
              Delay(100);                              //LED 显示状态维持
          }
      }
}
```

（5）$\overline{INT1}$ 中断源的中断处理程序：

```
/ * 外部中断 INT1 的中断处理——工作方式 2  * /
void Outside_Int2(void) interrupt 2
{
    unsigned char i;
    for(i = 0;i < 10;i++)             ;                //亮、暗交替 10 次
    {
      DataPort = dofly_S1[0];                          //全亮
      Delay(100);                                      //
      DataPort = dofly_S1[1];                          //全灭
      Delay(100);                                      //
    }
}
```

6．两级中断嵌套处理

例 5.6 单片机应用系统如图 5.13 所示,P1 口为输出口,外接 8 个指示灯 L0～L7。要求实现如下要求。

（1）系统工作时,L0～L7 以 3 个指示灯为一组循环显示。

（2）当 S1 按下时,暂时中断 3 灯循环方式,熄灭全部指示灯,从 L0 开始逐个点亮并保持,直至 L0～L7 全部点亮,然后熄灭,重复上述过程 5 次后退出,继续 3 灯循环显示模式。

（3）不论在（1）和（2）哪种运行方式下,只要 S2 按下,暂时中断当前的显示方式,全部指示灯闪烁显示 10 次后退出,继续运行以前的显示方式。

在本例中,设置按钮 S2 产生的中断请求为高优先级的,任何时候只要 S2 按下,必须立即响应这个中断请求,此时需要设置 $\overline{INT1}$ 中断源的优先级为高优先级,即 PX1＝1。因此,将例 5.5 程序中的 IP＝0 语句改为 IP＝0x04,其他代码不变,就可实现两级中断嵌套处理的要求。

5.3.3　外部事件中断源的扩展

如果系统中有多个外部事件,可以采用中断源共享的方法,使多个中断源共同使用MCS-51单片机的两个外部事件中断源。

例 5.7　电梯是大型建筑不可缺少的运输工具。在运行过程中,有以下几种情况需要控制系统立即处理。

(1) 当测速传感器检测到电梯超过额定运行速度时,控制系统应立即切断控制回路电源。

(2) 当电梯运行到接近底层和顶层时,安装在电梯轿箱上的撞弓装置撞击到强迫减速开关时,控制系统应强制电梯减速运行。

(3) 强制减速后仍然不能停车,当上限或下限限位开关有效时,应切断整个系统的电源。

(4) 当发生意外情况时,按下紧急停止按钮,电梯紧急制动停车。

(5) 当电路欠压时或电网电压波动时,为了避免控制回路误动作,应切断控制回路电源。

(6) 曳引电机过载时,应进行过载保护,切断控制回路电源。

因为电梯是载人和运货的工具,从(1)~(6)的紧急程度和事故后果来看,(3)的紧急程度最高,(2)次之,其他情况的紧急程度排列顺序依次为:(1),(5),(6),(4)。若采用中断方式处理这些事件,必须进行中断源的扩展以共享单片机的两个外部中断源,中断源扩展电路如图 5.14 所示。图 5.14 中,所有中断采用电平触发形式,中断请求信号一直保持,以确保中断处理的实现,除非控制系统自行撤除中断请求信号,中断处理才会终止。上/下限限位开关闭合触发的事件中断由 $\overline{INT0}$ 引入,该中断源的优先级最高,不论在何种情况下,只要上/下限限位开关闭合,CPU 立即响应。其余几个中断源由 $\overline{INT1}$ 引入,通过与门把它们综合,共享 MCS-51 单片机的外部事件中断 $\overline{INT1}$,它们的状态分别由 P1.0~P1.4 反馈到单片机,通过程序查询它们的状态来判别哪一个事件触发了中断,然后再进行相应的中断处理。程序查询的先后顺序由这些事件的紧急程度(即优先级)确定,其中优先级最高的,程序首先查询,优先级最低的,程序最后查询。

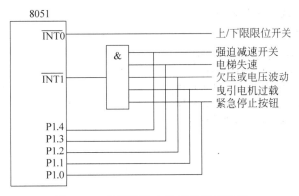

图 5.14　外部事件中断源的扩展电路

根据上述要求和分析,给出电梯控制系统多中断处理的主要程序的实现方法如下:

```
EX0 = 1;                        //
EX1 = 1;                        //
IT0 = 1;                        //设置 INT0 中断源为跳变触发方式
IT1 = 1;                        //设置 INT1 中断源为跳变触发方式
EA = 1;                         //
```

```
        IP = 0x04;                                      //
```

（1）主程序：

```
    #include < reg51.h>
        sbit   P14 = P1^4
        sbit   P13 = P1^3
        sbit   P12 = P1^2
        sbit   P11 = P1^1
        sbit   P10 = P1^0
/* -------------------------- 主函数 -------------------------- */
    void main(void)
     {
        IT0 = 0;                                //设置 INT0 中断源为电平触发方式
        IT1 = 0;                                //设置 INT1 中断源为电平触发方式
        EA = 1;                                 //开放 CPU 中断
        EX0 = 1;                                //允许外部中断 INT0 中断
        EX1 = 1;                                //允许外部中断 INT1 中断
        PX0 = 1;                                //设置 INT0 中断源优先级为高优先级
        PX1 = 0;                                //设置 INT1 中断源优先级为高优先级
        while(1)                                //正常工作方式
         {
             主处理程序;
         }
     }
```

（2）$\overline{INT0}$ 中断处理程序：

```
/* 外部中断 INT0 的中断处理 */
void Outside_Int1(void) interrupt 0
{
    切断系统电源控制程序;
}
```

（3）$\overline{INT1}$ 中断处理程序：

```
/* 外部中断 INT0 的中断处理 */
void Outside_Int2(void) interrupt 2
 {
    if(P14 == 0){转强制换速处理程序;}
    else if(P13 == 0){失速处理程序;}
    else if(P12 == 0){电源故障处理程序;}
    else if(P11 == 0){电机过载处理程序;}
    else if(P10 == 0){急停按钮处理程序;}
 }
```

5.4   本章小结

在 CPU 执行程序的过程中，由于某种原因要求 CPU 暂时停止正在执行的程序，转去执行相应的处理程序，待处理结束后，再返回到暂停处继续执行，这个过程称为中断。

CPU 响应中断请求调用中断处理程序的过程与主程序调用子程序的主要区别在于：子程序调用是用户设计程序时事先安排好的，采用子程序调用指令实现的；而中断事件发生是随机的，调用中断处理程序的过程是由硬件自动完成的。

MCS-51 单片机具有 5 个中断源：两个外部事件中断（$\overline{\text{INT0}}$ 和 $\overline{\text{INT1}}$）、两个定时器/计数器中断和一个串行口中断。它们可以设为两个中断优先级，实现两级中断嵌套。CPU 对中断采用两级管理，用户可以根据需要来设定 CPU 是否开放中断，而且每个中断源都可以独立地设定为允许和禁止中断请求。另外，中断源的优先级也可以独立地设定为高或低优先级。

MCS-51 单片机的 CPU 响应中断请求是有条件的，如果此时不存在下列 3 种情形。

（1）CPU 正在处理相同优先级或高优先级的中断。

（2）当前的机器周期不是指令的最后一个机器周期。

（3）正在执行的指令是中断返回 RETI 或者是对寄存器 IE 或 IP 的写入操作指令。

那么，CPU 立即响应这个中断请求，直接转移到相应的中断处理程序入口地址处，进行中断处理。

MCS-51 单片机的外部事件中断的请求（触发）信号由 $\overline{\text{INT}x}$（$\overline{\text{INT0}}$ 或 $\overline{\text{INT1}}$）引脚引入单片机的中断系统，中断触发方式可以为电平触发方式或跳变触发方式，通过编程设置 TCON 中的控制位 IT0 和 IT1 实现。

若外部事件中断为电平触发方式时，$\overline{\text{INT}x}$ 引脚的低电平必须保持到 CPU 响应该中断时为止，并且必须在本次中断处理返回以前变为高电平，以撤除本次中断请求信号；否则，如果中断请求信号没有撤除，中断返回后又再次响应该中断，CPU 将陷入无休止的中断响应和中断处理当中。外部事件中断为跳变触发方式时，在 $\overline{\text{INT}x}$ 引脚上出现负跳变，则硬件把中断请求标志 IE0 或 IE1 置位，发出中断请求。CPU 响应中断时，自动把中断请求标志清零，撤除本次中断请求。

中断系统应用时，必须对中断系统初始化，设置中断请求信号的触发方式、中断允许控制位、中断源的优先级等。中断处理程序是根据处理外部事件的具体要求而设计的程序，实现中断嵌套处理时，虽然高优先级中断源可以中断低优先级的中断处理，但不能干扰低优先级的现场保护和恢复。

5.5　复习思考题

一、选择题

1. 在计算机系统中，中断系统是指（　　　）。
   A. 实现中断处理的硬件电路　　　　B. 实现中断处理的程序
   C. A 和 B　　　　　　　　　　　　D. 触发中断的事件

2. 中断处理程序是（　　　）。
   A. 用户编写的处理事件的应用程序　B. CPU 内部嵌入的硬件程序
   C. 被中断停止执行的程序　　　　　D. 查询中断是否触发的程序

3. MCS-51 单片机的中断系统的中断源有（　　　）。
   A. 5 个　　　　　B. 6 个　　　　　C. 2 个　　　　　D. 3 个

4. MCS-51 单片机禁止和允许中断源中断使用的寄存器是（　　　）。
   A. TCON　　　　B. PSW　　　　　C. IP　　　　　D. IE

5. MCS-51 单片机设定中断源优先级使用的寄存器是（　　　）。
   A. TCON　　　　B. PSW　　　　　C. IP　　　　　D. IE

6. 外部事件中断源 $\overline{INT0}$ 请求中断时,登记该中断请求标志的寄存器是（　　）。

  A. SCON   B. PSW   C. TCON   D. EX0

7. 下面哪种设置,可以使中断源 $\overline{INT1}$ 以跳变方式触发中断?（　　）

  A. IT0=1   B. IT0=0   C. IT1=1   D. IT1=0

8. 单片机的串行口接收到一帧数据后,登记标志位 TI=1 的寄存器是（　　）。

  A. SCON   B. PSW   C. TCON   D. SBUF

9. 在电平触发方式下,中断系统把标志位 IE1 置 1 的前提是：在 $\overline{INT1}$ 引脚上采集到的有效信号是（　　）。

  A. 高电平   B. 低电平

  C. 高电平变为低电平   D. 低电平变为高电平

10. 在跳变触发方式下,中断系统把标志位 IE0 置 1 的前提是：在 $\overline{INT0}$ 引脚上采集到的有效信号是（　　）。

  A. 高电平   B. 低电平

  C. 高电平变为低电平   D. 低电平变为高电平

11. MCS-51 单片机定时器/计数器 T0 溢出时,被置 1 的标志位是（　　）。

  A. IE0   B. RI   C. TF0   D. TF1

12. 下列中断源请求中断被响应后,其中断请求标志位被自动清零的是（　　）。

  A. $\overline{INT0}$ 以电平方式触发中断 B. $\overline{INT0}$ 以跳变方式触发中断

  C. 串行口发送完一帧数据   D. 定时器/计数器 T0 计数溢出

13. 在 MCS-51 单片机中,CPU 响应中断后,需要外电路实现中断请求清除的是（　　）。

  A. 定时器/计数器 T1 溢出触发的中断

  B. $\overline{INT0}$ 以跳变方式触发的中断

  C. 串行口接收到一帧数据触发的中断

  D. $\overline{INT1}$ 以电平方式触发的中断

14. 在 MCS-51 单片机中,CPU 响应中断后,需要用软件清除中断请求标志的是（　　）。

  A. 定时器/计数器 T1 溢出触发的中断

  B. $\overline{INT0}$ 以跳变方式触发的中断

  C. 串行口接收到一帧数据触发的中断

  D. $\overline{INT1}$ 以电平方式触发的中断

15. 如果 IP 内容为 0010100B,则中断源优先级最高的是（　　）。

  A. $\overline{INT0}$ B. 串行口

  C. 定时器/计数器 T1   D. $\overline{INT1}$

16. 外部事件 1 对应的中断处理程序入口地址为（　　）。

  A. 0003H   B. 000BH   C. 0013H   D. 001BH

17. 单片机应用系统使用了外部事件中断源 $\overline{INT0}$,拟采用跳变触发方式,下面设置指令不正确的是（　　）。

  A. IT0=0 B. IT0=1 C. TCON=0x11 D. TCON=0x01

18. 在单片机应用系统中,拟用外部事件中断源 $\overline{INT0}$ 和定时器/计数器溢出 T1 中断源,下面设置不正确的是（　　）。

A. IE＝0x89   B. IP＝0x89

C. IE＝0x9b   D. EA＝1，EX0＝1，ET1＝1；

19. 应用系统使用了 3 个中断源：$\overline{INT0}$、定时器/计数器 T1 和串行口，优先级顺序为定时器/计数器 T1、串行口、$\overline{INT0}$，下面设置正确的是(　　)。

     A. IP＝0x11   B. IP＝0x18   C. IE＝0x01   D. IP＝0x08

20. 初始化时，禁止 CPU 中断和 $\overline{INT1}$ 程序是：

     A. EA＝0；   B. IE＝0x84；   C. IP＝0x81；   D. PX1＝0；

二、思考题

1. 在计算机系统中，什么是中断、中断源、断点和中断处理？

2. 在计算机系统中，中断处理和子程序调用有什么不同？

3. MCS-51 单片机提供了哪几种中断源？在中断管理上如何控制？各个中断源中断优先级的高低如何确定？

4. MCS-51 单片机响应中断的条件是什么？

5. MCS-51 单片机的 CPU 响应多个中断请求时，如何处理多个中断同时请求的问题？

6. MCS-51 单片机是如何分配中断处理程序入口地址的？

7. 简述 MCS-51 单片机的中断响应过程。

8. 在应用系统中只包含一个优先级的中断处理时，给出中断处理程序的一般结构。

9. 如果应用系统包含了两个优先级的中断处理，高、低优先级的中断处理程序结构有什么不同？

10. 对于输入信号检测来说，中断处理方式和程序查询方式有什么不同？

三、程序设计

1. 在图 5.11 电路中，通常情况下，L0～L7 依次循环显示，每扳动一次开关 K，L0～L7 以两灯为 1 组循环显示 1 次。用中断方式实现上述要求。

2. 如图 5.15 所示，P1.0～P1.3 为输出，外接指示灯 L0～L3，P1.7～P1.4 为输入，外接开关 K0～K3，欲采用外部中断控制方式实现按开关 K0～K3 闭合状态分别控制指示灯 L0～L3 的状态，外部中断每触发一次，程序改变 1 次指示灯的显示状态。要求用跳变触发方式。

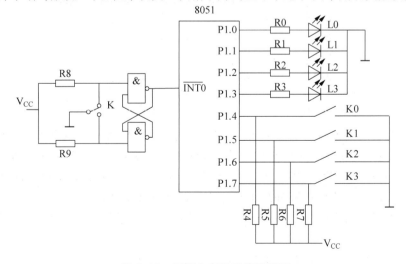

图 5.15 习题 2 应用系统原理图

3. 如图 5.16 为一个应用系统，单片机通过 P1 口与智能传感器相连，STB 为传感器输出的选通信号，传感器每从 DB 输出一个 7 位二进制数据后（最高位是 0），就从 STB 输出一个负脉冲，8051 单片机读取的数据存储在内部 RAM 中，如果读取的数据超过 7 位（最高位为 1）的次数超过 20 次，则终止从传感器读数。采用中断方式实现数据接收功能。

4. 路灯控制器如图 5.17 所示，夜晚路灯 L1 自动启动，白天路灯 L1 自动熄灭。采用中断方式实现路灯的自动控制。图 5.17 中，VL 为光敏三极管，有光照射时，VL 导通，无光照射时，VL 截止。

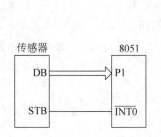

图 5.16　习题 3 应用系统原理图

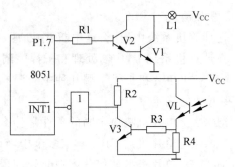

图 5.17　习题 4 的路灯控制器图

5. 图 5.18 为单片机应用系统，4 个外部扩展中断源 EXINT0～EXINT3 共享外部事件中断 $\overline{\text{INT0}}$，当其中有一个或几个出现高电平时向单片机发出中断请求。设它们的优先级顺序为 EXINT0→EXINT3，中断源 EXINT0～EXINT3 的中断处理程序分别为 PREX0，PREX1，PREX2 和 PREX3，请用中断方式实现上述要求。

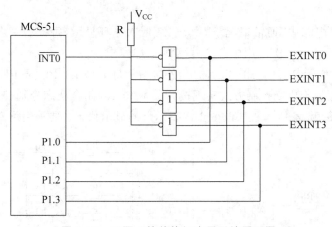

图 5.18　习题 5 的单片机应用系统原理图

6. 一个控制系统中有 5 台外围设备需要集中监控，出现故障时需要立即处理，设备 1～5 的故障状态信号分别为 EX1～EX5，其中，设备 1 和设备 2 的故障危害性大，设备 3～设备 5 的故障为一般性故障，危害较小。请用 MCS-51 单片机中断方式实现上述设备的监控，设计电路并编程，设相应的中断处理子程序为 Ex1Pro～Ex5Pro。

7. 单片机应用系统如图 5.19 所示，P1 口外接 8 个指示灯 L0～L7。要求实现下面的要求。

（1）一般情况下，指示灯 L0～L7 以 100ms 的间隔闪烁。

（2）S0，S1，S2 为 3 种显示模式，当 S0，S1，S2 被按下时，暂时中断闪烁方式，熄灭全部指示灯，进入相应的显示模式：

① 当按下 S0 时，从指示灯 L0 开始逐个点亮并保持 200ms，直至 L0～L7 全部点亮，然后熄灭，重复上述过程 10 次后退出。

② 当按下 S1 时，从指示灯 L0 开始，每个点亮 200ms 后熄灭，重复上述过程 10 次后退出。

③ 当按下 S2 时，从指示灯 L7 开始以 3 个为一组点亮并保持，直至 L7～L0 全部点亮，然后熄灭，重复上述过程 10 次后退出。

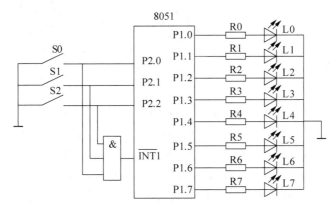

图 5.19 习题 7 的单片机应用系统原理图

8. 在图 5.20 单片机应用系统中，A，B 两路检测信号分别从 P3.2（$\overline{INT0}$）和 P3.3（$\overline{INT1}$）引入单片机，通常情况下，当 A，B 为高电平时，表示系统工作正常，指示灯 L1 亮；当 A 出现低电平时，指示灯 L1 灭，L2 以 500ms 的间隔闪烁，除非 A 再次变为高电平，系统恢复正常。无论在什么情况下，只要 B 出现低电平，关闭指示灯 L1，L2 以 200ms 的间隔闪烁，同时蜂鸣器 BUZ 以 200ms 的间隔鸣叫，除非 B 再次变为高电平，系统恢复正常。采用中断方式实现以上监控功能。

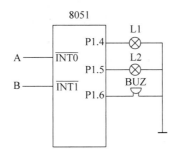

图 5.20 单片机应用系统原理图

第6章
CHAPTER 6

MCS-51单片机定时器/计数器

6.1 概述

定时和计数是电气控制经常遇到的问题,在控制系统中常常需要实时时钟,以实现定时或延时控制,或需要计数器实现对外界事件的计数。定时器和计数器是计算机系统必不可少的组成部件。在计算机中,通常计数器和定时器被设计成一个部件——计数器,当计数脉冲信号的周期一定时,它作为定时器,定时时间为计数器的计数次数与计数脉冲信号周期的乘积;作为计数器时,记录计数信号的状态变化次数,如从1到0的变化次数。

MCS-51单片机内部有两个可编程的16位定时器/计数器,它们是单片机非常重要的功能部件,既可以作为定时器,又可以作为外部事件的计数器,还可以作为串行口的波特率发生器。MCS-51定时器/计数器的逻辑结构如图6.1所示。

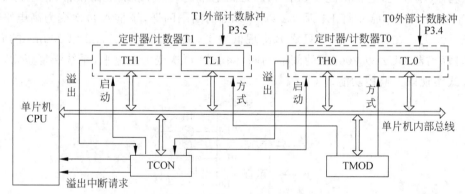

图 6.1 MCS-51 定时器/计数器的逻辑结构

MCS-51单片机的两个定时器/计数器被称为定时器/计数器T0和定时器/计数器T1。定时器/计数器T0的计数器由两个8位的特殊功能寄存器TL0和TH0构成,其中TL0为T0计数器的低8位,TH0为T0计数器的高8位;而定时器/计数器T1的计数器由特殊功能寄存器TL1和TH1构成,其中TL1为T1计数器的低8位,TH1为T1计数器的高8位。T0和T1有多种工作方式,由定时器/计数器方式寄存器TMOD设置。T0和T1的启动和停止由定时器/计数器控制寄存器TCON控制,当计数器计数溢出时,其溢出标志位也被记录在TCON中,并可以此标志向CPU提出中断请求。

MCS-51 单片机的定时器/计数器工作在计数模式时,计数器对外部脉冲进行计数。外部计数输入信号由 T0(P3.4),T1(P3.5)两个引脚输入,当 T0(P3.4)和 T1(P3.5)引脚输入信号的状态在一个机器周期为高电平而在随后的机器周期为低电平时,即信号发生 1 到 0 负跳变,计数器自动加 1。外部计数输入信号的高低电平的维持时间必须不小于 1 个机器周期,因此,计数输入信号的频率不能高于晶振频率的 1/24。

MCS-51 单片机的定时器/计数器工作在定时模式时,计数脉冲信号来自单片机的内部,每个机器周期产生一个计数脉冲,计数器自动加 1,也就是每个机器周期计数器加 1。计数速率是晶振频率的 1/12。因此,也称为内部计数器模式。

下面详细介绍 MCS-51 定时器/计数器的工作方式、控制及其应用。

6.2　定时器/计数器的工作方式选择及控制

1. 定时器/计数器的工作方式寄存器(TMOD)

定时器/计数器的工作方式寄存器(Timer/Counter Mode Control Register,TMOD)用于设定定时器/计数器的工作方式,它的高 4 位用于定时器/计数器 T1,低 4 位用于定时器/计数器 T0。TMOD 寄存器的地址为 89H,各位的定义如图 6.2 所示。

下面以定时器/计数器 T0 为例,介绍工作方式的选择。

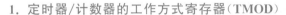

D7	D6	D5	D4	D3	D2	D1	D0
GATE	C/$\overline{\text{T}}$	M1	M0	GATE	C/$\overline{\text{T}}$	M1	M0

图 6.2　TMOD 的内容

1) 定时器/计数器工作方式(见表 6.1)选择位：M1,M0

表 6.1　定时器/计数器工作方式

M1	M0	工作方式	说　明
0	0	方式 0	13 位定时器/计数器
0	1	方式 1	16 位定时器/计数器
1	0	方式 2	8 位常数自动装入的定时器/计数器
1	1	方式 3	定时器/计数器 T0 剖分为两个 8 位的定时器/计数器,定时器/计数器 T1 设置为这种方式时停止工作

2) 定时器和计数器模式选择位：C/$\overline{\text{T}}$

C/$\overline{\text{T}}$=0 时,定时器/计数器 T0 为定时器工作模式,每一个机器周期计数器自动加 1,定时时间为计数次数与机器周期之积。

C/$\overline{\text{T}}$=1 时,定时器/计数器 T0 为计数器工作模式,当 T0(P3.4)或 T1(P3.5)引脚上出现负跳变时,计数器自动加 1。

3) 定时器/计数器运行控制位：GATE

当 GATE=0 时,只要定时器控制寄存器 TCON 中的 TR0 被置 1 时,定时器/计数器 T0 就启动开始计数。

当 GATE=1 时,定时器/计数器 T0 启动计数受 $\overline{\text{INT0}}$ 引脚的外部信号控制。只有当 TR0 被置 1,且 $\overline{\text{INT0}}$ 引脚输入信号为高电平时,定时器/计数器 T0 才开始计数。

与定时器/计数器 T0 不同的是,当设置定时器/计数器 T1 为方式 3 时,它停止工作。

另外，当 GATE＝1 时，定时器/计数器 T1 启动受 $\overline{\text{INT1}}$ 引脚控制。

单片机复位时，TMOD 的内容被清零。TMOD 没有位寻址功能，因此，设置定时器/计数器的工作方式必须按单元操作。例如，定时器/计数器 T1 的工作方式为方式 1、计数器工作模式，且计数过程不受外部信号的控制，TMOD 设置操作为：

```
TMOD = 0x50        ;定时器/计数器 T0 未用，方式控制位设置为 0
```

2. 定时器/计数器控制寄存器（TCON）

定时器/计数器控制寄存器 TCON 的单元地址为 88H，它既有中断标志寄存器的功能，又具有控制定时器/计数器的功能。TCON 与定时器/计数器控制相关的位定义如图 6.3 所示。

D7	D6	D5	D4	D3	D2	D1	D0
TF1	TR1	TF0	TR0	IE1	IT1	IE0	IT0

图 6.3　TCON 寄存器的内容

1) 定时器/计数器 T0 的计数溢出标志位：TF0

MCS-51 单片机的定时器/计数器为加 1 计数器。定时器/计数器 T0 启动后，计数器从初始值开始计数，当计数器计满后（计数器内容全为 1），再计 1 次，计数器溢出，溢出标志位 TF0 由硬件自动置 1。TF0 也是定时器/计数器溢出中断标志，当 TF0 为 1，意味着定时器/计数器 T0 溢出，向 CPU 请求中断。TF0 可以由软件清零。如果以中断方式实现定时或计数，CPU 响应中断时，TF0 由硬件自动清零。

2) 定时器/计数器 T0 的启停控制位：TR0

当 TR0＝0 时，定时器/计数器 T0 停止工作。

当 TR0＝1，GATE 位的状态为 0 时，定时器/计数器 T0 启动计数，当 GATE 状态为 1 时，定时器/计数器 T0 的启动与否还取决于 $\overline{\text{INT0}}$ 引脚输入信号的状态，只有当 $\overline{\text{INT0}}$ 引脚输入信号为高电平时，定时器/计数器 T0 才启动计数。

TF1 和 TR1 分别为定时器/计数器 T1 的计数溢出标志位和启停控制位。其定义与 TF0 和 TR0 类似。

单片机复位时，TCON 被清零。

$TFx(x＝0,1)$ 和 $TRx(x＝0,1)$ 由软件方法置 1 或清零，既可按单元操作的方式，也可以按位操作方式。如启动定时器/计数器 T0 和 T1，清除溢出标志位 TF0 和 TF1 的操作如下：

```
TR0 = 1;
TR1 = 1;
TF0 = 0;
TF1 = 0;
```

或：

```
TCON = 0x50;
```

■ 6.3　定时器/计数器的工作方式及工作原理

MCS-51 单片机的两个十六位定时器/计数器 T0 和 T1 既可以设置为定时器，又可以设置为计数器，同时 T0 和 T1 又具有多种工作方式，T0 有 4 种工作方式，而 T1 有 3 种工作方式。下面以 T0 为例,介绍定时器/计数器的工作方式及其工作原理。

6.3.1 方式 0

当 M1M0 设置为 00 时,定时器/计数器 T0 的工作方式为方式 0。在这种方式下,定时器/计数器为 13 位的定时器/计数器,其计数器由 TH0 的 8 位和 TL0 的低 5 位构成,TL0 的高 3 位未用。图 6.4 是定时器/计数器 T0 在工作方式 0 的逻辑结构,图中 OSC 表示晶体振荡器。

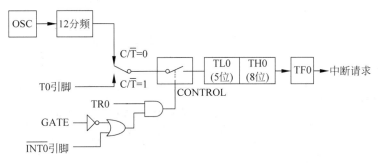

图 6.4 定时器/计数器 T0 在工作方式 0 的逻辑结构

当 GATE=0 时,只要 TR0 为 1,13 位计数器就开始计数。

当 GATE=1 时,仅当 TR0 为 1,且 $\overline{INT0}$ 引脚输入状态为 1 时,13 位计数器才开始计数。

计数器开始工作时,13 位计数器从初始值开始加 1 计数,当 13 位计数器各位全为 1 以后,再计数 1 次计数器溢出,则 TF0 由硬件自动置 1,同时把计数器清零。

在方式 0 下,计数器计数范围是 $1\sim8192(2^{13})$。定时时间范围为 $1\sim8192$ 个机器周期。

在工程设计时,经常碰到的是这样的问题:要求在计数 N 次或定时(延时)t 秒后,再进行下一步的动作。如果采用定时器/计数器实现,最直接的方法是让它计数 N 次或者定时 t 秒后溢出,其溢出标志 TF0 和 TF1 提供了测试判断条件。然而,计数器只有在计满后才会溢出,那么,上述问题则转换为在某个初始值的基础上再计 N 次或再定时 t 秒使其溢出。因此,求初始值是解决上述问题的关键。

1. 计数器工作模式

设初始值为 X,计数器计数 N 次后溢出,则 $X+N=2^{13}$,得到 $X=2^{13}-N$。

预先给计数器装入初始值 $X=2^{13}-N$,当计数器计数 N 次后,溢出标志 TF0 被置 1。

例如,采用定时器/计数器 T0 的方式 1 计数,假设次数为 100 时,初始化程序如下:

```
void IniTimer0(void)
{    TMOD = 0x04;                    //T0 计数模式,(TMOD) = 00000100B
     TH0 = (8192 - 100)/32;         //TH0 取初始值 X 的高 8 位,取整运算
     TL0 = (8192 - 100) % 32;       //TL0 取初始值 X 的低 8 位,取模运算
     TR0 = 1;                       //启动 T0
}
```

2. 定时器工作模式

定时器定时 t_d 秒后发生溢出。在定时器模式下,计数器以机器周期为计数信号,每一个机器周期,计数器自动加 1。因此,应首先计算定时 t_d 秒需要多少个机器周期才能实现,

即 $N = \dfrac{t_d}{T_M}$，其中 T_M 为机器周期。设初始值为 X，则 $X+N=2^{13}$，得到 $X=2^{13}-N$。

预先给计数器装入初始值 $X=2^{13}-N$，计数器计 N 个机器周期后溢出标志 TF0 被置 1，定时时间到。

方式 0 时，定时器/计数器的最大计数次数为 8192（初始值为 0），最大定时时间为 $8192T_M$（初始值为 0）。

例如，假设某应用系统晶振频率为 12MHz（$T_M=1\mu s$），采用定时器/计数器 T0 的方式 0 定时 5ms，则计算计数器初值为：

$$X = 2^{13} - \frac{t_d}{T_M} = 2^{13} - \frac{5\times10^{-3}}{1\times10^{-6}} = 3192$$

初始化程序为：

```
void IniTimer0(void)
{    TMOD = 0x00;              //T0 定时模式,(TMOD) = 00000000B
     TH0 = 3192/32;           //TH0 取初值 X 的高 8 位
     TL0 = 3192 % 32;         //TL0 取初值 X 的低 5 位
     TR0 = 1;                 //启动 T0
}
```

6.3.2　方式 1

当 M1M0 设置为 01 时，定时器/计数器 T0 的工作方式为方式 1。在这种方式下，定时器/计数器 T0 为 16 位的定时器/计数器，其计数器由 TH0 的 8 位和 TL0 的 8 位构成。图 6.5 是定时器/计数器 T0 在工作方式 1 的逻辑结构。除了计数器为 16 位之外，方式 1 与方式 0 的逻辑结构相同。

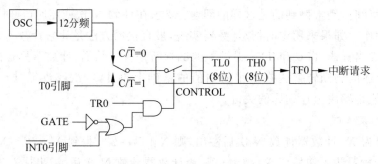

图 6.5　定时器/计数器 T0 在工作方式 1 的逻辑结构

当 GATE＝0 时，只要 TR0 为 1，16 位计数器就开始计数。

当 GATE＝1 时，仅当 TR0 为 1，且 $\overline{INT0}$ 引脚输入状态为 1 时，16 位计数器才开始计数。

计数器开始工作时，16 位计数器从初始值开始加 1 计数，当 16 位计数器各位全为 1 以后，再计 1 次就会使计数器溢出，则硬件自动把 TF0 置 1，并且把计数器清零。

在方式 1 下，计数器计数范围是 1～65 536，定时时间范围是 1～65 536 个机器周期。

1. 计数器工作模式

设初始值为 X，计数器计数 N 次溢出，则 $X+N=2^{16}$，得到 $X=2^{16}-N$。

预先给计数器装入初始值 $X = 2^{16} - N$,当计数器计数 N 次后 TF0 被置 1。

例如,采用定时器/计数器 T0 的方式 2 计数,假设次数为 100 时,初始化程序如下:

```
void IniTimer0(void)
{    TMOD = 0x05;                    //T0 计数模式,(TMOD) = 00000101B
     TH0 = (65536 - 100)/256;       //TH0 取初始值 X 的高 8 位
     TL0 = (5536 - 100) % 256;      //TL0 取初始值 X 的低 8 位
     TR0 = 1;                       //启动 T0
}
```

2. 定时器工作模式

定时器定时 t_d 秒后溢出。首先把定时 t_d 秒转换为机器周期的个数,即 $N = \dfrac{t_d}{T_M}$。若初始值为 X,则 $X + N = 2^{16}$,得到 $X = 2^{16} - N$。

预先装入初始值 $X = 2^{16} - N$,N 个机器周期后计数器溢出,则 TF0 为 1,定时时间到。

方式 1 时,定时器/计数器的最大计数次数为 65 536,最大定时时间为 $65\,536\,T_M$。

例如,假设某应用系统晶振频率为 $12\,\mathrm{MHz}$($T_M = 1\mu s$),采用定时器/计数器 T0 的方式 1 定时 25ms,则计算计数器初值为:

$$X = 2^{16} - \frac{t_d}{T_M} = 2^{16} - \frac{25 \times 10^{-3}}{1 \times 10^{-6}} = 40\,536$$

初始化程序为:

```
void IniTimer0(void)
{    TMOD = 0x01;                //T0 定时模式,(TMOD) = 00000001B
     TH0 = 40536/256;           //TH0 取初始值 X 的高 8 位
     TL0 = 40536/256;           //TL0 取初始值 X 的低 8 位
     TR0 = 1;                   //启动 T0
}
```

6.3.3 方式 2

当 M1M0 设置为 10 时,定时器/计数器 T0 的工作方式为方式 2。在这种方式下,定时器/计数器为 8 位常数自动装入的定时器/计数器,计数器为 TL0。当计数器溢出时,TF0 被置 1,同时把 TH0 的内容装载到 TL0,计数器便以该值为初始值重新开始计数。定时器/计数器 T0 在工作方式 2 的逻辑结构如图 6.6 所示。

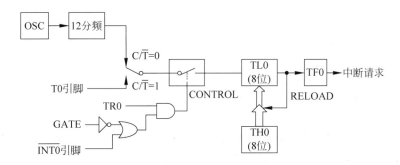

图 6.6 定时器/计数器 T0 在工作方式 2 的逻辑结构

当 GATE＝0 时,只要 TR0 为 1,计数器 TL0 就开始计数。

当 GATE＝1 时,仅当 TR0 为 1,且 $\overline{INT0}$ 引脚输入状态为 1 时,计数器 TL0 才开始计数。

计数器开始工作时,8 位计数器 TL0 从初始值开始加 1 计数,当计数器各位全为 1 以后,计数器再计 1 次产生溢出,则 TF0 位被自动置 1,同时把 TH0 的内容装载到 TL0。

在方式 2 下,计数器计数范围是 1～256,而定时时间范围是 1～256 个机器周期。

1. 计数器工作模式

设初始值为 X,计数器计数 N 次后溢出,则 $X+N=2^8$,得到 $X=2^8-N$。因此,预先给计数器装入初始值 $X=2^8-N$,计数器计数 N 次后溢出,把 TF0 置 1。

例如,采用定时器/计数器 T0 的方式 2 计数,假设次数为 100 时,初始化程序如下:

```
void IniTimer0(void)
{   TMOD = 0x06;              //T0 计数模式,(TMOD) = 00000110B
    TH0 = (256 - 100)/256;   //TH0 取初始值
    TL0 = (256 - 100)/256;   //TL0 取初始值
    TR0 = 1;                 //启动 T0
}
```

2. 定时器工作模式

要求计数器定时后溢出。首先把 t_d 换算为机器周期的个数,$N=\dfrac{t_d}{T_M}$。设初始值为 X,则 $X+N=2^8$,得到 $X=2^8-N$。预先给计数器装入初始值 $X=2^8-N$,N 个机器周期后计数器溢出,TF0 被置 1,t_d 秒定时时间到。

方式 2 时,定时器/计数器的最大计数次数为 256,最大定时时间为 $256T_M$。

例如,假设某应用系统晶振频率为 12MHz($T_M=1\mu s$),采用定时器/计数器 T0 的方式 2 定时 $250\mu s$,则计算计数器初值为:

$$X=2^8-\frac{t_d}{T_M}=2^8-\frac{250\times10^{-6}}{1\times10^{-6}}=6$$

初始化程序为:

```
void IniTimer0(void)
{   TMOD = 0x02;      //T0 定时模式,(TMOD) = 00000010B
    TH0 = 6;          //TH0 初始值
    TL0 = 6;          //TL0 初始值
    TR0 = 1;          //启动 T0
}
```

6.3.4 方式 3

当 M1M0 设置为 11 时,定时器/计数器 T0 的工作方式为方式 3。只有定时器/计数器 T0 有工作方式 3,定时器/计数器 T1 没有工作方式 3,如果把 T1 设置为方式 3,计数器将停止工作。

在工作方式 3 下,定时器/计数器 T0 被拆分成两个独立的 8 位计数器 TL0 和 TH0,其逻辑结构如图 6.7 所示。其中 TL0 既可以作为计数器使用,又可以作为定时器使用,它使用了定时器/计数器 T0 所有的控制及标志位：$C/\overline{T}$,GATE,TF0,TR0 以及外部控制信号输入引脚 $\overline{INT0}$,作为计数器使用时,外部事件的计数输入信号由引脚 T0 输入。另一个 8

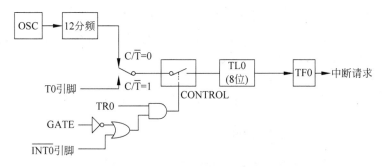

(a) TL0定时器/计数器逻辑结构

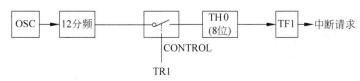

(b) TH0定时器/计数器逻辑结构

图 6.7　定时器/计数器 T0 在工作方式 3 的逻辑结构

位定时器/计数器 TH0 只能作为简单的定时器使用,TR1 为 1 时,TH0 启动计数,计数溢出时把 TF1 置 1。在这种情况下,MCS-51 单片机可以有 3 个 8 位的定时器/计数器:TL0、TH0 和定时器/计数器 T1。此时,定时器/计数器 T1 可作为波特率发生器,或者用于那些不需要溢出中断的场合中,它的计数和定时初始值计算与方式 2 相同。

方式 3 的定时器/计数器初始化程序设计方法与方式 0、1 类似,此处不再介绍。

■ 6.4　定时器/计数器的应用 ◆

6.4.1　定时器/计数器的初始化

定时器/计数器的初始化包括设置它的工作方式、计数或定时模式、计算计数初始值、启动定时器/计数器、设置中断控制位等。定时和计数可以采用查询方式和中断方式实现。

1. 查询方式

(1)确定工作方式、计数或定时模式及控制方式,构造工作方式码并写入 TMOD。

(2)计算计数、定时的初始值,根据工作方式把初始值送入 TH0,TL0 或 TH1,TL1。计数时,初始值 $X = 2^n - N$,$n = 8,13,16$,n 为定时器/计数器的位数,N 为计数次数。

定时时,首先把定时时间 t_d 换算为机器周期的个数,即 $N = \dfrac{t_d}{T_M}$;再求出计数初始值 X: $X = 2^n - N$,$n = 8,13,16$。

(3)启动定时器/计数器:$\mathrm{TR}x = 1$,$x = 0,1$。

定时器/计数器开始工作,通过查询 TFx 是否为 1 来判断定时或计数是否达到要求。

2. 中断方式

(1)确定工作方式、计数或定时模式及控制方式,构造工作方式码并写入 TMOD。

（2）计算初始值,根据工作方式把初始值送入 TH0,TL0 或 TH1,TL1。

（3）开放 CPU 中断,允许定时器/计数器溢出中断,对 IE 寄存器编程。

（4）确定中断优先级,对 IP 寄存器编程。

（5）启动定时器/计数器,TRx=1,x=0,1。

当计数器溢出时,定时或计数达到要求,CPU 响应中断并进行处理。

6.4.2　定时器/计数器的应用

定时器/计数器有多种工作方式,每一种工作方式都能提供定时和计数功能,在应用中如何选择合适的工作方式呢?

（1）掌握每种工作方式下定时器/计数器的工作原理和特点。

方式 0 和方式 1 除了计数器位数不同外,它们的逻辑构造和工作原理是一样的,计数器溢出时,溢出标志被置 1,同时计数器被清零,如果不重新设置初始常数,计数器将从 0 开始计数。

方式 2 和方式 3 虽然都提供 8 位定时计数器,但是,在工作原理上存在较大差异。方式 2 为计数初始值自动装入的计数/定时器,计数器溢出时,在溢出标志位被置 1 的同时,自动将 THx 的内容装载到 TLx 中。而在方式 3 时,两个 8 位定时器/计数器在溢出时,溢出标志位 TFx 被置 1 的同时,计数器也被清零了。方式 3 提供的两个定时器/计数器在功能上也有差别,TL0 具有定时/计数功能,而 TH0 只能用于定时。

（2）了解每种工作方式下定时器/计数器的最大计数次数和最大定时时间。

定时器/计数器的最大计数次数和最大定时时间只与定时器/计数器的位数有关。方式 0 时,计数器为 13 位,最大计数次数为 8192,晶振频率 12MHz 时的最大定时为 8.192ms。方式 1 时,计数器为 16 位,最大计数次数为 65 536,晶振频率 12MHz 时的最大定时为 65.536ms。方式 2 和方式 3 时,计数器为 8 位,最大计数次数为 256,晶振频率 12MHz 时的最大定时为 0.256ms。

然后,根据实际应用的要求,计算出期望的计数次数和定时时间,根据(1)和(2)确定定时器/计数器的工作方式。

1. 方式 0 的应用

例 6.1　已知某生产线传送带系统采用单片机控制产品单向传送到包装机,传送带上的产品之间有间隔,使用光电开关检测的产品个数,每计数到 12 个产品时,由气缸驱动的顶推装置把这批产品推入包装机包装。顶推装置的顶推气缸动作响应时间为 50ms。用定时器/计数器实现产品计数,控制系统原理如图 6.8 所示。

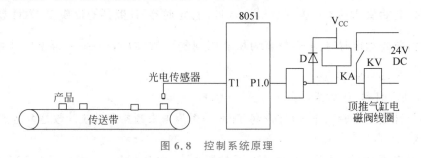

图 6.8　控制系统原理

解：

（1）计数采用定时器/计数器 T1 的方式 0，则工作方式控制字如图 6.9 所示，则 TMOD 的内容为 01000000B。

GATE	C/$\overline{\text{T}}$	M1	M0	GATE	C/$\overline{\text{T}}$	M1	M0
0	1	0	0	0	0	0	0

图 6.9　TI 的工作方式控制字设置

（2）期望的计数次数为 12，采用方式 0 实现计数，则初始值为：

$$X = 2^{13} - 12 = 8180$$

转换为二进制数：$X = 1111111110100B$，取 X 的高 8 位赋给 TH1，X 的低 5 位赋给 TL1，则 $(TH1) = 11111111B$，$(TL1) = 00010100B$，TL1 的高 3 位默认为 0。

（3）查询方式程序如下：

```c
#include<reg51.h>
sbit P10 = P1^0;                  //顶推气缸复位
void Delay(unsigned int t);       //函数声明
/* 延时函数 用于气缸驱动的顶推装置动作响应时间 */
void Delay(unsigned int t)
{
   while(t--);
}
/* 主函数 */
void main(void)
{
    TMOD = 0x40;                  //设置 T1 为计数工作模式、方式 0
    TH1 = (8192-12)/32;           //计数器高 8 位 TH1 初值,8192-12=8180
    TL1 = (8192-12)%32;           //计数器低 5 位 TL1 初值
    TR1 = 1;                      //启动定时器 T1
    P10 = 0;                      //顶推装置复位(初始位置)
    while(1)
    {
        if(TF1 == 1)              //查询溢出标志
        {  TF1 = 0;               //计数器溢出后,清溢出标志 TF1
           TH1 = (8192-12)/32;    //重装计数器 TH1、TL1 初值
           TL1 = (8192-12)%32;
           P10 = 1;               //顶推装置伸出
           Delay(50000);
           P10 = 0;               //顶推装置复位
        }
    }
}
```

当计数器溢出时，溢出标志 TF1 置 1 并被锁存，为了保证下一个计数周期正确地计数，在程序中 TF1 必须清零；否则，由于 TF1 始终为 1，除第 1 次计数正确外，之后的每次仅计 1 次，计数器又重新装入计数初始值。

（4）上述计数问题也可以采用中断方式实现，当计数器计满 12 次后，由计数器溢出中断请求触发中断，在中断处理程序中进行驱动顶推气缸的操作和重新设置计数初始值。中断方式的程序如下：

```c
#include<reg51.h>
```

```
    sbit P10 = P1^0;                    //顶推气缸复位
    void Delay(unsigned int t);         //函数声明
/* 延时函数 */
void Delay(unsigned int t)
{
    while(t -- );
}
/* 中断处理程序 */
void Timer1_isr(void) interrupt 3
{
    TH1 = (8192 - 12)/32;               //重装计数器初值,8192 - 12 = 8180
    TL1 = (8192 - 12) % 32;
    P10 = 1;                            //顶推装置伸出
    Delay(50000);
    P10 = 0;                            //顶推装置复位
}
/* 主函数 */
void main(void)
{
    EA = 1;                             //开放 CPU 中断
    ET1 = 1;                            //允许定时器/计数器 T1 溢出中断源中断 CPU 工作
    TMOD = 0x40;                        //设置 T1 为计数工作模式、方式 0
    TH1 = (8192 - 12)/32;               //13 位计数器高 8 位的赋初值,8192 - 12 = 8180
    TL1 = (8192 - 12) % 32;             //13 位计数器低 5 位的赋初值
    TR1 = 1;                            //启动定时器 T1
    P10 = 0;                            //顶推装置复位(初始位置)
    while(1)
      {
        ;                               //模拟应用程序
      }
}
```

在中断方式下,由于 CPU 响应溢出中断请求时,自动把 TF1 清零,因此,在中断处理程序中无须再对 TF1 清零。

例 6.2 设单片机应用系统晶振频率为 6MHz,使用定时器 T0 以方式 0 产生频率为 500Hz 的等宽方波连续脉冲,并从 P1.0 输出。

解:等宽方波的高、低电平的持续时间相同。500Hz 的等宽方波脉冲信号的周期为 2ms,因此,只需在 P1.0 引脚输出持续时间为 1ms 的高低电平交替变化的信号即可,则定时时间应为 $t_d = 1ms$。

(1) 计算计数初始值。

因为系统的晶振频率为 $f_{osc} = 6MHz$,则机器周期 $T_M = \dfrac{12}{f_{osc}} = 2\mu s$。设计数初始值为 X:

$$X = 2^{13} - \frac{t_d}{T_M} = 2^{13} - \frac{1 \times 10^3}{2} = 7692$$

转换为二进制数得 $X = 1111000001100B$。取 X 的高 8 位赋给 TH0,X 的低 5 位赋给 TL0,则 $(TH0) = 11110000B = 0F0H$,$(TL0) = 00001100B = 0CH$,TL1 的高 3 位默认为 0。

(2) 设置工作方式。

方式 0:M1M0 = 00,定时器模式:$C/\overline{T} = 0$,计数器启动不受外部控制:GATE = 0,因此,TMOD 的内容为 00H。

（3）采用查询方式的程序设计如下：

```
# include < reg51.h >                    //
sbit P10 = P1^0;                         //方波从引脚 P1.0 输出
/ * 主函数 * /
void main(void)
{
    TMOD = 0x00;                         //设置 T0 为定时工作模式、方式 0
    TH0 = 7692/32;                       //13 位计数器高 8 位赋初值,
    TL0 = 7692 % 32;                     //13 位计数器低 5 位赋初值
    TR0 = 1;                             //启动定时器 T0
    while(1)
    {
        if(TF0 == 1)                     //查询溢出标志
          {
            TF0 = 0;                     //清溢出标志
            TH0 = 7692/32;               //重装 13 位计数器初值
            TL0 = 7692 % 32;             //
            P10 = !P10;                  //输出方波
          }
    }
}
```

（4）采用中断方式的程序设计如下：

```
# include < reg51.h >
sbit P10 = P1^0;                         //方波输出引脚
/ * 中断处理程序 * /
void Timer0_isr(void) interrupt 1
{
    TH0 = 7692/32;                       //重装 13 位计数器初值
    TL0 = 7692 % 32;
    P10 = !P10;                          //输出方波
}
/ * 主函数 * /
void main(void)
{
    EA = 1;                              //开放 CPU 中断
    ET0 = 1;                             //允许 T0 溢出中断源中断 CPU 工作
    TMOD = 0x00;                         //设置 T0 为定时工作模式、方式 0
    TH0 = 7692/32;                       //13 位计数器高 8 位的赋初值,8192 - 12 = 8180
    TL0 = 7692 % 32;                     //13 位计数器低 5 位的赋初值
    TR0 = 1;                             //启动定时器 T0
    while(1)
        {
            ;                            //模拟应用程序
        }
}
```

2. 方式 1 的应用

方式 1 和方式 0 的工作原理基本相同,唯一不同的是 T0 和 T1 工作在方式 1 时是 16 位计数/定时器。这种工作方式可以提供较长的定时时间和更多的计数次数。

例 6.3　单片机应用系统的晶振频率为 6MHz,使用定时器/计数器的定时方法在 P1.0 引脚输出周期为 100ms、占空比为 20% 的信号序列如图 6.10 所示。

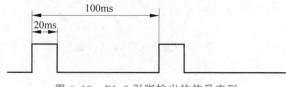

图 6.10   P1.0 引脚输出的信号序列

解：占空比是指高电平在一个周期之内所占的时间比率。由图 5.7 可以看到，在一个周期中，信号的高电平维持时间为 20ms，低电平维持时间为 80ms，因此，以 20ms 为一个基本定时单位，这样，高电平保持 1 个基本定时单位之后，P1.0 变为低电平，保持 4 个基本定时单位后，P1.0 再次变为高电平，周而复始地重复上述过程，就可以实现题目要求。

（1）计算计数初始值。

系统的晶振频率为 $f_{osc}=6MHz$，则机器周期 $T_M=2\mu s$。选用定时器/计数器 T0 的方式 1 实现，根据题意确定定时时间为 $t_d=20ms$，设计数初始值为 X：

$$X = 2^{16} - \frac{t_d}{T_M} = 2^{16} - \frac{20 \times 10^3}{2} = 55\ 536$$

转换为二进制数得 $X=1101100011110000B$。取 X 的高、低 8 位分别赋给 TH0 和 TL0，则 (TH0)=0D8H，(TL0)=0F0H。

（2）设置工作方式。

方式 1：M1M0=01，定时器模式：$C/\overline{T}=0$，定时器/计数器 T0 启动不受外部控制：GATE=0，因此，TMOD 内容为 01H。

（3）采用查询方式的程序设计如下：

```
#include<reg51.h>
sbit P10 = P1^0;                    //方波从 P1.0 输出
unsigned int flag,i;                //flag 为输出电平完成标志
/*主函数*/
void main(void)
{
    TMOD = 0x01;                    //设置 T0 为定时工作模式、方式 1
    TH0 = 55536/256;               //16 位计数器高 8 位 TH0 赋初值
    TL0 = 55536 % 256;             //16 位计数器低 8 位 TL0 赋初值
    TR0 = 1;                       //启动定时器 T0
    P10 = 0;                       //方波初始电平
    flag = 0;                      //输出低电平间隔完成时,flag = 0,输出高电平间隔完成时,flag = 1
    i = 4;                         //低电平定时间隔的个数：4 个
    while(1)
    {
        if(TF0 == 1)               //查询溢出标志
        {
            TF0 = 0;               //清溢出标志
            TH0 = 55536/256;       //重装 16 位计数器初值
            TL0 = 55536 % 256;     //
            if(flag == 1)          //输出高电平结束,则连续输出 4 个低电平
            {
                P10 = 0;           //输出低电平
                i -- ;
                if(i == 0)         //4 个低电平间隔已完成
                {i = 4;            //重设输出低电平定时间隔的个数
```

```
                    flag = 0;         //低电平输出结束标志
                }
            }
            else if(flag == 0)     //低电平定时间隔结束
            {   P10 = 1;           //输出高电平
                flag = 1;          //输出高电平结束,flag = 1
            }
        }
    }
}
```

(4) 采用中断方式的程序如下：

```
# include < reg51.h >
sbit P10 = P1^0;                   //方波从 P1.0 输出
unsigned int flag,i;               //flag 为输出电平完成标志
/ * 中断处理程序 * /
void Timer0_isr(void) interrupt 1
{
    TH0 = 55536/256;               //重装 16 位计数器初值
    TL0 = 55536 % 256;
    if(flag == 1)                  //输出高电平结束,则连续输出 4 个低电平
    {
        P10 = 0;                   //输出低电平
        i -- ;
        if(i == 0)                 //4 个低电平间隔已完成
        {i = 4;                    //重设输出低电平定时间隔的个数
         flag = 0;                 //低电平输出结束标志
        }
    }
    else if(flag == 0)             //低电平定时间隔结束
    {   P10 = 1;                   //输出高电平
        flag = 1;                  //输出高电平结束,flag = 1
    }
}
/ * 主函数 * /
void main(void)
{
    EA = 1;                        //开放 CPU 中断
    ET0 = 1;                       //允许 T0 溢出中断源中断 CPU 工作
    TMOD = 0x01;                   //设置 T0 为定时工作模式、方式 1
    TH0 = 55536/256;               //16 位计数器高 8 位 TH0 赋初值
    TL0 = 55536 % 256;             //16 位计数器低 8 位 TL0 赋初值
    TR0 = 1;                       //启动定时器 T0
    P10 = 0;                       //初值
    flag = 0;                      //输出低电平间隔完成时,flag = 0,输出高电平间隔完成时,flag = 1
    i = 4;                         //低电平定时间隔的个数: 4 个
    while(1)
        {
            ;                      //模拟应用程序
        }
}
```

例 6.4 利用定时器/计数器 T0 测量 $\overline{INT0}$ 引脚上出现的正脉冲宽度,已知系统的晶振频率为 12MHz,将所测值的高位存入片内 RAM 71H,低位存入片内 RAM 70H。

解：当 GATE 位为 1 时，定时器/计数器的启停受外部信号的控制，T0 受 $\overline{INT0}$ 控制，T1 受 $\overline{INT1}$ 控制。根据题意，测量 $\overline{INT0}$ 引脚上出现的正脉冲宽度是一种定时器/计数器 T0 受 $\overline{INT0}$ 控制的定时方式，当 $\overline{INT0}=1$ 时，T0 计数器启动，当 $\overline{INT0}=0$ 时停止计数，如图 6.11 所示。

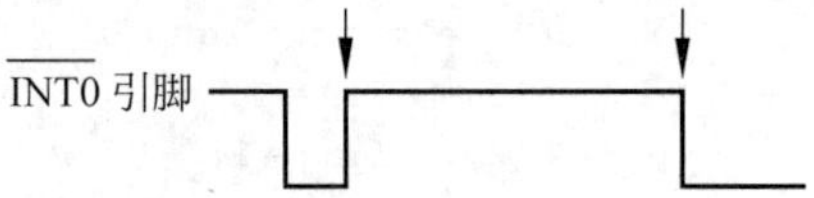

（1）设置工作方式。

方式 1：M1M0=01，定时器模式：$C/\overline{T}=0$，定时器/计数器启动受外部控制：GATE=1，因此，TMOD 的内容为 09H。

图 6.11 脉冲宽度测量原理

（2）设置计数初始值。

由于需要统计脉冲宽度，计数器从 0 开始计数，即（TH0）=00H，（TL0）=00H。

（3）程序如下：

```c
#include<reg51.h>                  //包含51单片机寄存器定义的头文件
#define DBYTE ((unsigned char volatile data * )0)
sbit P32 = P3^2;                   //待测信号输入端
void main(void)
{
    EA = 1;                        //开放 CPU 中断
    ET0 = 1;                       //允许 T0 溢出中断源中断 CPU 工作
    TMOD = 0x09;                   //T0 工作方式设置：受控、定时、方式 1,(TMOD) = 00001001B
    TH0 = 0x00;                    //16 位计数器高 8 位 TH0 赋初值
    TL0 = 0x00;                    //16 位计数器低 8 位 TL0 赋初值
    TR0 = 0;
    while(1)
        {
            while(P32 == 1);       //等待待测信号变为低电平
            TR0 = 1;               //计时从由低电平变为高电平时开始
            while(P32 == 0);       //当测到低电平变为高电平,计时开始
            while(P32 == 1);       //测试信号从高电平变为低电平时,计时停止
            TR0 = 0;
            DBYTE[0x70] = TL0;     //取计数器值,以备进一步计算
            DBYTE[0x71] = TH0;
            ;
        }                          //可利用测量值计算高电平宽度
}
```

在例 6.4 中，读取计数值时，首先关闭了定时器/计数器，再读取 TL0 和 TH0 的内容。但对于正在运行的定时器/计数器在读取计数值时必须注意。因为，在方式 0 和方式 1 时，定时器/计数器的计数值分别存放在 THx 和 TLx 中，CPU 不可能在同一时刻一次读取 THx 和 TLx。可能出现下列情况，程序中先读取 TLx，再读取 THx，由于定时器/计数器在不断计数，若正好出现 TLx 计数溢出向 THx 进位，那么，读的 THx 内容就不正确了。同样，先读取 THx，再读取 TLx，也可能出错。通常，在读取正在运行的定时器/计数器的计数值时，先读取 THx，后读取 TLx，再读取 THx，若前后两次读取的 THx 内容相同，则读取的计数值正确。否则，重复上述过程，直到正确为止。

3. 方式 2 的应用

例 6.5 低频信号从单片机的引脚 T0(P3.4)输入，要求当 T0 发生负跳变时，从 P1.0 引脚上输出 1 个 $500\mu s$ 的同步脉冲。设系统的晶振频率为 6MHz。

解：采用计数方式和定时方式结合的方法实现上述要求。当 P3.4 引脚出现负跳变时，

计数器溢出,P1.0 输出低电平,并把 T0 的工作方式改为定时方式;当计数器再次溢出时,P1.0 的低电平已保持 $500\mu s$,改变 P1.0 输出状态为高电平,同时 T0 改为计数方式,原理如图 6.12 所示。定时器/计数器 T0 以方式 2 实现上述要求。

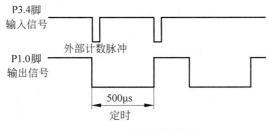

图 6.12 同步脉冲输出原理

(1) 计数方式的初始化。

工作方式:M1M0=10,GATE=0,计数方式:$C/\overline{T}=1$,则 TMOD 的内容为 06H。

计数初始值:由于 P3.4 引脚上的信号,每发生一次负跳变,要求计数器溢出,所以,(TL0)=0FFH,同时,令(TH0)=0FFH,以便下一个负跳变出现时,计数器也可溢出。

(2) 定时方式的初始化。

工作方式:M1M0=10,GATE=0,定时方式:$C/\overline{T}=0$,则 TMOD 内容为 02H。

系统晶振频率为 6MHz,则机器周期为 $2\mu s$,方式 2 时计数器为 8 位,则定时 $500\mu s$ 所需的机器周期个数为 $N=\dfrac{500}{2}=250$,由此可知计数器初始值为 $X=2^8-250=6$,因此,(TL0)=06H,(TH0)=06H。

(3) 程序如下:

```
# include < reg51. h>          //
sbit P10 = P1^0;               //同步脉冲输出引脚
void main(void)
{
    while(1){
        P10 = 1;               //设 P1.0 初始态为高电平
        TMOD = 0x06;           //方式 2,计数方式
        TL0 = 0xFF;            //8 位计数器初值
        TH0 = 0xFF;            //8 位计数器初值(自动装载),此处 TH0 可不必设置
        TR0 = 1;               //启动计数器
        while(TF0 == 1)        //查询计数器溢出
        {
            TF0 = 0;           //溢出标记清零
            TR0 = 0;           //暂时关闭 T0 计数器,防止自动装载后计数溢出
            TMOD = 0x02;       //转换定时器/计数器的工作方式:方式 2,定时模式
            TL0 = 0x06;        //设置计数初始值,输出 500μs 同步负脉冲
            TH0 = 0x06;        //此处 TH0 可不必设置
            P10 = 0;           //P1.0 输出低电平
            TR0 = 1;           //启动 T0 开始定时
            while(TF0 == 1)    //等待计数溢出
            {
                TF0 = 0;       //溢出标记清零
                TR0 = 0;       //关闭 T0 计数器
                P10 = 1;       //P1.0 输出高电平
```

```
            }
         }
      }
}
```

例 6.6 采用定时器/计数器 T1 的外部事件计数功能为单片机扩展一个外部事件中断源。

解：当定时器/计数器设置为外部事件计数模式时，在单片机的 T0 或 T1 引脚上的输入信号出现负跳变时，T0 或 T1 的计数器自动加 1。利用这个特性，可以把外部事件中断的请求信号从 T0 或 T1 引脚输入，一旦出现负跳变，计数器立即溢出，由定时器/计数器的溢出标志 TF0 或 TF1 作为中断请求的标志，向 CPU 请求中断，这样，为 MCS-51 单片机扩展了外部事件中断的个数。设方式 2 时计数初始值为 0FFH。程序如下：

```c
#include < reg51. h >
void timer1(void) interrupt 3          //定时器/计数器 1 中断函数
{
     //中断处理
}

void main(void)
{
     TMOD = 0x60;                      //设置定时器/计数器 T1 的方式 2,计数方式
     TH1 = 0xFF;                       //8 位计数器初值
     TL1 = 0xFF;                       //8 位计数器自动装载的初值
     EA = 1;                           //开放 CPU 中断
     ET1 = 1;                          //允许 T1 溢出中断
     TR1 = 1;                          //启动 T1
     while(1)
     {
     ;                                 //模拟应用程序
     }
}
```

例 6.7 已知方波信号的频率为 400kHz，需要对该信号进行分频以获得 50kHz 的方波信号。

解：题目要求把源信号 8 分频，可采用计数模式实现上述要求。400kHz 源信号从单片机的 T1 引脚输入，分频信号从 P1.0 引脚输出，每计数 4 次，改变 1 次 P1.0 引脚的输出状态，如图 6.13 所示。方式 2 时,计数器的计数初始值为 $N = 2^8 - 4 = 252$,程序如下：

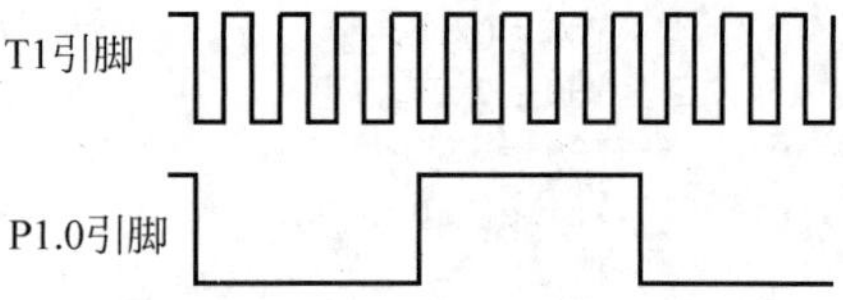

图 6.13　信号分频原理

```c
#include < reg51. h >
sbit P10 = P1^0;                       //方波从 P1.0 输出
/* 定时器/计数器中断程序 */
void Timer1_isr(void) interrupt 3
{
     P10 = !P10;
}
                              /* 主函数 */
```

```
void main(void)
{
    EA = 1;                        //开放 CPU 中断
    ET1 = 1;                       //允许 T1 溢出中断
    TMOD = 0x60;                   //设置 T1 为方式 2、计数方式,(TMOD) = 01100000B
    TH1 = 256 - 4;                 //8 位计数器初值
    TL1 = 256 - 4;                 //8 位计数器自动装载值
    TR1 = 1;                       //启动 T1
    while(1)
        {
            ;                      //模拟应用程序
        }
}
```

4. 综合应用

例 6.8　设 MCS-51 单片机系统时钟频率为 6MHz,请利用定时器/计数器产生 1s 的定时,使指示灯以 1s 为间隔闪烁。

解：MCS-51 单片机的定时器/计数器 T0 和 T1 作为定时器/计数器使用时,所得到的定时时间比较短,当系统晶振频率为 6MHz 时,最长的延时时间约为 131ms(方式 1)。因此,直接由定时器/计数器定时无法实现这么长时间的延时。下面介绍两种实现方法。

方法一：采用两个定时器/计数器联合使用的方案实现 1s 的定时。

首先采用 T0 以方式 1 产生 100ms 的定时,从 P1.0 引脚输出周期为 200ms 的连续方波信号。然后,把此信号作为 T1 的外部计数输入信号,设置 T1 为计数模式,计 5 次即可实现 1s 的定时。其定时及指示灯驱动原理如图 6.14 所示。指示灯 L 由 P1.2 控制。

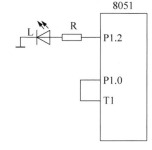

图 6.14　定时及指示灯驱动原理

（1）工作方式：根据以上分析,设置 T0 为定时模式、方式 1,T1 为计数模式、方式 2,TMOD 设置如图 6.15 所示,TMOD 的内容为 61H。

GATE	C/$\overline{\text{T}}$	M1	M0	GATE	C/$\overline{\text{T}}$	M1	M0
0	1	1	0	0	0	0	1

图 6.15　TMOD 控制字设置

（2）计数初始值计算。

系统晶振频率为 6MHz,需要定时 100ms,则定时器/计数器 T0 的计数初始值 $X1$ 为:

$$X1 = 2^{16} - \frac{100 \times 10^3}{2} = 15\,536$$

转换为二进制数 $X1 = 3CB0H$。

对于定时器/计数器 T1 来说,每计数 5 次需要计数器溢出,采用方式 2 时,计数初始值为 $X2 = 2^8 - 5 = 251$,转换为二进制数 $X2 = 0FBH$。

（3）采用中断方式实现的程序如下：

```
# include < reg51.h >
sbit P10 = P1^0;                   //周期为 200ms 的方波从 P1.0 输出
```

```
    sbit P12 = P1^2;                    //P1.2 输出 LED 驱动信号,周期为 2s
/ * 定时器/计数器 T0 中断处理程序 * /
void Timer0_isr(void) interrupt 1
{
    P10 = !P10;                         //100ms 定时到
    TH0 = 15536/256;                    //T0 计数器高 8 位初值
    TL0 = 15536 % 256;                  //T0 计数器低 8 位初值
}
/ * 定时器/计数器 T1 中断子程序 * /
void Timer1_isr(void) interrupt 3
{
    P12 = !P12;                         //1s 定时到,改变 LED 状态
}
/ * 主函数 * /
void main(void)
{
    TMOD = 0x61;                        //设置 T0、T1 工作方式,T0 为定时、方式 1,T1 为计数、方式 2
    TH0 = 15536/256;                    //T0 计数器高 8 位的赋初值方法
    TL0 = 15536 % 256;                  //T0 计数器低 8 位的赋初值方法
    TH1 = 251;                          //T1 计数初值
    TL1 = 251;                          //T1 计数重载值
    EA = 1;                             //开放 CPU 中断
    ET0 = 1;                            //允许 T0 溢出中断
    ET1 = 1;                            //允许 T1 溢出中断
    PT0 = 1;                            //设置 T1 溢出中断源为高优先级
    TR0 = 1;                            //启动 T0
    TR1 = 1;                            //启动 T1
    while(1)
        {
            ;                           //模拟应用程序
        }
}
```

方法二：采用定时器/计数器 T0 以方式 1 定时 100ms,定时器/计数器 T0 溢出 10 次后,即可实现 1s 的定时。这种方法的优点在于节省了 MCS-51 单片机宝贵的定时器/计数器资源,用存储单元作为计数器。当实现较长时间的延时时,延时时间为定时器/计数器溢出次数乘以它的定时时间。程序如下：

```
# include < reg51. h >
sbit P12 = P1^2;                        //LED 驱动信号输出 P1.2
unsigned int num;                       //num 为溢出次数
/ * 定时器/计数器 T0 中断处理程序 * /
void Timer0_isr(void) interrupt 1
{
    TH0 = 15536/256;                    //重装计数初值
    TL0 = 15536 % 256;                  //
    num -- ;
    if(num == 0)                        //定时 1s 完成,改变 LED 状态,重设溢出次数 num
    {
        P12 = !P12;
        num = 10;
    }
}
```

```
/*主函数*/
void main(void)
{
    TMOD = 0x01;                  //设置 T0 工作方式：定时、方式 1
    TH0 = 15536/256;              //定时 100ms,T0 计数器高 8 位初值
    TL0 = 15536 % 256;            //定时 100ms,T0 计数器低 8 位初值
    TR0 = 1;                      //启动 T0
    ET0 = 1;                      //允许 T0 溢出中断
    EA = 1;                       //开放 CPU 中断
    num = 10;                     //T0 溢出 10 次,实现 1s 定时
    while(1)
    {
        ;                         //模拟应用程序
    }
}
```

6.5 本章小结

　　MCS-51 单片机内部有两个可编程的 16 位定时器/计数器 T0 和 T1,它们既可以作为定时器,又可以作为外部事件的计数器,还可以作为串行口的波特率发生器。T0 有 4 种工作方式,T1 有 3 种工作方式。

　　定时器/计数器 T0 的计数器由 TL0 和 TH0 构成；定时器/计数器 T1 的计数器由 TL1 和 TH1 构成。T0 和 T1 有多种工作方式,由定时器/计数器方式寄存器 TMOD 设置。T0 和 T1 的启动和停止由定时器/计数器控制寄存器 TCON 控制,当计数器计数溢出时,其溢出标志 TF0 和 TF1 被置 1,并以此标志向 CPU 提出中断请求。

　　定时器/计数器工作在计数模式时,计数输入信号通过 T0(P3.4),T1(P3.5)两个引脚输入,信号发生 1 到 0 负跳变时,计数器自动加 1。计数输入信号的频率不能高于晶振频率的 1/24。定时器/计数器工作在定时模式时,每个机器周期产生一个计数脉冲,计数器自动加 1,计数速率是晶振频率的 1/12。

　　定时器/计数器以计数模式工作时,计 N 次数溢出,其计数初始值为 $X = 2^n - N$, $n = 8$, $13,16$, n 为所选定时器/计数器的位数。

　　定时器/计数器以定时模式工作时,定时 t_d 秒溢出,其计数初始值为 $X = 2^n - \dfrac{t_d}{T_M}$, $n = 8,13,16$, n 为所选定时器/计数器的位数, T_M 为单片机的机器周期。

　　使用定时器/计数器需要初始化编程,包括设置它的工作方式、计数或定时模式、计算计数初始值、启动定时器/计数器、设置中断控制位等。可以采用查询方式和中断方式实现。

6.6 复习思考题

一、基础题

1. 定时器/计数器 T1 工作在方式 1 时,计数溢出后,计数器(　　)。
　　A. 被自动装入 TH1 的内容　　　　　　B. 被清零
　　C. 停止工作　　　　　　　　　　　　D. 自动以上一次的初始值开始计数

2. 定时器/计数器 T0 工作在方式 2 时,计数溢出后,(　　)。

    A. 计数器被自动装入 TH0 的内容

    B. 计数器需要重新用指令装入计数初值

    C. 计数器停止工作

    D. 计数器从 0 开始计数

3. 定时器/计数器 T1 被设置为方式 3 时,(　　)。

    A. 启动后,立即工作　　　　　　　　B. 启动后,不会工作

    C. 以计数模式工作　　　　　　　　　D. 分成了两个 8 位定时器/计数器

4. MCS-51 单片机的定时/计数器 T1 以计数模式工作时,是(　　)。

    A. 对单片机内部的机器周期计数

    B. 对单片机的 $\overline{INT1}$ 引脚的信号跳变计数

    C. 对单片机的 T1 引脚的信号跳变计数

    D. 对单片机的 T0 引脚的信号跳变计数

5. MCS-51 单片机的定时/计数器 T1 以定时模式工作时,计数器是(　　)。

    A. 每一个时钟周期加 1　　　　　　　B. 每一个机器周期加 1

    C. 每溢出一次加 1　　　　　　　　　D. 每一个指令周期加 1

6. 定时/计数器 T1 以定时模式、方式 1 工作,则工作方式控制字为(　　)。

    A. 01H　　　　　　B. 05H　　　　　　C. 10H　　　　　　D. 50H

7. 定时/计数器 T1 以定时模式工作,若用 $\overline{INT1}$ 控制,下面哪种情况下,T1 启动?(　　)

    A. GATE 为 0,$\overline{INT1}$ 为高电平,TR1 置 1

    B. GATE 为 1,$\overline{INT1}$ 为高电平,TR1 置 1

    C. GATE 为 0,$\overline{INT1}$ 为低电平,TR1 置 1

    D. GATE 为 1,$\overline{INT1}$ 为低电平,TR1 置 1

8. 在 CPU 响应中断后,MCS-51 单片机的定时器/计数器 T0 的溢出标志 TF0(　　)。

    A. 由硬件清零　　　　　　　　　　　B. 由软件清零

    C. A 和 B 都可以　　　　　　　　　　D. 随机状态

9. 能使定时器/计数器 T0 停止计数的指令是(　　)。

    A. TR0＝0;　　　B. TF0＝0;　　　C. TR0＝1;　　　D. ET0＝0;

10. 工作方式寄存器中 C/$\overline{T}$ 功能是(　　)。

    A. 门控位　　　　　　　　　　　　　B. 溢出标志

    C. 计数和定时模式选择　　　　　　　D. 启动位

二、思考题与编程题

1. 简述 MCS-51 单片机的定时器/计数器的结构和工作原理。

2. MCS-51 单片机的定时器/计数器 T0 中有哪几种工作方式? 作为计数器和定时器使用时,它们的计数信号有什么不同? 其最大计数和定时时间分别是多少?

3. 设置工作方式寄存器 TMOD 时,GATE 位对定时器/计数器的工作有什么影响? 定时器/计数器工作在方式 2 时,与其他几种方式有什么区别? 当设置为方式 3 时,定时器/计数器 T1 将如何工作?

4. 用内部定时方法产生 10kHz 的等宽脉冲并从 P1.1 输出,设晶振频率为 12MHz。

5. 用定时器/计数器 T1 计数,每计 1000 个脉冲,从 P1.1 输出一个 100ms 单脉冲。

6. 一批八位二进制数据存放在外部 RAM 数据区,数据长度为 100 个,要求以 50ms 的间隔从外部 RAM 读取一字节的数据,然后从 P1 口输出,设晶振频率为 6MHz。要求定时用以下方式实现:①一个定时器;②两个定时器串联。

7. 一个声光报警器如图 6.16 所示。当设备运行正常时,Em 为高电平,绿色指示灯 L1 亮;当设备运行不正常时,Em 为低电平,绿色指示灯 L1 灭,要求声光报警,红色指示灯 L2 闪烁、报警器持续鸣响。当 Em 再次为高电平时,报警解除,恢复为正常状态。闪烁定时间隔为 200ms,单片机的晶振频率为 12MHz。

8. 一个单片机应用系统要求每隔 1s 检测一次 P1.0 的状态,如果所读的状态为 1,从单片机的内部 RAM 的 20H 单元提取控制信息并左移一次,从 P2 口的输出,如果所读的状态为 0,则把提取的控制信息右移一次,从 P2 口的输出。假定晶振频率为 12MHz。

9. 航标灯控制器如图 6.17 所示,夜晚航标灯自动启动,以亮 2s 灭 2s 的方式指示航向,白天航标灯自动熄灭。以定时方式实现上述要求,系统晶振频率为 6MHz。

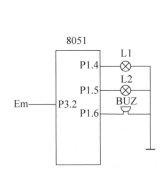

图 6.16 习题 7 的声光报警器

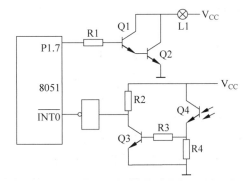

图 6.17 航标灯控制器

10. 晶振频率为 6MHz 的 MCS-51 单片机系统,使用定时器 T0 以定时方法,在 P1.0 输出周期为 $4000\mu s$,占空比为 90% 的矩形波。

11. 转速是每分钟多少转。单片机应用系统用光电码盘作为传感器测量电动机的转速,光电码盘与电动机的输出轴相连,每旋转 1 圈,光电码盘输出 256 个脉冲。设计转速表测量显示电路并实现此转速测量功能。

12. 设单片机应用系统的晶振频率为 12MHz,使用定时器/计数器实现占空比可变的方波,以实现 PWM 调速,方波信号从 P1.2 脚输出。设方波的频率为 100Hz,占空比在 1%~99% 可调。

13. 采用定时器/计数器实现一个计时器,设计计时器显示电路,实现时、分、秒显示。当计时超过 99 时 99 分 99 秒时,显示器归零。设晶振频率为 12MHz。

第7章

MCS-51单片机的串行口及应用

串行通信是计算机与计算机之间、计算机与外部设备之间、设备与设备之间一种常用的数据传输方式。尤其当设备之间距离较远时,采用并行数据传输难以实现,大都采用串行数据传输方式。MCS-51 单片机有 1 个全双工的串行通信口,可以提供多种工作方式和通信速率。本章首先介绍串行通信的基本概念,然后介绍 MCS-51 单片机的串行口结构、工作原理以及编程方法。

7.1 串行通信的基本概念

7.1.1 并行通信和串行通信

设备之间进行的数据交换,如 CPU 与外部设备之间进行的数据交换,计算机之间进行的数据交换等,称为数据通信。数据通信方式有两种:并行通信和串行通信。

并行通信是指数据的各位同时并行地传送。多位数据同时通过多根数据线传送,每一根数据线传送一位二进制代码。其优点是传送速度快,效率高;缺点是硬件设备复杂,数据有多少位,就需要多少根数据线。并行通信适用于近距离通信,处理速度较快的场合,如计算机内部,计算机与磁盘驱动器的数据传送等。

串行通信是指数据的各位逐位依次传送。其优点是传送线少,通信距离长。串行通信适合于计算机与计算机之间、计算机与外部设备之间的远距离通信,如计算机与键盘、计算机与显示器等。其缺点是传输速度慢、效率低。

7.1.2 串行通信方式

串行通信有单工通信、半双工通信和全双工通信 3 种方式。

在单工方式下,数据只能单方向地从一端向另一端传送,而不能往相反的方向传送,如图 7.1 所示,设备 A 作为发送器只能向设备 B(接收器)发送数据信息。

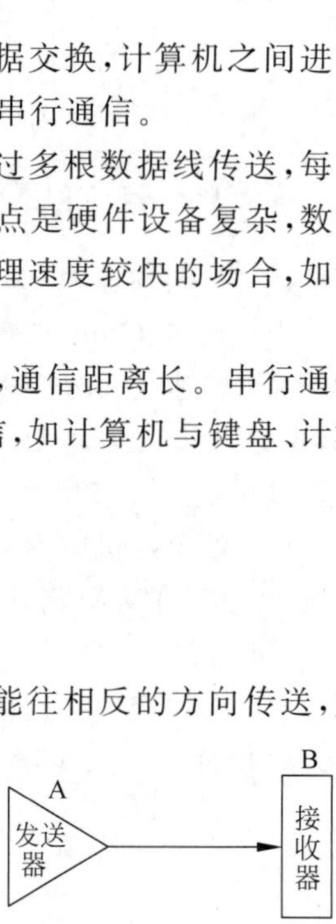

在半双工方式下,允许数据向两个相反的方向传输,但不能同时传输,任一时刻数据只能向一个方向传送,即以交替方式分时实现两个相反方向的数据传输,如图 7.2 所示,设备 A 发送时,设备 B 接收;或设备 B 发送时,设备 A 接收;在这种情况下,需

图 7.1 单工方式

要对数据的传输方向进行协调。这种协调可以依靠增加接口的附加控制线,或用软件事先约定的方法来实现。

在全双工方式下,数据可以同时向两个相反的方向传输,如图 7.3 所示,需要两条独立的通信线路分别传输两个相反方向的数据流。

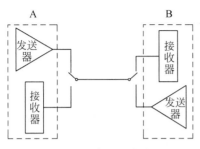
图 7.2　半双工方式

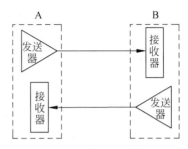
图 7.3　全双工方式

7.1.3　数据通信的同步方式

两个设备之间进行数据通信时,发送器发送数据之后,接收器如何能够正确地接收到数据信息呢? 为此,必须事先规定一种发送器和接收器双方都认可的同步方式,以解决何时开始传输,何时结束传输,以及数据传输速率等问题。对于串行通信来说,同步的方式可分异步方式和为同步方式。

1. 异步方式

异步通信方式用一个起始位表示一个字符的开始,用一个停止位表示字符的结束,数据位则在起始位之后、停止位之前,这样构成一帧,如图 7.4 所示。在异步通信中,每个数据都是以特定的帧形式传送的,数据在通信线上一位一位地串行传送。

图 7.4　异步方式的一帧数据格式

图 7.4 中,起始位表示传送一个数据的开始,用低电平表示,占 1 位。数据位是要传送的数据的具体内容,可以是 5 位、6 位、7 位、8 位等。通信时,数据从低位开始传送。奇偶校验位为了保证数据传输的正确性,在数据位之后紧跟一位奇偶校验位,用于有限差错检测。当数据不需进行奇偶校验时,此位可省略。停止位表示发送一个数据的结束,用高电平表示,占 1 位、1.5 位或 2 位。

在发送间隙,线路空闲时线路处于逻辑 1 等待状态,称为空闲位,其状态为 1。异步通信中的数据传送格式如图 7.5 所示。空闲位是异步通信的特征之一。

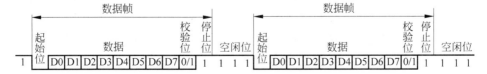
图 7.5　异步通信中的数据传送格式

在异步通信时,通信的双方必须遵守以下基本约定。

(1) 字符格式必须相同。

（2）通信速率必须相同。

串行通信的速率常用波特率表示。波特率是指每秒传送二进制代码的位数，单位为位/秒（bit/s）。假设一台设备的数据传送速率为 240 字符/秒，异步通信方式时，字符格式位为：1 位起始位，8 位数据位，1 位停止位，则波特率为

$$240 \times 10 = 2400\text{bit/s}$$

每一个二进制代码位的传送时间为波特率的倒数：$T_\text{d} = \dfrac{1}{2400} \approx 0.417\text{ms}$。

异步通信的波特率一般在 50～19 200bit/s 之间。

2. 同步方式

所谓同步方式是指每个数据位占用的时间都相等，发送器按照一个基本相同的时间单位发送一个数据位，接收器必须与传输符号同步，使采样的定时脉冲周期与码元相匹配。也就是说，发送时钟与接收时钟必须同步。在同步方式时，不必像异步方式采用帧的形式传送数据，而是以块的形式

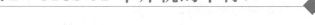

| SYN1 | SYN2 | 数据 |

图 7.6　同步方式的数据格式

传送，数据块中的数据之间没有间隔，如图 7.6 所示。传送数据块时，在数据块之前加上同步字符（SYN），紧接着连续传送数据，并用准确的时钟来保证发送端与接收端的同步，当线路空闲时不断地发送同步字符。一个大的数据块可以分解成若干个小的数据块，每个小数据块之间依靠同步字符来区别，这样可以将每个小数据块一个一个地顺序发送。同步通信方式可以用于高速度、大容量的数据通信中，如局域网。

同步通信传送速度快，但硬件结构比较复杂；异步通信硬件结构比较简单，但传送速度较慢。

7.2　MCS-51 单片机的串行口

7.2.1　MCS-51 单片机的串行口结构

MCS-51 单片机内部有一个可编程的全双工串行口，它能同时发送和接收数据。串行口的接收和发送都是通过访问特殊功能寄存器 SBUF 来实现的，SBUF 既可作为发送缓冲器，也可作为接收缓冲器。实际上，在物理构造上单片机的发送缓冲器和接收缓冲器是两个独立的寄存器，它们共享一个地址（99H），把数据写入 SBUF，即装载数据到发送缓冲器，从 SBUF 中读取数据，即为从接收缓冲器中提取接收到的数据。发送缓冲器只能写入不能读出，而接收缓冲器只能读出不能写入。MCS-51 单片机串行口还具有接收缓冲的功能，即从接收缓冲器中读出前一个接收到的字节数据之前，就能开始接收第二字节数据。然而，如果第一字节在第二字节数据完全接收后还未读取，则该字节数据将会丢失。

MCS-51 单片机串行口有两个控制寄存器：串行口控制寄存器 SCON，用来选择串行口的工作方式，控制数据的接收和发送，并表示串行口的工作状态等；特殊功能寄存器 PCON 控制串行口的波特率，PCON 中有一位是波特率倍增位。

MCS-51 单片机串行口内部结构如图 7.7 所示。它可以工作在移位寄存器方式和异步通信方式。移位寄存器方式时，由 RxD(P3.0)引脚接收或发送数据，TxD(P3.1)引脚输出移位脉冲，作为外接同步信号。异步通信方式时，数据由 TxD 引脚发送，RxD 用于接收数

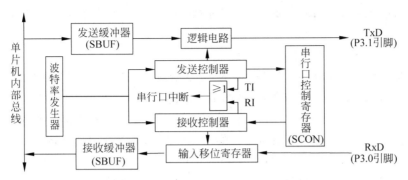

图 7.7　MCS-51 单片机串行口内部结构

据；异步通信的波特率由波特率发生器产生,波特率发生器通常由定时器/计数器 T1 实现。串行通信时,接收中断和发送中断共享一个中断——串行口中断,不论是接收到数据,还是发送完数据,都会触发串行口中断,因此,CPU 响应串行口中断时,不会自动清除中断请求标志 TI 和 RI,待鉴别出接收还是发送中断请求后,再用软件清除。

7.2.2　串行口的控制

1. 串行口控制寄存器 SCON

串行口控制寄存器 SCON,单元地址为 98H,它用于串行口工作方式定义、控制数据的接收、发送以及串行口工作状态标志,具有位寻址功能,各位的位地址为 98H～9FH。SCON 寄存器的内容如图 7.8 所示。下面介绍 SCON 各位的定义。

D7	D6	D6	D4	D3	D2	D1	D0
SM0	SM1	SM2	REN	TB8	RB8	TI	RI

图 7.8　SCON 寄存器的内容

1) SM0,SM1：串行口工作方式控制位

SM0,SM1 编码对应的工作方式如表 7.1 所示。

表 7.1　串行口工作方式

SM0	SM1	工作方式	工作方式功能	波　特　率
0	0	方式 0	移位寄存器	$f_{osc}/12$
0	1	方式 1	8 位数据异步通信方式	可变
1	0	方式 2	9 位数据异步通信方式	$f_{osc}/64$，$f_{osc}/32$
1	1	方式 3	9 位数据异步通信方式	可变

方式 0 为 8 位移位寄存器输入输出方式,常用于扩展并行输入输出口。方式 1～3 为异步通信方式,MCS-51 单片机异步通信时,数据格式中的起始位和停止位各为 1 位。

2) SM2：方式 2 和方式 3 的多机通信控制位

当串行口工作在方式 2 或方式 3 的接收状态时,如果 SM2 置为 1,则只有在接收到的第 9 位数据(RB8)为 1 时,才将接收到的前 8 位数据送入 SBUF,并将 RI 置 1,发出中断请求。否则,当接收到的第 9 位数据(RB8)为 0 时,则将接收到的前 8 位数据丢弃,不发出中断请求。当 SM2＝0 时,不论第 9 位接收到的是 0 还是 1,都将接收到的前 8 位数据送入 SBUF 中,并将 RI 置 1,发出中断请求。

方式 1 时，如果 SM2 置 1，则只有收到有效的停止位时才置位 RI。在方式 0 时，SM2 应置为 0。

3）REN：允许接收控制位

REN 由软件置位或清零。REN＝1 时，允许接收；REN＝0 时，禁止接收。

4）TB8：方式 2 和方式 3 时要发送的第 9 位数据

TB8 由软件置位或清零。TB8 可作为奇偶校验位。在多机通信中作为发送地址帧或数据帧的标志，TB8＝1，表示该帧为地址帧，TB8＝0，表示该帧为数据帧。

5）RB8：方式 2 或方式 3 时接收的第 9 位数据

它可能是奇偶校验位或地址/数据标识位；方式 1 时，如果 SM2＝0，RB8 是接收到的停止位，在方式 0 时，不使用 RB8。

6）TI，RI：中断标志位

RI 为接收到数据的中断标志位。当串行口工作在方式 0，接收完第 8 位数据时，硬件自动将 RI 置 1。在异步通信方式（方式 1、方式 2、方式 3），当串行口接收到停止位时，硬件自动将 RI 置 1。

RI＝1 表示一帧数据接收完毕，并且向 CPU 请求中断，它表明可以从 SBUF 中读取接收到的数据。RI 的状态可以作为数据接收完毕的标志供程序查询。RI 必须由软件清零。

TI 为发送完数据的中断标志位。当串行口工作在方式 0，发送第 8 位数据结束时，硬件自动将 TI 置 1。在异步通信方式（方式 1、方式 2、方式 3），当串行口开始发送停止位时，硬件自动将 TI 置 1。

TI＝1 表示一帧数据发送完毕，并且向 CPU 请求中断。TI 的状态可以作为数据发送完毕的标志供程序查询。TI 必须由软件清零。

单片机复位后，控制寄存器 SCON 的各位均清零。

2. 电源控制寄存器 PCON

电源控制寄存器 PCON 中只有一位 SMOD 与串行口工作有关，它的单元地址为 87H，没有位寻址功能，其内容如图 7.9 所示。

D7	D6	D5	D4	D3	D2	D1	D0
SMOD	—	—	—	GF1	GF0	PD	IDL

图 7.9　PCON 寄存器的内容

SMOD：波特率倍增选择位。串行口工作在方式 1、方式 2、方式 3 时，如果 SMOD＝1，则波特率提高一倍；SMOD＝0，波特率不会提高。

对于 MCS-51 系列单片机中 8052，80C52 等单片机，如果采用定时器/计数器 T2 产生波特率，SMOD 的设置不会影响波特率。

7.2.3　串行口的工作方式

1. 串行口工作方式 0

工作在方式 0 时，串行口为同步移位寄存器的输入或输出模式，主要用于扩展并行输入输出口，数据由 RxD(P3.0)脚输入或输出，同步移位时钟由 TxD(P3.1)脚输出，发送和接收的是 8 位数据，低位在先，高位在后，其波特率为单片机振荡器频率的 12 分频（$f_{osc}/12$），即

1个机器周期发送1位。

1) 方式0发送

图7.10为串行口工作方式0的发送时序。方式0发送时,数据由RxD(P3.0)引脚串行输出,TxD(P3.1)引脚输出同步移位时钟。当数据写入发送缓冲器SBUF时,如"MOV SBUF,A",产生一个正脉冲,启动串行口发送器以单片机振荡器频率的12分频为固定波特率,将数据从RXD引脚输出,当输出完第8位数据(D7)后,把TI标志位置为1。

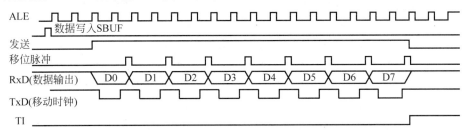

图7.10 串行口工作方式0的发送时序

2) 方式0接收

图7.11为串行口工作方式0的接收时序。串行口定义为方式0且串行口接收允许位REN设置为1时,串行口工作在方式0的接收状态下,此时,数据由RxD(P3.0)引脚串行输入,TxD(P3.1)引脚输出同步移位时钟。如果此时接收中断标志RI状态为0,便启动串行口以单片机振荡器频率的12分频为固定波特率接收RxD引脚输入的串行数据,当接收器接收到8位数据时把RI置1,并把接收到的8位数据存储在SBUF中。

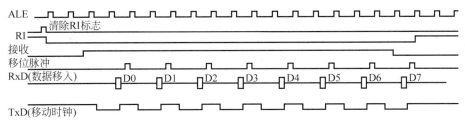

图7.11 串行口工作方式0的接收时序

3) 方式0的波特率

方式0的波特率是固定的,它为单片机振荡器频率的12分频,即波特率为

$$B_R = \frac{f_{osc}}{12} \tag{7.1}$$

式中,f_{osc}为单片机的振荡器频率。当$f_{osc}=12MHz$时,波特率为1MHz。当SCON中的SM0和SM1设置为00时,方式0的串行通信波特率也就设定了。

2. 串行口工作方式1

方式1是8位数据异步通信模式,TxD为发送端,RxD为接收端。收发1帧数据的帧格式为:1位起始位,8位数据位和1位停止位。方式1的波特率是可变的。

1) 方式1发送

图7.12为串行口工作方式1的发送时序。CPU执行任何一条以SBUF为目的寄存器的指令,如"MOV SBUF,A",就可以启动串行口发送。先把起始位由TxD脚输出,然后把

移位寄存器输出的位输送至 TxD 脚,接着发出第一个移位脉冲,使数据右移 1 位,并自动从 SBUF 左端补 0。此后,数据位逐位从 TxD 引脚输出,当发送完所有的数据位时,发送控制器把 TI 置为 1。

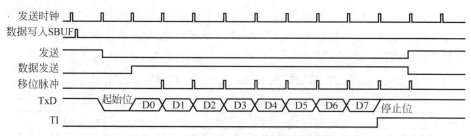

图 7.12 串行口工作方式 1 的发送时序

2) 方式 1 接收

串行口定义为方式 1 且串行口接收允许位 REN 设置为 1 时,串行口处于方式 1 接收状态。方式 1 接收数据时,数据由 RxD 端输入。REN 被置 1 后,当检测到 RxD 引脚上的电平出现 1 到 0 跳变时,串行口接收过程开始,并自动复位内部的 16 分频计数器,以实现同步。计数器的 16 个状态把 1 位的接收时间等分为 16 个间隔,并在第 7,8,9 个计数状态时采样 RxD 引脚的电平,因此,每位连续采样 3 次,如图 7.13 所示。当接收到的 3 个数据位状态中至少两个位相同时,则该相同的数据位状态才被确认接收。

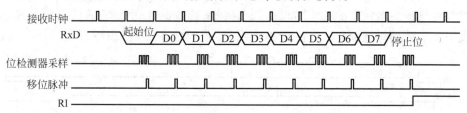

图 7.13 串行口工作方式 1 的接收时序

如果检测到的起始位的状态不是 0,则复位接收电路,并重新寻找 RxD 引脚上的另一个 1 到 0 跳变。当检测到起始位状态有效时,才把起始位移入移位寄存器并开始接收本数据帧的其余部分。一帧接收完毕以后,必须同时满足下列两个条件,这次接收才真正有效,才会把标志位 RI 置 1:

(1) RI=0,即上一帧数据接收完成之后,RI 标志已被清除,SBUF 中的数据已被取出,接收缓冲器处于"空"状态;

(2) 接收到的停止位状态为 1 或 SM2=0。

如果上述条件满足,则 8 位数据进入接收缓冲器 SBUF,停止位进入 RB8,且置 RI 为 1。否则,将丢失接收的数据帧,RI 不会被置 1。

3) 方式 1 的波特率

方式 1 的波特率是可变的。在 MCS-51 单片机中,由定时器/计数器 T1 作为串行通信方式 1 的波特率发生器。方式 1 的波特率计算公式为

$$B_R = \frac{2^{SMOD}}{32} \times T_{ov} \tag{7.2}$$

式中,SMOD 为波特率倍增选择位,T_{ov} 为定时器/计数器 T1 的溢出率。设定时器/计数器

T1 的定时时间为 t_{d}，则定时器/计数器 T1 的溢出率 T_{ov} 为

$$T_{\mathrm{ov}} = \frac{1}{t_{\mathrm{d}}} \tag{7.3}$$

在工程应用中，一般通信速率——波特率是已知的，关键问题是如何用定时器/计数器产生所需的波特率。设波特率为 B_{R}（单位：bit/s），定时器/计数器 T1 的溢出率 T_{ov} 为

$$T_{\mathrm{ov}} = \frac{B_{\mathrm{R}} \times 32}{2^{\mathrm{SMOD}}} \tag{7.4}$$

由式(6.3)可知，需要 T1 实现的定时 t_{d} 为

$$t_{\mathrm{d}} = \frac{2^{\mathrm{SMOD}}}{32 \times B_{\mathrm{R}}} \tag{7.5}$$

设晶振振荡器频率为 f_{osc}，则可根据式(6.6)求出定时器/计数器 T1 的计数器初始值 X：

$$X = 2^{N} - \frac{t_{\mathrm{d}}}{T_{\mathrm{M}}} = 2^{N} - \frac{2^{\mathrm{SMOD}}}{32 \times B_{\mathrm{R}}} \times \frac{f_{\mathrm{osc}}}{12} \tag{7.6}$$

N 与 T1 的工作方式有关，T1 工作在方式 0 时，$N=13$；T1 工作在方式 1 时，$N=16$；T1 工作在方式 2 时，$N=8$。通常选方式 2。

例 7.1 设单片机系统晶振频率为 11.0592MHz，波特率为 2400Hz，采用方式 1 异步通信，确定定时器/计数器初值。

设置 SMOD 位为 0，T1 的工作方式为方式 2、定时器模式，则计数器初始值 X 为

$$X = 2^{8} - \frac{2^{0}}{2400 \times 32} \times \frac{11.0592 \times 10^{6}}{12} = 244$$

即 $X=0\mathrm{F4H}$。

例 7.1 中，如果晶振频率为 12MHz，则 $X=242.979$，此时取最接近该值的一个整数，即 $X=243(0\mathrm{F3H})$。

3. 串行口工作方式 2

方式 2 是 9 位数据异步通信模式，TxD 为发送端，RxD 为接收端。收发一帧数据的帧格式为：1 位起始位(状态为 0)、8 位数据位、1 位可编程位和 1 位停止位(状态为 1)。方式 2 中，波特率是不可变的。方式 2 的接收过程与方式 1 相同，发送过程不同于方式 1，方式 2 时发送的数据为 9 位。方式 2 支持多机通信。

1) 方式 2 发送

图 7.14 为串行口工作方式 2 的发送时序。CPU 执行任何一条以 SBUF 为目的寄存器的指令，如"MOV SBUF，A"，就可以启动串行口发送，同时把 TB8 装载到移位寄存器中。开始数据发送时，先把起始位从 TxD 引脚输出。然后把移位寄存器输出数据位发送到 TxD 引脚。接着发出第一个移位脉冲，使数据右移 1 位，并自动从移位寄存器左端补 0。当 TB8 处于移位寄存器输出端时，移位寄存器所有位的状态变为 0。此种状态标志发送控制器将完成最后一次移位，此时，SEND 失效，并且发送控制器把 TI 置为 1。

2) 方式 2 接收

串行口工作方式 2 的接收时序如图 7.15 所示。方式 2 接收时，数据从 RxD 引脚输入。当 REN 设置为 1 时，接收控制器检测到出现 1 到 0 跳变时，接收过程开始。当检测到 RxD

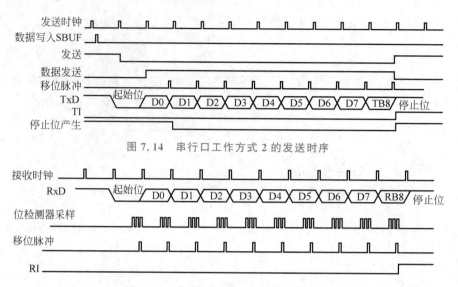

图 7.14　串行口工作方式 2 的发送时序

图 7.15　串行口工作方式 2 的接收时序

引脚的 1 到 0 跳变时，16 分频计数器立即复位，计数器的 16 个状态把 1 位的接收时间等分为 16 个间隔，并在第 7,8,9 个计数状态时采样 RxD 引脚的电平。当接收到的 3 个数据位状态中至少 2 个数据位相同时，则该相同的数据位状态才会被确认接收。

如果检测到的起始位的状态不是 0，则复位接收电路，并重新寻找 RxD 引脚上的另一个 1 到 0 跳变。当检测到起始位状态有效时，才把起始位移入移位寄存器并开始接收本数据帧的其余部分。当起始位被移至接收移位寄存器的最左端时，则通知接收控制器进行最后 1 次移位。把 8 位数据装入 SBUF、接收到的第 9 位数据装入 RB8，并置 RI 为 1。

在接收控制器产生最后一个移位脉冲时，必须同时满足下列两个条件，这次接收才真正有效，才会把标志位 RI 置 1：

（1）RI＝0；

（2）接收到的停止位状态为 1 或 SM2＝0。

只有上述条件满足时，8 位数据才进入 SBUF，接收到的第 9 位数据装入 RB8，且置 RI 为 1。否则，将丢失接收的数据帧，且标志位 RI 不会被置 1。

3）波特率

方式 2 时，波特率可以编程为单片机振荡器频率的 64 分频（$f_{osc}/64$）或 32 分频（$f_{osc}/32$），并且与 SMOD 的设置有关，计算公式为：

$$B_R = \frac{2^{SMOD}}{64} \times f_{osc} \tag{7.7}$$

例 7.2　单片机系统的晶振频率为 12MHz，采用方式 2 异步通信，通信波特率是多少？

如果 SMOD＝0，串行口工作在方式 2 时，通信波特率为 $B_R = \dfrac{2^0}{64} \times 12 \times 10^6 = 187\,500\text{bit/s}$，若 SMOD＝1，则通信波特率为 $B_R = 375\,000\text{bit/s}$。

4. 串行口工作方式 3

方式 3 是 9 位数据异步通信模式，TxD 为发送端，RxD 为接收端。收发一帧数据的帧格式为：1 位起始位、8 位数据位、1 位可编程位和 1 位停止位。方式 3 支持多机通信。方式 3 的接收和发送过程与方式 2 相同。与方式 2 最大的区别是,方式 3 的波特率是可变的,由定时器/计数器 T1 作为波特率发生器。

方式 3 时,波特率的设置和计算方法与方式 1 相同。

7.3 串行口的应用

7.3.1 并行 I/O 口扩展

串行口工作方式 0 的功能相当于一个移位寄存器,常用于实现串行—并行、并行—串行数据格式之间的转换,因此,可以与具有并行输入串行输出、串行输入并行输出功能的芯片结合扩展并行 I/O 口。常用的具有并行输入串行输出功能的 TTL 芯片有 74LS165,74HC165,CMOS 芯片有 CD4094。具有串行输入并行输出功能的 TTL 芯片有 74LS164,74HC164,74LS595,CMOS 芯片为 CD4014。

1. 并行输入口扩展

图 7.16 是具有并行输入串行输出功能的 8 位移位寄存器 74LS165 的引脚图。$S/\overline{L}$ 为移位和并行数据装入控制,DS 为串行数据输入,Q_H 为串行数据输出,$\overline{Q}_H$ 为串行数据(取反)输出。CLK 为时钟信号输入,CLK INH 为时钟禁止。74LS165 的功能表见表 7.2。当 $S/\overline{L}=0$ 时,并行输入 A~H 的状态被置入移位寄存器。当 $S/\overline{L}=1$,且时钟禁止端(CLK INH)为低电平时,在移位时钟信号 CLK 的作用下,数据将由 Q_H 端输出。

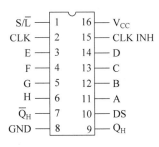

图 7.16 74LS165 的引脚图

表 7.2 74LS165 功能表

$S/\overline{L}$	CLK	CLK INH	内部锁存器状态								寄存器操作
			Q_A	Q_B	Q_C	Q_D	Q_E	Q_F	Q_G	Q_H	
L	×	×	A	B	C	D	E	F	G	H	并行输入
H	L	↑	DS	Q_A	Q_B	Q_C	Q_D	Q_E	Q_F	Q_G	右移位
H	H	↑	Q_A	Q_B	Q_C	Q_D	Q_E	Q_F	Q_G	Q_H	不变
H	↑	L	DS	Q_A	Q_B	Q_C	Q_D	Q_E	Q_F	Q_G	右移位
H	↑	H	Q_A	Q_B	Q_C	Q_D	Q_E	Q_F	Q_G	Q_H	不变

说明:$Q_A,\cdots,Q_H$ 分别为内部锁存器的输出。

图 7.17 为采用 2 片 74LS165 扩展的 2 个 8 位并行输入输出接口电路。MCS-51 单片机设置于串行口工作方式 0 的接收状态,串行数据由 RxD(P3.0)引脚输入,与 74LS165 的 Q_H 引脚相连;移位脉冲由 TxD(P3.1)引脚输出,与 74LS165 的 CLK 引脚相连;P1.0 作为移位寄存器的选通线,控制移位寄存器 74LS165 的并行数据置入和寄存器移位,它与 $S/\overline{L}$ 引脚相连。另外,74LS165 的时钟禁止端 CLK INH 接地。这样,在 TxD 输出的移位脉冲作用下,数据通过 RxD 被移入单片机。

多个 74LS165 芯片相连时,可实现多位并行数据的串行输入,此时,相邻芯片的输出端 Q_H 和串行数据输入端 DS 相连。但是,级联的芯片较多时,输入口的操作响应速度较低。

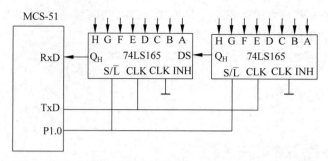

图 7.17　采用 2 片 74LS165 扩展的 2 个 8 位并行输入输出接口电路

从图 7.17 的 16 位接口电路读入数据,并把数据存放在 30H 和 31H 单元,其应用程序如下:

```
# include < reg51.h >
# include < absacc.h >
# include < intrins.h >
# define ADDRESS 0x30
sbit P1_0 = P1^0;
void main(void)
{
  int i;
  SCON = 0x10;                //方式 0,接收模式
  while(1)
    {
      P1_0 = 0;              //移入开关状态
      _nop_();
      _nop_();
      P1_0 = 1;              // 准许移位
      _nop_();
      _nop_();
      for(i = 0;i < 2;i++)   //接收 2 个字节
      {
        while(!RI);
        RI = 0;
        DBYTE[i + ADDRESS] = SBUF;
      }
    }
}
```

2. 并行输出口扩展

图 7.18 为 8 位移位寄存器芯片 74LS164 的引脚图。A、B 为串行输入端,$\overline{\text{CLR}}$ 为清零控制端,$Q_A \sim Q_H$ 为移位寄存器的输出,CLK 为移位时钟信号的输入端。表 7.3 为 74LS164 的真值表。当 $\overline{\text{CLR}}=1$,CLK 脉冲的上升沿(0 到 1 跳变)到来时,$Q_A = A \cdot B$,$Q_A \sim Q_H$ 逐次向右移 1 位。当 $\overline{\text{CLR}}=1$,CLK$=0$ 时,电路处于保持状态。$\overline{\text{CLR}}=0$ 时,输出端 $Q_A \sim Q_H$ 被清零。

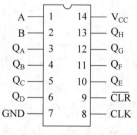

图 7.18　74LS164 引脚图

表 7.3　74LS164 功能表

输　　入				输　　出							
$\overline{\text{CLR}}$	CLK	A	B	Q_A	Q_B	Q_C	Q_D	Q_E	Q_F	Q_G	Q_H
L	×	×	×	L	L	L	L	L	L	L	L

续表

输　　入				输　　出							
H	L	×	×	Q_{A0}	Q_{B0}	Q_{C0}	Q_{D0}	Q_{E0}	Q_{F0}	Q_{G0}	Q_{H0}
H	↑	H	H	H	Q_{An}	Q_{Bn}	Q_{Cn}	Q_{Dn}	Q_{En}	Q_{Fn}	Q_{Gn}
H	↑	L	×	L	Q_{An}	Q_{Bn}	Q_{Cn}	Q_{Dn}	Q_{En}	Q_{Fn}	Q_{Gn}
H	↑	×	L	L	Q_{An}	Q_{Bn}	Q_{Cn}	Q_{Dn}	Q_{En}	Q_{Fn}	Q_{Gn}

说明：$Q_{A0} \sim Q_{H0}$ 分别为 $Q_A \sim Q_H$ 在稳定输入状态成立之前对应的电平。而 $Q_{An} \sim Q_{Hn}$ 分别为在最近 CLK 跳变之前对应的电平,表示移 1 位。

图 7.19 为采用串行口扩展的 16 位并行输出接口电路。MCS-51 单片机串行口设置为方式 0 的发送状态,串行数据由 RxD(P3.0)引脚输出,移位脉冲由 TxD(P3.1)引脚输出。用两片 8 位串行输入、并行输出移位寄存器 74LS164 串联起来构成两个 8 位的串入并出移位寄存器。移位寄存器 16 个并行输出口作为扩展 I/O 输出口。P1.0 端口作为移位寄存器选通线 $\overline{\text{CLR}}$,当 P1.0 为高电平时,CPU 连续送出两帧串行数据后,16 位数据就可以由74LS164 输出。

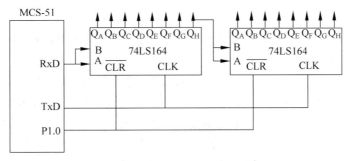

图 7.19　采用串行口扩展的 16 位并行输出接口电路

按照上述方法,采用移位寄存器的级联方式可以实现更多的并行输出口的扩展,但当级联芯片较多时,数据输出的速度将会降低。

假设输出的两字节数据存放在 30H 和 31H 单元,实现数据输出的程序如下:

```
#include <reg51.h>
#include <absacc.h>
sbit P1_0 = P1^0;
#define ADDRESS 0x30
void main(void)
{
  int i;
  P1_0 = 0;
  SCON = 0x00;                    // 方式 0,发送模式
  DBYTE[ADDRESS] = 0x66;          //测试数据
  DBYTE[ADDRESS + 1] = 0xAA;      //测试数据
  P1_0 = 1;
  for(i = 0;i < 2;i++)
  {
    SBUF = DBYTE[i + ADDRESS];    //发送
    while(!TI);                   //发送结束?
    TI = 0;
  }
  While(1);
}
```

7.3.2　串行口的异步通信

MCS-51 单片机提供 3 种异步通信方式，与之通信的设备可以是同类的单片机、其他系列的单片机或者计算机和其他具有串行口的智能设备。需要指出的是，如果通信双方都采用 TTL 电平传送数据，其传输距离一般不超过 1.5m；当通信双方采用不同的电平形式传送数据时，需要通过接口转换电路，把它们转换为相互兼容的电平形式。在工程应用中，为了提高串行通信的传输距离，通常采用其他接口形式，如 RS-232C、RS-485、RS-422 等，可以采用接口转换电路实现，并不需要改变程序。

在 MCS-51 单片机提供的 3 种异步通信方式中，最常用的是方式 1 和方式 3，其通信的波特率是可变的，用户可以根据实际情况进行选择。不论哪种方式，在软件设计时，都可以采用查询方式和中断方式实现，其数据帧的格式可以根据实际情况确定。在通信时，必须保证通信双方采用相同的波特率和数据格式。

串行口方式 1 可实现点对点的通信。在数据通信之前，需要进行以下初始化编程。

（1）确定定时器/计数器 T1 的工作方式，设置 TMOD。通常定时器/计数器 T1 设定为方式 2，定时模式。

（2）根据波特率，计算定时器/计数器 T1 的计数初始值，分别装入 TH1 和 TL1。

（3）启动定时器/计数器 T1，TR1＝1。

（4）确定串行口工作方式，设置 SCON，接收时，把 REN 设置为 1。

（5）如果采用中断方式，则开放 CPU 中断（EA＝1）、允许串行口中断（ES＝1）。

例 7.3　A、B 两台 MCS-51 单片机进行单工串行通信，A 机工作在发送状态，B 为接收状态，如图 7.20 所示。现将 A 机片内 RAM 从 30H 单元开始存储的 16B 的数据发送到 B 机，并存储在片内 RAM 的 20H 单元开始的区域。A、B 单片机的晶振频率均为 11.0592MHz，采用波特率为 9600bit/s。

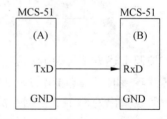

图 7.20　单片机的单工串行通信

定时器/计数器 T1 采用方式 2 的定时模式，下面给出采用查询方式的发送和接收程序。

（1）A 机发送程序：

```c
#include < reg51. h >
#include < absacc. h >
#define ADDRESS 0x30
void init(void);
void main(void)
{
  unsigned char i;
  init();                        //串行口初始化
  for(;;)
  {
    for(i = 0;i < 16;i++)
    {
      SBUF = DBYTE[i + ADDRESS];
      while(!TI);
      TI = 0;
    }
```

```
        }
    }

void init(void)                         //串行口初始化
{
 TMOD = 0x20;
 TH1 = 0xFD;
 TL1 = 0xFD;
 SCON = 0x40;
 PCON = 0x00;
 TR1 = 1;
}
```

（2）B机接收程序：

```
# include < reg51. h >
# include < absacc. h >
# define ADDRESS 0x20
void init(void);
void main(void)
{
  int i;
  init();                               //串行口初始化
  for(;;)
  {
   for( i = 0;i < 16;i++)
    {
      while(!RI);
      RI = 0;
      DBYTE[ i + ADDRESS] = SBUF;       //接收
    }
  }
}
void init(void)                         //串行口初始化
{
 TMOD = 0x20;
 TH1 = 0xFD;
 TL1 = 0xFD;
 SCON = 0x50;
 PCON = 0x00;
 TR1 = 1;
}
```

7.4　本章小结

　　CPU 与外部设备之间进行的数据交换,计算机之间进行的数据交换等,称为数据通信。数据通信方式有两种：并行通信和串行通信。串行通信是计算机与计算机之间、计算机与外部设备之间、设备与设备之间一种常用的数据传输方式,它有 3 种方式：单工、半双工和全双工。串行通信有同步串行通信和异步串行通信方式。

　　MCS-51 单片机内部有 1 个可编程的全双工串行口,它能同时发送和接收数据。串行口的接收和发送都是由特殊功能寄存器 SBUF 来实现的,SBUF 既可作为发送缓冲器,也可作为接收缓冲器,在物理构造上,它们是两个独立的寄存器,共享一个单元地址。串行口有两个控制寄存器,SCON用来设置串行口的工作方式,控制数据的接收和发送,并反映串行口的工作状态等;PCON的SMOD位用来使波特率倍增。

MCS-51单片机的串行口有4种工作方式,方式0时,串行口为同步移位寄存器的输入输出模式,主要用于扩展并行输入输出口,数据由RxD(P3.0)脚输入或输出,同步移位脉冲由TxD(P3.1)脚输出,发送和接收的是8位数据,其波特率为单片机振荡器频率的12分频;方式1、方式2和方式3是异步通信方式,方式2和方式3可实现多机通信,方式1和方式3的通信波特率可以选择。处于方式1、方式2和方式3时,RxD用于接收数据,TxD用于发送数据。

在使用串行口时,需要对它初始化,即设置工作方式、通信速率、接收还是发送等,可以采用查询方式和中断方式。

7.5 复习思考题

一、选择题

1. 所谓串行通信是指(　　　)。
   A. 数据以字节传送的方式
   B. 数据的各位逐位依次传送的方式
   C. 数据以二进制传送的方式
   D. 采用通信线传送的方式

2. 异步通信方式中,一帧数据的组成为(　　　)。
   A. 起始位、数据位、校验位和停止位
   B. 起始位、数据位、校验位和空闲位
   C. 同步位、数据位和停止位
   D. 起始位、数据位、停止位和空闲位

3. MCS-51单片机的发送缓冲器和接收缓冲器是(　　　)。
   A. 1个寄存器SBUF
   B. 2个寄存器,共享一个地址
   C. 2个地址不同的寄存器
   D. 一个16位寄存器的高8位和低8位

4. MCS-51单片机的4种串行通信方式中,不是异步通信方式的是(　　　)。
   A. 方式0　　　　B. 方式1　　　　C. 方式2　　　　D. 方式3

5. 串行口工作在方式0时,用于接收和发送数据的引脚是(　　　)。
   A. TxD　　　　B. RxD　　　　C. P3.6　　　　D. P3.7

6. 串行口工作在方式0时,用于移位脉冲的引脚是(　　　)。
   A. TxD　　　　B. RxD　　　　C. ALE　　　　D. T1

7. 串行口工作在方式1时,用于发送和接收数据的引脚是(　　　)。
   A. TxD　　　　B. RxD　　　　C. A和B　　　　D. B和A

8. 单片机应用系统作为数据接收终端,以方式 1 模式工作,那么 SCON 应设置为(　　)。

    A. 50H   B. 40H   C. 0A0H   D. 80H

9. 单片机应用系统具有双工通信功能,以方式 1 模式工作,那么 SCON 应设置为(　　)。

    A. 50H   B. 40H   C. 0A0H   D. 80H

10. 串行口工作在方式 2、方式 3 时,SM2 的作用是(　　)。

    A. 接收和发送地址标志位   B. 从机标志

    C. 主机标志   D. 多机通信控制位

11. 在串行通信方式 1 和方式 3 时,可作为波特率发生器的是(　　)。

    A. 定时器/计数器 T0   B. 定时器/计数器 T1

    C. PCON   D. SCON

12. 在下列工作方式中,SMOD 设置为 1 时,通信波特率不变的工作方式是(　　)。

    A. 方式 0   B. 方式 1   C. 方式 2   D. 方式 3

二、思考题与编程题

1. 串行通信有几种方式? 各有什么特点?

2. 实现异步通信时,通信双方需要遵守哪些基本约定?

3. MCS-51 单片机的串行口有几种工作方式? 各种方式下的通信波特率如何确定?

4. 简述方式 0 的串行通信原理。

5. 简述方式 1 的串行通信数据帧的组成和通信原理。

6. 方式 2 和方式 3 是如何进行多机通信的? 它们的数据帧格式与方式 1 相比有何不同?

7. 采用 MCS-51 单片机的串行口扩展 3 个并行输出口,每隔 100ms 分别把内部 RAM 40H,41H 和 42H 单元的内容依次从这 3 个并行输出口输出。

8. 采用图 7.17 构成监控系统来监控某个设备,在扩展的两个并行输入口连接了 16 个检测开关,系统不断地查询检测这些开关的状态。检测开关闭合时接口电路接收到低电平,否则,接收到高电平。设计程序实现:当有开关闭合时,把 16 个开关的状态保存到内 RAM,没有开关闭合时,系统不处理,继续查询。

9. 显示接口电路如图 7.21 所示,它采用单片机串行口输出字型码,设计程序实现在显示器上显示"789A"。

10. 动态显示接口电路如图 7.22 所示,它采用单片机串行口输出字型码,由译码器 74LS138 输出显示位置。设计程序实现在显示器上显示"HELLO"。

11. A、B 两台单片机应用系统进行串行通信,A 机工作在发送状态,B 为接收状态,现需要将 A 机片内 RAM 存储的 8 字节的数据发送到 B 机,并存储在片内 RAM。两个系统的晶振频率均为 11.0592MHz,波特率为 2400bit/s。

12. A、B 两台单片机应用系统具有双工通信功能,现需要将 A 机片内 RAM 存储的 8 字节的数据发送到 B 机,并存储在片内 RAM。两个系统的晶振频率均为 11.0592MHz,波特率为 4800bit/s。要求如下:

(1) 在 A 机发送时,每次发送 10 字节,其中,第 1 字节为起始标志 0F5H,第 2 到第 9 字节为要发送的 8 字节数据,第 10 字节为 8 字节数据的异或校验值(8 字节连续异或的值)。

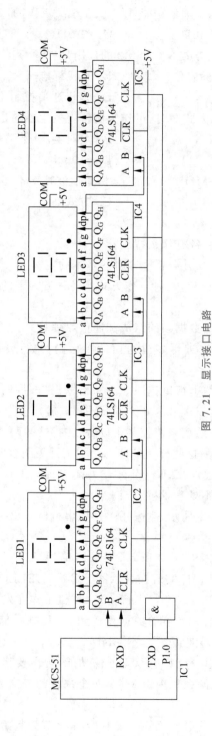

图 7.21　显示接口电路

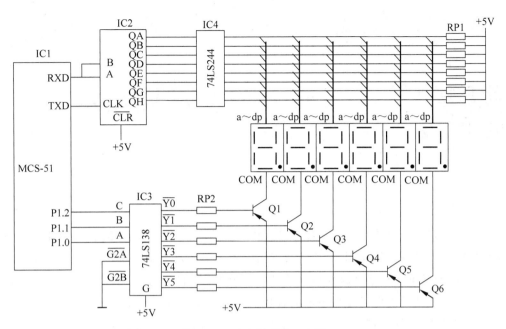

图 7.22 动态显示接口电路

(2) B 机接收到数据后,先进行异或校验,如果接收到的 8 个数据的异或值与接收到的第 10 字节数据相同,则把数据存放到本机的内 RAM 中,否则,丢弃本次接收到的所有数据,并发送 2 字节的重发请求 0F5H,0DDH,其中 0F5H 为起始标志。A 机接收到重发请求后,按照(1)重发数据。

(3) B 发送重发请求超过 10 次,则中断接收。

第8章
CHAPTER 8

单片机的扩展技术

　　虽然 MCS-51 系列单片机芯片配置了片内数据存储器和程序存储器,但对于某些程序规模和数据采集量较大的应用,片内的存储器配置不能满足要求,就需要扩展存储器。必须注意的是,随着微电子技术和存储器工艺技术的发展,目前,含有程序存储器的单片机已成为应用的主流产品。出现了多种不同的容量供用户选择,因此,程序存储器的扩展在实际应用中也不被经常采用。另外,近年来,具有串行接口和串行总线的存储器芯片被广泛应用,这种芯片的封装尺寸小和引脚少,可以简化系统的结构,降低成本,增加了系统扩展的灵活性。

　　本章仍然介绍程序存储器的扩展方法,其目的是帮助读者更好地了解地址分配的原理。本章主要介绍单片机总线的构造方法、单片机的程序存储器、数据存储器、I/O 口扩展方法及使用方法。

8.1　单片机系统的三总线的构造

　　当 MCS-51 单片机需要扩展外部 ROM 或外部 RAM 时,P0 口可以提供低 8 位地址总线和数据总线,P2 口提供高 8 位地址总线,这种情况下,P0 和 P2 就不能再作为 I/O 口使用了。由于 P0 口的分时复用,MCS-51 单片机的地址和数据总线不是分立的。在时序上,P0 口在 ALE 为高电平有效期间输出低 8 位地址 A7～A0,同时,P2 口上输出高 8 位地址 A15～A8。在 ALE 为低电平有效时,CPU 对 A15～A0 状态指定的单元进行操作,此时,P0 口作为数据总线。因此,需要在单片机的片外增加一片地址锁存器,以 ALE 作为锁存控制信号,当 ALE 为高电平时,P0 口输出地址信息,在 ALE 出现下跳沿时,把 P0 口的地址信息锁存。ALE 为低电平期间 P0 用作数据总线口。MCS-51 单片机三总线构造原理图如图 8.1 所示。

　　通常用作地址锁存器的芯片有 74LS373、74LS273 等。图 8.2 给出了 74LS373 的引脚图,表 8.1 为它的真值表,其中 $\overline{E}$ 为输出控制端,G 为使能端,D0～D7 为输入,Q0～Q7 为输出。74LS373 是三态输出的 8 位锁存器,当 $\overline{E}$=1 时,输出全为高阻态;当 $\overline{E}$=0 时,G 出现高电平,输出 Q_i 随输入 D_i 变化,$i=0～7$;G 端电平由高变低时,输出端 8 位信息被锁存。74LS373 作为地址锁存器的接法如图 8.3 所示。

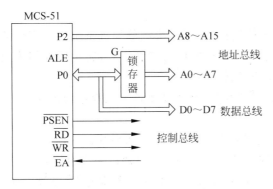

图 8.1 MCS-51 单片机三总线构造原理图

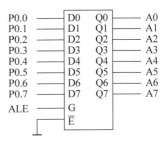

图 8.2 74LS373 的引脚

表 8.1 74LS373 功能表

$\overline{E}$	G	D_i	Q_i
0	1	1	1
0	1	0	0
0	0	×	S_0
1	×	×	高阻

注：S_0 为建立稳态输入条件之前，锁存器输出的状态

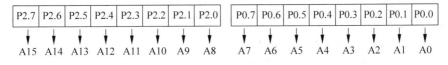

图 8.3 地址锁存器的电路

综上所述，采用地址锁存器使 P0 口分时地提供地址和数据信息，形成了分立的并行总线：地址总线和数据总线，单片机的存储器、并行 I/O 扩展以及其他部件的扩展都是以此为基础进行的。下面介绍 MCS-51 单片机的三总线功能以及与单片机引脚之间的对应关系。

地址总线（Address Bus，AB）传送的是地址信号，用于单片机外部的存储单元以及 I/O 口的选择。地址总线是单向的，由单片机提供，MCS-51 单片机的地址总线为 16 位，由 P2 口输出高 8 位，P0 口提供低 8 位。由 P0 口输出的低 8 位地址需经地址锁存器（74LS373）锁存，这样，P2 口和地址锁存器的 8 位输出构成了 MCS-51 的地址总线 A15～A0，如图 8.4 所示。

P2.7	P2.6	P2.5	P2.4	P2.3	P2.2	P2.1	P2.0		P0.7	P0.6	P0.5	P0.4	P0.3	P0.2	P0.1	P0.0
↓	↓	↓	↓	↓	↓	↓	↓		↓	↓	↓	↓	↓	↓	↓	↓
A15	A14	A13	A12	A11	A10	A9	A8		A7	A6	A5	A4	A3	A2	A1	A0

图 8.4 MCS-51 单片机的地址总线与 I/O 引脚的对应关系

地址总线的位数决定着单片机外部的存储单元以及 I/O 口的容量。根据二进制编码原理，如果地址总线为 N 位，那么，可以有 2^N 种不同的编码，也就是说可以提供 2^N 个互不相同的地址，因此，可用的存储单元为 2^N 个。因为 MCS-51 单片机的地址总线为 16 位，它的存储器最大的扩展容量为 2^{16}，即 64KB 个单元。

数据总线（Data Bus，DB）传送的是数据信息，数据总线是双向的。数据总线用于在单片机与存储器之间、单片机与 I/O 口之间的数据传送。单片机的数据总线为 8 位，由 P0 口提供，数位与 P0 口之间的对应关系如图 8.5 所示。其中 D7 为最

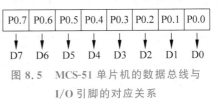

图 8.5 MCS-51 单片机的数据总线与 I/O 引脚的对应关系

高位。

控制总线(Control Bus,CB)用来传送控制信号,协调单片机系统中各部件的工作。控制总线包含了单片机对扩展的存储器和I/O口的读写控制信号,还包括外部传送给单片机的信号。MCS-51单片机与扩展相关的控制总线如下。

(1) ALE——单片机的地址锁存控制信号,用来实现低8位地址的锁存,是单片机输出的信号。

(2) $\overline{EA}$——外部程序存储器选择控制信号,是外部输入单片机的信号。

(3) $\overline{PSEN}$——扩展外部程序存储器读控制信号,是单片机输出的信号。

(4) $\overline{WR}$——扩展的外部数据存储器和外部I/O口的写控制信号,$\overline{WR}$是P3.6的第2功能,是单片机输出的信号。

(5) $\overline{RD}$——扩展的外部数据存储器和外部I/O的读控制信号,$\overline{RD}$是P3.7的第2功能,是单片机输出的信号。

采用总线结构使单片机的扩展容易实现,需要扩展的元器件只要符合总线的要求,就可以方便地接入单片机系统。

8.2 单片机存储器扩展

8.2.1 半导体存储器

存储器是计算机的记忆部件。CPU要执行的程序、要处理的数据及中间结果等都存放在存储器中。存储容量和存取时间是存储器的两项重要指标,它们反映了存储记忆信息的多少与工作速度的快慢。根据读的方式,可分为随机存取存储器(RAM)和只读存储器(ROM)两大类。

1. 随机存取存储器

随机存取存储器(Random Access Memory,RAM)可以多次写入和读出,每次写入后,原来的内容自动消失,被新写入的内容代替;对RAM进行读操作,不会改变RAM存储单元的内容;当电源掉电时,RAM里的内容随即消失。

RAM可分为静态RAM和动态RAM。

静态RAM采用触发器电路作为记忆单位存放1和0,存取速度快,只要不掉电就可以持续地保持存储内容不变。一般静态RAM的集成度较低,成本较高。由于接口简单,在单片机应用系统被广泛使用。

动态RAM采用MOS晶体管栅电容动态地存储电荷,以实现信息的记忆和存储。存储信息的电容有足够大的存储电荷时表示"1",无存储电荷时表示"0"。由于电容上的电荷会因电路泄漏而逐渐消失,即使电源不掉电,经过一段时间,动态RAM中所存储的信息也会丢失。因此,必须以一定的周期对所有存储单元进行刷新。动态RAM工作速度快、集成度高、功耗低,常用于计算机内存等。

RAM是由若干个单元构成的,RAM内容的存取是以字节为单位的,为了区别各个不同的单元,给每个存储单元赋予一个编号,称该编号为这个存储单元的地址。存储单元是存储信息的最基本单位,不同的单元有不同的地址。在进行读写操作时,按照地址访问某个单元。

2. 只读存储器

只读存储器(Read Only Memory,ROM),ROM 一般用来存储程序和常数。ROM 是采用特殊方式写入的,一旦写入,在使用过程中不能随机地修改,只能从其中读出信息。与 RAM 不同,当电源掉电时,ROM 仍能保持内容不变。在读取该存储单元内容方面,ROM 和 RAM 相似。只读存储器有掩膜 ROM,PROM,EPROM,E²PROM(也称 EEPROM),Flash ROM 等。它们的区别在于写入信息和擦除存储信息的方式不同。

掩膜 ROM 是由生产厂家用半导体掩膜工艺把需要写入的程序或存储的信息固化到芯片中的,用户无法修改和擦除。

PROM(Programmable ROM),即可编程 ROM。允许用户自己把需要写入的程序或信息固化到芯片中。PROM 芯片只能写入一次,一旦写入便不能再修改。这种一次性写入的 ROM 也称为 OTP ROM(One Time Programmable ROM)。

EPROM(Erasable PROM)是指紫外线可擦除的 ROM。它允许用户自己把需要写入的程序或信息固化到芯片中,虽然在使用过程中无法改变已经写入(固化)的内容,但允许把写入的内容擦除后再次写入。这种芯片封装的顶部中央开有一个圆形窗口,进行擦除操作时,用一定强度的紫外线通过窗口照射芯片一段时间,即可擦除原有信息。通常,已固化程序的 EPROM 芯片的窗口用不透光的贴片掩盖,以防止固化的信息被意外擦除。

E²PROM 或 EEPROM(Electrically Erasable PROM)为电擦除可编程的 ROM,允许在使用过程中修改和读取存储单元的内容,芯片在断电情况下可保持存储单元的内容不变。除了写入时间较长之外,它的读写与 RAM 基本相同,擦除操作比 EPROM 方便。

Flash ROM 也被称为快擦写 ROM。Flash ROM 是在 EPROM 和 E²PROM 的基础上发展的一种 ROM。它读写速度较快,允许使用过程中修改和读取存储单元的内容,芯片可在断电情况下保持存储单元的内容不变,重复写入次数可以达到 1 万次。

8.2.2 程序存储器扩展

1. 程序存储器芯片——27×× 系列芯片

单片机的程序存储器通常采用只读存储器,使用较多的是 EPROM 和 E²PROM。本节主要介绍 EPROM 的扩展方法。

典型 EPROM 为 27×× 系列芯片,其中 27 为产品代号,×× 表示芯片存储位的容量(单位:K)。常用的芯片有:2716(2K×8 位,2K 个单元,每个单元 8 位)、2732(4K×8 位)、2764(8K×8 位)、27128(16K×8 位)、27256(32K×8 位)和 27512(64K×8 位)等。

图 8.6 为 27×× 各芯片引脚排列图,其中 2716 和 2732 引脚排列完全兼容,2764、27128、27256 和 27512 引脚排列完全兼容。

下面以 2764 为例介绍芯片的引脚功能。这种芯片的引脚按功能可以归纳为:电源线、地址线、数据线、片选线和控制线。

1)电源线

(1) V_{CC}(28 脚):工作电源,+5V;

(2) GND(14 脚):地;

(3) V_{PP}(1 脚):编程电源。当芯片编程时,由该引脚引入编程电压,编程电压有 12.5V、25V 两种,在芯片编程时,应确认芯片的编程电压。当芯片工作在应用系统中时,

27512	27256	27128	2764	2732	2716	外L	芯片/内L	内R	外R	2716	2732	2764	27128	27256	27512
A_{15}	V_{PP}	V_{PP}	V_{PP}			1	27512		28			V_{CC}	V_{CC}	V_{CC}	V_{CC}
A_{12}	A_{12}	A_{12}	A_{12}			2	27256 27128 2764		27			$\overline{PGM}$	$\overline{PGM}$	A_{14}	A_{14}
A_7	A_7	A_7	A_7	A_7	A_7	3	1	24	26	V_{CC}	V_{CC}	NC	A_{13}	A_{13}	A_{13}
A_6	A_6	A_6	A_6	A_6	A_6	4	2	23	25	A_8	A_8	A_8	A_8	A_8	A_8
A_5	A_5	A_5	A_5	A_5	A_5	5	3	22	24	A_9	A_9	A_9	A_9	A_9	A_9
A_4	A_4	A_4	A_4	A_4	A_4	6	4	21	23	A_{PP}	A_{11}	A_{11}	A_{11}	A_{11}	A_{11}
A_3	A_3	A_3	A_3	A_3	A_3	7	5	20	22	$\overline{OE}$	$\overline{OE}/V_{PP}$	$\overline{OE}$	$\overline{OE}$	$\overline{OE}$	$\overline{OE}/V_{PP}$
A_2	A_2	A_2	A_2	A_2	A_2	8	6 / 2732	19	21	A_{10}	A_{10}	A_{10}	A_{10}	A_{10}	A_{10}
A_1	A_1	A_1	A_1	A_1	A_1	9	7 / 2716	18	20	$\overline{CE}$	$\overline{CE}$	$\overline{CE}$	$\overline{CE}$	$\overline{CE}$	$\overline{CE}$
A_0	A_0	A_0	A_0	A_0	A_0	10	8	17	19	O_7	O_7	O_7	O_7	O_7	O_7
O_0	O_0	O_0	O_0	O_0	O_0	11	9	16	18	O_6	O_6	O_6	O_6	O_6	O_6
O_1	O_1	O_1	O_1	O_1	O_1	12	10	15	17	O_5	O_5	O_5	O_5	O_5	O_5
O_2	O_2	O_2	O_2	O_2	O_2	13	11	14	16	O_4	O_4	O_4	O_4	O_4	O_4
GND	GND	GND	GND	GND	GND	14	12	13	15	O_3	O_3	O_3	O_3	O_3	O_3

图 8.6 27××各芯片引脚及其兼容性能

V_{PP} 接 +5V。

2）地址线：2764 的容量为 8K 个单元，它有 13 根地址线，在图 8.6 中标记为 $A_{12} \sim A_0$。

3）数据线：2764 的数据线有 8 根，在图 8.6 中标记为 $O_7 \sim O_0$。

4）片选线：$\overline{CE}$：片选信号，低电平有效。

5）控制线

（1）$\overline{OE}$：输出控制信号，低电平有效。当 $\overline{OE}$ 为低电平时，2764 的输出缓冲器打开，在 $\overline{CE}$ 为低电平时，由 $A_{12} \sim A_0$ 指定单元的内容从 $O_7 \sim O_0$ 输出。

（2）$\overline{PGM}$：芯片编程控制信号。当芯片编程时，用于引入编程脉冲。当芯片工作在应用系统中时，PGM 接 +5V。

另外，NC 为未定义引脚，使用时悬空。

2764 有 5 种工作方式，由 $\overline{CE}$、$\overline{OE}$、PGM 等信号的状态组合来确定，如表 8.2 所示。

1）读

当 $\overline{CE}=0$，2764 被选中，此时，若 $\overline{OE}=0$、V_{PP} 接 +5V 且 $\overline{PGM}$ 为高电平，由地址线 $A_{12} \sim A_0$ 状态指定单元的内容从 $O_7 \sim O_0$ 输出。

2）未选中

$\overline{CE}=1$ 时，2764 未选中，此时，$O_7 \sim O_0$ 输出为高阻状态，2764 处于低功耗维持状态。

3）编程

2764 的 V_{PP} 接指定的编程电压（如 25V 或 12.5V）、$\overline{CE}=0$、$\overline{OE}=1$ 且 $\overline{PGM}$ 为低电平时，2764 处于编程方式，把程序代码写入芯片。写入存储单元的地址由地址线 $A_{12} \sim A_0$ 确定，写入内容从 $O_7 \sim O_0$ 输入。

4）编程校验

编程校验是为了检查写入的内容是否正确。VPP 保持编程电压、$\overline{CE}=0$、$\overline{OE}=0$ 且 $\overline{PGM}$ 为高电平时，按读方式把写入的内容读出。

5）编程禁止

V_{PP} 保持编程电压，当 $\overline{CE}=1$ 时，2764 处于编程禁止状态，禁止写入程序。

通常,在单片机应用系统中的 EPROM 工作在读和未选中两种方式。而其他三种方式应用在编程器中,编程器是专门用来为各种 EPROM 写入(固化)程序代码的装置。

表 8.2　EPROM 的工作方式

芯片	工作方式	$\overline{\text{CE}}$	$\overline{\text{OE}}$	V_{PP}	V_{CC}	$\overline{\text{OE}}/V_{PP}$	PGM	$O_7 \sim O_0$
	读	L	L	V_{CC}	V_{CC}	—	H	数据输出
	未选中	H	$\times$	V_{CC}	V_{CC}	—	$\times$	高阻
2764	编程	L	H	V_{PP}	V_{CC}	—	L	数据输入
	编程校验	L	L	V_{PP}	V_{CC}	—	H	数据输出
	编程禁止	H	$\times$	V_{PP}	V_{CC}	—	$\times$	高阻

2. 程序存储器扩展原理

由于 $\overline{\text{EA}}$ 的接法不同,MCS-51 单片机外部程序存储器的扩展有两种方案,如图 8.7 所示。外部程序存储器芯片的地址线的低 8 位与地址锁存器输出的低 8 位地址直接相连,它的高 8 位地址线与 P_2 口直接相连,数据线 $D_7 \sim D_0$ 与 P_0 口相连。另外,外部程序存储器芯片的输出控制 $\overline{\text{OE}}$ 用单片机的外部程序存储器选通信号 $\overline{\text{PSEN}}$ 控制。

当 $\overline{\text{EA}}=0$(接地)时,不论单片机是否含有片内程序存储器,单片机的程序存储器全部为扩展的片外程序存储器,最大容量为 64KB,如图 8.7 中的(a)所示,单片机从外部程序存储器取指令时,$\overline{\text{PSEN}}=0$,即扩展芯片的 $\overline{\text{OE}}=0$,控制地址线 $A_{15} \sim A_0$ 指定单元的内容从数据线 $D_7 \sim D_0$ 输出。

当 $\overline{\text{EA}}=1$(接高电平)时,单片机的程序存储器由片内程序存储器和片外程序存储器构成。如果片内程序存储器满足应用要求,不必扩展,如果再没有其他部件的扩展,如 RAM,P_2 和 P_0 可以作为 I/O 口使用;如果片内程序存储器不能满足应用要求,可扩展外部程序存储器,外部程序存储器与片内程序存储器统一编址,最大容量为 64KB,如图 8.7 中的(b)所示;单片机的 CPU 执行程序时,如果从片内程序存储器取指令,$\overline{\text{PSEN}}=1$,即 $\overline{\text{OE}}=1$,使外部程序存储器禁止读出。从外部程序存储器取指令时,$\overline{\text{PSEN}}=0$,即 $\overline{\text{OE}}=0$,控制地址线 $A_{15} \sim A_0$ 指定单元的内容从数据线 $D_7 \sim D_0$ 输出。

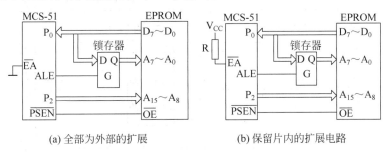

(a) 全部为外部的扩展　　　　　　(b) 保留片内的扩展电路

图 8.7　64KB MCS-51 单片机扩展外部程序存储器的硬件电路

在 C51 语言中,程序存储器空间被定义为 CODE 区,对应的存储类型为 code,code 声名的变量或常量被存储在程序存储器中。

图 8.8 为一个机器周期的单片机 CPU 访问外部程序存储器的时序。CPU 访问外部程序存储器时,PC 的高 8 位(PCH)和低 8 位(PCL)分别从 P_2 和 P_0 口输出。由于 PC 为 16 位寄存器,不论是芯片上的程序存储器还是扩展的外部程序存储器,每个单元的地址都是 16 位

的。P₀口输出的地址信息在 ALE 的上升沿被传送到地址锁存器的输出端，ALE 下降沿时，该地址被锁存。然后，P₀口由输出方式转换为输入方式，即浮空状态，等待 CPU 从程序存储器中读取指令代码，而 P₂ 的输出的高 8 位地址保持不变。当 $\overline{PSEN}$ 变为低电平时，P₂ 口与地址锁存器输出提供的 16 位地址指定单元的内容（即指令代码）传送到 P₀ 口供 CPU 读取。

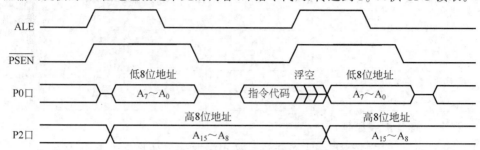

图 8.8 单片机访问外部存储器的时序

在图 8.8 中，一个机器周期之内，ALE 出现两个正脉冲，$\overline{PSEN}$ 出现两个负脉冲，说明 CPU 在一个机器周期内可以两次访问外部程序存储器。因此，选用芯片时，除了考虑芯片的存储容量之外，还必须使芯片的读取时间与单片机 CPU 的时钟匹配。

3. 程序存储器扩展电路

图 8.9 是 80C51 单片机扩展 8KB 的程序存储器的电路原理图。80C51 是 MCS-51 系列单片机片内含有 4KB 程序存储器的产品。为保留片内 4KB 程序存储器，$\overline{EA}$ 必须接高电平，以使单片机复位后能从单片机内部的程序存储器执行程序，内部程序存储器占用了程序存储器地址空间的前 4KB，即 0000H～0FFFH。只有当程序计数器 PC 的内容大于 0FFFH 时，CPU 才会从外部扩展的程序存储器取指。

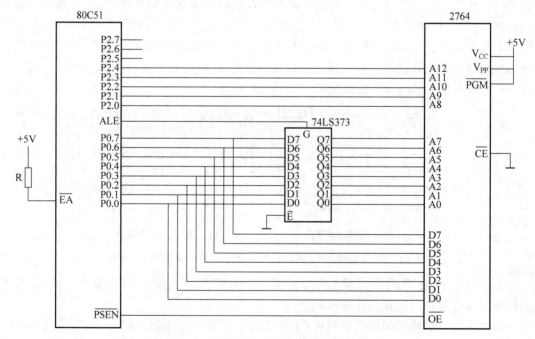

图 8.9 80C51 单片机扩展的 8KB 程序存储器

外部程序存储器的地址编码过程如图 8.10 所示。由于地址线 A15(P2.7)、A14(P2.6)、A13(P2.5)未连接到 2764 芯片上,图中用"×"标识,表示其状态可取 0 或 1。在保留片内程序存储器的前提下,如何确定外部的程序存储器地址呢? 显然,0000H~0FFFH 这 4KB 的地址空间已被内部程序存储器占用,外部程序存储器空间不能包含这一地址范围,如图 8.10 所示,令 A13 的状态为"1",A15,A14 都为"0",则外部扩展的 8KB 程序存储器的地址范围为 2000H~3FFFH。当 PC 内容在 0000H~0FFFH 范围内时,虽然 2764 的 A13~A0 的状态给出了单元地址,但是 $\overline{PSEN}$ 为高电平,CPU 不会从 2764 芯片中取指令。

P2.7	P2.6	P2.5	P2.4	P2.3	P2.2	P2.1	P2.0	P0.7	P0.6	P0.5	P0.4	P0.3	P0.2	P0.1	P0.0
A15	A14	A13	A12	A11	A10	A9	A8	A7	A6	A5	A4	A3	A2	A1	A0
×	×	×	0	0	0	0	0	0	0	0	0	0	0	0	0
×	×	×	0	0	0	0	0	0	0	0	0	0	0	0	1
×	×	×			...	...									
×	×	×			...	...									
×	×	×	1	1	1	1	1	1	1	1	1	1	1	1	1

图 8.10　80C51 单片机扩展 8KB 的程序存储器的地址编码

从图 8.10 可以看到,A15,A14,A13 并没有连接到 2764 芯片上,它们的状态与 CPU 访问 2764 无关,为了避免与片内的地址冲突,也可以令 A15,A14,A13=101,此时,外部程序存储器的地址范围为 0A000H~0BFFFH。显然,A15,A14,A13 取不同的状态时,外部程序存储器的地址范围是不同的,这种现象为地址重叠。克服地址重叠现象的方法是采用所有的地址线全译码。对于本例,可以采用图 8.11 所示的电路避免地址重叠,此时,外部程序存储器 2764 的地址范围为 0E000H~0FFFFH。

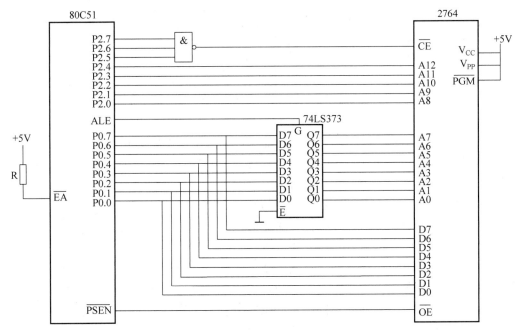

图 8.11　采用地址线全译码的扩展电路

8.2.3　数据存储器扩展

MCS-51 单片机内有 128B 的 RAM,它们可以用作工作寄存器、堆栈、软件标志和数据缓冲器,CPU 对其内部 RAM 有丰富的操作指令,应合理地利用片内 RAM,充分发挥它的作用。但在实时数据采集和处理系统中,仅靠片内 RAM 是远远不够的,需要扩展外部数据存储器。常用的数据存储器有静态 RAM 和动态 RAM 两种。单片机扩展外部数据存储器时,大都采用静态 RAM,使用较为方便,不需要考虑刷新的问题。

1. 数据存储器芯片

常用的静态数 RAM 器芯片有：6116(2K×8),6264(8K×8),62256(32K×8)等。下面以 6264 为例说明芯片及其引脚功能。

6264 是 8K×8 位的静态随机存储器芯片,单一＋5V 电源,额定功耗 200mW,典型存取时间为 200ns,28 个引脚,双列直插式封装,其引脚排列如图 8.12 所示。

6264 有 8192 个单元,地址线为 A0～A12,数据线为 IO0～IO7,片选线为 $\overline{CE1}$,CE2,控制线为 $\overline{OE}$ 和 $\overline{WE}$。当 $\overline{CE1}$ 为低电平且 CE2 为高电平时,6264 被选中,在 $\overline{OE}$ 和 $\overline{WE}$ 控制下对存储器进行读写操作。6264 的工作方式见表 8.3。

引脚	左	引脚	右
1	NC	28	V_{CC}
2	A12	27	$\overline{WE}$
3	A7	26	CE2
4	A6	25	A8
5	A5	24	A9
6	A4	23	A11
7	A3	22	$\overline{OE}$
8	A2	21	A10
9	A1	20	$\overline{CE1}$
10	A0	19	IO7
11	IO0	18	IO6
12	IO1	17	IO5
13	IO2	16	IO4
14	GND	15	IO3

图 8.12　6264 的引脚图

表 8.3　6264 的工作方式

$\overline{CE1}$	CE2	$\overline{OE}$	$\overline{WE}$	IO0～IO7	工作方式
H	×	×	×	高阻	未选中
×	L	×	×	高阻	未选中
L	H	H	H	高阻	输出禁止
L	H	L	H	数据输出	读
L	H	H	L	数据输入	写
L	H	L	L	数据输入	写

2. 外部数据存储器的扩展方法及时序

单片机扩展外部数据存储器的原理图如图 8.13 所示。扩展的外部数据存储器通过地址总线、数据总线和控制总线与 MCS-51 单片机相连,其中,由 P2 口提供存储单元地址的高 8 位、P0 口经过地址锁存器提供单元地址的低 8 位,P0 口也分时提供双向的数据总线,外部数据存储器的读写由 MCS-51 单片机的 $\overline{RD}$(P3.7) 和 $\overline{WR}$(P3.6) 控制。显然,程序存储器与外部数据存储器使用同一地址总线,它们的地址空间是完全重叠的,但是,由于单片机访问外部程序存储器时,使用 $\overline{PSEN}$ 控制对外部程序存储器单元的读取操作,因此,即使程序存储器和数据存储器的单元地址完全相同,也不会造成访问冲突。

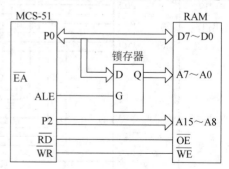

图 8.13　单片机扩展外部数据存储器的原理图

MCS-51 单片机的外部数据存储器的最大寻址空间为 64KB,即 0000H～0FFFFH。单片机的外部数据存储器和外部 I/O 口是统一编址的,因此,它们共同占用这一地址空间。在 C51 语言中,把这个空间定义为 XDATA 区,其中,该空间首页的 256 个单元被定为 PDATA 区,它们对应的存储类型分别为 xdata 和 pdata,用它们声明变量时,声明的变量被存储在外部 RAM 中或指向外 I/O 口。

图 8.14 为 MCS-51 单片机读取外部数据存储器的时序。读取外部数据存储器由指令 "MOVX A,@DPTR"或"MOVX A,@Ri"实现。CPU 执行这种指令需要两个机器周期,第一个机器周期 CPU 从程序存储器中取指令,第二个机器周期 CPU 执行指令,读取数据存储器的指定单元的内容,在此周期中,P2 口输出单元地址的高 8 位(A15～A8),P0 口输出单元地址的低 8 位(A7～A0)。在执行指令"MOVX A,@DPTR"时,DPTR 内容指定的 16 位地址由 P2 和 P0 口输出,P2 输出 DPTR 的高 8 位,P0 输出 DPTR 的低 8 位;而执行 "MOVX A,@Ri"指令时,Ri 的内容由 P0 口输出。当 ALE 为高电平时,P0 口输出地址信息,在 ALE 下跳沿时把地址信息锁存到外部地址锁存器中,然后 P0 口变为输入方式,在读控制信号 $\overline{RD}$ 有效时,选通外部数据存储器,这样 A15～A0 指定的单元内容被输出到 P0 口,被 CPU 读入 A 累加器。

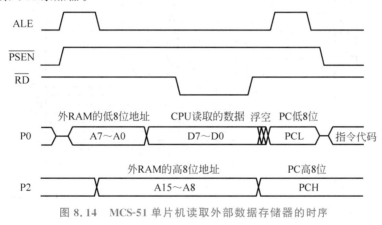

图 8.14 MCS-51 单片机读取外部数据存储器的时序

MCS-51 单片机写外部数据的时序如图 8.15 所示。其操作过程与 CPU 的读周期类似。外部数据存储器写入操作由下列指令实现:"MOVX @DPTR,A"或"MOVX @Ri,A"。写操作时,在 ALE 下降为低电平后,$\overline{WR}$ 信号才有效,P0 口上出现的数据被写入 A15～A0 指定的存储单元。

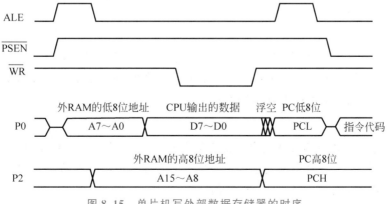

图 8.15 单片机写外部数据存储器的时序

3. 外部数据存储器扩展电路

以 6264 为例，介绍使用静态 RAM 为 80C51 单片机扩展外部数据存储器的方法。

图 8.16 为采用 6264 为 MCS-51 单片机扩展 8KB 外部数据存储器的接口电路。由于系统中仅有 1 片 6264，因此，把 6264 芯片的片选 $\overline{\text{CE1}}$ 接地，CE2 接高电平，使 6264 始终被选中。6264 的地址线 A12～A0 与地址锁存器的输出及 P2 口对应的线相连，6264 的数据线 D7～D0 与 P0 口对应相连，6264 的控制线 $\overline{\text{OE}}$ 和 $\overline{\text{WE}}$ 分别与 80C51 的 $\overline{\text{RD}}$ 和 $\overline{\text{WR}}$ 相连。按照图 8.15 的连接方案，6264 的地址分配分析如图 8.17 所示。在图 8.17 中，若默认×为 0，用 6264 扩展的 8KB 外部数据存储器地址范围为 0000H～1FFFH。

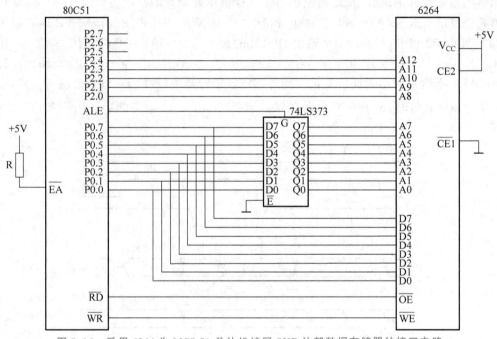

图 8.16 采用 6264 为 MCS-51 单片机扩展 8KB 外部数据存储器的接口电路

P2.7	P2.6	P2.5	P2.4	P2.3	P2.2	P2.1	P2.0	P0.7	P0.6	P0.5	P0.4	P0.3	P0.2	P0.1	P0.0
A15	A14	A13	A12	A11	A10	A9	A8	A7	A6	A5	A4	A3	A2	A1	A0
×	×	×	0	0	0	0	0	0	0	0	0	0	0	0	0
×	×	×	0	0	0	0	0	0	0	0	0	0	0	0	1
×	×	×			...	...									
×	×	×			...	...									
×	×	×	1	1	1	1	1	1	1	1	1	1	1	1	1

图 8.17 扩展的 8KB 外部数据存储器的地址分配

例 8.1 把图 8.16 系统中的 0250H 单元的内容转存到单片机内部 RAM 的 20H 单元。

首先在程序开头增加 ♯include＜absacc.h＞，再用它的命令 DBYTE、XBYTE 定义内、外 RAM 单元，本题要求可用下列代码实现：

```
DBYTE[0x20] = XBYTE[0x0250];
```

例 8.2 单片机内部 RAM 的寄存器 R3 的内容转存到图 8.16 系统中的 1000H 单元。

设当前工作寄存器为 1 区，此时 R3 的单元地址为 0x0b，在程序开头增加 ♯include ＜absacc.h＞，本题要求可用下列代码实现：

```
XBYTE[0x1000] = DBYTE[0x0b];
```

图 8.18 为采用线选法为 80C51 扩展 24KB 外部数据存储器的电路，由于 6264 已使用了地址总线的 A12～A0，因此，剩余的 A15，A14，A13（即 P2.7、P2.6、P2.5）可以作为 3 片 6264 的片选信号：P2.5，P2.6 和 P2.7 分别作为 IC3，IC4 和 IC5 的片选，从而构成了 80C51 的 24KB 外部数据存储器。在工作过程中，为了避免访问冲突，必须使 IC3，IC4 和 IC5 不会被 CPU 同时选中，根据这一前提，作为 IC3，IC4 和 IC5 的地址分配如图 8.19 所示。

由图 8.17 的分析可以得出 24KB 外部数据存储器的地址空间分配为：

- IC3 的地址范围为 0C000H～0DFFFH。
- IC4 的地址范围为 0A000H～0BFFFH。
- IC5 的地址范围为 6000H～7FFFH。

上述扩展存储器的方法称为线选法，它的优点是电路连接简单，产生片选信号时不必另加其他逻辑元件，但这种方法导致存储器的地址空间是不连续的，不能充分地利用存储空间，扩展的存储器容量有限，因此，只适用于扩展芯片个数不多、系统规模不大的简单应用系统。

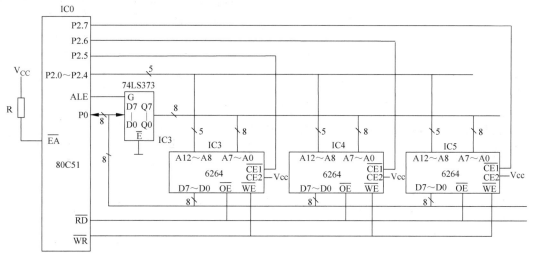

图 8.18　采用线选法为 80C51 扩展 24KB 外部数据存储器的电路

芯片	P2.7	P2.6	P2.5	P2.4	P2.3	P2.2	P2.1	P2.0	P0.7	P0.6	P0.5	P0.4	P0.3	P0.2	P0.1	P0.0	地址
	A15	A14	A13	A12	A11	A10	A9	A8	A7	A6	A5	A4	A3	A2	A1	A0	
	IC5 片选	IC4 片选	IC3 片选	2764 芯片的 A12～A0													
IC3	1	1	0	0	0	0	0	0	0	0	0	0	0	0	0	0	C000
	1	1	0			...	...										...
	1	1	0	1	1	1	1	1	1	1	1	1	1	1	1	1	DFFF
IC4	1	0	1	0	0	0	0	0	0	0	0	0	0	0	0	0	A000
	1	0	1			...	...										...
	1	0	1	1	1	1	1	1	1	1	1	1	1	1	1	1	BFFF
IC5	0	1	1	0	0	0	0	0	0	0	0	0	0	0	0	0	6000
	0	1	1			...	...										...
	0	1	1	1	1	1	1	1	1	1	1	1	1	1	1	1	7FFF

图 8.19　扩展的 24KB 外部数据存储器的地址空间分配

图 8.20 为采用译码器译码方法为 80C51 扩展 32KB 外部数据存储器的电路。采用 3-8 译码器输出作为 IC3～IC6 的片选，P2.7，P2.6，P2.5 分别作为 74LS138 的数据输入 C，B，A，译码器的使能控制被设计为始终有效：G1＝1，$\overline{G2A}$ 和 $\overline{G2B}$ 接地。实际上，这种连接方式把 64KB 的存储器地址空间分割为 8 个 8KB 的子空间，如表 8.4 所示。

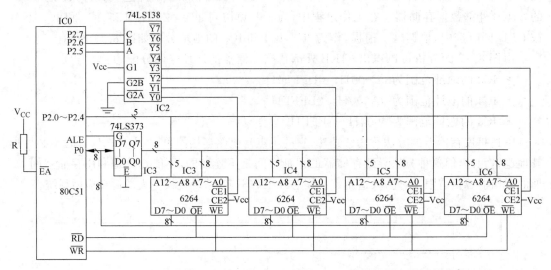

图 8.20　采用译码器译码方法为 80C51 扩展 32KB 外部数据存储器的电路

表 8.4　64KB 外部数据存储器地址空间的分割

口线	P2.7	P2.6	P2.5	选中的	存储器的
地址线	A15	A14	A13	芯片	地址空间
译码器	C	B	A		
$\overline{Y0}＝0$	0	0	0	IC3	0000H～1FFFH
$\overline{Y1}＝0$	0	0	1	IC4	2000H～3FFFH
$\overline{Y2}＝0$	0	1	0	IC5	4000H～5FFFH
$\overline{Y3}＝0$	0	1	1	IC6	6000H～7FFFH
$\overline{Y4}＝0$	1	0	0	待用	8000H～9FFFH
$\overline{Y5}＝0$	1	0	1	待用	A000H～BFFFH
$\overline{Y6}＝0$	1	1	0	待用	C000H～DFFFH
$\overline{Y7}＝0$	1	1	1	待用	E000H～FFFFH

采用译码器译码产生存储器芯片片选的方法称为译码器方法，这种方法采用译码电路把存储器的地址空间划分为若干块，如表 8.4 所示，64KB 的存储器地址空间被分割为 8 个 8KB 的子空间，可以扩展多个芯片，并且能充分地利用地址空间，使扩展的存储器地址空间连续，适合于多芯片扩展的复杂系统。应用系统需要扩展外部数据存储器时，在满足容量要求的前提下尽可能选择较大容量的芯片。

8.3　单片机 I/O 接口扩展

输入/输出(Input/Output，I/O)接口电路是 CPU 与外设进行数据传输的桥梁。外设输入给 CPU 的数据，首先由外设传递到输入接口，再由 CPU 从接口获取；而 CPU 输出到外设的数据,先由 CPU 输出到接口电路,然后与接口相接的外设才得到数据。CPU 与外设之间的信息交换,实际上是与 I/O 接口电路之间的信息交换。

8.3.1 I/O 接口的作用及控制方式

1. I/O 接口电路的功能

I/O 接口电路的功能主要体现在以下几方面。

(1) 实现单片机与外设之间的速度匹配。单片机 CPU 执行指令是 μs 级的,大多数外设的工作或响应速度是 ms 级的,二者之间差异较大。在数据传输时,CPU 确认外设已准备好时,才对 I/O 接口操作。外设状态信息由接口电路产生或传送,以实现 CPU 与外设之间的速度协调。

(2) 实现输出数据的锁存。CPU 工作速度快,它输出的数据在数据总线上保持的时间短。它输出数据时,把数据锁存到接口的锁存器中,这样,即使指令执行结束,接口电路输出的状态依然保持不变,确保了外设稳定地接收数据信息。

(3) 实现输入数据的隔离缓冲。CPU 与外设之间、CPU 与存储器之间的数据传送都是通过数据总线完成的,众多资源共享总线,因此,不允许任何部件长期占用总线。当一个外设正在使用总线时,其余外设都必须与总线处于隔离状态,这样,各个外设互不干扰,使 CPU 能够高效地利用总线。当外设准备好时,CPU 解除接口隔离状态,读取接口获取外设状态信息。

(4) 实现数据转换。通过接口把外设提供的电压、电流转换为 CPU 能够处理和识别的数字量,把 CPU 输出的数字量转换为外设需要的模拟量;另外,通过串行接口实现数据的串行-并行或并行-串行的数据格式转换,等等。

2. CPU 与 I/O 接口之间传输数据的控制方式

在计算机系统中,CPU 与 I/O 接口之间传输数据有以下几种控制方式。

1) 无条件方式

在无条件方式下,只要 CPU 执行输入/输出指令,I/O 接口就已经为数据交换做好了准备,也就是在输入数据时,外设传输的数据已经传送至输入接口;输出数据时,外设已经把上一次输出的数据取走,接口已经准备好接收新的数据。这种方式适用于动作时间已知且固定不变的低速 I/O 设备或无须等待时间的 I/O 设备。如单片机中 CPU 读写外部数据存储器。无条件传送方式的接口电路和控制比较简单。

2) 条件方式

条件传输方式也称为查询方式。条件传送控制方式的原理如图 8.21 所示。进行数据传输时,CPU 先读接口的状态信息,根据状态信息判断接口是否准备好,外设传送的数据是否已在输入接口的缓冲器中,或上一次 CPU 输出到接口的数据是否已经被外设取走。如果没有准备就绪,CPU 将继续查询接口状态,直到其准备好后才进行数据传输。

条件传送控制方式比无条件控制方式容易实现数据的传输准备,硬件和查询程序简单,通用性较好。其缺点是 CPU 要不断地查询接口的状态,消耗了 CPU 的工作时间,降低了它的效率。因为外设工作速度远低于 CPU,这种方式下 CPU 用于数据传输的

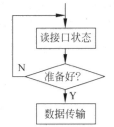

图 8.21 条件传送控制
方式原理

时间远远少于查询接口状态的时间。

3）中断方式

在中断控制方式下，CPU 并不需要查询接口状态，当接口准备好数据传输时，向 CPU 提出中断请求，如果满足中断响应条件，CPU 则响应，这时 CPU 才暂时停止执行正在执行的程序，转去执行中断处理程序进行数据传输。传输完数据后，返回原来的程序继续执行。中断方式可以使 CPU 在通常情况下不必顾及外设，只有外设有请求时才去为其服务，这种服务的时间是很短的，极大地提高了 CPU 的效率。

4）直接存储器存取方式

直接存储器存取方式（Direct Memory Access，DMA）由硬件完成数据交换，不需要 CPU 的介入，由 DMA 控制器控制，使数据在存储器与外设之间直接传送。这种方式电路比较复杂，成本较高，常用于高速的外设，如硬盘驱动器，在规模较小的系统中较少使用。

8.3.2 简单芯片扩展 I/O 接口

1. 输出口芯片

在单片机系统中，CPU 对某输出口输出数据后，输出口要保持该数据直到新的数据到来，因此，触发器、锁存器常用于扩展输出口。常用芯片有 74LS273、74LS373、74LS377 等。

74LS273 是一种具有清零端的 8D 触发器，它的引脚排列如图 8.22 所示，表 8.5 为它的功能表。设 D_i 和 Q_i 为 D 触发器的数据输入和输出端，$i=0,\cdots\cdots,7$，$\overline{CLR}$ 为清零端，CLK 为时钟信号输入端。当 $\overline{CLR}$ 为低电平时，触发器被清零，输出全为低电平。当 $\overline{CLR}$ 为高电平时，若 CLK 端出现上跳沿，D_i 被打入触发器并锁存，$Q_i=D_i$。其他情况下，触发器输出保持不变，输入的变化不影响输出的状态。

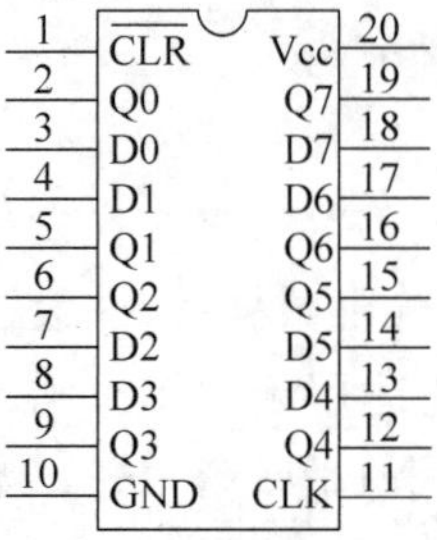

图 8.22　74LS273 的引脚排列

表 8.5　74LS273 功能表

$\overline{CLR}$	CLK	D_i	Q_i
L	×	×	L
H	⌐	H	H
H	⌐	L	L
H	L	×	Q_0

注：Q_0 为建立稳态输入条件之前，触发器输出 Q 的状态

8.1 节中曾提到，单片机的存储器、并行 I/O 扩展以及其他部件的扩展都是以三总线为基础进行的。考察 74LS273 芯片，数据信息可通过 8 个 D 触发器输出；为了使 74LS273 能够实现数据传送和锁存功能，$\overline{CLR}$ 应接高电平。因此，CLK 端的信号既要包含地址信息，又必须包含控制信息，这样才能使 CPU 正确地选通扩展的输出口，实现数据输出。

2. 输入口芯片

在应用系统中，输入设备及外围芯片只有被单片机选中时，其数据总线才能与单片机的数据总线接通；否则，其总线应当与单片机的总线隔离，因此，输入接口除了具有缓冲作用外，还应有隔离作用，可控的三态缓冲器具有上述功能，常用芯片有 74LS244，74LS245 等。

图 8.23 为 74LS244 芯片的引脚排列图,表 8.6 为它的功能表。74LS244 芯片内部有两组 4 位的三态缓冲器,图中 $\overline{1G}$ 和 $\overline{2G}$ 为三态门的门控端,低电平有效。1A1~1A4、2A1~2A4 为三态门的输入,1Y1~1Y4、2Y1~2Y4 为三态门的输出。当 $\overline{1G}$ 和 $\overline{2G}$ 为高电平时,74LS244 输入与输出之间呈高阻状态;当 $\overline{1G}$ 和 $\overline{2G}$ 为低电平时,它的输出和输入状态相同。

```
 1 ┌──────┐ 20
──┤ 1G    Vcc ├──
 2 │          │ 19
──┤ 1A1    2G ├──
 3 │          │ 18
──┤ 2Y4   1Y1 ├──
 4 │          │ 17
──┤ 1A2   2A4 ├──
 5 │          │ 16
──┤ 2Y3   1Y2 ├──
 6 │          │ 15
──┤ 1A3   2A3 ├──
 7 │          │ 14
──┤ 2Y2   1Y3 ├──
 8 │          │ 13
──┤ 1A4   2A2 ├──
 9 │          │ 12
──┤ 2Y1   1Y4 ├──
10 │          │ 11
──┤ GND   2A1 ├──
   └──────┘
```

图 8.23　74LS244 芯片的
　　　　　引脚排列图

表 8.6　74LS244 功能表

$\overline{1G}/\overline{2G}$	三态门输入	三态门输出
L	L	L
L	H	H
H	×	高阻

采用 74LS244 扩展输入接口电路时,通常把 2 组三态缓冲器组合成 1 组 8 位的三态缓冲器,即把门控信号 $\overline{1G}$ 和 $\overline{2G}$ 连接起来,外部输入设备连接在芯片的输入端(A 端),芯片的输出端(Y 端)与单片机的数据总线连接,当门控信号 $\overline{1G}$ 和 $\overline{2G}$ 为低电平时,接口电路输入的信息被送入单片机。因此,在应用系统中,门控信号 $\overline{1G}$ 和 $\overline{2G}$ 必须综合地址总线和控制总线的信息。

图 8.24 为采用 74LS244 和 74LS273 同时扩展 I/O 口的应用系统电路原理图,将一组

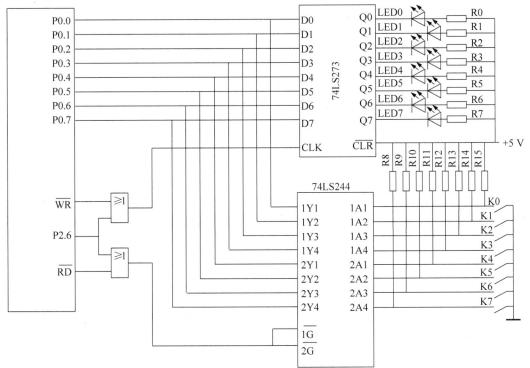

图 8.24　采用 74LS244 和 74LS273 同时扩展 I/O 口的应用系统电路原理图

开关 K0～K7 接到输入口，将一组 LED 接到输出口，系统工作时，根据 K0～K7 的状态控制 LED0～LED7，K0 控制 LED0，K1 控制 LED1……以此类推。

在图 8.24 中，当 P2.6 = 0 时，输入口（74LS244）和输出口（74LS273）被选中，输出口、输出口的地址分析如图 8.25 所示。片选信号 P2.6 的状态决定了芯片在系统中的地址，接口地址与其余未用的地址线无关，它们的状态可以任意给定。如果默认×为 1，则扩展的输出口和输出口地址均为 0BFFFH。

P2.7	P2.6	P2.5	P2.4	P2.3	P2.2	P2.1	P2.0	P0.7	P0.6	P0.5	P0.4	P0.3	P0.2	P0.1	P0.0
A15	A14	A13	A12	A11	A10	A9	A8	A7	A6	A5	A4	A3	A2	A1	A0
×	0	×	×	×	×	×	×	×	×	×	×	×	×	×	×

图 8.25　扩展的输出口地址分析

在图 8.24 的应用系统中，虽然输入口和输出口的地址相同，但不会发生访问冲突。假设输入、输出口地址存在寄存器 DPTR 中，读取输入接口数据时，执行指令"MOVX A，@DPTR"产生 $\overline{RD}=0$ 的状态，$\overline{1G}=P2.6+\overline{RD}$，74LS244 芯片的三态门打开，开关 K0～K7 的状态被读入单片机。而在单片机输出数据到输出口时，执行指令"MOVX @DPTR，A"产生 $\overline{WR}=0$ 的状态，$CLK=P2.6+\overline{WR}$，该指令执行结束后，在 CLK 端产生上升沿，把单片机输出的数据信息存到 74LS273 芯片的输出端。在应用系统中，读输入口或者输出数据到输出口，这是在程序中事先安排的操作，单片机在某时刻只能执行上述 2 条指令中的一条，因此，不会发生访问冲突。

实现应用系统要求的程序如下：

```
# include "reg51.h"
# include "ABSACC.H"
# define LS273 XBYTE[0xbfff]
# define LS244 XBYTE[0xbfff]
void main(void)
    {
        unsigned char temp;
        while(1)
        {
            temp = LS244;
            LS273 = temp;
        }
    }
```

8.3.3　可编程接口芯片的扩展

所谓可编程的 I/O 接口就是可以通过程序设置 I/O 口的工作方式。目前，以并行总线方式使用这类芯片扩展 I/O 接口的方案已较少采用，但是可编程 I/O 口技术广泛地应用在外设的接口或驱动电路上，如 LCD 液晶显示模块、微型打印机驱动模块、IC 卡接口电路、智能传感器等。传统的可编程芯片有，I/O 接口芯片（Intel 8155、Intel 8255），定时器/计数器扩展芯片（Intel 8253），中断源扩展芯片（Intel 8259）等。本节以 Intel 8155 为例介绍可编程芯片的原理和使用方法。

1. 8155 的结构和引脚

Intel 8155 是一种含有定时器/计数器和 RAM 的可编程接口芯片,具有两个 8 位的 I/O 口 PA、PB 和一个 6 位的 I/O 口 PC,还可以提供 256B 的静态 RAM 存储器和一个 14 位的定时器/计数器,如图 8.26(a)所示。它有 40 个引脚,采用双列直插封装,其引脚排列如图 8.26(b)所示。下面介绍 8155 的引脚定义。

(1) 电源:V_{CC} 为+5V 电源,GND 为电源地。

(2) 地址/数据总线:AD0~AD7,用于分时地传送地址和数据信息。在 ALE 的下降沿将 8 位地址信息锁存到 8155 内部的地址锁存器中。

(3) I/O 口线:用于和外设之间传递数据,它的输入和输出方向由 8155 的命令寄存器设定。PA0~PA7 为 PA 口的 I/O 口线,PB0~PB7 为 PB 口的 I/O 口线,PC0~PC5 为 PC 口的 I/O 口线。在选通方式时,PC 口作为 PA、PB 口的控制联络线。

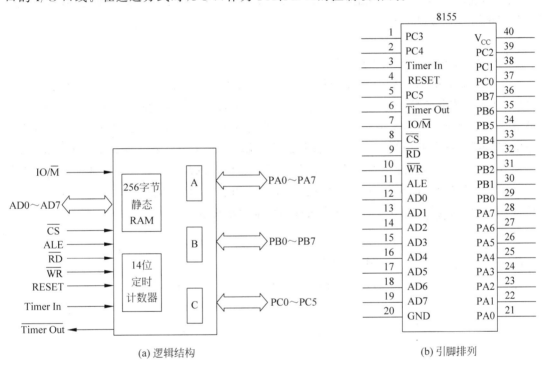

图 8.26　8155 的逻辑结构和引脚排列

(4) 控制线。RESET 为 8155 的复位引脚。在 RESET 引脚提供宽度为 600ns 的高电平,可使 8155 复位。复位后,PA、PB、PC 口被置为输入方式。

$\overline{CS}$ 为片选信号。当 $\overline{CS}$ 输入低电平时,8155 被选中。当它为高电平时,8155 禁止使用,此时 AD7~AD0 呈高阻状态。

IO/$\overline{M}$ 引脚用于选择 8155 芯片上的 I/O 口和 RAM。IO/$\overline{M}$ 输入低电平时,芯片的 RAM 被选中;当它为高电平时,芯片的 3 个接口、命令/状态寄存器和定时器/计数器被选中。

ALE 为地址锁存信号引脚。ALE 的下降沿把 AD0~AD7 的 8 位地址信息锁存到 8155 内部的地址锁存器中。同时锁存片选信号 $\overline{CS}$ 和 RAM 及 I/O 选择信号 IO/$\overline{M}$。

$\overline{RD}$ 为读控制信号。当 $\overline{CS}$ 为低电平，在 $\overline{RD}$ 输入低电平时，8155 根据 IO/$\overline{M}$ 的状态从指定的单元或 I/O 口输出数据。

$\overline{WR}$ 为写控制信号。当 $\overline{CS}$ 为低电平，在 $\overline{WR}$ 输入低电平时，8155 根据 IO/$\overline{M}$ 的状态把数据总线上的数据写入到指定的单元或 I/O 口。

（5）定时器/计数器的输入输出。Timer In 为定时器/计数器的计数脉冲的输入端，它为 8155 内部的 14 位定时器/计数器提供计数脉冲信号。Timer Out 为定时器/计数器的输出端，定时器/计数器计数值减到 0 时，8155 从 Timer Out 端输出脉冲或方波信号，波形形状由计数器的工作方式决定。

2. 8155 的 RAM 使用

8155 芯片上有 256 个单元的 RAM，当 $\overline{CS}$ 为低电平时，若 IO/$\overline{M}$ 为低电平，CPU 选用了 8155 芯片上的 RAM，它的单元地址由 AD7～AD0 的 8 位地址信息确定。在上述状态下，$\overline{RD}$ 为低电平时，指定单元的内容被输出到数据总线上，而 $\overline{WR}$ 为低电平时，数据总线上的数据被写入到指定单元。

3. 8155 的 I/O 使用

1）I/O 口和寄存器的地址分配

当 $\overline{CS}$ 为低电平时，若 IO/$\overline{M}$ 为高电平，8155 芯片上的三个并行 I/O 口、一个 14 位的定时器/计数器等资源处于可用状态，其地址由 AD7～AD0 的 8 位地址信息确定。另外，8155 设置了一个命令寄存器用来设定 I/O 口的工作方式和定时器/计数器的工作方式、一个状态寄存器用来锁存 I/O 口和定时器/计数器的工作状态，这两个寄存器共享一个地址，被称为命令/状态寄存器。命令寄存器是只写寄存器，而状态寄存器是只读寄存器。在芯片工作时，是不能读出命令寄存器内容和修改状态寄存器内容。8155 指定了上述各个资源的具体地址，由地址总线的低 3 位决定，各个资源的地址分配见表 8.7。

表 8.7　8155 的 I/O 口和寄存器地址分配

AD7～AD0								说　明
A7	A6	A5	A4	A3	A2	A1	A0	
×	×	×	×	×	0	0	0	命令/状态寄存器
×	×	×	×	×	0	0	1	PA 口
×	×	×	×	×	0	1	0	PB 口
×	×	×	×	×	0	1	1	PC 口
×	×	×	×	×	1	0	0	定时/计数器低 8 位寄存器
×	×	×	×	×	1	0	1	定时/计数器高 8 位寄存器

2）命令/状态寄存器

（1）命令寄存器。

8155 命令寄存器的格式如图 8.27 所示，用它来确定 8155 的工作方式，其中低 4 位 D3～D0 用于设置 I/O 口的工作方式及数据传输方向；D5 和 D4 用于选通方式时 PA 口和 PB 口的中断允许控制；D7 和 D6 用于控制定时器/计数器。

在命令寄存器中，PA、PB 分别是 PA 口和 PB 口的输入输出定义位；该位为 0 时，对应的接口为输入口，该位为 1 时，对应的接口为输出口。PC2 和 PC1 是 8155 I/O 口的工作方

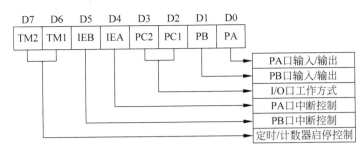

图 8.27　8155 命令寄存器的格式

式定义位,当 PA 和 PB 口为基本 I/O 方式,PC 口可用于基本 I/O 方式,当 PA,PB 为选通方式时,PC 口可作为它们的控制联络线。8155 的 4 种工作方式说明见表 8.8。

在命令寄存器中,IEA、IEB 是分别为 PA 口和 PB 口的中断控制位。选通工作方式时,若该位为 0,禁止接口中断;若该位为 1,则允许接口中断。另外,TM2 和 TM1 用来控制定时器/计数器启停,定时器/计数器启停控制有 4 种模式,见表 8.9。

（2）状态寄存器。

8155 状态寄存器的格式如图 8.28 所示,用它来锁存接口和定时器/计数器的当前状态,可以用软件查询状态寄存器中的标志位状态。中断请求标志 INTRA 和 INTRB 为 1 时,表示对应接口有中断请求;否则,无中断请求。中断控制标志 INTEA 和 INTEB 为 1 时,表明允许对应接口中断;否则,禁止中断。BFA 和 BFB 为 PA 口和 PB 口的缓冲器满标志,该位为 1 时,意味着对应接口的缓冲器满;否则,缓冲器空。当计数或定时完成时,TIMER 位被置 1,读状态寄存器后,TIMER 位被清零。

表 8.8　8155 的工作方式

PC2	PC1	工 作 方 式	说　　　明
0	0	ALT1	PA 口、PB 口为基本的 I/O 口,PC 口为输入口
1	1	ALT2	PA 口、PB 口为基本的 I/O 口,PC 口为输出口
0	1	ALT3	PA 口为选通 I/O 方式,PB 口为基本的 I/O 口,PC 口的 PC2～PC0 作为 PA 口的控制联络信号: PC2——PA 口的选通信号 $\overline{ASTB}$,输入信号 PC1——PA 口的缓冲器满信号 ABF,输出信号 PC0——PA 口的中断请求信号 AINTR,输出信号 PC5～PC3 为基本的输出口
1	0	ALT4	PA 口和 PB 口均为选通 I/O 方式,PC 口的 PC2～PC0 作为 PA 口的控制联络信号,PC5～PC3 作为 PA 口的控制联络信号: PC2——PA 口的选通信号 $\overline{ASTB}$,输入信号 PC1——PA 口的缓冲器满信号 ABF,输出信号 PC0——PA 口的中断请求信号 AINTR,输出信号 PC5——PB 口的选通信号 $\overline{BSTB}$,输入信号 PC4——PB 口的缓冲器满信号 BBF,输出信号 PC3——PB 口的中断请求信号 BINTR,输出信号

表 8.9　定时器/计数器启停控制模式

TM2	TM1	说　明
0	0	空操作,不影响计数器工作
0	1	若计数器未启动,则无操作;若计数器已运行,则停止计数器工作
1	0	若计数器正在计数,则当计数器长度减到 1 时,停止计数
1	1	装入计数器工作方式和计数长度后,立即启动计数;若计数器正在计数,则计数器溢出后,按照新计数器工作方式和计数长度计数

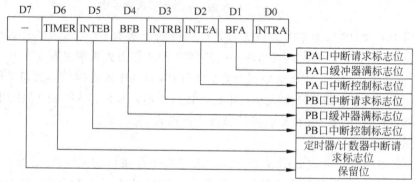

图 8.28　8155 状态寄存器的格式

4. 定时器/计数器的使用

8155 的定时器/计数器是一个 14 位的减法计数器,它能对 Timer In 引脚输入的脉冲计数。在定时器/计数器工作之前,需设定计数初值,启动计数器工作之后,计数器对 Timer In 引脚输入的脉冲计数,每来一个脉冲,计数器减 1,当计数器减到 0 时,在 $\overline{\text{Timer Out}}$ 引脚输出一个计数或定时到的脉冲或方波。

定时器/计数器的 14 位计数器由两个寄存器构成,定时器/计数器高 8 位寄存器和低 8 位寄存器,它们的地址分配见表 8.7。通过这两个寄存器可以设定定时器/计数器的初始值和信号输出方式,其格式如图 8.29 所示。高 8 位寄存器的 D7 和 D6 用于定义定时器/计数器的输出方式,14 位减法计数器 T13~T0 由高 8 位寄存器的低 6 位 D5~D0 和低 8 位寄存器的 8 位 D7~D0 构成。

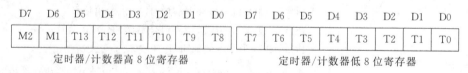

图 8.29　定时器/计数器高 8 位和低 8 位寄存器格式

定时器/计数器工作时,首先在定时器/计数器高、低 8 位寄存器中设置输出方式 M2、M1 和计数初值 T13~T0,然后设置命令寄存器中的最高两位 TM2 和 TM1 启动定时器/计数器开始工作,当计数次数或定时时间到,在 $\overline{\text{Timer Out}}$ 引脚输出一个脉冲或方波,并置状态寄存器中的标志位 TIMER 为 1,以此向 CPU 请求中断。

1) 定时器/计数器的输出方式

输出方式由定时器/计数器的高 8 位计数器的最高两位(D7D6)M2、M1 设定,输出方式的定义见表 8.10。

表 8.10 定时器/计数器输出方式的定义

M2	M1	方　式	波　形
0	0	在一个计数周期输出单次方波	
0	1	连续方波	
1	0	在计满回 0 后输出单个脉冲	
1	1	连续脉冲	

2）计数器初值设定

在启动定时器/计数器之前,必须先装入计数初值,计数初值可以在 0002H～3FFFH 之间。如果写入的初值为奇数,输出的方波波形不对称,例如,计数初值设置为 9 时,在 9 个计数周期中,前 5 个计数周期输出为高电平,后 4 个计数周期输出为低电平。如果写入的初值为偶数,则输出对称方波。

定时器/计数器在计数期间,可以装入新的初值和计数方式,这种操作不会影响它原来的工作。当装入了新的启动命令到命令寄存器时,要等到原来计数器减到 0 后才会以新的工作方式工作。另外,8155 复位后,定时器/计数器不会被预置初值和工作方式,计数器停止计数。

8155 定时器/计数器在计数过程中,计数器的值并不直接表示外部输入的脉冲数,计数器的终值为 2,初值在 0002H～3FFFH 之间。如果作为外部事件计数,由计数器计数值求输入的脉冲数的方法如下:

（1）停止计数器计数;

（2）分别读出计数器的两个寄存器的内容,取出低 14 位,即为计数器的计数值;

（3）如果得到的计数值为偶数,则计数值右移一位就是所求的输入脉冲数;如果为奇数,则输入脉冲数为计数值右移一位并加上计数初值二分之一的整数部分。

与 MCS-51 单片机的定时器/计数器不同,8155 的定时器/计数器不论是作为定时器还是计数器使用,都是由 Timer In 引脚提供计数脉冲的。作为定时器使用时,定时时间为输入脉冲个数乘以它的周期。

5. MCS-51 单片机和 8155 的接口

图 8.30 为 MCS-51 单片机与 8155 的接口电路。由于 P0 口提供低 8 位地址总线和数

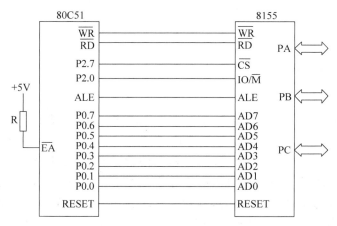

图 8.30 MCS-51 单片机与 8155 的接口电路

据总线,因此直接与 8155 的地址/数据总线 AD7~AD0 相连,单片机的 ALE 与 8155 芯片的 ALE 作用相同,也直接相连;用 P2.0 作为 8155 的 IO/$\overline{M}$ 控制线,P2.0＝0 时,CPU 使用 8155 芯片的 RAM,而 P2.0＝1 时,CPU 使用它的 I/O 口和定时器/计数器。另外,用 P2.7 作为 8155 片选 $\overline{CS}$。根据图 8.30 的连接方式,8155 芯片上所有资源的地址分配如图 8.31 所示。如果默认未使用地址线的状态为 1,那么 8155 芯片内部 RAM 的地址范围为 7E00H~7EFFH,命令/状态寄存器的地址为 7FF8H,PA 口为 7FF9H,PB 口为 7FFAH,PC 口为 7FFBH,与定时器/计数器相关的两个寄存器的地址分别为 7FFCH 和 7FFDH。

MCU引脚	P2.7	P2.6	P2.5	P2.4	P2.3	P2.2	P2.1	P2.0	P0.7	P0.6	P0.5	P0.4	P0.3	P0.2	P0.1	P0.0	地址
地址总线	A15	A14	A13	A12	A11	A10	A9	A8	A7	A6	A5	A4	A3	A2	A1	A0	
8155	$\overline{CS}$	未用	未用	未用	未用	未用	未用	IO/$\overline{M}$	A7	A6	A5	A4	A3	A2	A1	A0	
8155 的 RAM	0	×	×	×	×	×	×	0	0	0	0	0	0	0	0	0	7E00
	0	×	×	×	×	×	×	0			⋯		⋯				⋯
	0	×	×	×	×	×	×	0	1	1	1	1	1	1	1	1	7EFF
命令/状态 寄存器	0	×	×	×	×	×	×	1	×	×	×	×	×	0	0	0	7FF8
PA	0	×	×	×	×	×	×	1	×	×	×	×	×	0	0	1	7FF9
PB	0	×	×	×	×	×	×	1	×	×	×	×	×	0	1	0	7FFA
PC	0	×	×	×	×	×	×	1	×	×	×	×	×	0	1	1	7FFB
定时器/计数器低 8 位	0	×	×	×	×	×	×	1	×	×	×	×	×	1	0	0	7FFC
定时器/计数器高 8 位	0	×	×	×	×	×	×	1	×	×	×	×	×	1	0	1	7FFD

图 8.31　8155 芯片上所有资源的地址分配

将 8155 设置 IO 口方式和定时/计数器工作方式,A 口定义为基本输入方式,B 口定义为基本输出方式,定时/计数器作为方波发生器,对输入脉冲进行 24 分频。C51 程序如下:

```
# include "reg51. h"
# include "ABSACC. H"
# define Timer_L XBYTE[0x7ffc]
# define Timer_H XBYTE[0x7ffd]
# define IO8155_cmd XBYTE[0x7ff8]
void main(void)
{
Timer_L = 0x18;
Timer_H = 0x40;
IO8155_cmd = 0xc0;
while(1);
}
```

图 8.32 是用 8155 接口构成键盘、显示接口电路的示意图,显示器采用共阴型 LED 数码管,PB 口输出字型码,PA 口输出显示位置,同时,还用它作为键盘的列线,PC 口用作键盘行扫描线,构成了 4×8 键盘。LED 显示器采用动态显示,在电路中采用了驱动器 DR1 和 DR2 以增强接口的驱动能力。由于键盘与显示共用一个接口电路,在软件设计中应综合考虑键盘查询与动态显示,键盘采用逐列扫描查询工作方式,通常可将键盘扫描程序中的去抖动延时子程序用显示子程序代替。图 8.33 为显示和键盘扫描处理程序设计流程图,读者可参考流程图思路设计相应的程序。

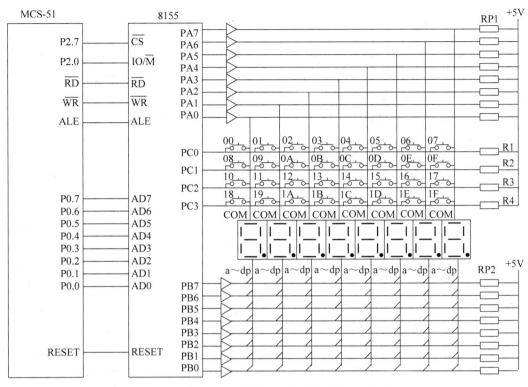

图 8.32 8155 构成的键盘、显示接口电路

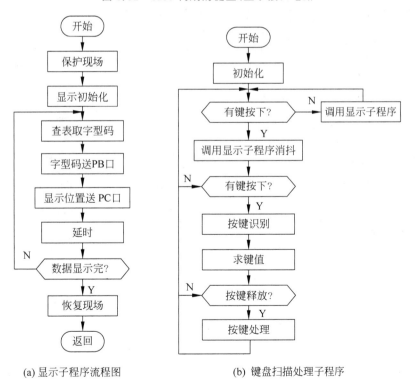

(a) 显示子程序流程图   (b) 键盘扫描处理子程序

图 8.33 程序设计流程图

8.3.4　A/D 转换接口技术

A/D 转换器（Analog-Digital Converter，ADC）是一种能把输入的模拟电压或电流变成与其成正比的数字量的芯片。A/D 转换器的种类较多，目前常用的有逐次比较式、双积分式、计数器（电压/频率式，V/F）式 A/D 转换器。

按照 A/D 转换器输出数字量的位数来分，A/D 转换器有 8 位、10 位、12 位、16 位等。

按照接口形式来分，有串行接口和并行接口的 A/D 转换器。本节主要讨论并行接口的 A/D 转换器的接口和程序设计方法。

1. 8 位 A/D 转换芯片 ADC 0809

ADC 0809 是一种 8 通道的 8 位 A/D 转换器，可实现 8 路模拟信号的分时转换，每个通道均能转换出 8 位数字量，转换时间为 $100\mu s$ 左右。ADC 0809 内部逻辑结构和引脚图如图 8.34 所示。ADC 0809 是一个逐次比较型转换器，它由地址锁存与译码电路、高阻抗斩波比较器、带有 256 个电阻分压器的树开关网络、控制逻辑、逐次逼近寄存器和三态输出锁存器构成，如图 8.34(a) 所示。8 路模拟量输入 IN0～IN7 共用一个 A/D 转换器，地址锁存与译码电路对 ADDA、ADDB、ADDC 的输入状态进行锁存和译码，其输出用于控制 8 路模拟量开关实现通道选择。当某路模拟量输入时，该路信号通过多路开关被引入 A/D 转换器进行逐次比较转换，并不断地修正逐次比较寄存器的数值，直到转换结束，然后把逐次比较寄存器的数据送入三态输出锁存器，并输出转换结束标志 EOC＝1。当输出控制 OE 有效时，从 D0～D7 输出转换结果。在 8 路模拟量开关的控制下，在任何时刻 IN0～IN7 通道只能有一路进行 A/D 转换。ADC 0809 的工作时序如图 8.35 所示。ADC 0809 芯片有 28 个引脚，如图 8.34(b) 所示。下面介绍它的引脚及其功能。

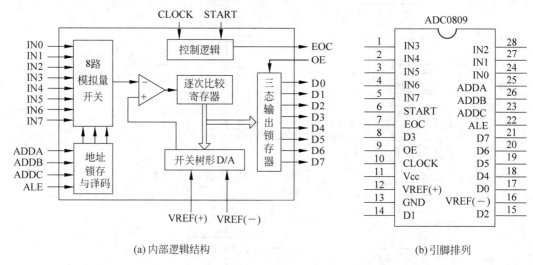

(a) 内部逻辑结构　　　　　　　　　　　(b) 引脚排列

图 8.34　ADC 0809 内部逻辑结构和引脚排列

（1）IN0～IN7：8 路模拟量输入通道，单极性，电压范围为 0～5V。

（2）ADDA、ADDB、ADDC：多路开关地址选择输入，用于选择模拟量输入通道。ADDA、ADDB、ADDC 编码与输入通道的对应关系见表 8.11。

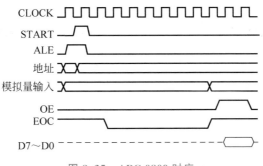

图 8.35 ADC 0809 时序

表 8.11 输入通道的选择

ADDC	ADDB	ADDA	通道
0	0	0	IN0
0	0	1	IN1
0	1	0	IN2
0	1	1	IN3
1	0	0	IN4
1	0	1	IN5
1	1	0	IN6
1	1	1	IN7

(3) ALE：地址锁存允许，输入。在 ALE 上跳沿把 ADDA、ADDB、ADDC 的状态锁入地址锁存器中。

(4) START：A/D 转换启动，输入。在 START 上跳沿时，ADC 0809 所有内部寄存器被清零；START 下跳沿时，开始进行 A/D 转换；在 A/D 转换期间，START 应保持低电平。

(5) D7～D0：数据输出。D7～D0 为三态缓冲输出形式，可与数据总线直接相连。D0 为最低位，D7 为最高位。

(6) OE：输出允许，输入。用于控制 ADC 0809 的三态输出锁存器把转换的数据输出到 D7～D0 上。OE＝0 时，D7～D0 呈高阻状态；OE＝1 时，D7～D0 输出转换结果。

(7) CLOCK：时钟信号，输入。ADC 0809 的内部没有时钟电路，所需时钟信号由外部提供。通常使用频率为 500kHz 的时钟信号。

(8) EOC：A/D 转换结束，输出。在 A/D 转换过程中，EOC 为低电平；A/D 转换结束时，EOC 为高电平。EOC 的状态可作为查询 A/D 转换器状态的标志，也可以作为中断请求信号。

(9) 电源：数字部分电源采用＋5V 直流电源供电，V_{CC} 为＋5V 电源正极，GND 为电源地。

VREF(＋)为基准电源的正极，VREF(－)为基准电源的地。基准电源用来与输入的模拟信号进行比较，作为逐次逼近的基准。典型值为＋5V。

ADC 0809 的模拟量和数字量之间的对应关系见表 8.12，表中数字量为二进制数。

表 8.12　模拟量与数字量的对应关系

模拟量（V）	数字量
0	00000000
$\frac{1}{256}\times5$	00000001
$\frac{2}{256}\times5$	00000010
$\frac{3}{256}\times5$	00000011
…	…
$\frac{127}{256}\times5$	01111111
…	…
$\frac{255}{256}\times5$	11111111

2. 单片机与 ADC 0809 的接口技术

（1）采用单片机总线扩展 ADC 0809 的接口及程序设计。

图 8.36 是 MCS-51 单片机与 ADC 0809 的接口电路，用地址总线的低 3 位选择模拟量输入通道；由于 ADC 0809 的数据输出 D0～D7 带有三态缓冲器，因此，可直接与 P0 口相连。另外，把 ADC 0809 的启动 A/D 转换信号 START 和地址锁存允许 ALE 短接，在选定输入通道的同时启动 A/D 转换。ADC 0809 没有设置单独的片选端，因此采用综合方法使 START、ALE 和 OE 包含单片机的读/写控制和片选信息，用 P2.6＝0 作为片选。A/D 转

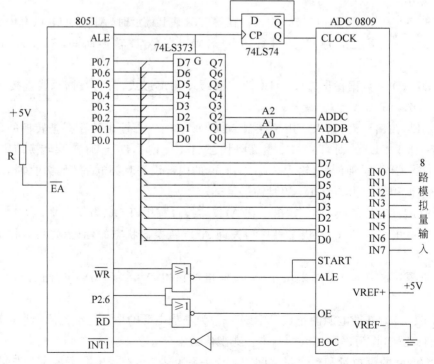

图 8.36　MCS-51 单片机与 ADC 0809 的接口电路

换所需的时钟信号是单片机 ALE 的 2 分频后的信号,假设本系统晶振为 6MHz,则 2 分频信号为 500kHz。转换结束 EOC 经反相器与 P3.3($\overline{INT1}$)相连。根据图 8.36 的连接关系,模拟量输入通道 IN0～IN7 的地址分配如图 8.37 所示。在图 8.37 中,如果默认未用地址线状态为 1 时,IN0～IN7 的地址为 0BFF8H～0BFFFH。

单片机引脚	P2.7	P2.6	P2.5	P2.4	P2.3	P2.2	P2.1	P2.0	P0.7	P0.6	P0.5	P0.4	P0.3	P0.2	P0.1	P0.0	地址
地址总线	A15	A14	A13	A12	A11	A10	A9	A8	A7	A6	A5	A4	A3	A2	A1	A0	
ADC 0809														C	B	A	
IN0	×	0	×	×	×	×	×	×	×	×	×	×	×	0	0	0	BFF8
IN1	×	0	×	×	×	×	×	×	×	×	×	×	×	0	0	1	BFF9
IN2	×	0	×	×	×	×	×	×	×	×	×	×	×	0	1	0	BFFA
IN3	×	0	×	×	×	×	×	×	×	×	×	×	×	0	1	1	BFFB
IN4	×	0	×	×	×	×	×	×	×	×	×	×	×	1	0	0	BFFC
IN5	×	0	×	×	×	×	×	×	×	×	×	×	×	1	0	1	BFFD
IN6	×	0	×	×	×	×	×	×	×	×	×	×	×	1	1	0	BFFE
IN7	×	0	×	×	×	×	×	×	×	×	×	×	×	1	1	1	BFFF

图 8.37 输入通道 IN0～IN7 的地址分配

MCS-51 单片机控制 ADC 0809 可以采用以下 3 种方式:延时等待、查询和中断。

① 延时等待方式。

转换时间是 A/D 转换器的一项指标。ADC 0809 的转换时间为 $100～130\mu s$。所谓延时等待方式,就是利用延时方法等待 A/D 转换器转换结束。具体方法如下:启动 A/D 转换后,采用软件延时方法等待一段时间,等待的时间稍大于 A/D 转换时间,以保证 A/D 转换器有足够的时间完成转换,待延时结束,直接读取转换数据。这种方式硬件连接简单,编程简单,容易实现。但 CPU 耗时较多。

下面采用延时等待的方法对 IN4 通道的模拟信号转换,并把转换结果数据存放在 ad_value,程序如下:

```
# include < reg51.h >
# include < ABSACC.H >
# define   ADC   XBYTE[0xbffc]          //IN4 通道地址
# define   uchar  unsigned  char
# define   uint   unsigned  int
sbit eoc = P3^3;
uchar ad_value;

void delay(uint i);

void main(viod)
    {
        uchar x,y;
        while(1)
        {
            ADC = 0;
            delay(5);
            while(eoc == 1);
            delay(5);
            ad_value = ADC;
        }
```

```
        }
    void delay(uint i)
        {
            uint j;
            for(;i>0;i--)
            {
                for(j=0;j>125;j++)
                {;}
            }
        }
```

② 查询方式。

A/D 转换结束后，ADC 0809 输出一个转换结束标志信号 EOC，这个信号可以作为待检测信号，用来确定 A/D 转换是否结束。查询方式的方法如下：启动 A/D 转换之后，CPU 就查询 EOC 引脚的状态，若 EOC 为低电平，表示 A/D 转换正在进行，则继续查询；当查询到 EOC 变为高电平，则可以读取转换结果。在图 8.34 中，EOC 信号经反相器接到 P3.3，也可以直接与输入口相连。下面采用查询方式对 IN4 接入的模拟信号进行转换，并把转换结果数据存放在 ad_value 中，程序如下：

```
# include <reg51.h>
# include <ABSACC.H>
# define  ADC   XBYTE[0xbffc]              //IN4 通道地址
# define  uchar  unsigned  char
# define  uint   unsigned  int

sbit eoc = P3^3;
uchar ad_value;

void delay(uint i);

void main(void)
    {
        uchar x,y;

    while(1)
    {
        ADC = 0;
        delay(5);
        while(eoc == 1);
        delay(5);
        ad_value = ADC;

    }
}

void delay(uint i)
    {
    uint j;
    for(;i>0;i--)
        {
            for(j=0;j>125;j++)
            {;}
        }
    }
```

③ 中断方式。

采用中断方式控制 A/D 转换时,把转换结束信号 EOC 作为中断触发信号,一旦转换结束,即可向 CPU 请求中断,CPU 响应中断后,在中断服务程序读取转换结果。采用中断方式,A/D 转换器在转换时不需要 CPU 查询转换是否结束或等待其结束,因此,不占用 CPU 的时间,实时性强。图 8.36 是采用中断方式控制 ADC 0809 转换的一种实现方法。由于 MCS-51 单片机的外部事件中断($\overline{\text{INT0}}$/$\overline{\text{INT1}}$)的触发方式为低电平或下跳沿触发,因此,把 EOC 反相以便使 EOC 能够触发中断,这样,当 A/D 转换进行时,EOC=0,$\overline{\text{INT1}}$ 引脚位为高电平,转换结束时,EOC=1,$\overline{\text{INT1}}$ 引脚为低电平,每完成一次转换,在 $\overline{\text{INT1}}$ 引脚出现一次高电平到低电平的跳变,或者是出现一次低电平,具备触发中断的外部条件。需要指出的是,A/D 转换启动是被动的,因此,要产生 EOC 的中断请求,必须预先启动 A/D 转换。

程序如下:

```c
#include <reg51.h>
#include <ABSACC.H>
#define   ADC   XBYTE[0xbffc]
#define   uchar   unsigned   char
#define   uint   unsigned   int

uchar ad_value;                      //A/D转换值

void delay(uint i);

void main(void)
{
    EX1 = 1;                         //中断初始化
    IE = 0x84;
    ADC = 0;                         //启动 A/D
    delay(5);
    while(1);                        //模拟执行应用程序
}
void AD_int() interrupt 2 using 1
{
    delay(5);
    ad_value = ADC;
    delay(5);

    ADC = 0;                         //启动 A/D
}

void delay(uint i)
    {
        uint j;
        for(;i>0;i--)
        {
            for(j=0;j>125;j++)
            {;}
        }
    }
```

另外,单片机应用系统也经常采用定时采样。在图 8.34 中要求每隔 50ms 对 IN4 接入的模拟信号采样 1 次,即采样周期为 50ms。下面采用定时器/计数器 T0 的方式 1、以中断方式实现采样,采样值存放在 ad_value 中。

```
# include < reg51.h>
# include < ABSACC.H>
# define   ADC   XBYTE[0xbffc]
# define   uchar   unsigned   char
# define   uint    unsigned   int

uchar ad_value,x,y;

sbit eoc = P3^3;
uchar ad_value;

void delay(uint i);
void timer0init();

void main()
    {

        timer0init();
        while(1)
        {;}
    }

void timer0init()
    {
        TMOD | = 0x01;
        TH0 = (65536 - 45872)/256;
        TL0 = (65536 - 45872) % 256;
        EA = 1;
        ET0 = 1;
        TR0 = 1;
        PT0 = 1;
    }

void Timer0() interrupt 1 using 1
    {
        TH0 = (65536 - 45872)/256;
        TL0 = (65536 - 45872) % 256;
        ADC = 0;
        delay(5);
        while(eoc == 1);
        delay(5);
        ad_value = ADC;

    }

void delay(uint i)
    {
        unsigned int j;
        for(;i > 0;i -- )
        {
            for(j = 0;j > 125;j++)
            {;}
        }
    }
```

3. 采用单片机 I/O 口扩展 ADC 0809 的接口及程序设计

图 8.38 为采用单片机的 I/O 口扩展的 ADC 0809 接口电路。与图 8.34 相比，它不需

要构建单片机的地址和数据总线,控制信号 START、OE 分别由单片机的 P3.3 和 P3.4 产生,P3.3 用来检测 A/D 转换结束信号 EOC,通道地址由 P3.5～P3.7 提供,转换结果由 P1 口接入单片机。这种扩展方法需要用程序模拟图 8.33 的工作时序,以实现通道选择、启动转换、读取结果等操作。下面为以查询方式实现指定通道 A/D 转换的例程,转换结果存储在 ad_value 中程序中 ADDR_A、ADDR_B、ADDR_C 分别代表 P3.5、P3.6 和 P3.7,EOC、OE、ST 分别代表 P3.2、P3.3 和 P3.4,DAT 表示 P1 口,系统晶振频率为 12MHz。

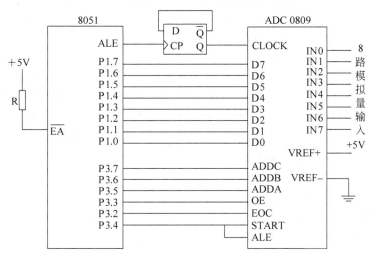

图 8.38　采用单片机 I/O 口扩展的 ADC 0809 接口电路

```c
# include < reg51.h >
# define uchar unsigned char
# define uint unsigned int

sbit EOC = P3^2;
sbit OE = P3^3;
sbit ST = P3^4;
uchar ad_value,x,y;

void delay(uint i);

void main( )
{
    while(1)
    {
        OE = 0;
        ST = 0;
        delay(5);
        ST = 1;
        delay(5);
        ST = 1;
        if(EOC == 0)
        {
            OE = 1;
            ad_value = P1;                    //读 A/D 转换结果
            delay(10);
            OE = 0;
        }
    }
```

```
}

void delay(uint i)
{
  uint j;
  for(;i>0;i--)
    {
      for(j=0;j>125;j++)
        {;}
    }
}
```

8.3.5 D/A 转换接口技术

D/A 转换器（Digital-to-analog converter，DAC）是把二进制数字量转换成模拟量的芯片。

通常，用输入数据位数来描述 DAC，常用的有 8 位、10 位、12 位、14 位、16 位等。输入数据的位数与 DAC 的分辨率有关。从输入数据的格式来看，DAC 有串行和并行之分。本节将介绍一种并行接口 DAC 的使用方法。

1. 8 位 D/A 转换器 DAC 0832

DAC 0832 是一种 8 位 D/A 转换器，以电流形式输出；当需要电压输出时，应外接运算放大器，把输出电流转换为电压。DAC 0832 内部结构和引脚如图 8.39 所示。如图 8.39(a)所示，它由输入寄存器、DAC 寄存器、D/A 转换器及转换控制电路构成，其内部转换电路采用 R-2R 梯形电阻网络。输入寄存器和 DAC 寄存器可以实现两次缓冲，在输出模拟量的同时，还可以接收新的数据，这样，可提高转换速度。另外，在多个芯片工作时，也可实现多路模拟信号同步输出。它的工作时序如图 8.40 所示。

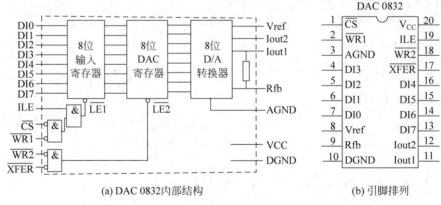

(a) DAC 0832内部结构　　　　　　　　(b) 引脚排列

图 8.39　DAC 0832 的内部结构和引脚排列

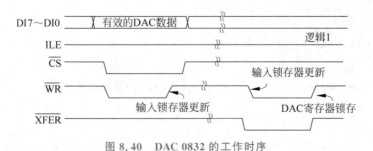

图 8.40　DAC 0832 的工作时序

DAC 0832 采用 20 脚双列直插式封装,如图 8.39(b)所示,引脚说明如下。

(1) DI7~DI0:8 位转换数据输入,用于接收转换数据。

(2) $\overline{CS}$:片选信号,输入,低电平有效。

(3) ILE:数据锁存允许,输入,高电平有效。

(4) $\overline{WR1}$:DAC 0832 第一级输入寄存器的写入控制,输入,低电平有效。当 $\overline{CS}$ 为低电平、ILE 为高电平、$\overline{WR1}$ 为低电平时把 DI7~DI0 的 8 位二进制数送入输入寄存器。

(5) $\overline{XFER}$:数据传送控制,输入,低电平有效。

(6) $\overline{WR2}$:DAC 寄存器的写入控制,输入,低电平有效。当 $\overline{XFER}$ 为低电平时,$\overline{WR2}$ 为低电平,输入寄存器的状态被传送到 DAC 寄存器中,D/A 转换开始。

(7) 模拟量输出:Iout1 和 Iout2 电流输出端。当 DI7~DI0 全为 1 时,输出电流最大;DI7~DI0 为全 0 时输出电流最小。Iout1 与 Iout2 之和为常数。

(8) Rfb:反馈电阻端。DAC 0832 芯片内部有 1 个反馈电阻,可作为外部运算放大器的反馈电阻,得到转换电压的输出。

(9) 电源:

V_{CC} 和 DGND 为数字部分电源正极和地,数字部分电源为 +5V 直流电源。

Vref 和 AGND 为基准电源的正极和地,基准电源是外加高精度电压源,它直接影响 D/A 转换的精度。电压范围为 -10V~+10V。

DAC 0832 的输出电流的线性度可在满量程下调节,转换时间为 1μs,数据输入可采用双缓冲、单缓冲或直通方式,功耗为 20mW。

2. 单片机与 DAC 0832 的接口与程序设计

DAC 0832 有单缓冲和双缓冲两种方式。单缓冲方式时,可同时控制输入寄存器和 DAC 寄存器,使转换数据直接写入 DAC 寄存器以启动 D/A 转换;也可使两个寄存器中的一个处于直通状态,而另一个用程序控制;或者两级并成一级,同时控制。双缓冲方式时,输入寄存器和 DAC 寄存器分时控制。多路 D/A 转换要求同步输出时,常采用双缓冲器同步方式。

(1) 单缓冲工作方式。

图 8.41 为 DAC 0832 的一种单缓冲方式的接口电路,ILE 接 +5V,Iout2 接地,Iout1 输出电流经运算放大器 A 输出单极性电压,范围为 0~-5V。$\overline{CS}$ 和 $\overline{XFER}$ 接到地址线 P2.7,因此 DAC 0832 的地址(即输入寄存器和 DAC 寄存器的地址)为 7FFFH(未用地址线状态默认为 1)。$\overline{WR1}$ 和 $\overline{WR2}$ 与单片机的 $\overline{WR}$ 连接,CPU 对 DAC 0832 执行一次写操作,就可把

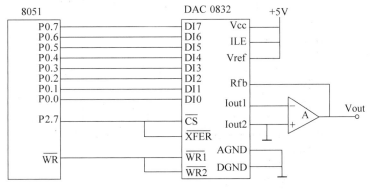

图 8.41 DAC 0832 单缓冲方式接口电路

数据直接写入 DAC 寄存器，启动 D/A 转换，同时输出模拟量。这是把输入缓冲器和 DAC 寄存器合而为一、同时控制的方式。

图 8.39 中，数字量和模拟电压之间的转换关系为：

$$Vout = -\frac{X}{2^8}Vref \qquad (8.1)$$

其中 X 为待转换的数字量，因为 Vref 接 +5V，DAC 0832 的分辨率为 $\frac{Vref}{2^8} \approx 0.02V$。应用图 8.41 电路，在 Vout 端输出锯齿波的程序如下：

```
#include <reg51.h>
#define uchar unsigned char
#define uint unsigned int
uchar xdata *xdp;
unsigned char i;

void main()
{
    i = 0x00;
    xdp = 0x7fff;
    do
        {
            *xdp = i;
            i = i + 1;
        }
    while(i <= 0xff);
}
```

在 i 从 00 变化到 0xFFH 的过程中，D/A 转换器输出台阶式的斜坡，台阶的持续时间约为程序 do-while 之间的执行时间。

值得一提的是，图 8.39 输出的单极性电压波形的幅值在 0～−5V，要输出正极性电压波形与接口电路和程序没有关系，一种解决方法是提供 −5V 基准电源，Vref 接 −5V 即可；另一种是再加一级运算放大器实现倒相，如图 8.42 所示。另外，在许多应用场合有时需要用双极性电压，如在反馈控制系统中，由偏差产生的控制量不仅与数值大小有关，而且与极性有关，在这种情况下需要 D/A 转换器输出电压为双极性。D/A 转换器双极性输出也与接口电路和程序无关，在图 8.41 单极性输出电路的基础上，再加一级放大电路，并配置适当的电阻网络，即可实现双极性电压输出，如图 8.43 所示，Vout 的电压为：

$$Vout = -\left(\frac{2R}{R}Vol + \frac{2R}{2R}Vref\right) = -(2Vol + Vref) \qquad (8.2)$$

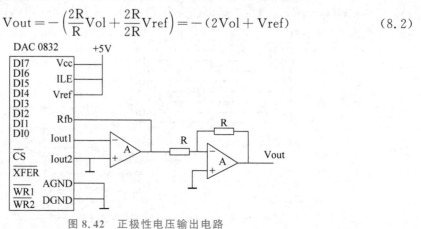

图 8.42　正极性电压输出电路

当 Vol＝0V 时，Vout 为－5V；Vol＝－2.5V 时，Vout 为 0V；Vol＝－5V 时，Vout 为
＋5V。图 8.42 和图 8.43 电路输出的锯齿波波形如图 8.44 所示。

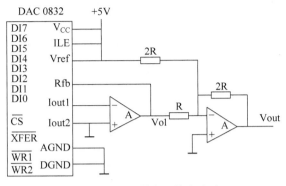

图 8.43　双极性电压输出电路

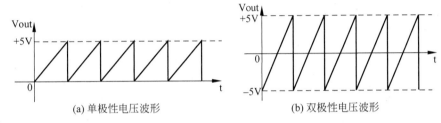

(a) 单极性电压波形　　　　　　　　　　(b) 双极性电压波形

图 8.44　锯齿波电压波形

例 8.3　设单片机应用系统的晶振为 12MHz，系统原理图如图 8.43 所示。要求每隔
20ms 起动一次 D/A 转换，在 Vout 端输出锯齿波。

采用定时器/计数器 T0 方式 1 实现定时，系统晶振为 12MHz 时，计数器初始值为
45 536，即 TH0 内容为 0xB1，TL0 内容为 0xE0。根据题目要求，程序设计如下：

```
# include < reg51.h>
# define  uchar  unsigned  char
# define  uint   unsigned  int
uchar   xdata *xdp;
unsigned char i ;

void timerinit()
{
    TMOD = 0x01;
    TH0 = 0xB1;                        //初值
    TL0 = 0xE0;
    TR0 = 1;
    EA = 1;
    ET0 = 1;
    IP = 0x00;
}

/ * 定时转换中断处理函数 * /
void Timer0_isr(void) interrupt 1
{
    TH0 = 0xB1;
    TL0 = 0xE0;
```

```
        *xdp = i;
        i = i + 1;
}

void main()
{
        timer0init();
        xdp = 0x7fff;
        i = 0;
        while(1)
        {;}                        //应用程序


}
```

（2）双缓冲工作方式。

双缓冲方式用于多路 D/A 转换系统，用来实现多路模拟信号同步输出的目的。例如使用单片机控制数字示波器等，需要施加在示波器的 X、Y 偏转电压同步输出，这样才能使示波器在新的位置上显示出图形的轨迹。图 8.45 是双缓冲方式时 DAC 0832 与单片机的接口电路。在这种方式下，数字量的输入锁存和 D/A 转换输出是分两步完成的，即 CPU 的数据总线分时地向各路 D/A 转换器输入要转换的数字量并锁存在各自的输入寄存器中，然后 CPU 对所有的转换器发出控制信号，使各个转换器的输入寄存器中的数据同时送入各自的 DAC 寄存器，实现同步转换。

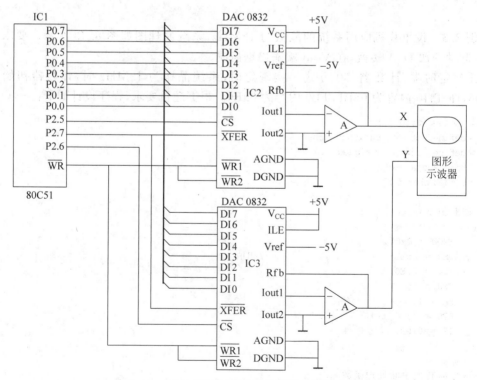

图 8.45　DAC 0832 与单片机的双缓冲接口电路

图 8.45 中，用 P2.5 作为 IC2 的输入寄存器片选，则 IC2 第一级输入寄存器的地址为 0DFFFH，P2.6 作为 IC3 的输入寄存器片选，它的地址为 0BFFFH，IC2 和 IC3 的 DAC 寄

存器(第二级)的传输控制端 $\overline{\text{XFER}}$ 都用 P2.7 来选通,它们的地址都是 7FFFH。下面是一个利用 DAC 0832 双缓冲功能实现 X、Y 两路同步输出正弦信号显示李萨如(Lissajou)曲线的例程,程序中 X、Y 信号的相位差为 $\frac{\pi}{3}$。

```c
# include < reg51.h >
# include < absacc.h >
# include < math.h >

# define   DAC1   XBYTE[0xdfff]          //X 路的第一级地址
# define   DAC2   XBYTE[0xbfff]          //Y 路的第一级地址
# define   DAOUT XBYTE[0x7fff]           //X\Y 路的第二级地址
# define   PI 3.1415926

unsigned char nk;delt,tk;
float sinx,siny;
unsigned int DATAX,DATAY;

void delay(unsigned char x)
{
    unsigned char x0;
    for(x = 0;x > 0;x -- )
    {
        for(x0 = 0;x0 < = 255;x0++);
    }
}


void main()
{
    delt = 5;                            //间隔
    while(1)
    {
        nk = 0;
        for(nk = 0;nk < = 255;nk++)
        {
            tk = nk + delt;
            sinx = (sin(2 * PI/255 * tk) + 1) * 128;  //信号生成
            siny = (sin(2 * PI/255 * tk + PI/3) + 1) * 128;

            DATAX = sinx;                 //类型转换
            DATAY = siny;
            DAC1 = DATAX;                 //X 输出
            delay(1);
            DAC2 = DATAY;                 //Y 输出
            delay(1);
            DAOUT = 0;                    //同步输出
            delay(10);
        }
    }
}
```

3. 采用输出口驱动的 DAC 0832 接口及程序设计

图 8.46 为采用单片机输出口驱动的 DAC 0832 接口电路。在电路中,把 DAC 0832 当

作一个不带锁存器的 D/A 转换器，转换数据由 P2 口锁存，P3.0 和 P3.1 用于输出片选 $\overline{CS}$ 和写控制信号 $\overline{WR1}$。与图 8.41 相比，这种扩展方法没有使用单片机的三总线，因此不需要构建单片机的地址和数据总线，需要用模拟图 8.40 所示的工作时序来实现输出数据和转换启动的操作。下面为利用图 8.46 接口电路输出正弦波的例程，程序中 cs、wr1 分别代表 P3.0 和 P3.1，系统晶振为 12MHz。

```c
# include < reg51. h >
# include < math. h >

# define PI 3.1415926

sbit cs = P3^0;
sbit wr1 = P3^1;

void delay(unsigned char i)
    {
        unsigned int j;
        for(i = 0;i > 0;i -- )
        {
            for(j = 0;j > 125;j++)
            {;}
        }
    }

void main()
{
    unsigned char tk,nk,delt;
    float x;
    unsigned int DATAX;

    P2 = 0;
    cs = 1;
    wr1 = 1;
    nk = 0;
    tk = 0;
    delt = 5;
    while(1)
    {
        if(nk < 0xff)
        {
            tk = nk + delt;
            x = (sin(2 * PI/255 * tk) + 1) * 128;
            DATAX = x;
            cs = 0;
            delay(1);
            wr1 = 0;
            delay(1);
            P2 = DATAX;
            nk = nk + 1;
            delay(1);
            wr1 = 1;
            delay(1);
            cs = 1;
```

```
            delay(100);
        }
        else
        {
            nk = 0x00;
        }
    }
}
```

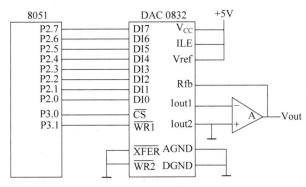

图 8.46 采用单片机输出口驱动的 DAC 0832 接口电路

8.4 串行总线扩展技术

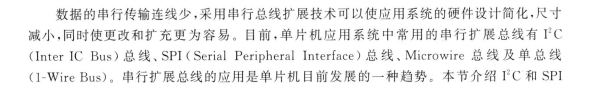

数据的串行传输连线少,采用串行总线扩展技术可以使应用系统的硬件设计简化,尺寸减小,同时使更改和扩充更为容易。目前,单片机应用系统中常用的串行扩展总线有 I^2C (Inter IC Bus)总线、SPI(Serial Peripheral Interface)总线、Microwire 总线及单总线 (1-Wire Bus)。串行扩展总线的应用是单片机目前发展的一种趋势。本节介绍 I^2C 和 SPI 总线的原理及其几种扩展电路。

8.4.1 I^2C 总线

1. I^2C 总线

I^2C 总线是 Philips 公司开发的一种简单的双向 2 线制串行总线,其目的是提高硬件效率和简化电路设计,实现器件之间的有效控制。采用 I^2C 总线设计的优点在于功能框图中的模块与外围器件对应,使开发设计直接由功能框图快速地过渡到系统样机。另外,由于外围器件直接"挂在"I^2C 总线上,不需要设计总线接口,增加和删减系统中的外围器件不会影响总线和其他器件的工作,系统功能改进和升级方便。另外,集成在器件中的寻址和数据传输协议可以使系统完全由软件来定义。目前,I^2C 总线已成为广泛应用的工业标准之一。

I^2C 总线采用 2 线制传输,一根是数据线 SDA(Serial Data Line);另一根是时钟线 SCL (Serial Clock Line),所有 I^2C 器件都连接在 2 根线上,总线上的器件具有唯一的地址。

I^2C 总线是一个多主机总线,即总线上可以有一个或多个主机(Master),总线运行由主机控制。主机是指启动数据的传送、发出时钟信号和终止信号的器件。通常,主机由单片机或其他微处理器担任。被主机访问的器件叫从机(Slave),它可以是其他单片机或外围芯片,例如 A/D、D/A、存储器或 LCD 驱动芯片。

I²C 总线支持多主(Multi-mastering)和主从(Master-slave)两种工作方式。在多主方式下,I²C 总线上有多个主机。I²C 总线需通过硬件和软件仲裁来确定主机对总线的控制权。由于存在总控制权的仲裁问题,使得 I²C 总线的协议模拟比较困难,一般采用具有 I²C 总线接口的单片机作为主机。

主从工作方式下,系统中只有一个主机,总线上的其他器件都具有 I²C 总线接口。此时 I²C 总线上只有主机能对这些器件进行读写访问,因此不存在总线的竞争等问题,单片机只需模拟主机发送和接收时序就可以完成对从机进行的读写操作。在主从方式下,由于 I²C 总线的时序可以模拟,使 I²C 总线的使用不受主机是否具有 I²C 总线接口的制约。MCS-51 系列单片机本身不具有 I²C 总线接口,本节重点介绍用它的 I/O 口线模拟 I²C 总线扩展外围器件的方法。在这种方式下,应用系统是以单片机为主机、其他外围器件为从机构成的单主机系统,如图 8.47 所示。

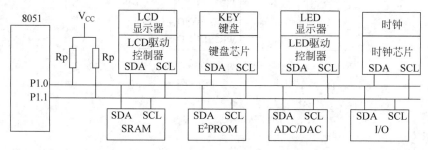

图 8.47 单主机系统 I²C 总线扩展示意图

2. I²C 总线的数据传输

SDA 和 SCL 都是双向的,它们通过电流源或上拉电阻连接到电源正极,上拉电阻通常选 5～10kΩ。总线处于空闲状态时,二者都为高电平。在标准模式下,I²C 总线数据传输速率为 100kb/s,快速模式下为 400kb/s,高速模式下可达 3.4Mb/s。I²C 总线上连接的器件个数是由电容负载确定的,而不是取决于电流负载能力,通常总线负载能力为 400pF。

1) 数据位的传送

I²C 总线上主机与从机之间一次传送的数据称为帧,它由启动信号、若干个数据字节、应答位和停止信号组成。数据传送的基本单位为一位数据。

SCL 的一个时钟周期只能传输一位数据。在 SCL 时钟线为高电平期间,SDA 上的数据必须稳定。当 SCL 变为低电平时,SDA 的状态才能改变,如图 8.48 所示。

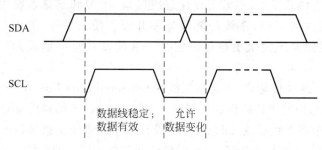

图 8.48 一位数据传输

2) 启动与停止状态

I²C 总线传输过程中,当 SCL 为高电平时,SDA 出现高电平到低电平跳变,表示 I²C 总线传输数据开始,这种状态为起始状态(START,S 状态)。如图 8.49 所示。I²C 总线传输过程中,当 SCL 为高电平时,SDA 出现低电平到高电平跳变时,标志着 I²C 总线传输数据结束,这种状态为停止状态(STOP,P 状态),如图 8.49 所示。

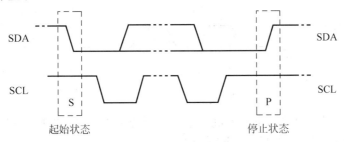

图 8.49　I²C 总线的启动与停止状态

S 状态和 P 状态是由主机发出的。总线上出现 S 状态后,标志着总线处于"忙"状态。如果总线上出现 P 状态,在该状态出现一段时间后,总线处于"闲"状态。

对于无 I²C 总线接口的器件,为了检测 S 状态和 P 状态,模拟 I²C 总线时必须在每个 SCL 时钟周期内至少两次采样 SDA。

3) 传输数据

传输到 SDA 上的数据必须为 8 位。每次传输的字节数不受限制,每字节后必须跟一个应答(Acknowledge,ACK)位。数据传输时,首先传送最高位,如图 8.50 所示,如果从机暂时不能接收下一字节数据,例如从机响应内部中断,可使 SCL 保持低电平,迫使主机处于等待状态,当从机准备就绪后,再释放 SCL,使数据传输继续进行。图 8.50 中,ACK 为应答时钟,S 表示起始状态,Sr 表示重新起始状态,P 表示停止状态。

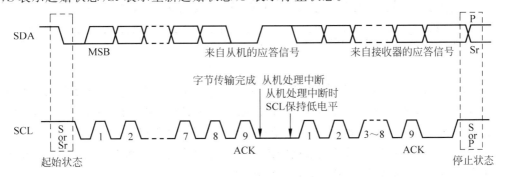

图 8.50　I²C 总线的数据传输

4) 应答

在每字节传送完毕后,必须有一个应答位 ACK。ACK 由主机产生。在 ACK 时钟有效期间,发送设备把 SDA 置为高电平,接收设备必须把 SDA 置为低电平,并且在此期间保持低电平状态,以便产生有效的 ACK,如图 8.51 所示。

通常被寻址的设备或器件必须在收到每字节后产生应答信号 ACK。如果从机正在处理中断而不能接收数据时,它必须使 SDA 保持高电平,此时主机产生一个 P 状态使传输结束。如果从机对地址做了应答,但在后来的传输过程中不能接收更多字节的数据,主机也必

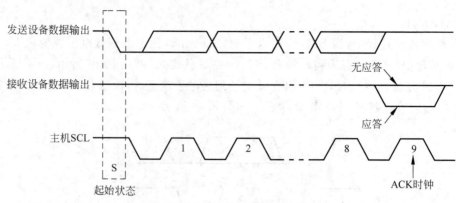

图 8.51   I²C 总线的应答时序

须结束数据传输。当主机接收时，主机对最后一字节不予应答，以向从机指出数据传输结束，从机释放 SDA 线使主机产生一个 P 状态。

5）数据传输格式

I²C 总线按照图 8.52 的模式传输数据。在 S 状态之后，先发送一个 7 位从机地址，接着第 8 位是数据方向位 R/$\overline{W}$，R/$\overline{W}$＝0 表示发送数据，R/$\overline{W}$＝1 表示接收数据。每一次数据传输总是由主机产生 P 状态而结束。如果主机还希望在总线上继续传输数据，则不需要发出 P 状态，而是发出新的 S 状态和从机地址。

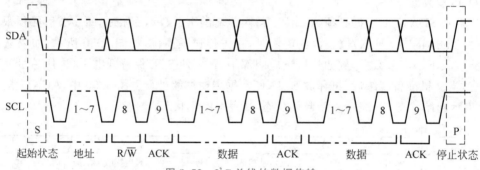

图 8.52   I²C 总线的数据传输

S 状态之后或者 ACK 信号之后的第 1～8 个 SCL 时钟脉冲对应于一字节的 8 位数据传送。SCL 高电平期间串行传送数据，SCL 低电平期间准备数据，此时允许 SDA 上的数据电平变化。一旦 I²C 总线启动，传送的字节多少没有限制，只要求每传送一字节后对方回应一个 ACK。发送时，最先发送的是数据的最高位。每次传送以 S 状态开始，以 P 状态结束。每传送完一字节，主机都可以控制 SCL 使传送暂停。

6）I²C 总线的寻址

连接在 I²C 总线的每个器件都具有唯一的地址。在任何时刻，I²C 总线上只能有一个主机获得总线控制权，分时地实现点对点的数据传送。器件地址由 7 位组成，它与一位方向位（R/$\overline{W}$）构成了 I²C 总线数据传输时 S 状态之后的第一字节，其格式如图 8.53 所示。

D7	D6	D5	D4	D3	D2	D1	D0
A6	A5	A4	A3	A2	A1	A0	R/$\overline{W}$

图 8.53   I²C 器件的地址格式

当主机发送完第一字节后,系统中的每个从机都在 S 状态之后把接收到的高 7 位与本机的地址比较,若与本机地址相同,则该从机被主机选中,接收还是发送数据由 R/$\overline{W}$ 位确定。

从机地址由固定位和可编程位组成。固定位由器件出厂时给定,不能随意设置,它是器件的标识码,通常为 A6~A3。如 I/O 接口芯片 PCF8574 的器件标识码 0100。从机地址中的可编程位(A3~A0)为器件的芯片地址,系统中使用了多个相同的器件时,可编程位为这些器件提供了不同的地址;这些可编程位也规定了 I²C 总线上同类芯片最多允许使用的个数,如在同一系统中最多可使用 8 个 PCF8574。

R/$\overline{W}$:表示数据传送方向。R/$\overline{W}$=1 时,主机接收;R/$\overline{W}$=0 时,主机发送。

8.4.2 I²C 总线 A/D 芯片 MAX128

1. MAX128 的结构及引脚功能

MAX128 是一种多量程、12 位数据采集芯片,+5V 单电源供电,采用 2 线制串行接口,与 I²C 兼容。它的内部结构和 DIP 封装的引脚排列如图 8.54 所示。

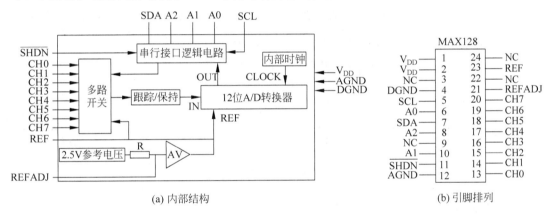

(a) 内部结构   (b) 引脚排列

图 8.54 MAX128 的内部结构与引脚排列

MAX128 由多路开关、跟踪/保持、12 位逐次逼近 A/D 转换器、基准电压调节电路和串行接口逻辑电路等组成,如图 8.54(a)所示。MAX128 具有 8 个通道,可通过编程选择 4 种模拟量输入范围,其输入范围与外部基准 V_{REF} 有关。在 A/D 转换器中把采样的模拟量进行量化编码转换成数字量,并存放到输出寄存器中。转换结果经过并行/串行转换器转换成串行数据从 SDA 引脚输出。

MAX128 的 DIP 封装有 24 个引脚,其排列如图 8.54(b)所示,引脚功能如下。

(1) V_{DD} 为+5V 电源,DGND 为数字地,它们为 MAX128 提供工作电源。V_{DD} 通常与模拟地 AGND 之间并接一个 0.1μF 的电容。

(2) AGND 为模拟地。

(3) REFADJ 为电压基准源输出/外部调节引脚。通常在 REFADJ 与 AGND 之间并接一个 0.01μF 的电容。

(4) REF 为外部基准电压输入/基准电压缓冲器输出。内部基准模式时,基准电压缓冲器提供 4.096V 的电压,可在 REFADJ 引脚外部调节。在外部模式时,把 REFADJ 接到 V_{DD} 使内部基准电压无效,同时把外部基准电压接到 REF 引脚。

（5）CH0～CH7 为 8 路模拟量输入通道。

（6）SCL 为 I^2C 串行时钟输入。

（7）SDA 为 I^2C 总线串行数据 I/O。

（8）A0、A1、A2 为 MAX128 器件地址选择。

（9）$\overline{SHDN}$：关断模式输入。当它为低电平时，MAX128 处于完全掉电模式（FULLPD）；当它为高电平时，MAX128 正常工作。

另外，NC 为无用引脚，使用 MAX128 时，它们无须处理。

2. MAX128 的工作过程

1）MAX128 的地址

MAX128 的从机地址为 7 位，器件标识码为 0101，器件地址由 A0、A1、A2 引脚的状态确定。

2）命令字

MAX128 命令字节包含 8 位，如图 8.55 所示，其中最高位为起始状态 S、SEL2、SEL1、SEL0 用于选择模拟量输入通道，RNG 用于选择通道满量程范围，BIP 为单极性或双极性转换模式选择位，PD1、PD0 用于选择省电模式。命令字各位的定义见表 8.13～表 8.15。

D7	D6	D5	D4	D3	D2	D1	D0
S	SEL2	SEL1	SEL0	RNG	BIP	PD1	PD0

图 8.55　命令字格式

表 8.13　通道选择

SEL2	SEL1	SEL0	通 道 号
0	0	0	CH0
0	0	1	CH1
0	1	0	CH2
0	1	1	CH3
1	0	0	CH4
1	0	1	CH5
1	1	0	CH6
1	1	1	CH7

表 8.14　电压量程与极性选择

RNG	BIP	输 入 量 程
0	0	0 至 $V_{REF}/2$
1	0	0 至 V_{REF}
0	1	$\pm V_{REF}/2$
1	1	$\pm V_{REF}$

表 8.15　掉电模式选择

PD1	PD0	模　式
0	×	正常操作
1	0	待机省电模式（STBYPD）
1	1	完全掉电模式（FULLPD）

3) 启动 A/D 转换

如图 8.56 所示，主机发出 S 状态、随后发出 7 位从机地址及读写控制位 R/$\overline{W}$=0,开始 A/D 转换周期。一旦 MAX128 接收到 7 位地址和读写控制位 R/$\overline{W}$,若判断地址与本器件地址一致，则把 SDA 拉为低电平一个时钟周期返回给主机一个 ACK 应答信号(ACK=0)。然后，主机向 MAX128 发送命令字，在此之后，MAX128 再把 SDA 拉为低电平一个时钟周期返回给主机另外一个 ACK 应答信号，主机通过发送一个 P 状态结束本次写入操作。

| S | 地址位 | $\overline{W}$ | ACK | 命令字 | ACK | P |

□ ——主机发送到从机   ▨ ——从机发送到主机

图 8.56　A/D 启动过程

若读写控制位 R/$\overline{W}$ 被设为 0,当 MAX128 接收到命令字的第 2 位 BIP 时，立即启动采样过程，在接收到 P 状态时，结束本次采样过程。A/D 转换在采样过程之后立即启动。MAX128 的内部转换频率为 1.56MHz,典型转换时间为 7.7μs。

4) 读转换结果

一旦 A/D 转换启动，在从 MAX128 中读取数据之前，主机并不需要等待转换结束。读取转换结果的过程如图 8.57 所示。与 A/D 启动过程相同，主机读取 A/D 转换结果的过程以发送 S 状态开始，随后发送 7 位地址和读写控制位 R/$\overline{W}$=1,一旦 MAX128 接收到 7 位地址和读写控制位，并且判断地址与本器件地址一致，就把 SDA 拉为低电平一个时钟周期返回给主机一个 ACK 应答信号(ACK=0),随后发送 A/D 转换结果的高 8 位(D11~D4),在此字节发送之后，把总线释放给主机，主机接收到高 8 位后，发送一个应答信号 ACK=0。MAX128 接收到 ACK 后，立即发送转换结果的第二字节(高 4 位为 D3~D0,其余 4 位为 0)。主机接收到第二字节后随即发送 $\overline{ACK}$=1 应答信号，以表示该字节数据已收到。最后主机发送一个 P 状态，结束此次读周期。

| S | 地址位 | R | ACK | 转换结果的第1字节 | ACK | 转换结果的第2字节 | $\overline{ACK}$ | P |

□ —— 主机发送到从机   ▨ —— 从机发送到主机

图 8.57　读取 A/D 转换结果过程

3. MAX128 与 MCS-51 单片机的接口设计

MAX128 与 MCS-51 单片机的接口电路如图 8.58 所示，由于传统的 80C51 单片机没有 I²C 接口，因此，分别用 P1.0、P1.1 模拟 SCL 和 SDA。系统晶振频率为 12MHz。下面是对通道 CH0 的模拟量转换的例程，转换结果高字节存于 datah,低字节存于 datal(低 4 位为 0),转换结果通过串行口以方式 1 发送出去。

```
# include < reg52.h>
# include < absacc.h>

sbit SCL = P1^0;                              //模拟 SCL
sbit SDA = P1^1;                              //模拟 SDA

unsigned char x,y,z,datah,datal;
unsigned int ad_value,w;
```

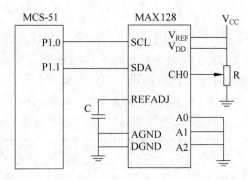

图 8.58　MAX128 与 MCS-51 单片机的接口电路

```
void delay(unsigned int i);                              //延时函数
void config();                                           //串口初始化函数
void send_byte(unsigned char xbyte);                     //串口发送字节函数
void send_str(unsigned char * dat);                      //串口发送字符串函数
unsigned  char hex_to_char(unsigned char hex_num);       //十六进制数据转换字符函数

                                                         //I2C 总线模拟程序
void i_init();                                           //I2C 总线初始化函数
void i_start();                                          //I2C 总线启动 START 函数
void i_stop();                                           //I2C 总线停止 STOP 函数
void i_ack();                                            //I2C 总线应答 ACK 函数
bit i_clock();                                           //I2C 总线时钟 clock 函数
bit i_send(unsigned char i_data);                        //I2C 总线发送 SEND 函数
unsigned  char i_receive();                              //I2C 总线接收 RECEIVE 函数
                                                         //AD 转换函数
bit bytewr_ad(unsigned char i_data);                     //启动 AD 转换函数
bit read_ad();                                           //读取 AD 转换结果函数

void main(void)
    {
        config();                                        //串口初始化
        delay(50);
        i_init();                                        //I2C 总线初始化
        while(1)
        {
         delay(5);
         bytewr_ad(0x88);                                //启动 A/D
         read_ad();                                      //读转换结果
         ad_value = datah * 16 + datal/16;               //转换结果,高字节的 8 位 + 低字节的高 4 位
         x = hex_to_char(ad_value/256);                  //十六进制位转换为字符
         w = ad_value % 256;
         y = hex_to_char(w/16);
         z = hex_to_char(w % 16);

                                                         //以字符形式发送转换结果
         send_str("CH0:");
         send_byte(x);
         send_byte(y);
         send_byte(z);
         send_str("; \r\n ");
         delay(100);
```

```
        }
    }
    void i_init()                          //I2C 总线初始化函数
    {
        SCL = 0;
        i_stop();
    }
    void i_start()                         //I2C 总线启动 START 函数
    {
        SCL = 1;
        delay(5);
        SDA = 1;
        delay(5);
        SDA = 0;
        delay(5);
        SCL = 0;
        delay(5);
    }
    void i_stop()                          //I2C 总线停止 STOP 函数
    {
        SCL = 1;
        delay(5);
        SDA = 0;
        delay(5);
        SDA = 1;
        delay(5);
    }
    void i_ack()                           //I2C 总线应答 ACK 函数
    {
        SDA = 0;
        i_clock();
        SDA = 1;
    }
    bit i_clock()                          //I2C 总线时钟 clock 函数
    {
        bit sample;
        SCL = 1;
        delay(5);
        sample = SDA;
        delay(5);
        SCL = 0;
        delay(5);
        return(sample);
    }

bit i_send(unsigned char i_data)           //I2C 总线发送 SEND 函数
    {
        unsigned char i;
        for(i = 0; i < 8; i++)
        {
SDA = (bit)(i_data&0x80);
            i_data = i_data << 1;
            i_clock();
        }
```

```
            SDA = 1;
            return(~i_clock());
        }
        unsigned char i_receive()                //I2C 总线接收 RECEIVE 函数
        {
            unsigned char i_data = 0;
            unsigned char i;
            for(i = 0;i < 8;i++)
            {
                i_data * = 2;
                if(i_clock())i_data++;
            }
            return(i_data);
        }
        bit bytewr_ad(unsigned char i_data)      //启动 AD 转换函数
        {
            i_start();
            if(i_send(0x50))
            {
                if(i_send(i_data))
                {
                    i_stop();
                    delay(5);
                    return(1);
                }
                else
                {
                    i_stop();
                    delay(5);
                    return(0);
                }
            }
            else
            {
                i_stop();
                delay(5);
                return(0);
            }
        }
        bit read_ad()                            //读取 AD 转换结果函数
        {
            i_start();
            if(i_send(0x51))
            {
                datah = i_receive();
                i_ack();
                datal = i_receive();
                i_stop();
                delay(5);
                return(1);
            }
            else
            {
                i_stop();
```

```
                delay(5);
                return(0);
            }
        }

    void config()                              //串行口初始化函数
{
    SCON = 0X50;
    TMOD& = 0X0f;
    TMOD| = 0X20;
    TH1 = 256 - (11059200/12/32)/9600;
    TL1 = TH1;
    ET1 = 0;
    ES = 1;
    TR1 = 1;
}

void send_byte(unsigned char xbyte)           //字符(节)发送函数
{
    SBUF = xbyte;
    while(~TI);
    TI = 0;
}
void send_str(unsigned char * dat)            //字符串发送函数
{
  while( * dat != '\0')
  {
    send_byte( * dat);
     dat++;
     delay(5);
  }
}
unsigned char hex_to_char(unsigned char hex_num)   //十六进制数符转换为 ASCII 码
{
    if ((hex_num > = 0) && (hex_num < = 9))
    {
        hex_num = '0' + hex_num;
    }
    else
    {
        hex_num = 'A' + hex_num - 10;
    }
    return hex_num;
}

void delay(unsigned int i)                     //延时函数
{
  unsigned int j;
  for(;i > 0;i -- )
  {
    for(j = 0;j > 125;j++)
        {;}
  }
}
```

8.4.3 I²C 总线 D/A 芯片 MAX5822

1. MAX5822 片内结构及引脚功能

MAX5822 是一种双路电压输出的 12 位 D/A 转换器，兼容 I²C 总线，工作时钟频率可达 400kHz。它可工作于 2.7～5.5V，如图 8.59(a)所示，MAX5822 由串行接口、掉电电路和两路 12 路的 D/A 转换器组成。每一路 D/A 转换器由输入寄存器、DAC 寄存器、单位增益输出缓冲器和 12 位电阻网络构成。工作时，串行接口把地址和控制位解码，然后把输入数据传输到指定的输入寄存器或 DAC 寄存器。输入数据可以直接写入 DAC 寄存器，直接更新 D/A 转换器输出，或者先写入输入寄存器而不改变 D/A 转换器的输出。只要 MAX5822 得电，两个输入寄存器可保持数据不变。

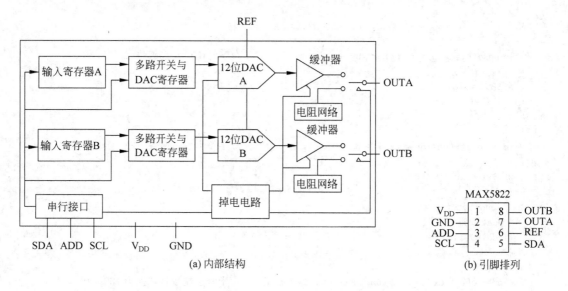

图 8.59 MAX5822 的内部结构和引脚排列

MAX5822 采用 μMAX 封装，8 个引脚图排列如图 8.59(b)所示，它们的功能介绍如下：V_{DD} 和 GND 为芯片的电源和地。ADD 为地址选择，高电平设定从机地址最低位为 1，低电平设定从机地址最低位为 0。SCL 和 SDA 分别为串行时钟和串行数据总线接口。REF 为基准电压输入。OUTA 和 OUTB 分别为 A,B 两路模拟量输出。

MAX5822 输入数据为标准二进制，输出电压 V_{OUT} 与输入数据 D 的关系为：$V_{OUT} = \dfrac{V_{REF} \times D}{4096}$，其中 D 为 0～0FFFH。

2. MAX5822 工作过程

1) 掉电模式

MAX5822 具有三种低功耗掉电模式，通过 PD1、PD2 这两位设置，见表 8.16。这三种模式都可以实现：关闭输出缓冲器，断开 DAC 寄存器与 REF 的连接，使电源电流降至 1μA、基准电流降至 1μA 以下。在掉电模式期间，输入数据被保持在输入寄存器和 DAC 寄存器中。MAX5822 被唤醒后，DAC 输出将被恢复到以前的值。

MAX5822 电源关断时，DAC 寄存器被清零，输出缓冲器关闭，输出通过 100kΩ 终端电阻接地。上电之后,在未启动 D/A 转换之前必须先使用唤醒命令。

表 8.16　掉电模式设置

模式	PD1	PD0	功　　能
唤醒	0	0	上电,DAC 输出恢复到原来的值
0	0	1	掉电模式 0,DAC 输出浮空,输出为高阻抗
1	1	0	掉电模式 1,DAC 输出通过 1kΩ 电阻接地
2	1	1	掉电模式 2,DAC 输出通过 100kΩ 电阻接地

2）从机地址

MAX5822 的器件标识码为 6 位（A6～A1），MAX5822L 和 MAX5822M 两种型号的器件标识码分别为 011100 和 101100,而从机地址的最低位 A0 由芯片上的 ADD 引脚控制,ADD 接 GND 时,A0 = 0,ADD 接 V_{DD} 时,A0 = 1。因此,在 I^2C 总线上最多能连接 4 个 MAX5822。

3）D/A 转换

使用 MAX5822 时,首先需要对它进行初始化,设置掉电模式、选择模拟通道、设置输入寄存器和 DAC 寄存器的工作状态等,初始化是通过设置命令字来实现的。MAX5822 的命令字有两种：基本命令字和扩展命令字。

基本命令字格式如图 8.60 所示,其中高 4 位 C3～C0 用于配置 MAX5822 工作模式,D11～D8 为输入数据的高 4 位,基本命令字的定义见表 8.17。

D7　D6　D5　D4　D3　D2　D1　D0

C3	C2	C1	C0	D11	D10	D9	D8

图 8.60　基本命令字格式

表 8.17　基本命令字定义

序号	C3	C2	C1	C0	D11	D10	D9	D8	功　　能
1	0	0	0	0	| DAC 数据 |				把新数据装载到 A 通道输入寄存器和 DAC 寄存器,A 通道输入寄存器的数据被传送到 DAC 寄存器,A、B 两个通道的输出被更新
2	0	0	0	1	DAC 数据				把新数据装载到 B 通道输入寄存器和 DAC 寄存器,B 通道输入寄存器的数据被传送到 DAC 寄存器,A、B 两个通道的输出被同时更新
3	0	1	0	0	DAC 数据				把新数据装载到 A 通道输入寄存器,A、B 两个通道的输出保持不变
4	0	1	0	1	DAC 数据				把新数据装载到 B 通道输入寄存器,A、B 两个通道的输出保持不变
5	1	0	0	0	DAC 数据				把 A、B 通道输入寄存器中的数据分别传送给 DAC 寄存器,A、B 两个通道的输出被同时更新。新数据被装入 A 通道的输入寄存器
6	1	0	0	1	DAC 数据				把 A、B 通道输入寄存器中的数据分别传送给 DAC 寄存器,A、B 两个通道的输出被同时更新。新数据被装入 B 通道的输入寄存器

续表

序号	C3	C2	C1	C0	D11	D10	D9	D8	功　能
7	1	1	0	0	DAC 数据				把新数据装入 D/A 转换器,同时更新 A、B 通道的输出,A、B 两个通道的输入寄存器和 DAC 寄存器内容被更新
8	1	1	0	1	DAC 数据				新数据装入 A、B 两个通道的输入寄存器,转换器输入保持不变
9	1	1	1	0	×	×	×	×	更新 A、B 两个通道的 D/A 转换器输出,MAX8522 忽略 D11~D8 不能发送数据字节
10	1	1	1	1	0	0	0	0	扩展命令字模式,下一字节为掉电寄存器的内容
11	1	1	1	1	0	0	0	1	读 A 通道 D/A 转换器一个数据
12	1	1	1	1	0	0	1	0	读 B 通道 D/A 转换器一个数据

扩展命令字用于设置 MAX5822 的掉电模式,主机发送扩展命令字时,先发送基本命令字 11110000,随后的字节为扩展命令字。扩展命令字的格式如图 8.61 所示,其中 A、B 为模拟通道选择位,A=1 时,选择 A 通道;B=1 时,选择 B 通道;PD1 和 PD0 用于设置掉电模式,定义见表 8.17。

图 8.61　扩展命令字的格式

在初始化时,首先需要用唤醒命令激活所选的通道。另外,设置所选通道的掉电模式。初始化时,主机写入扩展命令字的过程如图 8.62 所示。主机在发送从机地址之后,待 MAX5822 应答后,开始发送两个命令字节,第一字节的基本命令字为 11110000B,告知 MAX5822 随后的字节是扩展命令字,待其应答后,发送初始化命令字,MAX5822 接收到第二字节后,对 D/A 转换器进行初始化。

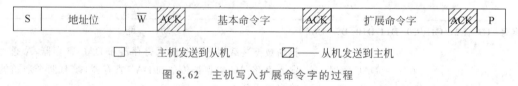

图 8.62　主机写入扩展命令字的过程

完成初始化以后,D/A 转换器就可以使用了,从机发送数据及启动 D/A 的过程如图 8.63 所示。主机发送的第一字节为所选 MAX5822 的地址,待其应答后,随后第二、第三字节,包括 4 位命令字和 12 位数据,MAX5822 接收到第二字节后设置 D/A 转换通道的工作模式,待第三字节到达后,随即启动 D/A 转换,把模拟量输出到芯片的输出端。

图 8.63　主机发送数据过程

MAX5822 具有读工作方式,在此种方式下,它把其内部的 DAC 寄存器的内容输出到总线上。这种工作方式的过程如图 8.64 所示。主机首先发送要读取的 D/A 芯片地址——从机地址,待其应答后,再发送命令字,通过命令字指定读取的 D/A 转换器。再次接收到

D/A 芯片的应答后,插入一个重起始状态 Sr,进入读 DAC 寄存器过程。读 DAC 寄存器过程包括三步:①主机发送 D/A 芯片地址和读命令;②主机接收 D/A 芯片发送的 DAC 寄存器的高 8 位,其中最高 2 位为随机位(未定义),随后的 2 位为 PD1 和 PD0,低 4 位转换数据的 D11~D8;③主机接收 D/A 芯片发送的 DAC 寄存器的低 8 位,它们是转换数据的低 8 位,为 D7~D0。

图 8.64　MAX5822 的读工作方式

3. MAX5822 与 MCS-51 单片机的接口设计

MAX5822 与 MCS-51 单片机的接口电路如图 8.65 所示,分别用 P1.0、P1.1 作为 MAX5822 中的 SCL 和 SDA 的 I/O,系统晶振频率为 12MHz。下面为采用该接口电路分别在 A 通道、B 通道输出锯齿波和方波的例程,例程中省略了模拟 I^2C 总线的相关函数(与 8.3.2 节函数相同)。

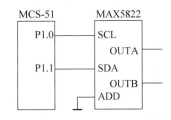

图 8.65　MAX5822 与 MCS-51 单片机的接口电路

```
# include < reg52.h>

sbit SDA = P1^1;
sbit SCL = P1^0;

void i_init();
void i_Start();
void i_Stop();
bit i_clock();
void i_ack();
void i_send(unsigned char dat);

void DA_CONVERT(unsigned char channel0, unsigned char channel1, unsigned char da_h, unsigned char da_l);
void Delay(unsigned int i) ;
void main(void)
{
    unsigned int dataA,A_H0,A_L0;
    unsigned char A_H,A_L,B_H,B_L;
    i_init();
    dataA = 0;
    B_H = 0;
    B_L = 0;
    Delay(50);

    //init_max5822(0x0c);
while(1)
{
```

```
            Delay(50);
                if( dataA < = 4096)
                {
                    A_H0 = dataA/256;                          //A 通道数据高 4 位
                    A_L0 = dataA % 256;                        //A 通道数据低 8 位
                    A_H = A_H0;
                    A_L = A_L0;
                    DA_CONVERT(0x00,0x04,A_H,A_L);             //A 通道
DA_CONVERT(0x10,0x08,B_H,B_L);                                 //B 通道
                }
                else
                {
                    dataA = 0;
                    B_H = ~B_H;
                    B_H = B_H&0X0f;
                    B_L = ~B_L;
                }
                dataA = dataA + 100;
            }
        }

//D/A 转换函数
void DA_CONVERT(unsigned char channel0, unsigned char channel1, unsigned char da_h, unsigned
char da_l)
{
            i_Start();
            i_send(0x70);                                      //地址
            i_ack();
            i_send(0xf0);                                      //扩展命令 11110000
            i_ack();
            Delay(50);
            i_send(channel1);                                  //MAX5822 扩展命令字
            i_ack();
            Delay(50);
            i_send(channel0|da_h);                             //MAX5822 基本命令 C3~C0 与数据高 4 位
            i_ack();
            Delay(50);
            i_send(da_l);                                      //数据低 8 位
            i_ack();
            Delay(50);
            i_Stop();
}
```

8.4.4 SPI 总线

SPI(Serial Peripheral Interface)总线是 Motorola 公司提出的一种同步串行外设接口。
SPI 总线使用同步协议传送数据，接收或发送数据时由主机产生的时钟信号控制。SPI 总
线由以下 4 根信号线构成。

MOSI(Master Out Slave In)：主机发送从机接收。

MISO(Master In Slave Out)：主机接收从机发送。

SCLK 或 SCK(Serial Clock)：串行时钟。

$\overline{CS}$(Chip Select for the peripheral)：外围器件的片选。有的微控制器设有专用的 SPI 接口的片选，称为从机选择($\overline{SS}$)。

MOSI 信号由主机产生，接收者为从机，MOSI 也被命名为 SI 或 SDI；ISO 信号由从机发出，在一些芯片上也被标记为 SO 或 SDO；CLK 或 SCK 由主机发出，用来同步数据传送；$\overline{CS}$($\overline{SS}$)信号也由主机产生，用来选择从机器件或装置。SPI 总线信号线基本连接关系如图 8.66 所示。

主机和从机都使用移位寄存器进行数据传送。当主机把数据通过移位寄存器从 MOSI 线移出时，从机则把数据移入它的移位寄存器，如图 8.67 所示。SPI 总线也支持全双工通信模式。用 SPI 总线也可以发送多字节，在这种模式下，主机连续地把多字节数据按位移出。在传输过程中，从机的片选 $\overline{CS}$ 必须保持低电平。

SPI 总线系统有以下几种形式：一个主机和多个从机、多个从机相互连接构成多主机系统(分布式系统)、一个主机与一个或几个 I/O 设备构成的系统等。

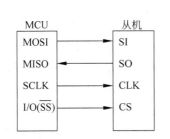

图 8.66　SPI 总线信号线基本连接关系

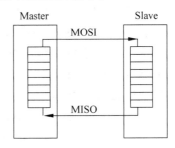

图 8.67　SPI 总线通信原理

有些 SPI 接口芯片支持多个芯片级联的方式，如图 8.68 所示，主机和三个 SPI 芯片串联连接，主机发送三字节的信息，第一字节发送到 C，第二字节到 B，第三字节到 A。显然，有多字节操作的 SPI 接口芯片不能用于这种级联方式，如存储器芯片。

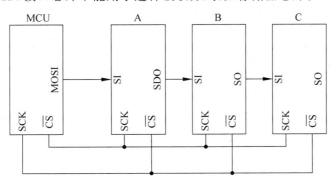

图 8.68　SPI 接口芯片支持多个芯片级联的方式

在大多数应用场合，可使用一个微控制器作为主机来控制数据传送，并向一个或几个外围器件传送数据。从机只有在主机发命令时才能接收或发送数据，这种主从方式的 SPI 总线接口系统的典型结构如图 8.69 所示，图中 MCU 为微控制器，IC1～IC3 为 SPI 总线接口芯片。当一个主机通过 SPI 与多个芯片相连时，必须使用每个芯片的片选 $\overline{CS}$，确保不发生访问冲突。

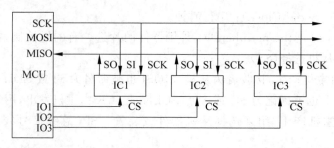

图 8.69   主从方式的 SPI 总线接口系统的典型结构

MCS-51 单片机虽然不带 SPI 串行总线接口，但可以使用软件来模拟 SPI 总线的操作时序。对于不同的 SPI 串行接口外围芯片，它们的时钟时序是稍有差异的。本节介绍几种常见的 SPI 接口芯片与 MCS-51 单片机的接口和 SPI 总线程序的模拟实现方法。

8.4.5   SPI 总线 A/D 芯片 TLC2543

1. TLC2543 的片内结构及引脚功能

TLC2543 为一种多通道 12 位串行 A/D 转换器，其片内结构和引脚排列如图 8.70 所示。如图 8.70(a)所示，它由多路开关、输入地址寄存器、采样/保持电路、12 位 A/D 转换器、输出数据寄存器、并行/串行转换器以及控制逻辑电路等组成。多路开关根据输入地址寄存器中存放的通道地址选择输入通道，把该输入通道中的模拟信号送到采样/保持电路中；接着在 A/D 转换器中把采样得到的模拟量进行量化编码转换成数字量，并锁存到输出数据寄存器中。最后，转换结果经过并行/串行转换器转换成串行数据从 DOUT 引脚输出。

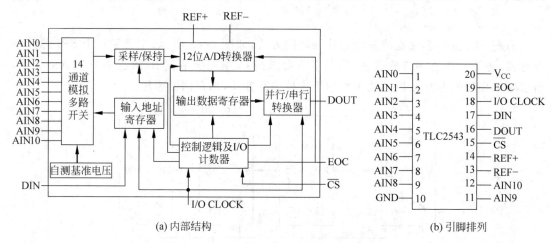

(a) 内部结构   (b) 引脚排列

图 8.70   TLC2543 的片内结构与引脚排列

TLC2543 的 DIP 封装有 20 个引脚，如图 8.70(b)所示。引脚功能介绍如下。

（1）AIN0～AIN10 为 11 路模拟量输入通道输入，在使用 4.1MHz 的时钟时，外设的输出阻抗应小于或等于 30Ω。

（2）I/O CLOCK 为输入输出同步时钟，它有以下 4 种功能。

① 在 I/O CLOCK 的前 8 个上升沿，把命令字输入到 TLC2543 的数据输入寄存器，其中前 4 个是输入通道地址选择。

② 在 I/O CLOCK 的第 4 个时钟的下降沿,选中通道的模拟信号对 TLC2543 芯片中的电容阵列进行充电,直到最后一个时钟结束。

③ I/O CLOCK 把上次的转换结果输出,在最后一个数据输出完后,开始下一次转换。

④ 在最后一个 I/O CLOCK 的下降沿,把 EOC 变为低电平。

(3) DIN 为串行数据输入端。最先输入的 4 位用来选择输入通道。数据传送时最高位在前,每一个 COCLK 的上升沿送入一位数据,前 4 位数据输入到地址寄存器,后 4 位用来设置 TLC2543 的工作方式。

(4) DOUT 为串行数据输出端,输出的数据有三种长度可供选择:8 位、12 位和 16 位,其输出顺序可在 TLC2543 的工作方式中设定。DOUT 在 $\overline{CS}$ 为电平时呈高阻状态,在 $\overline{CS}$ 为低电平时,DOUT 引脚输出有效。

(5) $\overline{CS}$ 为片选信号。$\overline{CS}$ 引脚出现一个从高到低的变化时,复位芯片内部寄存器,同时使 DIN、DOUT 和 I/O CLOCK 有效。$\overline{CS}$ 引脚出现一个从低到高的变化时,DIN、DOUT 和 I/O CLOCK 失效。

(6) EOC 为 A/D 转换结束信号,在命令的最后一个 CLOCK 下降沿变低,A/D 转换结束后,EOC 由低电平变为高电平。

(7) REF+、REF- 为基准电压正极和负极。最大输入电压取决于正、负参考电压的差值。

(8) V_{CC} 为芯片工作电源 +5V 正极,GND 为电源地。

2. TLC2543 的时序

TLC2543 有两种时序。一种是使用片选信号 $\overline{CS}$ 的时序,时序如图 8.71 所示。此种方式下,每次转换都将 $\overline{CS}$ 变为低电平,开始写入命令字,直到 DOUT 移出所有数据位,再将 $\overline{CS}$ 变为高电平。待转换结束后,再将 $\overline{CS}$ 变为低电平,进行下一次转换。另一种为不使用片选信号 $\overline{CS}$ 的时序,在第一次转换将 $\overline{CS}$ 变为低电平后,$\overline{CS}$ 便持续为低电平,以后的各次转换都从转换结束信号 EOC 上升沿开始,如图 8.72 所示。8 位、16 位与 12 位数据的时序基本相同,它们只是在转换周期前减少或者增加 4 个时钟周期。

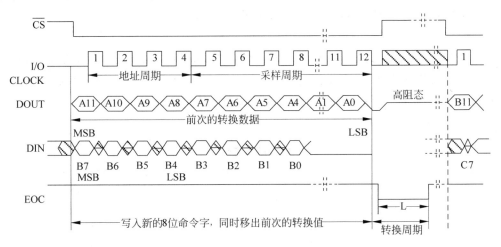

图 8.71 使用片选信号 $\overline{CS}$ 高位在前的时序

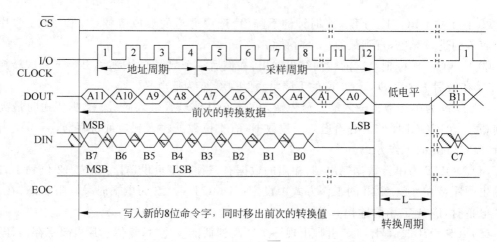

图 8.72 不使用片选信号$\overline{CS}$高位在前的时序

TLC2543 的工作过程分为两个周期：I/O 周期和 A/D 转换周期。TLC2543 工作时，$\overline{CS}$ 必须为低电平。若 $\overline{CS}$ 为高电平，DOUT 立即变为高阻状态，为其他的共享数据总线的器件让出数据总线。经过一段保持时间后，I/O CLOCK 与 DIN 被禁止。当 $\overline{CS}$ 再次为低电平时，开始一个新的 I/O 周期。在 I/O 周期，由 DIN 引脚输入一个 8 位命令字，包括 4 位模拟通道地址（D7～D4）、两位数据长度选择（D3～D2），输出数据的高位在前或低位在前的选择位（D1）以及单极性或双极性输出选择位（D0）的 8 位数据流。输入输出时钟序列加在 I/O CLOCK 端，以传送数据到输入数据寄存器中。

TLC2543 的工作状态由 EOC 指示。复位状态 EOC 为高电平，只有在 I/O 周期的最后一个 CLOCK 脉冲的下降沿之后，EOC 才变为低电平，标志着转换周期开始。转换完成后，转换结果锁存到输出数据寄存器，EOC 变为高电平，它的上升沿使转换器返回到复位状态，开始下一个 I/O 周期。

模拟量输入的采样开始于 I/O CLOCK 的第 4 个下降沿，而保持则在 I/O CLOCK 的最后一个下降沿之后。I/O CLOCK 的最后一个下降沿也使 EOC 变低并开始转换。TCL2543 的 I/O CLOCK 的间隔一般不得小于 $1.425\mu s$。

3. TLC2543 的命令字

TLC2543 的命令字为一字节（D7～D0），高 4 位（D7～D4）用于选择模拟量输入通道（见表 8.18），它可以实现从 11 个模拟量输入通道中选择一个通道进行转换，或从三个内部自测电压中选择一个以对转换器进行校准，或者选择软件掉电方式。

表 8.18 命令字高 4 位设置

模拟量通道选择				
D7	D6	D5	D4	模拟量通道
0	0	0	0	AIN0
0	0	0	1	AIN1
0	0	1	0	AIN2
0	0	1	1	AIN3
0	1	0	0	AIN4
0	1	0	1	AIN5

续表

模拟量通道选择				
0	1	1	0	AIN6
0	1	1	1	AIN7
1	0	0	0	AIN8
1	0	0	1	AIN9
1	0	1	0	AIN10
自测电压选择				
1	0	1	1	$(V_{\mathrm{BEF}+}-V_{\mathrm{REF}+})/2$
1	1	0	0	$V_{\mathrm{REF}-}$
1	1	0	1	$V_{\mathrm{REF}+}$
掉电方式选择				
1	1	1	0	软件掉电

命令字的低 4 位中的 D3、D2 用于选择 A/D 转换结果输出数据的位数(见表 8.19)。A/D 转换器内部转换结果为 12 位,选择 12 位数据长度时,所有的位都被输出;选择 8 位数据长度时,低 4 位被截去,转换精度降低,用以实现 8 位串行接口快速通信;而选择 16 位时,在转换结果的低位增加了 4 个被置为 0 的填充位,可方便地与 16 位串行接口通信。

表 8.19 A/D 转换结果输出数据的位数

D3	D2	输出数据位数
×	0	12 位
0	1	8 位
1	1	16 位

命令字中的 D1 位用于选择输出数据的传送方式。当 D1 位为 0 时,A/D 转换结果以高位在前的方式从 DOUT 输出;当 D1 位为 1 时,则以低位在前的方式从 DOUT 输出。命令字最低位 D0 用于设置 A/D 转换结果的数据格式是以单极性还是双极性的二进制数补码表示。当 D0 位为 0 时,A/D 转换结果以二进制数形式表示;当 D0 位为 1 时,则以二进制数补码形式表示。

4. TLC2543 与 MCS-51 单片机的接口设计

TLC2543 与 MCS-51 单片机的接口电路如图 8.73 所示,分别用 P1.0、P1.1、P1.2、P1.3 作为 TLC2543 的 IO CLOCK(即 IO CLK)、DIN、DOUT 和 $\overline{\mathrm{CS}}$。系统晶振频率为 12MHz。

下面是对其 IN0 模拟量通道转换的例程,A/D 转换结束后,转换结果通过串行口方式 1 格式发出。例程使用的串行口初始化函数 config()、串行口发送函数 send_byte()、字符串发送函数 send_str()、数制转换函数 hex_to_char()以及延时函数与 8.4.2 节例程相同,

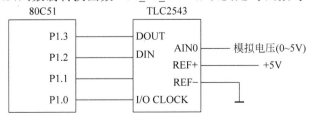

图 8.73 TLC2543 与 MCS-51 单片机的接口电路

程序中未列出。程序如下：

```c
# include < reg52. h >
# include < absacc. h >
# define  uchar  unsigned  char
# define  uint   unsigned  int

sbit CLK = P1^0;
sbit D_IN = P1^1;
sbit D_OUT = P1^2;
sbit CS = P1^3;
uchar ad_value;
uchar x, y, z, w;

void delay(uint i);
void config();
void send_byte(uchar xbyte);
void send_str(uchar * dat);
uchar hex_to_char(uchar hex_num);
uchar read2543(uchar port);

void main(void)
    {
        config();
        ad_value = 0;
        while(1)
        {
          delay(5);
          ad_value = read2543(ad_value);
          send_str("ANI0:");

          send_byte(w);
          send_byte(z);
          send_byte(y);
          send_byte(x);
          send_str("; \r\n ");
          delay(100);
        }

    }

uchar read2543(uchar port)
  {
    uchar circle_temp, test_vh, test_vl;
    uint ad_value;
    delay(10);
    test_vh = 0;
    test_vl = 0;
    CLK = 0;
    port << = 4;
    port = port&0xf0;
    CS = 1;
    delay(5);
    CS = 0;
    delay(5);

    for(circle_temp = 0; circle_temp < 12; circle_temp++)
        {
```

```
    if(port&0x80)
      {
        D_IN = 1;
      }
    else
      {
        D_IN = 0;
      }
    CLK = 1;
    delay(2);
    CLK = 0;
    port << = 1;
  }
CS = 1;
delay(5);
CS = 0;;
delay(5);

for(circle_temp = 0;circle_temp < 8;circle_temp++)
  {
    test_vh << = 1;
    if(D_OUT)
    {
    test_vh++;
    }
    CLK = 1;
    delay(2);
    CLK = 0;
  }
  for(circle_temp = 0;circle_temp < 4;circle_temp++)
  {
    test_vl << = 1;
    if(D_OUT)
    {
    test_vl++;
    }
    CLK = 1;
    delay(2);
    CLK = 0;
  }
test_vl << = 4;
CS = 1;
x = hex_to_char(test_vl % 16);
y = hex_to_char(test_vl/16);
z = hex_to_char(test_vh % 16);
w = hex_to_char(test_vh/16);
ad_value = test_vh;
ad_value << = 8;
ad_value | = test_vl;
return ad_value;
}
```

8.4.6 SPI 总线 D/A 芯片 TLC5615

TLC5615 是具有 SPI 串行接口的数模(D/A)转换器,其输出为电压型,最大输出电压是基准电压值的 2 倍,输出电压和基准电压极性相同,转换时间 12.5μs,最大功耗

1.75mW。

1. TLC5615 的内部结构和引脚功能

如图 8.74(a)所示，TLC5615 采用一个固定增益为 2 的运放电路缓冲的电阻串网络，把 10 位数字量转换为模拟电压。上电复位时，TLC5615 的上电复位和控制逻辑电路把 DAC 寄存器内容复位为 0。当片选 $\overline{CS}$ 为低电平时，输入数据被读入 16 位移位寄存器，它由时钟同步，且以最高位在前的方式在 SLCK 的上升沿把数据移入输入寄存器。然后，在 $\overline{CS}$ 的上升沿把数据传送到 DAC 寄存器中，并进行 D/A 转换。

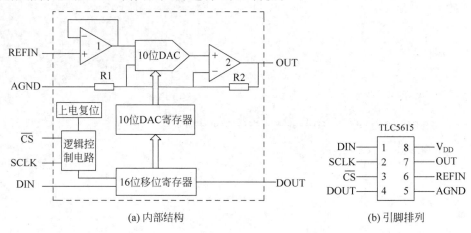

(a) 内部结构　　　　(b) 引脚排列

图 8.74　TLC5615 内部结构和引脚排列

TLC5615 的 DIP 封装为 8 个引脚，如图 8.74(b)所示，其中，DIN 为串行数据输入；SCLK 为串行时钟输入；$\overline{CS}$ 为芯片的片选，低电平有效；OUT 为 D/A 转换器的模拟电压输出，而 DOUT 为用于多个芯片级联时的串行数据输出；AGND 为芯片的模拟地；REFIN 为基准电压输入；由 V_{DD} 提供芯片的＋5V 工作电源。

2. TLC5615 的时序

TLC5615 的时序如图 8.75 所示。当片选 $\overline{CS}$ 为低电平时，输入数据通过 DIN 由时钟 SCLK 同步输入，而且高位在前，低位在后。数据输入时，SCLK 的上升沿把串行输入数据 DIN 移入内部的 16 位移位寄存器中；然后，在 SCLK 的下降沿，输出到串行数据 DOUT；片选 $\overline{CS}$ 的上升沿时，把数据传送至 DAC 寄存器。

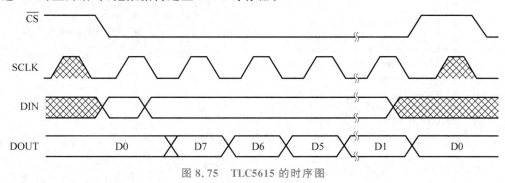

图 8.75　TLC5615 的时序图

当片选 $\overline{CS}$ 为高电平时，串行输入数据 DIN 不能由时钟同步送入移位寄存器；输出数据 DOUT 保持最近的数值不变，不进入高阻状态。此时，要串行输入数据和输出数据必须满足两个条件：第一是 SCLK 的有效跳变；第二是片选 $\overline{\text{CS}}$ 为低电平。当片选 $\overline{\text{CS}}$ 为高电平时，输入时钟 SCLK 应当为低电平。

串行 D/A 转换器 TLC5615 的使用有两种方式，即级联方式和非级联方式。如不使用级联方式，DIN 只需输入 12 位数据。在 DIN 输入的 12 位数据中，前 10 位为 TLC5615 输入的 D/A 转换数据，输入时高位在前，低位在后，因为 TLC5615 的 DAC 输入锁存器为 12位，后两位必须写入零。如果使用 TL5615 的级联功能，来自 DOUT 的数据需要输入 16 位时钟下降沿，因此，完成一次数据输入需要 16 个时钟周期，输入的数据也应为 16 位。输入的数据中，前 4 位为高虚拟位，中间 10 位为 D/A 转换数据，最后两位为零。

3. TLC5615 与 MCS-51 单片机的接口设计

图 8.76 为 TLC5615 和 MCS-51 单片机的接口电路，用 P3.0、P3.1、P3.2 口分别控制 TLC5615 的片选 $\overline{\text{CS}}$、串行时钟输入 SCLK 和串行数据输入 DIN。下面例程为用该电路产生三角波的程序，系统晶振为 12MHz。

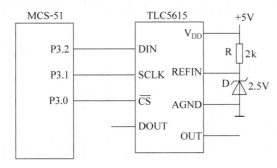

图 8.76　TLC5615 与 MCS-51 的接口电路

```
# include < reg52. h >
# include < intrins. h >
sbit TLC5615_DIN = P2^4;
sbit TLC5615_SCLK = P2^5;
sbit TLC5615_CS = P2^6;
void TLC5615_writeN(unsigned int temp)
{
   uint unsigned int i;
   temp << = 6;
   TLC5615_SCLK = 0;
   TLC5615_CS = 0;
   for(i = 0;i < 12;i++)
     {
       TLC5615_DIN = (bit)(temp&0x8000);
       TLC5615_SCLK = 1;
       temp << = 1;
       TLC5615_SCLK = 0;
     }
   TLC5615_CS = 1;
}
void main(void)
{
while(1)
    {                       //D/A 转换值递增/递减间隔值为 64,下列代码简略了部分转换
TLC5615_writeN(0); TLC5615_writeN(64); TLC5615_writeN(128);……;
```

```
    TLC5615_writeN(1023); TLC5615_writeN(960); …  …; TLC5615_writeN(128);TLC5615_writeN(64);
        }
    }
```

8.5 本章小结

单片机的 P0 口提供低 8 位地址总线和数据总线，P2 口提供高 8 位地址总线，扩展时必须在单片机芯片外部设置地址锁存器，使 P0 口的低 8 位地址总线和数据总线分开，构造单片机的扩展总线。此时，P0 和 P2 就不能再作为 I/O 使用。

存储器可分为随机存取存储器（RAM）和只读存储器（ROM），其中 RAM 可以多次写入和读出，每次写入后，原来的内容被新写入的内容代替；进行读操作时，不会改变存储单元的内容；当电源掉电时，RAM 内容随即消失。

ROM 一旦写入，不能随机地修改，只能从其中读出信息。当电源掉电时，ROM 会保持内容不变。

当使用 EPROM 芯片扩展时，它的地址线与单片机的地址总线相连，其中低 8 位地址总线由地址锁存器输出提供，而高 8 位地址来自单片机的 P2 口，EPROM 芯片的数据总线直接与 P0 口连接，单片机的 $\overline{\text{PSEN}}$ 与存储器芯片的输出控制 $\overline{\text{OE}}$ 连接；如果扩展了多片 EPROM，设计时应确保每个芯片的片选不会与其他芯片同时有效。芯片片选信号可以用线选和译码器译码的方法产生。数据存储器的扩展也是通过地址总线、数据总线和控制总线实现的。数据存储器 RAM 芯片与单片机连接时，芯片的数据线、地址线和片选连接与外部程序存储器扩展相同，不同的是外部数据存储器的读写是单片机的 $\overline{\text{RD}}$ (P3.7)和 $\overline{\text{WR}}$ (P3.6)控制。外部程序存储器与外部数据存储器使用同一地址总线，它们的地址空间是完全重叠的，但是，由于单片机访问外部程序存储器时使用 $\overline{\text{PSEN}}$ 控制读取操作，因此，即使二者的单元地址完全相同，也不会造成访问冲突。

单片机的 I/O 接口是 CPU 与外设进行数据传输的桥梁。I/O 口扩展可以采用锁存器、缓冲器等简单的芯片，触发器、锁存器常用于扩展输出口，可控的三态缓冲器常被用于扩展输入口。也可以用于可编程接口芯片，通过对芯片（如 8155）编程可以设置 I/O 接口的功能。

A/D 转换是把输入的模拟电压或电流变成与数字量，D/A 转换是把二进制表示的数字量转换成模拟量。它们是计算机控制系统不可缺少的部分。

单片机还可以采用串行总线扩展。其中 I^2C 总线采用 2 线制传输：数据线 SDA 和时钟线 SCL，所有 I^2C 器件都连接在 SDA 和 SCL 上，每一个器件具有唯一的地址。I^2C 总线支持多主和主从两种工作方式。在主从方式下，I^2C 总线的时序可以模拟。SPI 总线使用同步协议传送数据，接收或发送数据时由主机产生的时钟信号控制。SPI 接口可以连接多个 SPI 芯片或装置，主机通过选择它们的片选($\overline{\text{CS}}$)来分时访问不同的芯片。SPI 总线有 4 根信号线：主机发送从机接收 MOSI、主机接收从机发送 MISO、串行时钟 SCLK 和片选 $\overline{\text{CS}}$。主机和从机都使用移位寄存器进行数据传送。当主机把数据通过移位寄存器从 MOSI 线移出，从机则把数据移入它的移位寄存器。

8.6　复习思考题

1. 简述 MCS-51 单片机的总线构造原理。

2. 用 1 片 Intel 2764 给 8051 单片机扩展一个 8KB 的外部程序存储器,同时保留片内程序存储器,请画出电路连接图,并简要分析。

3. 在 MCS-51 单片机系统中,扩展的程序存储器和数据存储器都使用 16 位地址线和 8 位数据线,为什么不会发生冲突?

4. 试用 Intel 2764 和 Intel 6264 为单片机设计一个存储器系统,使它具有 16KB 程序存储器和 8KB 数据存储器。画出该存储器系统的硬件连接图,并说明各芯片的地址范围。

5. 计算机系统中为什么要设置输入输出接口?

6. 简述输入输出接口的作用。

7. 在计算机系统中,CPU 与输入输出接口之间传输数据的控制方式有哪几种? 它们各有什么特点?

8. 采用 74LS273 和 74LS244 为 8051 单片机扩展 8 路输入和 8 路输出接口,其中外设 8 个按钮开关和 8 个 LED,每个按钮控制 1 个 LED,请设计接口电路,并编制检测控制程序。

9. 采用 8155 芯片为 8051 单片机系统扩展接口,外设为开关组(8 个开关组成)和 8 个 LED,每个开关控制对应的 1 个 LED。现需要读取开关组的状态,并把其状态存储到 8155 芯片 RAM 中,若开关组的开关全部断开,则不记录。请设计接口电路,并编制检测程序。

10. 采用 8155 芯片为 8051 单片机系统扩展接口,外设为开关组(8 个开关组成)和 8 个 LED,每个开关对应 1 个 LED。假设系统晶振频率为 12MHz。现需要每隔 50ms 读取一次开关组的状态,并把其状态存储到内部 RAM 中。请设计接口电路,并编制检测程序。

11. 一个简单计数器的电路原理图如图 8.77 所示。要求每按下一次 S 键,计数器计数一次,计数值送 P1 口显示,采用单只数码管显示,计 16 次后返回从 0 开始。

12. 用 P1 和 P3 口作为输出口,请设计 LED 数码管显示系统,在显示器上显示 HELLO。

13. 一个显示电路如图 8.78 所示。请采用串行口方式 0 实现 LED 数码管的动态显示,在显示器上自左向右动态显示"654321",每个字符保持时间为 0.1s。

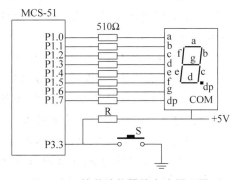

图 8.77　简单计数器的电路原理图

14. 采用 Intel 8155 芯片为单片机扩展 I/O 口,设计一个显示电路显示"654321"。

15. 一个单片机的键盘显示系统采用 3×4 矩阵式键盘、8 位 LED 数码管显示器。12 个按键定义为数字键 0～9、功能键 ENTER 和 STOP。系统工作时,键入一组数值,按下 ENTER 键后,新数值替换原来的显示值在显示器上循环显示,按下 STOP 键,循环显示终止,显示数据被清除。请设计硬件电路,并编写相应的程序。

16. 在检测系统中,通常采用均值滤波的方法来消除检测数据的随机干扰,即连续采样

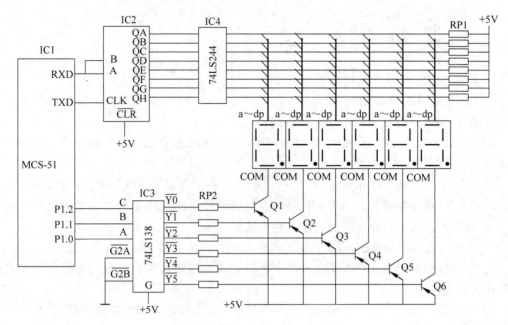

图 8.78　显示电路

多次,取平均值作为测量值。请采用 ADC 0809 设计一个检测系统,对 IN5 通道接入的模拟采样 8 次后,求它们的均值。

17. 采用 ADC 0809 设计一个 8 路巡回检测系统,每隔 50ms 对 8 个回路检测 1 次,并把采样值存储在一个数组中。已知系统晶振频率为 12MHz。

18. 用 8051 单片机和 DAC 0832 设计一个应用系统,输出连续的三角波。

19. 用 8051 单片机和 DAC 0832 设计一个应用系统,连续输出周期为 5.12s 的三角波(提示:每 10ms 转换 1 次,三角波的周期等于定时时间乘以转换次数)。

20. 用 8051 单片机和 DAC 0832 设计一个应用系统,输出占空比为 50% 的双极性方波,幅值范围为 $-5 \sim +5$V。

21. 与并行扩展方法相比,串行总线扩展方法有哪些优点?

22. 在 I^2C 总线中,主机和从机是如何确定的? 它们在总线工作时起什么作用?

23. 在 I^2C 总线主从系统中,S 状态和 P 状态是由哪一方发出的? 它们的作用是什么?

24. 简述 I^2C 总线的数据传输过程。

25. 简述 I^2C 总线的从机地址的格式,在工作过程中,器件如何识别对它的读写操作?

26. 采用 MAX128 监测 8 路模拟量,已知所有模拟量的电压范围为 $0 \sim 5$V,设计程序对 8 路模拟量循环检测,并把结果存在数组中。已知系统晶振频率为 12MHz。

27. 单片机应用系统采用 MAX128 作为 A/D 转换器,现要求每隔 50ms 对 CH6 通道采样一次,并把采样值从串行口发出。已知系统晶振频率为 11.0592MHz。

28. MAX5822 的几种掉电方式有什么不同?

29. 简述 MAX5822 的初始化过程和启动 D/A 转换的过程?

30. 单片机应用系统采用 MAX5822 作为 D/A 转换器,需要通过 B 通道产生连续三角波,信号的幅值范围为 $0 \sim 5$V。已知系统晶振频率为 12MHz。

31. 单片机应用系统采用 MAX5822 作为 D/A 转换器,现要求每隔 20ms 启动一次通道 A,把 12 位二进制数据 data 转换为模拟量。已知系统晶振频率为 12MHz。

32. 简述 SPI 总线的特点。

33. 单片机应用系统采用 TLC2543 检测 8 路模拟量,已知所有模拟量的电压范围为 0~5V,设计程序实现循环检测,并把检测值存放在数组中。已知系统晶振频率为 12MHz。

34. 单片机应用系统采用 TLC2543 和 TLC5615 组成 1 个 A/D—D/A 测试系统。由 D/A 转换器连续输出模拟量 0~5V,再由 A/D 转换器转换为数字量,当 A/D 转换器转换的数值与 D/A 转换器输入的数字量相差大于 0x50 时,通过连接在 P1.0 引脚的 LED 报警。完成硬件和程序设计。

## 第9章

STC8系列单片机

STC8 系列单片机是深圳宏晶科技有限公司生产的高速低功耗 8051 内核系列单片机，在相同的工作频率下，STC 系列单片机的运算速度是传统 8051 运算速度的 11 倍以上，它的指令系统兼容传统的 8051。本章以 STC8A8K64S4A12 为对象，介绍 STC8 系列单片机的结构和工作原理。

9.1　概述

9.1.1　STC8 单片机的基本组成

STC8 系列单片机是一种高性能 8 位单片机，兼容 80C51CPU，其主要性能如下。

（1）8051 内核的运算速度约为传统 8051 速度的 12 倍。

（2）无须外部晶体振荡器，芯片内部有 3 个可选时钟源。

（3）64KB 的片内程序存储器。

（4）8KB 的片内数据存储器，包括 256B 的内部 RAM 和 8192B 的内部扩展 RAM。

（5）并行 I/O 口有 4 种工作模式。

（6）5 个 16 位的定时器/计数器。

（7）4 个全双工的高速串行口。

（8）22 个中断源，可设置成 4 个优先级。

（9）8 组 15 位 PWM。

（10）超高速 ADC，15 通道的 12 位 AD 转换。

（11）双数据指针，有 2 个 16 位数据指针，可实现数据指针递增或递减功能，两组数据指针的可自动切换。

9.1.2　STC8 单片机的引脚与功能

下面以 64 脚的 LQFP 封装形式（见图 9.1）为例，介绍其引脚的定义。从图 9.1 可以看到，除电源引脚之外，STC8 单片机的引脚都是多重定义的，但第一功能为 I/O 口，因此，下面以引脚功能为基础，以 I/O 口线代号为标识，分类介绍引脚的定义。

1）电源

电源引脚提供芯片的工作电源，MCS-51 系列单片机采用单一的直流 5V 供电。

（1）Vcc—电源。

（2）GND—地。

（3）ADC_Vcc—ADC 电源。

（4）ADC_GND—ADC 地。

（5）ADC_ref—ADC 参考电压。

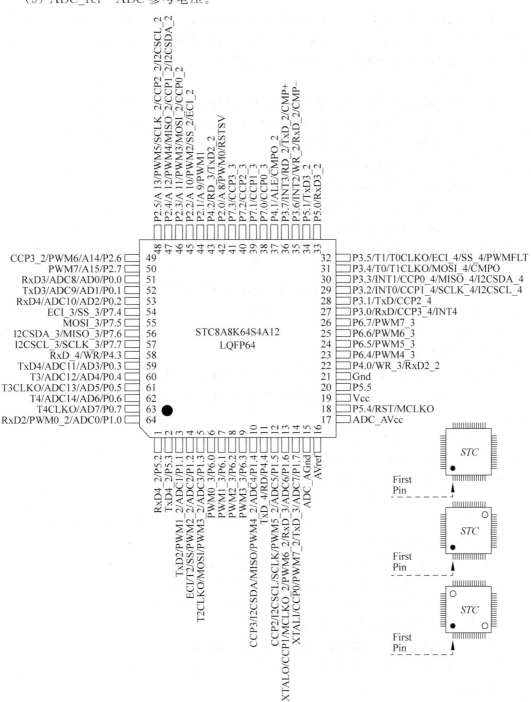

图 9.1 STC8 系列单片机

2）晶体振荡器信号输入和输出

晶体振荡器信号输入输出引脚外接振荡器或时钟源，为单片机提供时钟信号。

（1）XTALI（引脚 19）——振荡器信号输入。

（2）XTALO（引脚 18）——振荡器信号输出。

3）I/O 口

STC8 系列单片机共有 8 个 I/O 口，其中 6 个 8 位 I/O 口为：P0、P1、P2、P3、P6、P7，1 个 5 位 I/O 口为 P4 口，1 个 6 位 I/O 口为 P5 口，可提供 59 个 I/O 口线。每根口线可根据需要设置为准双向、强推挽输出、开漏输出、高阻输入。

4）控制信号

（1）P3.6—WR_2，外部总线写控制信号，单片机输出信号，低电平有效。

（2）P3.7—RD_2，外部总线读控制信号，单片机输出信号，低电平有效。

（3）P4.0—WR_3，外部总线写控制信号。

（4）P4.1—ALE，地址锁存信号。

（5）P4.2—RD_3，外部总线读控制信号。

（6）P4.3—WR，外部总线写控制信号。

（7）P4.4—RD，外部总线读控制信号。

（8）P5.4—RST，复位。

5）外部数据总线与地址总线

（1）P0.0～P0.7—AD0～AD7，地址总线低 8 位 A0～A7，数据总线 D0～D7。

（2）P2.0～P2.7—A8～A15，地址总线高 8 位。

6）串行口

STC8 单片机有 4 个串行口。

（1）通过对芯片编程设置，串行口 1 可在 4 组引脚之间切换。

第 1 组：P3.0—RxD，串行数据的输入端，即接收端；P3.1—TxD，串行数据的输出端，即发送端。

第 2 组：P3.6—RxD_2，接收端；P3.7—TxD_2，发送端。

第 3 组：P1.6—RxD_3，接收端；P1.7—TxD_3，发送端。

第 4 组：P4.3—RxD_4，接收端；P4.4—TxD_4，发送端。

（2）串行口 2 通过设置可在 2 组引脚之间切换。

第 1 组：P1.0—RxD2，接收端；P1.1—TxD2，发送端。第 2 组：P4.0—RxD2_2，接收端。P4.2—TxD2_2，发送端。

（3）串行口 3 通过设置可在 2 组引脚之间切换。

第 1 组：P0.0—RxD3，接收端。P0.1—TxD3，即发送端。

第 2 组：P5.0—RxD3_2，接收端。P5.1—TxD3_2，即发送端。

（4）串行口 4 通过设置可在 2 组引脚之间切换。

第 1 组：P0.2—RxD4，接收端。P0.3—TxD4，发送端。

第 2 组：P5.2—RxD4_2，接收端。P5.3—TxD4_2，发送端。

7）外部中断

STC8 单片机有以下 5 个外部中断源。

- P3.2—$\overline{INT0}$,外部中断 0 的中断请求信号输入端。
- P3.3—$\overline{INT1}$,外部中断 1 的中断请求信号输入端。
- P3.6—$\overline{INT2}$,外部中断 2 的中断请求信号输入端。
- P3.7—$\overline{INT3}$,外部中断 3 的中断请求信号输入端。
- P3.0—$\overline{INT4}$,外部中断 4 的中断请求信号输入端。

8) 定时器/计数器

STC8 单片机有 5 个定时器/计数器,其外部计数信号输入引脚为:

- P3.4—定时器/计数器 T0 的外部计数信号的输入端。
- P3.5—定时器/计数器 T1 的外部计数信号的输入端。
- P1.2—定时器/计数器 T2 的外部计数信号的输入端。
- P0.4—定时器/计数器 T3 的外部计数信号的输入端。
- P0.6—定时器/计数器 T4 的外部计数信号的输入端。

9) ADC 模拟输入通道

STC8 单片机有 15 个通道的模拟输入通道,模拟量输入引脚为:

P1.0～P1.7—ADC 模拟输入通道 0～7;

P0.0～P1.6—ADC 模拟输入通道 8～14;

10) PWM

STC8 单片机有 3 组 24 个增强型 PWM 通道,引脚分别为 P1、P2 和 P6 口,具体引脚为:P1.0～P1.7 为第 2 组增强 PWM 通道 0～7 的输出,P6.0～P6.7 为第 3 组增强 PWM 通道 0～7 的输出,P2.0～P2.7 为第 1 组增强 PWM 通道 0～7 的输出。另外,P5.1 为增强 PWM 的外部异常检测 PWMFLT。

11) 串行总线

STC8 单片机有 2 种串行总线:SPI 和 I²C,其中,SPI 总线、I²C 总线各有 4 组。

(1) SPI 总线。

第 1 组:P1.2—SS,SPI 从机选择;P1.3—MOSI,SPI 主机输出从机输入;P1.4—MISO,SPI 主机输入从机输出;P1.5—SCLK,SPI 时钟。

第 2 组:P3.2—SCLK_4,SPI 时钟;P3.3—MISO_4,SPI 主机输入从机输出;P3.4—MOSI_4,SPI 主机输出从机输入;P3.5—SS_4,SPI 从机选择。

第 3 组:P2.2—SS_2,SPI 从机选择;P2.3—MOSI_2,SPI 主机输出从机输入;P2.4—MISO_2,SPI 主机输入从机输出;P2.5—SCLK_2,SPI 时钟。

第 4 组:P7.4—SS_3,SPI 从机选择;P7.5—MOSI_3,SPI 主机输出从机输入;P7.6—MISO_3,SPI 主机输入从机输出;P7.7—SCLK_3,SPI 时钟。

(2) I²C 总线。

第 1 组:P1.4—SDA,I²C 数据线;P1.5—SCL,I²C 时钟。

第 2 组:P2.4—SDA_2,I²C 数据线;P2.5—SCL_2,I²C 时钟。

第 3 组:P7.6—SDA_3,I²C 数据线;P7.7—SCL_3,I²C 时钟。

第 4 组:P3.2—SCL_4,I²C 时钟;P3.3—SDA_4,I²C 数据线。

12) PCA 阵列

STC8 单片机有 4 组可编程计数器阵列,其输出引脚分布在 P1、P2、P3、P7 口:

（1）第1组。

P1.4—CCP3，PCA 的捕获输入和脉冲输出。

P1.5—CCP2，PCA 的捕获输入和脉冲输出。

P1.6—CCP1，PCA 的捕获输入和脉冲输出。

P1.7—CCP0，PCA 的捕获输入和脉冲输出。

（2）第2组。

P2.3—CCP0_2，PCA 的捕获输入和脉冲输出。

P2.4—CCP1_2，PCA 的捕获输入和脉冲输出。

P2.5—CCP2_2，PCA 的捕获输入和脉冲输出。

P2.6—CCP3_2，PCA 的捕获输入和脉冲输出。

（3）第3组。

P7.0—CCP0_3，PCA 的捕获输入和脉冲输出。

P7.1—CCP1_3，PCA 的捕获输入和脉冲输出。

P7.2—CCP2_3，PCA 的捕获输入和脉冲输出。

P7.3—CCP3_3，PCA 的捕获输入和脉冲输出。

（4）第4组。

P3.0—CCP3_4，PCA 的捕获输入和脉冲输出。

P3.1—CCP2_4，PCA 的捕获输入和脉冲输出。

P3.2—CCP1_4，PCA 的捕获输入和脉冲输出。

P3.3—CCP0_4，PCA 的捕获输入和脉冲输出。

4 组 PCA 外部脉冲信号输入引脚为：

P1.2—ECI，PCA 的外部脉冲输入；P2.2—ECI_2，PCA 的外部脉冲输入；P7.4—ECI_3，PCA 的外部脉冲输入；P3.5—ECI_4，PCA 的外部脉冲输入。

13）时钟分频输出

STC8 单片机有 T0～T4 定时器/计数器可以通过编程实现分频输出，引脚定义如下：P0.7—T4CLKO，定时器 4 时钟分频输出；P0.5—T3CLKO，定时器 3 时钟分频输出；P1.3—T2CLKO，定时器 2 时钟分频输出；P3.4—T1CLKO，定时器 1 时钟分频输出；P3.5—T0CLKO，定时器 0 时钟分频输出；P5.4—MCLKO，主频时钟分频输出；P1.6—MCLKO_2，主频时钟分频输出。

14）比较器

STC8 单片机有 2 路比较器，其相关引脚定义如下：

P4.1—CMPO_2，比较器输出；P3.4—CMPO，比较器输出；P3.6—CMP－，比较器负极输入；P3.7—CMP＋，比较器正极输入。

9.2　STC8 系列单片机的存储器　◆

STC8 单片机的存储器地址空间可分为以下 4 类：

（1）程序存储器，64KB；

（2）片内数据存储器，256B 的内部基本 RAM 和 8192B 的内部扩展 RAM 构成；

（3）特殊功能寄存器，共 123 个；

（4）外部数据存储器，最大空间 64KB。

这些资源与单片机应用的关系密切，下面介绍上述 4 类存储空间的功能。

9.2.1 片内存储器

1. 程序存储器

同 8051 单片机一样，STC8 系列单片机的最大空间可达为 64KB，一般都与芯片型号密切相关。STC8A8K64S4A12 单片机的片上程序存储器的寻址空间为 64KB，地址空间为 0x0000～0xFFFF。

2. 片内数据存储器

STC8 系列单片机片内的数据存储器有低 128B 的内部 RAM（DATA 区）、高 128B 的内部 RAM（IDATA 区）、8192B 的片内扩展 RAM（XDATA 区，内部的 XDATA 区）。

（1）低 128B 的内部 RAM。

与传统 MCS-51 单片机相同，低 128B 的内部 RAM 地址范围为 0x00～0x7F，分为 3 个区域。

① 0x00～0x1F：32 个单元为工作寄存器区，包含 4 个工作寄存器组：BANK0，BANK1，BANK2，BANK3，每个工作寄存器组包含 8 个寄存器：R0、R1、R2、R3、R4、R5、R6、R7。由 PSW 的 RS1、RS0 指出。

② 0x20～0x2F：16 个单元为位寻址区。

③ 0x30～0x7F：80 个单元为数据缓冲区。

（2）高 128B 的内部 RAM。

高 128B 的内部 RAM 地址范围与特殊功能寄存器区的地址范围重合，地址范围为 0x80～0xFF。但是，二者在物理上是相互独立的，CPU 访问高 128B 的内部 RAM 单元采用间接寻址方式，而 CPU 访问特殊功能寄存器区的寄存器采用直接寻址方式。

（3）特殊功能寄存器。

与 8051 单片机的特殊功能寄存器区（SFR 区）类似，该区地址范围为 0x80～0xFF，CPU 只能采用直接寻址方式访问这些特殊功能寄存器。相比 8051 单片机，STC8 单片机特殊功能寄存器个数多一些，它们离散地分布在此范围内。以系统单片机为例，表 9.1 为的特殊功能寄存器地址映射表。

表 9.1　STC8A 单片机的特殊功能寄存器地址映射表

寄存器	P7	CH	CCAP0H	CCAP1H	CCAP2H	CCAP3H	PWMCR	RSTCFG
单元地址	F8	F9	FA	FB	FC	FD	FE	FF
寄存器	B	PWMCFG	PCA_PWM0	PCA_PWM1	PCA_PWM2	PCA_PWM3	PWMIF	PWMFDCR
单元地址	F0	F1	F2	F3	F4	F5	F6	F7
寄存器	P6	CL	CCAP0L	CCAP1L	CCAP2L	CCAP3L	—	AUXINTIF
单元地址	E8	E9	EA	EB	EC	ED	EE	EF
寄存器	ACC	P7M1	P7M0	DPS	DPL1	DPH1	CMPCR1	CMPCR2
单元地址	E0	E1	E2	E3	E4	E5	E6	E7
寄存器	CCON	CMOD	CCAPM0	CCAPM1	CCAPM2	CCAPM3	ADCCFG	—

续表

单元地址	D8	D9	DA	DB	DC	DD	DE	DF
寄存器	PSW	T4T3M	T4H	T4L	T3H	T3L	T2H	T2L
单元地址	D0	D1	D2	D3	D4	D5	D6	D7
寄存器	P5	P5M1	P5M0	P6M1	P6M0	SPSTAT	SPCTL	SPDAT
单元地址	C8	C9	CA	CB	CC	CD	CE	CF
寄存器	P4	WDT_CONTR	IAP_DATA	IAP_ADDRH	IAP_ADDRL	IAP_CMD	IAP_TRIG	IAP_CONTR
单元地址	C0	C1	C2	C3	C4	C5	C6	C7
寄存器	IP	SADEN	P_SW2	VOCTRL	ADC_CONTR	ADC_RES	ADC_RESL	
单元地址	B8	B9	BA	BB	BC	BD	BE	BF
寄存器	P3	P3M1	P3M0	P4M1	P4M0	IP2	IP2H	IPH
单元地址	B0	B1	B2	B3	B4	B5	B6	B7
寄存器	IE	SADDR	WKTCL	WKTCH	S3CON	S3BUF	TA	IE2
单元地址	A8	A9	AA	AB	AC	AD	AE	AF
寄存器	P2	BUS_SPEED	P_SW1	—				
单元地址	A0	A1	A2	A3	A4	A5	A6	A7
寄存器	SCON	SBUF	S2CON	S2BUF	Reserved		LIRTRIM	IRTRIM
单元地址	98	99	9A	9B	9C	9D	9E	9F
寄存器	P1	P1M1	P1M0	P0M1	P0M0	P2M1	P2M0	—
单元地址	90	91	92	93	94	95	96	97
寄存器	TCON	TMOD	TL0	TL1	TH0	TH1	AUXR	INTCLKO
单元地址	88	89	8A	8B	8C	8D	8E	8F
寄存器	P0	SP	DPL	DPH	S4CON	S4BUF	—	PCON
单元地址	80	81	82	83	84	85	86	87

由于 SFR 区空间的局限性，无法在单片机内部集成更多的外部设备，因此，为特殊功能寄存器提供了扩展的 SFR 区，逻辑地址位于 XDATA 区域，访问前需要将 P_SW2(0xBA)寄存器的最高位(EAXFR)置 1，然后使用" MOVX A,@DPTR"和" MOVX @DPTR,A"指令访问此 XSFR 区域。若要重新正确访问内部的 SFR，需要再次将 P_SW2(0x BA)寄存器的最高位(EAXFR)置 0。如表 9.2 所示为 XSFR 的地址映射表。

表 9.2　XSFR 的地址映射表

寄存器	PWMCH	PWMCL	PWMCKS	TADCPH	TADCPL	—	—	—
单元地址	FFF0	FFF1	FFF2	FFF3	FFF4	FFF5	FFF6	FFF7
寄存器	PWM7T1H	PWM7T1L	PWM7T2H	PWM7T2L	PWM7CR	PWM7HLD	—	—
单元地址	FF70	FF71	FF72	FF73	FF74	FF75	FF76	FF77
寄存器	PWM6T1H	PWM6T1L	PWM6T2H	PWM6T2L	PWM6CR	PWM6HLD	—	—
单元地址	FF60	FF61	FF62	FF63	FF64	FF65	FF66	FF67
寄存器	PWM5T1H	PWM5T1L	PWM5T2H	PWM5T2L	PWM5CR	PWM5HLD	—	—
单元地址	FF50	FF51	FF52	FF53	FF54	FF55	FF56	FF57
寄存器	PWM4T1H	PWM4T1L	PWM4T2H	PWM4T2L	PWM4CR	PWM4HLD	—	—
单元地址	FF40	FF41	FF42	FF43	FF44	FF45	FF46	FF47
寄存器	PWM3T1H	PWM3T1L	PWM3T2H	PWM3T2L	PWM3CR	PWM3HLD	—	—
单元地址	FF30	FF31	FF32	FF33	FF34	FF35	FF36	FF37

续表

寄存器	PWM2T1H	PWM2T1L	PWM2T2H	PWM2T2L	PWM2CR	PWM2HLD	—	—
单元地址	FF20	FF21	FF22	FF23	FF24	FF25	FF26	FF27
寄存器	PWM1T1H	PWM1T1L	PWM1T2H	PWM1T2L	PWM1CR	PWM1HLD	—	—
单元地址	FF10	FF11	FF12	FF13	FF14	FF15	FF16	FF17
寄存器	PWM0T1H	PWM0T1L	PWM0T2H	PWM0T2L	PWM0CR	PWM0HLD	—	—
单元地址	FF00	FF01	FF02	FF03	FF04	FF05	FF06	FF07
寄存器	I2CCFG	I2CMSCR	I2CMSST	I2CSLCR	I2CSLST	I2CSLADR	I2CTxD	I2CRxD
单元地址	FE80	FE81	FE82	FE83	FE84	FE85	FE86	FE87
寄存器	P0NCS	P1NCS	P2NCS	P3NCS	P4NCS	P5NCS	P6NCS	P7NCS
单元地址	FE18	FE19	FE1A	FE1B	FE1C	FE1D	FE1E	FE1F
寄存器	P0PU	P1PU	P2PU	P3PU	P4PU	P5PU	P6PU	P7PU
单元地址	FE10	FE11	FE12	FE13	FE14	FE15	FE16	FE17
寄存器	CKSEL	CLKDIV	IRC24MCR	XOSCCR	IRC32KCR	—	—	—
单元地址	FE00	FE01	FE02	FE03	FE04	FE05	FE06	FE07

（4）片内扩展 8192B 的 RAM。

STC8 系列单片机片内还集成了 8KB 的扩展 RAM（片内扩展 8192B 的 RAM，地址范围是 0x0000～0x1FFF）。CPU 访问这个扩展 RAM 与 8051 单片机访问外部 RAM 的方法相同，但是不影响 P0 口（数据总线和低八位地址总线）、P2 口（高八位地址总线）以及 $\overline{WR}$ 、$\overline{RD}$ 和 ALE 等引脚的状态。在 C51 语言程序中，用 xdata/pdata 声明该存储区的存储类型。如：

```
unsigned char xdata i;
unsigned int pdata j;
```

单片机内部扩展 RAM 的访问，由辅助寄存器 AUXR（地址 0x8E）中的 EXTRAM 位控制，如图 9.2 所示。

D7	D6	D5	D4	D3	D2	D1	D0
T0x12	T1x12	UART_M0x6	T2R	T2_C/T	T2x12	EXTREAM	S1ST2

图 9.2 辅助寄存器 AUXR

EXTRAM＝0，允许访问内部扩展 RAM。当访问地址超出内部扩展 RAM 的地址时，系统会自动切换到外部扩展 RAM。

当 EXTRAM＝1，允许访问外部扩展 RAM，禁用访问内部扩展 RAM。

另外，外部 RAM 最大可扩展到 64KB（外部的 XDATA 区）。

9.2.2 外部数据存储器

STC8 单片机具有扩展 64KB 外部 RAM 和外部 I/O 口的能力。STC8 单片机有 1 个控制外部 64KB 数据总线速度的特殊功能寄存器 BUS_SPEED（单元地址 0xA1），如图 9.3 所示。

D7	D6	D5	D4	D3	D2	D1	D0
RW-S[1:0]					SPEED[2:0]		

图 9.3 数据总线速度控制寄存器

（1）RW_S[1:0]为 RD/WR 控制线选择位。

当 RW_S[1:0]=00 时，引脚 P4.4 为 RD，P4.3 为 WR；

当 RW_S[1:0]=01 时，引脚 P3.7 为 RD，P3.6 为 WR；

当 RW_S[1:0]=10 时，引脚 P4.2 为 RD，P4.0 为 WR；

当 RW_S[1:0]=11 时，保留。

（2）SPEED[1:0]为总线读写速度控制，也就是控制读写数据时控制信号和数据信号的准备时间和保持时间。

当 SPEED[1:0]=00 时，总线读写时间为 1 个时钟；

当 SPEED[1:0]=01 时，总线读写时间为 2 个时钟；

当 SPEED[1:0]=10 时，总线读写时间为 4 个时钟；

当 SPEED[1:0]=11 时，总线读写时间为 8 个时钟。

由于 STC 单片机的低 8 位地址线和数据线引脚是复用在 P0 端口上，因此在 XADL 建立和保持周期内，P0 端口上产生出所要访问外部数据存储器的低 8 位地址。P0 产生的低 8 位地址和 P2 产生的高 8 位地址组成一个 16 位的地址。其可访问的外部数据存储器的地址范围为 0x0000～0xFFFF，即 64KB 的范围。

 9.3 STC8 系列单片机的 I/O 口 ◆

1. I/O 口工作模式

STC8 系列单片机最多有 59 个独立的 I/O 口线。所有的 I/O 口线都具有 4 种工作模式：准双向口/弱上拉（标准 8051 输出口模式）、推挽输出/强上拉、高阻输入（电流既不能流入也不能流出）、集电极开漏输出。用户可使用软件对 I/O 端口的工作模式进行配置。复位后，所有的 I/O 口线输出高电平。

准双向口与传统 8051 的 I/O 结构相似，可用作输出和输入，无须配置 I/O 端口状态。在这种模式下，当准双向口输出为高电平时，其驱动能力很弱，允许与其连接的外部装置将电平拉低。当引脚输出为低电平时，它的驱动能力很强，可吸收较大电流。强推挽模式一般用于需要更大驱动电流的情况。高阻输入模式时，电流既不能流入也不能流出端口，此时，其输入电路内部包含干扰抑制电路。集电极开漏模式时，端口既可读外部状态也可对外输出（高电平或低电平），此时如果读取引脚状态或者输出驱动负载，需要在引脚处外加上拉电阻。

STC8 系列单片机的 I/O 口的工作模式可以通过相关寄存器来配置。

2. 端口模式控制寄存器

同 8051 单片机相同，STC8 的并行 I/O 口 P0～P7 在特殊功能寄存器区中都有相应的地址映射，不同的是，每个并行 I/O 口有 1 对端口模式控制寄存器用于设置端口工作模式：PiM0 和 PiM1，i=0～7。下面以 P0 口为例，说明 I/O 端口工作模式的设定方法。

P0 口模式控制寄存器为 P0M0（地址为 0x94）和 P0M1 P0（地址为 0x93）。模式控制寄存器的 P0M0.0 和 P0M1.0 用于设置 P0.0 的工作模式，P0M0.1 和 P0M1.1 用于设置 P0.1 的工作模式，以此类推。用 P0M0.x 和 P0M1.x 状态组合设置 P0.x 端口工作模式见表 9.3。

表 9.3　P0M0.x 和 P0M1.x 组合含义

P0M0.x	P0M1.x	含　义
0	0	准双向口
1	0	推挽输出
0	1	高阻输入
1	1	开漏输出

例如,设置 P0.2 推挽输出,P0 口的其他口线为准双向口,则

```
P0M0 = 0x04;
P0M1 = 0x00;
```

3. 端口上拉电阻控制寄存器

STC8 单片机的每个端口都集成了用户可选择的上拉电阻,外围电路设计时无须再考虑上拉电阻,通过设置扩展特殊功能寄存器区 XSFR 内的端口上拉电阻控制寄存器选择允许、禁止使用该上拉电阻,各端口的端口上拉电阻控制寄存器及其地址见表 9.4。

以 P0 口为例,P0 口上拉电阻控制寄存器 P0PU,其地址为 FE10H。寄存器 P0PU 的 1 位控制 P0 口 1 个引脚上拉电阻的选择,内部上拉电阻为 3.7kΩ。P0PU.0 控制 P0.0,P0PU.1 控制 P0.1,以此类推。P0PU.x 设置为 1 时,P0.x 引脚选择上拉电阻,P0PU.x 设置为 0 时,P0.x 引脚无上拉电阻,$x=0\sim7$。

表 9.4　端口上拉电阻控制寄存器

端口寄存器	功　能	XSFR 地址
P0PU	P0 端口上拉电阻控制寄存器	FE10H
P1PU	P1 端口上拉电阻控制寄存器	FE11H
P2PU	P2 端口上拉电阻控制寄存器	FE12H
P3PU	P3 端口上拉电阻控制寄存器	FE13H
P4PU	P4 端口上拉电阻控制寄存器	FE14H
P5PU	P5 端口上拉电阻控制寄存器	FE15H
P6PU	P6 端口上拉电阻控制寄存器	FE16H
P7PU	P7 端口上拉电阻控制寄存器	FE17H

4. 端口施密特触发控制寄存器

STC8 单片机的 I/O 口电路集成了施密特触发器,外围电路设计时可以用施密特触发控制寄存器来选择是否使用该触发器以提高端口的抗干扰能力。在扩展特殊功能寄存器区 XSFR 中为每个 I/O 口配置了施密特触发控制寄存器,用来选择是否需要施密特触发器,各端口施密特触发控制寄存器及其地址见表 9.5。如果 I/O 口引脚需要使用施密特触发器时,其对应的施密特触发控制寄存器的位置 1;否则,清零。

以 P0 端口为例,当 P0.3、P0.5 引脚需要使用施密特触发器时,则 P0NCS 寄存器设置如下:

```
P0NCS = 0x28;
```

表 9.5 端口施密特触发控制寄存器

端口寄存器	功　　能	XSFR 地址
P0NCS	P0 端口施密特触发控制寄存器	FE18H
P1NCS	P1 端口施密特触发控制寄存器	FE19H
P2NCS	P2 端口施密特触发控制寄存器	FE1AH
P3NCS	P3 端口施密特触发控制寄存器	FE1BH
P4NCS	P4 端口施密特触发控制寄存器	FE1CH
P5NCS	P5 端口施密特触发控制寄存器	FE1DH
P6NCS	P6 端口施密特触发控制寄存器	FE1EH
P7NCS	P7 端口施密特触发控制寄存器	FE1FH

9.4　STC8 系列单片机的中断系统

STC8 单片机有 22 个中断源，具有 4 个中断优先级：最低优先级、较低优先级、较高优先级或最高优先级，最多可实现 4 级中断嵌套。

9.4.1　STC8 单片机的中断源及中断系统结构

STC8 单片机中断系统结构如图 9.4 所示，它包含了 8051 单片机的 5 个中断源，共计 22 个中断源。

（1）5 个外部事件中断，$\overline{\text{INT0}}$～$\overline{\text{INT4}}$。

（2）5 定时器/计数器溢出中断，Timer0～Timer4（T0～T4）。

（3）4 个串行口接收/发送中断，串行接口 1～串行接口 4。

（4）2 个串行总线中断，SPI 中断和 I^2C 中断。

（5）1 个 A/D 转换中断。

（6）1 个比较器中断。

（7）1 个 PWM 异常检测中断。

（8）1 个增强型 PWM 中断。

（9）1 个 PCA 中断。

（10）1 个片内电源低压检测中断。

与 8051 单片机类似，中断触发后，中断触发的标志被登记在特殊功能寄存器 TCON、SCON、PCON 等中，以此向 CPU 请求中断。CPU 开放中断与否、中断源是否允许中断由特殊功能寄存器 IE、IE2、INT_CLKO 等特殊功能寄存器设定，而中断优先级由中断优先级寄存器 IP、IPH、IP2、IP2H 中对应位来设定。查询电路用来处理相同优先级时 CPU 响应中断请求的顺序，以实现硬件调用响应的中断处理程序。

与 8051 单片机控制中断的原理相同，STC8 单片机也是采用 2 级中断管理，每一个中断源可以用软件独立地设置允许中断或禁止中断。通过中断优先级控制寄存器设置中断优先级，可以实现 4 级中断嵌套，即高优先级的中断请求可以打断低优先级的中断。反之，低优先级的中断请求不可以中断高优先级的中断，当两个相同优先级的中断同时产生时，响应优先级顺序见表 9.6，由硬件自动查询来决定 CPU 先响应哪个中断。

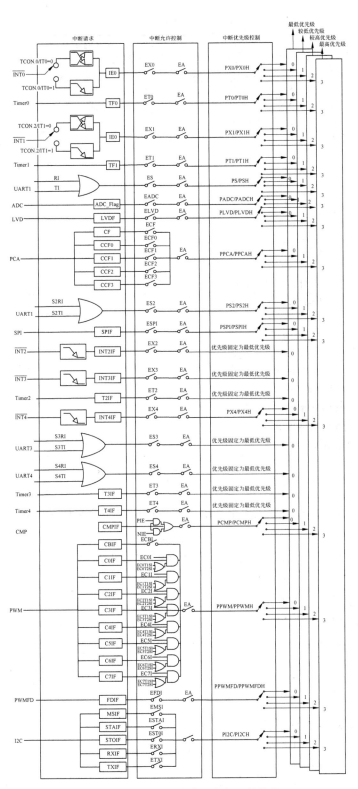

图 9.4　STC8 系列单片机中断系统结构

表 9.6 优先级相同时的中断优先级

序 号	中 断 源	中断源编号	优 先 级
1	外部中断 $\overline{INT0}$	0	
2	定时器/计数器 T0 中断	1	
3	外部中断 $\overline{INT1}$	2	
4	定时器/计数器 T1 中断	3	
5	串行接口中断	4	
6	A/D 转换中断	5	
7	LVD 中断	6	
8	PCA 中断	7	
9	串行接口 2 中断	8	
10	SPI 中断	9	最高
11	外部中断 $\overline{INT2}$	10	↓
12	外部中断 $\overline{INT3}$	11	
13	定时器/计数器 T2 中断	12	最低
14	外部中断 $\overline{INT4}$	13	
15	串行口 3 中断	14	
16	串行口 4 中断	15	
17	定时器/计数器 T3 中断	16	
18	定时器/计数器 T4 中断	17	
19	比较器 CMP 中断	18	
20	PWM 中断	19	
21	PWM 异常中断	20	
22	I^2C 中断	21	

9.4.2 STC8 单片机的中断标志

与 8051 单片机类似,中断源的中断请求标志被锁存在一些特殊功能寄存器中。

1. 与 8051 单片机兼容的中断标志

外部中断 $\overline{INT0}$、定时器/计数器 T0 溢出中断、外部中断 $\overline{INT1}$、定时器/计数器 T1 溢出中断的中断标志存储在 TCON 中。

STC8 的串行口 1 的接收到与发送结束标志存储在 SCON 中。

另外,电源、低压检测等中断标准存储在 PCON 中,如图 9.5 所示。

D7	D6	D5	D4	D3	D2	D1	D0
SMOD	SMOD0	LVDF	POF	GF1	GF0	PD	IDL

图 9.5 PCON 寄存器

当检测到电源电压为低电压时,标志位 LVDF 置 1。向 CPU 请求中断。CPU 响应中断时并不清除 LVDF,LVDF 标志位必须由软件清除。

2. 外部中断与定时器/计数器溢出中断标志

STC8 单片机设置了辅助中断请求标志位寄存器 AUXINTIF(单元地址 0xEF)用来登记外部中断 $\overline{INT2}$、$\overline{INT3}$、$\overline{INT4}$ 以及定时器/计数器 T2、T3、T4 溢出的中断请求标志,如

图 9.6 所示。

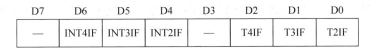

D7	D6	D5	D4	D3	D2	D1	D0
—	INT4IF	INT3IF	INT2IF	—	T4IF	T3IF	T2IF

图 9.6 AUXINTIF 寄存器的内容

AUXINTIF 的高 4 位用于锁存 $\overline{INT2}$、$\overline{INT3}$、$\overline{INT4}$ 的中断请求标志 INT2IF、INT3IF、INT4IF。

若 CPU 检测到 P3.6 引脚出现下降沿信号,INT2IF 位置 1。若 CPU 检测到 P3.7 引脚出现下降沿信号,INT3IF 位置 1。若 CPU 检测到 P3.0 引脚出现下降沿信号,INT4IF 位置 1。这些标志位在 CPU 中断响应后被自动清零。

AUXINTIF 的低 4 位用于锁存 T2、T3、T4 溢出标志 T2IF、T3IF、T4IF,它们也是定时器/计数器计数溢出的中断请求标志。

定时器/计数器 T2、T3、T4 启动后,从初值进行加 1 计数,计数器计满溢出后,溢出标志位自动置位,同时向 CPU 发出中断请求,此标志位一直保持到 CPU 响应中断,之后由硬件自动清零。

3. 串行口中断标志

同 8051 单片机相同,串行口中断标志存放在串行口控制寄存器中。为此,除了 SCON 用于串行口 1 之外,STC8 还设置了 3 个串行口控制寄存器 S2CON(单元地址 0x9A)、S3CON(单元地址 0xAC)、S4CON(单元地址 0x84),用于设置串行口 2、串行口 3、串行口 4 的工作方式、控制串行口的接收和发送以及锁存数据发送结束/接收到数据的标志,如图 9.7 所示。

D7	D6	D5	D4	D3	D2	D1	D0
SM2M0	—	S2SM2	S2REN	S2TB8	S2RB8	S2TI	S2RI

(a) 串行口控制寄存器S2CON

D7	D6	D5	D4	D3	D2	D1	D0
SM2M0	S3ST3	S3SM2	S3REN	S3TB8	S3RB8	S3TI	S3RI

(b) 串行口控制寄存器S3CON

D7	D6	D5	D4	D3	D2	D1	D0
SM4M0	S3ST4	S4SM2	S4REN	S4TB8	S4RB8	S4TI	S4RI

(c) 串行口控制寄存器S4CON

图 9.7 串行口中断标志

以串行口 2 为例,其控制寄存器 S2CON 中的 S2TI 为数据发送完成的标志,S2RI 为接收到数据的标志,它们也是中断请求标志,由于发送和接收共享 1 个中断源,这 2 个标志位在 CPU 响应中断时,需要由软件在中断处理程序中清除。

串行口 3 的中断标志为 S3TI 和 S3RI,串行口 4 中断标志 S4TI 和 S4RI,它们的触发机制与串行口 2 相同。

另外,STC8 还设置了增强型 PWM 中断标志寄存器 PWMIF(单元地址 0xF6),如图 9.8

所示。C0IF～C7IF 分别为 0～7 通道的中断请求标志,当通道所设置的触发点发生中断事件时,自动将该标志位置 1,以此向 CPU 提出中断请求。此标志位需要在中断处理程序中由软件清零。

D7	D6	D5	D4	D3	D2	D1	D0
C7IF	C6IF	C5IF	C4IF	C3IF	C2IF	C1IF	C0IF

图 9.8　增强型 PWM 中断标志寄存器

STC8 单片机的其他中断标志通常包含在相关的控制寄存器中,如 ADC 控制寄存器 ADC_CONTR、SPI 状态寄存器 SPSTAT、PCA 控制寄存器 CCON、比较控制寄存器 CMPCR1、增强型 PWM 异常检测控制寄存器 PWMFDCR、I2C 状态寄存器 I2CMSST 和 I2CSLST 等。

9.4.3　STC8 系列单片机的中断控制

STC8 单片机提供 22 个中断源的中断控制分为 2 级,第 1 级通过中断允许控制位来确定屏蔽或者允许某个中断源的中断请求,第 2 级通过控制位来确定 CPU 开放或禁止中断。STC8 单片机的中断控制是通过设置中断允许控制位实现的,这些中断控制位存放在存放中断控制寄存器 IE、IE2、INT_CLKO 中。

1. 中断控制寄存器(IE)

中断控制寄存器 IE 的单元地址为 0xA8,如图 9.9 所示。下面介绍各位的定义。

D7	D6	D5	D4	D3	D2	D1	D0
EA	ELVD	EADC	ES	ET1	EX1	ET0	EX0

图 9.9　中断控制寄存器 IE

EA 为 CPU 中断控制位,EA=0,禁止所有中断源中断 CPU 工作,EA=1,允许中断源中断 CPU 工作。CPU 开放中断后,每个中断源可以独立地设置为禁止或允许中断。

ELVD 为芯片电源低压检测中断允许控制位。ELVD=0 时,禁止芯片电源低压检测中断,即使检测到片内电源处于低压状态,CPU 也不会响应这个中断请求。ELVD=1 时,允许片内电源低压检测中断。

EADC 为 ADC 转换中断允许位,EADC=0 时,禁止 ADC 转换产生中断事件。EADC=1 时,允许 ADC 转换产生中断事件。

EX0、EX1、ET0、ET1、ES 分别为外部中断 $\overline{INT0}$、$\overline{INT1}$、T0、T1、串行口 1 的中断允许控制位,它们的定义与 8051 单片机相同。

单片机复位后,IE 被清零,复位后所有中断都是被禁止的。

2. 中断允许寄存器 IE2

中断允许寄存器 IE2 的单元地址为 0xAF,如图 9.10 所示。寄存器的各位定义如下:

D7	D6	D5	D4	D3	D2	D1	D0
—	ET4	ET3	ES4	ES3	ET2	ESPI	ES2

图 9.10　中断允许寄存器 IE2

ET2 为定时/计数器 T2 的中断允许控制位,ET2=0,禁止 T2 中断;ET2=1,允许 T2 中断。

ET3 为定时/计数器 T3 的中断允许控制位,ET3=0,禁止 T3 中断;ET3=1,允许 T3 中断。

ET4 为定时/计数器 T4 的中断允许控制位,ET4=0,禁止 T4 中断;ET4=1,允许 T4 中断。

ES2 为串行口 2 中断允许控制位,ES2=0,禁止串行口 2 中断;ES2=1,允许串行口 2 中断。

ES3 为串行口 3 中断允许控制位,ES3=0,禁止串行口 3 中断;ES3=1,允许串行口 3 中断。

ES4 为串行口 4 中断允许控制位,ES4=0,禁止串行口 4 中断;ES4=1,允许串行口 4 中断。

ESPI 为 SPI 总线中断允许控制位,ESPI=0,禁止 SPI 总线中断;ESPI=1,允许 SPI 总线中断。

3. 外部中断与时钟输出控制寄存器 INT_CLKO

外部中断与时钟输出控制寄存器 INT_CLKO 控制外部中断 $\overline{INT2}$、$\overline{INT3}$、$\overline{INT4}$ 以及时钟输出的中断允许控制,寄存器地址为 0x8F,如图 9.11 所示。

D7	D6	D5	D4	D3	D2	D1	D0
—	EX4	EX3	EX2	—	T2CLKO	T1CLKO	T0CLKO

图 9.11　外部中断与时钟输出控制寄存器 INT_CLKO

EX2、EX3、EX 分别为外部中断 $\overline{INT2}$、$\overline{INT3}$、$\overline{INT4}$ 中断允许控制,这些中断源只能以下降沿的方式触发,该位为 0,禁止外部中断,该位为 1,允许外部中断。

T0CLKO、T1CLKO、T2CLKO 分别是定时器/计数器 T0、T1、T2 的时钟输出功能控制位,该位为 0,关闭时钟输出,该位为 1,使相应的引脚,具有时钟输出功能,T0 为引脚 P3.5,T1 为引脚 P3.4,T2 为引脚 P1.3,当定时器/计数器计数溢出时,上述引脚电平自动发生翻转。

9.4.4　STC8 系列单片机的中断优先级

STC8 单片机的 22 个中断源,下面的中断源:外部中断 $\overline{INT2}$ 和 $\overline{INT3}$ 中断;定时器/计数器 T2、T3、T4 的异常中断;串行口 3 和串行口 4 的串行通信中断,它们优先级是不可改变的,为最低中断优先级。其他的中断源都具有 4 个中断优先级,可实现 4 级中断嵌套,由中断优先级寄存器 IP、IPH、IP2 和 IP2H 寄存器设置,每个中断源可以设置成不同的优先级。

1. 中断优先级寄存器 IP 和 IPH

STC8 系列单片机用 2 个中断优先级寄存器 IPH 和 IP 为存储优先级设置的高位和低位寄存器,这对寄存器为下列中断源设置 4 级优先级:$\overline{INT0}$、$\overline{INT1}$、T0、T1、串行口 1、片内电源低压检测中断、PCA 等中断源设置优先级。IP 的地址为 0xB8,IPH 的地址为 0xB7,如图 9.12 所示。其中 PX0H、PX0 用于设置 $\overline{INT0}$,PX1H、PX1 用于设置 $\overline{INT1}$,PT0H、PT0

用于设置 T0，PT1H、PT1 用于设置 T1，PSH、PS 用于设置串行口 1，PADCH、PADC 用于设置 AD 转换中断，PLVDH、PLVD 用于设置芯片低电压检测，PPCAH、PPCA 用于设置 PCA 中断。设寄存器 IPH 中的位为 Pbit_H，IP 中的位为 Pbit_L，中断源优先级设置如表 9.7 所示。

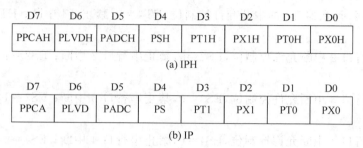

图 9.12　中断优先级寄存器 IPH 和 IP

表 9.7　中断源优先级设置

序　号	Pbit_H	Pbit_L	优　先　级	中断源编号
1	0	0	1	0 级
2	0	1	2	1 级
3	1	0	3	2 级
4	1	1	4	3 级

2. 中断优先级寄存器 IP2 和 IP2H

IP2H 和 IP2 是 STC8 单片机的另一对中断优先级寄存器，分别存储优先级设置的高位和低位寄存器，如图 9.13 所示，用于设置串行口 2、串行总线（SPI、I2C）、PWM、增强型 PWM、$\overline{INT4}$、比较器等中断源的优先级。其中，PI2CH、PI2C 为 I2C 中断优先级控制位，PCMPH、PCMP 为比较器中断优先级控制位，PX4H、PX4 为 $\overline{INT4}$ 中断优先级控制位，PPWMFDH、PPWMFD 为增强型 PWM 异常检测中断优先级控制位，PPWMH、PPWM 为增强型 PWM 中断优先级控制位，PSPIH、PSPI 为 SPI 中断优先级控制位，PS2H、PS2 为串行口 2 中断优先级控制位。优先级设置见表 9.7。

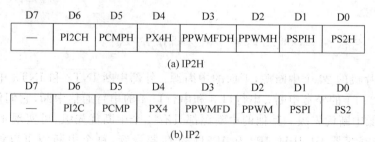

图 9.13　中断优先级寄存器 IP2H 和 IP2

单片机复位时，中断优先级控制位全部清零，所有中断源被默认为低优先级中断。如果有多个相同优先级的中断源同时向 CPU 请求中断，中断源的优先级顺序见表 9.6 所示，STC8 单片机的中断系统设立了一个硬件查询电路，由中断系统内部的查询顺序来确定 CPU 优先响应哪一个中断请求。

例 9.1　外部中断 $\overline{INT0}$ 的设置。

程序如下：

```
# include "reg51.h"
# include "intrins.h"
sbit P10 = P1^0;
sbit P11 = P1^1;
void INT0_Isr() interrupt 0
{
    if (INT0)                               //判断上升沿和下降沿
        { P10 = !P10;                       //测试端口 }
    Else
        { P11 = !P11;                       //测试端口 }
}


void main()
{
    ITO = 0;                                //使能 INT0 上升沿和下降沿中断
    EXO = 1;                                //使能 INT0 中断
    EA = 1;
    while (1);
}
```

9.5 STC8 系列单片机的定时器/计数器

STC8 单片机内部有 5 个可编程的 16 位定时器/计数器，它们是单片机重要的功能部件，既可以作为定时器，又可以作为外部事件的计数器，还可以作为串行口的波特率发生器。

9.5.1 STC8 单片机的定时器/计数器

STC8 单片机的 5 个 16 位的定时器/计数器被称为 T0、T1、T2、T3 和 T4。这些 16 位的定时器/计数器的计数器由 2 个 8 位的寄存器构成，分别存储计数器的高八位和低八位，其中寄存器 $TLi(i=0\sim4)$ 为计数器的低八位寄存器，THi 为计数器的高八位寄存器($i=0\sim4$)。

5 个定时器/计数器的工作模式可以通过特殊功能寄存器设置，其中定时器/计数器方式寄存器 TMOD 用于 T0 和 T1，AUXR 用于 T2，寄存器 T4T3M 用于设置 T3 和 T4。定时方式时，计数脉冲来自系统时钟，此时计数器每 12 个时钟或者每 1 个时钟得到一个计数脉冲，其计数值加 1；计数方式时，计数脉冲来自单片机的引脚，每来一个脉冲，计数器加 1。计数模式下，定时器/计数器 T0 的计数脉冲由引脚 T0(P3.4)输入，T1 的计数脉冲由引脚 T1(P3.5)输入，T2 的计数脉冲由引脚 T2(P1.2)输入，T3 的计数脉冲由引脚 T3(P0.4)输入，T4 的计数脉冲由引脚 T4(P0.6) 输入。

在定时模式时，计数脉冲可以是系统时钟信号或者系统时钟的 12 分频信号。T0、T1 及 T2 由特殊功能寄存器 AUXR 中的 T0x12、T1x12 和 T2x12 位设置，T3 和 T4 由寄存器 T4T3M 中的 T3x12 和 T4x12 设置。

不同于 8051 单片机，STC8 单片机的定时器/计数器有时钟信号输出功能，通过设置

TiCLKO＝1，i＝0～4，在指定引脚输出频率为计数溢出率/2 的方波信号。

5 个定时器/计数器的功能略有不同。

（1）T0 有 4 种工作模式：模式 0—16 位计数、初值自动重装载模式，模式 1—16 位计数模式，模式 2—8 位计数、初值自动重装模式，模式 3—16 位计数、初值自动装载模式，溢出中断为不可屏蔽中断。

（2）T1 没有模式 3，其他工作模式与 T0 相同，如果设置 T1 为模式 3 时，计数器停止计数。

（3）T2、T3、T4 工作模式为 16 位自动重加载模式，不可改变。它们既可以当定时器使用，也可以作为串行口的波特率发生器和可编程时钟输出。

9.5.2　STC8 单片机的定时器/计数器工作方式

1. 计数脉冲信号的选择

STC8 单片机为一种单时钟周期（1T）的 8051 内核单片机，为了与传统 8051 单片机兼容，复位后，T0、T1、T2 依然使用的是系统时钟（系统晶振频率）的 12 分频信号。STC8 单片机 AUXR 寄存器可用于允许或禁止 12 分频，即允许或禁止使用 SYSclk 时钟频率。辅助寄存器 AUXR 单元地址为 0x8E，其内容定义如图 9.14 所示。

D7	D6	D5	D4	D3	D2	D1	D0
T0x12	T1x12	UART_M0x6	T2R	T2_C/T	T2x12	EXTREAM	S1ST2

图 9.14　辅助寄存器 AUXR

T0x12 为 T0 的计数脉冲信号选择位，T0x12＝0，计数脉冲信号为单片机系统时钟信号的 12 分频。T0x12＝1，计数脉冲信号为单片机系统时钟信号。

T1x12 为 T0 的计数脉冲信号选择位。T2x12 为 T2 的计数脉冲信号选择位。

UART_M0x6 为串行口 1 模式 0 的波特率控制位，UART_M0x6＝0，串行口 1 模式 0 的波特率不加倍，为单片机系统时钟信号的 12 分频。UART_M0x6＝1，串行口 1 模式 0 的波特率 6 倍速，波特率为单片机系统时钟信号的 2 分频。

另外，在图 9.14 中，T2R 为 T2 的启停控制位，T2_C/T 为 T2 定时与计数工作模式选择位，EXTRAM 用于扩展 RAM 访问控制，S1ST2 用于选择 T1 或 T2 作为串行口 1 波特率发生器。

2. 工作模式的选择

（1）T0 和 T1 工作模式的选择。

TMOD 用于 T0 和 T1 的工作方式，单元地址为 0x89。TMOD 的格式与 8051 单片机相同，如图 9.15 所示。但是，T0 和 T1 的方式 0 已不是 8051 单片机的 13 位定时器/计数器了。

D7	D6	D5	D4	D3	D2	D1	D0
T1_GATE	T1_C/T	T1_M1	T1_M0	T0_GATE	T0_C/T	T0_M1	T0_M0

图 9.15　定时器/计数器工作方式寄存器 TMOD

下面以 T0 为例，介绍 TMOD 寄存器中各位的含义。T0 工作模式设置见表 9.8。

表 9.8　定时器/计数器工作模式

方式	T0_M1	T0_M0	工 作 模 式
0	0	0	16 位计数器、计数初值自动重载模式。当 16 位计数器 TH0、TL0 的计满溢出时,自动将内部 16 位重载寄存器中的重载值装入 TH0,TL0 中
1	0	1	16 位计数器、计数初值不自动重载模式。当 16 位计数器 TH0、TL0 的计满溢出时,计数器将从 0 开始计数
2	1	0	8 位计数器、计数初值自动重载模式。当计数器 TL0 中的 8 位计数值溢出时,自动将 TH0 的重载值装入 TL0 中
3	1	1	不可屏蔽中断的 16 位自动重载模式。与模式 0 相同,不可屏蔽中断源,中断优先级最高,高于其他所有中断的优先级,并且不可关闭,可用作操作系统的系统节拍定时器,或者系统监控定时器

T1 和 T0 不同之处是,T1 没有方式 3,当 T1 设置为方式 3 时,T1 停止工作。T1 的其他方式与 T0 相同。

T0_C/T 为 T0 用作定时器或计数器的选择位,T0_C/T=0,T0 用作定时器,T0_C/T=1,T0 用作计数器。

T0_GATE 为门控位,T0_GATE=1 时,T0 只有在 $\overline{INT0}$ 引脚为高电平且 TR0=1 时起动工作。

另外,外部中断与时钟输出控制寄存器 INT_CLKO 的 T0CLKO 和 T1CLKO 两位用于设置 T0 和 T1 的时钟输出,T0CLKO=1,T0 溢出时,引脚 P3.5 的电平翻转。T1CLKO=1,T1 溢出时引脚 P3.4 的电平翻转。

(2) T2 工作模式的选择。

T2 位 16 位自动重载的定时器/计数器,AUXR 寄存器中的 T2_C/T 用于选择 T2 是用作定时器还是计数器,T2_C/T=0,T2 用作定时器,T2_C/T=1,T2 用作计数器。

外部中断与时钟输出控制寄存器 INT_CLKO 的 T2CLKO 设置为 1,当定时器/计数器计数溢出时,引脚 P1.3 电平自动翻转。

(3) T3 和 T4 工作模式的选择。

寄存器 T4T3M(地址 0xD1)用于设置 T3 和 T4 的工作模式,见图 9.16。

D7	D6	D5	D4	D3	D2	D1	D0
T4R	T4_C/T	T4x12	T4CLKO	T3R	T3_C/T	T3x12	T3CLKO

图 9.16　定时器/计数器工作方式寄存器 T4T3M

T3_C/T 为 T3 用作定时器或计数器的选择位,T3_C/T=0,T3 用作定时器,T3_C/T=1,T3 用作计数器。T4_C/T 为 T4 用作定时器或计数器的选择位。

T3CLKO 为 T3 的时钟信号输出控制位。T3CLKO=0,关闭时钟输出。T3CLKO=1,当 T3 计数溢出时,P0.5 引脚电平自动翻转。

T4CLKO 为 T4 的时钟信号输出控制位。T4CLKO=0,关闭时钟输出。T4CLKO=1,当 T4 计数溢出时,P0.7 引脚电平自动翻转。

9.5.3　STC8 单片机的定时器/计数器的启停控制

（1）T0、T1 定时器/计数器的启停控制。

T0、T1 的启停控制位在定时器\计数器控制寄存器 TCON 中，T0 的启停控制位为 TR1，但是，T0 是否启动还与 T0_GATE 的设置有关，T0_GATE＝1 时，T0 只有在 $\overline{\text{INT0}}$ 引脚为高电平且 TR0＝1 时启动工作，T0_GATE＝0 时，TR0＝1 时 T0 启动工作。

T1 的启停控制位为 TR1，其门控位 T1_GATE，T1_GATE＝1 时，T1 启停受 $\overline{\text{INT1}}$ 引脚为和 TR1 控制。

下面以 T0 的方式 0 为例，说明定时器/计数器的控制过程，T0 的方式 0 的工作原理如图 9.17 所示，T0 的 16 位计数器为 TH0、TL0，自动装载寄存器为 RL_TH0、RL_TL0。

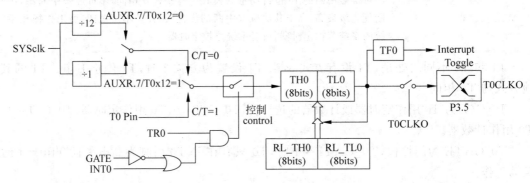

图 9.17　T0 的方式 0 的工作原理

① 计数模式时，T0 的计数信号从引脚 T0(P3.4)输入。如果 TMOD 的 T0_GATE 为 0，TR0＝1 时，T0 启动计数，T0 引脚每出现 1 次下降沿，计数器自动加 1，计数器内容全为 1 后，引脚 T0 再来一个下降沿，计数器溢出，TF0 被自动置 1，此标志可以向 CPU 请求中断，与此同时，自动装载寄存器把初始值送入计数器 TH0、TL0。

假设计数次数为 N，则定时器/计数器初始值 X 为：

$$X = 2^{16} - N$$

X 的高 8 位为 TH0 的内容，X 的低 8 位为 TL0 的内容。

② 定时模式时，计数信号来自于单片机内部，如果 T0X12＝0，则计数信号为系统时钟的 12 分频信号，如果 T0X12＝1，则计数信号为系统时钟。如果 TMOD 的 T0_GATE 为 0，TR0 ＝ 1 时，T0 启动计数，每 1 个计数信号周期计数器自动加 1，计数器内容全为 1 后，再计 1 个计数信号周期，计数器溢出，TF0 被自动置 1，此标志可以向 CPU 请求中断，与此同时，自动装载寄存器把初始值送入计数器 TH0、TL0。

设定时时间为 t_d，设系统时钟频率为 f_{sys}，定时时间为 t_d，则初值 X 为：

T0X12＝0 时，$X = 2^{16} - t_d f_{\text{sys}}/12$

T0X12＝1 时，$X = 2^{16} - t_d f_{\text{sys}}$

如果 T0CLKO ＝1，在 P3.5 引脚输出频率为计数溢出率/2 的方波信号，信号频率为

$$f_{\text{clk}} = \frac{1}{2t_d}。$$

（2）T2、T3、T4 定时器/计数器的启停控制。

　　T2、T3、T4 定时器/计数器只有 1 种工作模式——16 位计数初值自动装载模式。它们的起停控制位分别为 T2R、T3R、T4R，T2R 为 AUXR 寄存器中的位，T3R、T4R 为 T4T3M 控制寄存器中的位，计数和定时模式由 T2_C/T、T3_C/T、T4_C/T，其溢出标志分别为 T2_IF、T3_IF、T4_IF，它们分别位于 AUXR 寄存器和 T3T4M 控制寄存器中。

　　以 T3 为例，说明 T2、T3、T4 定时器/计数器的控制过程，T3 定时器/计数器的工作原理如图 9.18 所示。

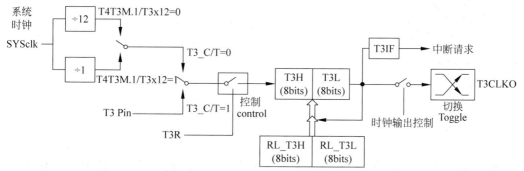

图 9.18　T3 定时器/计数器的工作原理

　　① 计数模式时（T3_C/T=0），对引脚 T3（P0.4）外部脉冲计数，T3R＝1 时，T3 启动计数，T3 引脚每出现 1 次下降沿，计数器自动加 1，计数器内容全为 1 后，引脚 T3 再来一个下降沿，计数器溢出，T3_IF 被自动置 1，此标志可以向 CPU 请求中断，与此同时，自动装载寄存器把初始值送入计数器 T3H、T3L。

　　假设计数次数为 N，则定时器/计数器初始值 X 为：
$$X = 2^{16} - N$$
X 的高八位为 T3H 的内容，X 的低八位为 T3L 的内容。

　　② 定时模式时（T3_C/T=1），计数信号来自于单片机内部，如果 T3x12＝0，则计数信号为系统时钟的 12 分频信号，如果 T3x12＝1，则计数信号为系统时钟。T3R＝1 时，T3 启动计数，每 1 个计数信号周期计数器自动加 1，计数器内容全为 1 后，再计 1 个计数信号周期，计数器溢出，T3_IF 被自动置 1，此标志可以向 CPU 请求中断，与此同时，自动装载寄存器把初始值送入计数器 T3H、T3L。

　　设定时时间为 t_d，设系统时钟频率为 f_{sys}，定时时间为 t_d，则

　　T3x12＝0 时，$X = 2^{16} - t_d f_{sys}/12$；

　　T3x12＝1 时，$X = 2^{16} - t_d f_{sys}$。

　　如果 T3CLKO＝1，在 P0.5 引脚输出频率为计数溢出率/2 的方波信号，信号频率为
$$f_{clk} = \frac{1}{2t_d}。$$

　　例 9.2　通过定时器/计数器生成一个频率为 1Hz 的时钟，通过单片机 P3.5 端口输出。

```
#include "reg51.h"
#define TIMS 3036
#define CLKDIV ( * (unsigned char volatile xdata * )0xfe01)
sfr AUXR  = 0x8E;
sfr AUXR2 = 0x8F;
sfr P6 = 0xE8;
sfr P_SW2 = 0xba;
```

```
void timer_0() interrupt 1
{
    P6 = ~P6;
}
main()
{
    P_SW2 = 0x80;
    CLKDIV = 0x10;
    P_SW2 = 0x00;
    TL0 = TIMS;
    TH0 = TIMS >> 8;
    AUXR& = 0x7F;
    AUXR2| = 0x01;
    TMOD = 0x00;
    P6 = 0;
    TR0 = 1;
    ET0 = 1;
    EA = 1;
    while(1);
}
```

例 9.3　使用定时器 T4 生成频率为 500Hz 的信号，通过 P3.4 输出。工作频率为 11.0592MHz，T4 选择 16 位自动重加载模式。

```
# include "reg51.h"
# include "intrins.h"
sfr T4L = 0xd3;
sfr T4H = 0xd2;
sfr T4T3M = 0xd1;
sfr IE2 = 0xaf;
# define ET4 0x40
sfr AUXINTIF = 0xef;
# define T4IF 0x04
sbit P10 = P1^0;
void TM4_Isr() interrupt 20
{
    P10 = !P10;                    //测试端口
    AUXINTIF & = ~T4IF;            //清中断标志
}
void main()
{
    T4L = 0x66;                    //65536 - 11.0592M/12/1000
    T4H = 0xfc;
    T4T3M = 0x80;                  //启动定时器
    IE2 = ET4;                     //使能定时器中断
    EA = 1;
    while (1);
}
```

▓ 9.6　STC8 系列单片机的串行口 ◆

　　STC8 系列单片机具有 4 个全双工异步串行通信接口（串行口 1～4）。STC8 系列单片机的串行口 1 有 4 种工作方式，其中两种方式的波特率是可变的，另外两种是固定的，以供不同应用场合选用。串行口 2、串行口 3、串行口 4 都只有 2 种工作方式，这 2 种方式的波特率都是可变的。用户可用软件设置不同的波特率和选择不同的工作方式。主机可通过查询或中断方式对接收/发送进行程序处理,使用十分灵活。

串行口1、串行口2、串行口3、串行口4的通信口均可以通过功能引脚切换到多组端口,从而可以将一个通信口分时复用为多个通信口。

9.6.1 STC8 系列单片机的串行口结构

4个串行口的结构基本相同,包括以下几部分。

(1) 数据缓冲区。每个串行口的数据缓冲器由2个互相独立的接收缓冲器、发送缓冲器构成,可以同时发送和接收数据。用户只能向发送缓冲器写入数据;而从接收缓冲区读取数据。两个缓冲区共用一个地址,串行口1～4的缓冲器及其地址分别为:串行口1的SBUF地址为0x99;串行口2的S2BUF地址为0x9B;串行口3的S3BUF地址为0xAD;串行口4的S4BUF地址为0x85。

(2) 1个移位寄存器。

(3) 1个串行控制寄存器。

(4) 1个波特率发生器。

STC8系列单片机的串行口1有4种工作方式,其中2种方式的波特率是可变的,另外2种是固定的。串行口2、3、4只有2种工作方式,其波特率都是可变的。用户可用软件设置波特率和选择工作方式。主机可通过查询或中断方式对接收/发送进行程序处理。

9.6.2 串行口的控制

STC8系列单片机串行口1对应的引脚是TxD和RxD。串行口1可以在4组引脚直接进行切换。通过设置P_SW1寄存器中的S1_S位,可以将串行口1从RXD(P3.0)和TXD(P3.1)切换到RXD_2(P3.6)和TXD_2(P3.7),还可以切换到RXD_3(P1.6)和TXD_3(P1.7)或者RXD_4(P4.3)和TXD_4(P4.4)。

1. 串行口控制寄存器

STC8系列单片机有4个串行口控制寄存器包括SCON、S2CON、S3CON和S4CON,如图9.19所示。

D7	D6	D5	D4	D3	D2	D1	D0
SM0/FE	SM1	SM2	REN	TB8	RB8	TI	RI

(a) SCON

D7	D6	D5	D4	D3	D2	D1	D0
S2SM0	—	S2SM2	S2REN	S2TB8	S2RB8	S2TI	S2RI

(b) S2CON

D7	D6	D5	D4	D3	D2	D1	D0
S3SM0	S3ST3	S3SM2	S3REN	S3TB8	S3RB8	S3TI	S3RI

(c) S3CON

D7	D6	D5	D4	D3	D2	D1	D0
S4SM0	S4ST4	S4SM2	S4REN	S4TB8	S4RB8	S4TI	S4RI

(d) S4CON

图 9.19 串行口控制寄存器

以串行口 1 为例。当 PCON 寄存器中的 SMOD0 位为 1 时，SM0/FE 位为帧错误检测标志位。当在接收过程中检测到 1 个无效停止位时，通过接收器将该位置 1，该位必须由软件清零。当 PCON 寄存器中的 SMOD0 位为 0 时，该位和 SM1 一起指定串行口 1 的通信工作方式，类似 MCS-51 表 6.1 中的串行口工作方式。

TI 和 RI 分别为串行口 1 发送完成和接收到数据的标志，也是中断请求标志，需要软件清零。类似地，S2TI 与 S2RI、S3TI 与 S3RI、S4TI 与 S4RI 分别为串行口 2、3、4 的发送完成和接收到数据的标志，也需要软件清零。

2. 电源控制寄存器 PCON

电源控制寄存器 PCON 与串行口有关位的含义如图 9.20 所示。

D7	D6	D5	D4	D3	D2	D1	D0
SMOD	SMOD0	LVDF	POF	GFI	GF0	PD	IDL

图 9.20 电源控制寄存器 PCON

（1）SMOD：波特率倍增选择位。串行口工作在方式 1、方式 2、方式 3 时，如果 SMOD 设置为 1，则波特率提高一倍；SMOD＝0，波特率不会提高。

（2）SMOD0：帧错误检测有效控制位。如果 SMOD0＝0，无帧错检测功能；如果 SMOD0＝1，允许帧错误检测功能，此时 SCON 寄存器中的 SM0/FE 位用于 FE 功能，即为帧错误检测标志位，该位和 SM1 位一起用来确定串行口的工作方法。

3. 辅助寄存器 1（AUXR）

如图 9.21 所示为 AUXR 寄存器的内容。

D7	D6	D5	D4	D3	D2	D1	D0
T0x12	T1x12	UART_M0x6	T2R	T2_C/T	T2x12	EXTREAM	S1ST2

图 9.21 AUXR 寄存器的内容

（1）T1x12：定时器/计数器 T1 速度控制位。

当 T1x12＝0，12T 模式，即 CPU 时钟 12 分频。

当 T1x12＝1，1T 模式，即 CPU 时钟。

如果串行口 1 使用定时器/计数器 T1 作为波特率发生器，则该位用于确定串行口 1 的速度。

（2）UART_M0x6：串行口 1 模式 0 的通信速度控制位。

当 UART_M0x6＝0，串行口 1 模式 0 的波特率不加倍，固定为 CPU 时钟 12 分频。

当 UART_M0x6＝1，串行口 1 模式 0 的波特率 6 倍速，即固定为 CPU 时钟 2 分频。

（3）S1ST2：串行口 1 波特率发射器选择位。

当 S1ST2＝0，选择定时器/计数器 T1 作为波特率发生器

当 S1ST2＝1，选择定时器/计数器 T2 作为波特率发生器。

对于 T2、T3 和 T4 而言，只有 16 位自动重加载模式，其计数初值分别保存在 TH2 和 TL2 寄存器、TH3 和 TL3 寄存器，以及 TH4 和 TL4 寄存器中。

4. 串行口从机地址控制寄存器

SADDR 为从机地址寄存器，SADEN 为从机地址屏蔽位寄存器。

自动地址识别功能典型应用在多机通信领域,其主要原理是从机系统通过硬件比较功能来识别来自于主机串行口数据流中的地址信息,通过寄存器 SADDR 和 SADEN 设置的本机的从机地址,硬件自动对从机地址进行过滤,当来自于主机的从机地址信息与本机所设置的从机地址相匹配时,硬件产生串行口中断;否则硬件自动丢弃串行口数据,而不产生中断。当众多处于空闲模式的从机链接在一起时,只有从机地址相匹配的从机才会从空闲模式唤醒,从而可以降低从机 MCU 的功耗,即使从机处于正常工作状态也可避免不停地进入串行口中断而降低系统执行效率。

要使用串行口的自动地址识别功能,首先需要将参与通信的 MCU 的串行口通信模式设置为模式 2 或者模式 3(通常都选择波特率可变的模式 3,因为模式 2 的波特率是固定的,不便于调节),并开启从机的 SCON 的 SM2 位。对于串行口模式 2 或者模式 3 的 9 位数据位中,第 9 位数据(存放在 RB8 中)为地址/数据的标志位,当第 9 位数据为 1 时,表示前面的 8 位数据(存放在 SBUF 中)为地址信息。当 SM2 被设置为 1 时,从机 MCU 会自动过滤掉非地址数据(第 9 位为 0 的数据),把 SBUF 中的地址数据(第 9 位为 1 的数据)自动与 SADDR 和 SADEN 所设置的本机地址进行比较,若地址相匹配,则会将 RI 置 1,并产生中断,否则不予处理本次接收的串行口数据。

从机地址的设置是通过 SADDR 和 SADEN 两个寄存器设置的。SADDR 为从机地址寄存器,里面存放本机的从机地址。SADEN 为从机地址屏蔽位寄存器,用于设置地址信息中的忽略位,设置方法如下:

```
SADDR = 11001010B
SADEN = 10000001B
则匹配地址为 1xxxxxx0B
```

只要主机送出的地址数据中的 bit0 为 0 且 bit7 为 1,就可以和本机地址相匹配。

```
SADDR = 11001010B
SADEN = 00001111B
则匹配地址为 xxxx1010B
```

只需要主机送出的地址数据中的低 4 位为 1010,就可以和本机地址相匹配,而高 4 为被忽略,可以为任意值。

主机可以使用广播地址(0xFF)同时选中所有的从机来进行通信。

例 9.4 串行口 1 的使用(定时器/计数器 T2 做波特率发生器)。

```
#include "reg51.h"
#include "intrins.h"
#define FOSC 11059200UL
#define BRT (65536 - FOSC / 115200 / 4)
sfr AUXR = 0x8e;
sfr T2H = 0xd6;
sfr T2L = 0xd7;
bit busy;
char wptr;
char rptr;
char buffer[16];
void UartIsr() interrupt 4
{
```

```c
        if (TI)
        {
            TI = 0;
            busy = 0;
        }
        if (RI)
        {
            RI = 0;
            buffer[wptr++] = SBUF;
            wptr &= 0x0f;
        }
    }
void UartInit()
{
    SCON = 0x50;
     T2L = BRT;
    T2H = BRT >> 8;
    AUXR = 0x15;
    wptr = 0x00;
    rptr = 0x00;
    busy = 0;
}
void UartSend(char dat)
{
    while (busy);
    busy = 1;
    SBUF = dat;
}
void UartSendStr(char * p)
{
    while ( * p)
    {
        UartSend( * p++);
    }
}
void main()
{
    UartInit();
    ES = 1;
    EA = 1;
    UartSendStr("Uart Test !\r\n");

    while (1)
    {
        if (rptr != wptr)
        {
            UartSend(buffer[rptr++]);
            rptr &= 0x0f;
        }
    }
}
```

9.7　STC8 系列单片机的比较器

STC8 系列单片机内部集成了 1 个模拟比较器,其内部有可程序控制的 2 级滤波:模拟滤波和数字滤波。模拟滤波可以过滤比较输入信号的毛刺信号,数字滤波可以等待输入信号稳定后再进行比较。比较结果可直接通过读取内部寄存器获得,也可将比较器结果正向或反向输出到接口,这种形式下该接口可用作外部事件的触发信号和反馈信号。

STC8 系列单片机模拟比较器结构如图 9.22 所示。比较器的正极可以是 P3.7 口或者 ADC 的模拟输入通道,负极可以是 P3.6 口或者是 REFV 电压(芯片内部的比较电压)。通过多路选择器和分时复用可实现多个比较器的应用。

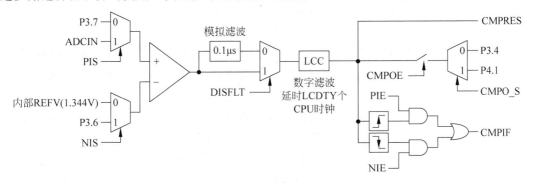

图 9.22　STC8 系列单片机模拟比较器

STC8 单片机有 2 个用于操作比较器的控制寄存器。CMPCR1(地址 0xE6)用于比较器的启停控制、中断控制、中断标志、输出控制、极性设置等;CMPCR2(地址 0xE7)用于设置输出电平形式以及滤波功能。

寄存器 CMPCR1 的定义如图 9.23 所示。各位定义如下:

D7	D6	D5	D4	D3	D2	D1	D0
CMPEN	CMPIF	PIE	NIE	PIS	NIS	CMPOE	CMPRES

图 9.23　CMPCR1 寄存器

(1) CMPEN 为比较器模块使能位,CMPEN=0,关闭比较功能。CMPEN=1,允许比较功能。

(2) CMPIF 为比较器中断标志位,当 PIE=1 或 NIE=1,若产生相应的中断信号,硬件自动将 CMPIF 置 1,并向 CPU 提出中断请求。此标志位必须用户软件清零。

(3) PIE 为比较器上升沿中断使能位,PIE=0,禁止比较器上升沿中断。PIE=1,允许比较器上升沿中断。允许比较器的比较结果由 0 变成 1 时产生中断请求。

(4) NIE 为比较器下降沿中断使能位,NIE=0,禁止比较器下降沿中断。NIE=1,允许比较器下降沿中断。使能比较器的比较结果由 1 变成 0 时产生中断请求。

(5) PIS 为比较器的正极选择位,PIS=0,选择 P3.7 引脚为比较器正极输入源。PIS=1,通过 ADC_CONTR 中的 ADC_CHS 位选择 ADC 的模拟输入端作为比较器正极输入源。

(6) NIS 为比较器的负极选择位,NIS=0,选择 REFV 引脚电压作为比较器负极输入源(芯片在出厂时,内部参考电压调整为 1.19V)。NIS＝1,选择 P3.6 引脚为比较器负极输入源。

(7) CMPOE 为比较器结果输出控制位,CMPOE＝0,禁止比较器结果输出。CMPOE＝1, 允许比较器结果输出。比较器结果输出到 P3.4 或者 P4.1。

(8) CMPRES 为比较器的比较结果位,只能读出。CMPRES＝0,表示 CMP＋的电平低于 CMP－的电平。CMPRES＝1,表示 CMP＋的电平高于 CMP－的电平,CMPRES 是经过数字滤波后的输出信号,而不是比较器的直接输出结果。

比较控制寄存器 CMPCR2 内容定义如图 9.24 所示。

D7	D6	D5	D4	D3	D2	D1	D0
INVCMPO	DISFLT						

图 9.24　CMPCR2 寄存器

(1) INVCMPO 为比较器结果输出控制位。INVCMPO＝0,比较器结果正向输出,若 CMPRES 为 0,则 P3.4/P4.1 输出低电平,反之输出高电平。INVCMPO＝1,比较器结果反向输出,若 CMPRES 为 0,则 P3.4/P4.1 输出高电平,反之输出低电平。

(2) DISFLT 为模拟滤波功能控制位。DISFLT＝0,允许使能 $0.1\mu s$ 模拟滤波功能。 DISFLT＝1,关闭 $0.1\mu s$ 模拟滤波功能,可略微提高比较器的比较速度。

(3) CMPCR2 寄存器的低 6 位 LCDTY 用于控制数字滤波功能,LCDTY 设置范围为 0～63。LCDTY 设置为 0 时,关闭数字滤波功能;若 LCDTY 设置为非 0 值(1～63)时,则实际的数字滤波时间为设置值＋2 个系统时钟。这 2 个系统时钟为数字滤波功能设置后, 单片机芯片内部的切换数字滤波功能的时间。当比较结果发生上升沿或者下降沿变化时, 比较器检测到变化后的信号必须维持 LCDTY 所设置的 CPU 时钟数,才被认为是有效的; 否则将视同信号无变化,如图 9.25 所示。

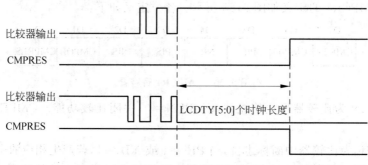

图 9.25　比较器的输出信号

例 9.5　比较器的使用(中断方式)。

```
# include "reg51.h"
# include "intrins.h"
sfr CMPCR1 = 0xe6;
sfr CMPCR2 = 0xe7;
sbit P10 = P1^0;
sbit P11 = P1^1;
void CMP_Isr() interrupt 21
{
```

```
    CMPCR1 & = ～0x40;                          //清中断标志
    if(CMPCR1 & 0x01)
    {
        P10 = 1;                                //下降沿中断测试端口
    }
    else
    {
        P10 = 0;                                //上升沿中断测试端口
    }
}
void main()
{
    CMPCR2 = 0x00;
    CMPCR2 & = ～0x80;                          //比较器正向输出
    CMPCR2 & = ～0x40;                          //禁止 0.1μs 滤波
    CMPCR2 | = 0x10;                            //比较器结果经过 16 个去抖时钟后输出
    CMPCR1 = 0x00;
    CMPCR1 | = 0x30;                            //使能比较器边沿中断
    CMPCR1 & = ～0x08;                          //P3.7 为 CMP+ 输入脚
    CMPCR1 | = 0x04;                            //P3.6 为 CMP- 输入脚
    CMPCR1 | = 0x02;                            //使能比较器输出
    CMPCR1 | = 0x80;                            //使能比较器模块
    EA = 1;
    while (1);
}
```

9.8　STC8 系列单片机的 A/D 转换器

STC8 系列单片机集成了一个 12 位 15 通道的高速 A/D 转换器。ADC 的时钟来自频率系统时钟,在系统时钟 2 分频的基础上,用户可设置分频系数再次分频,ADC 的时钟频率范围为系统频率的 $1/2 \sim 1/32$。ADC 每隔 16 个 ADC 时钟完成一次 A/D 转换。12 位 ADC 的转换速度可达每秒 80 万次。AD 转换结果有 2 种数据格式:左对齐和右对齐。

STC8 单片机的 ADC 相关寄存器有 ADC 控制寄存器、ADC 转换结果寄存器、ADC 配置寄存器。

ADC 控制寄存器 ADC_CONTR 用于控制 ADC 电源、ADC 转换启动、ADC 转换结束标志位以及 ADC 模拟通道选择。各位的定义如图 9.26 所示。

D7	D6	D5	D4	D3	D2	D1	D0
ADC_POWER	ADC_START	ADC_FLAG	—				

图 9.26　ADC_CONTR 控制寄存器

(1) ADC_POWER 为 ADC 电源控制位,ADC_POWER=0,关闭 ADC 电源,可以降低功耗。ADC_POWER=1,打开 ADC 电源。在启动 ADC 转换前,必须要确认 ADC 电源打开。在 ADC 转换结束后关闭 ADC 电源可以降低功耗。

(2) ADC_START 为 ADC 转换启动控制位。ADC_START=0,即使 ADC 已经开始转换工作,写 0 也不会停止 A/D 转换。ADC_START=1,开始 A/D 转换,转换完成后硬件自动将此位清零。

（3）ADC_FLAG 为 ADC 转换结束标志位。当 ADC 完成一次转换后，硬件会自动将此位置 1，并向 CPU 提出中断请求。此标志位必须软件清零。

（4）ADC_CONTR 寄存器的低 4 位 ADC_CHS 用于选择 ADC 模拟通道，ADC_CHS 选择位对应的含义见表 9.9。

表 9.9　ADC 模拟通道选择位的含义

ADC_CHS 编码	ADC 通道	ADC_CHS 编码	ADC 通道
0000	ADC 通道 0	1000	ADC 通道 8
0001	ADC 通道 1	1001	ADC 通道 9
0010	ADC 通道 2	1010	ADC 通道 10
0011	ADC 通道 3	1011	ADC 通道 11
0100	ADC 通道 4	1100	ADC 通道 12
0101	ADC 通道 5	1101	ADC 通道 13
0110	ADC 通道 6	1110	ADC 通道 14
0111	ADC 通道 7	1111	—

ADCCFG 寄存器为 ADC 配置寄存器，用于设定 ADC 转换结果的格式。各位的定义如图 9.27 示。

D7	D6	D5	D4	D3	D2	D1	D0
—	—	RESFMT	—				

图 9.27　ADCCFG 寄存器

（1）RESFMT 为 ADC 转换结果格式控制位。RESFMT=0，转换结果左对齐。ADC_RES 保存结果的高 8 位，ADC_RESL 保存结果的低 4 位。格式如图 9.28 所示。

D7	D6	D5	D4	D3	D2	D1	D0
x	x	x	x	x	x	x	x

(a) ADC_RES

D7	D6	D5	D4	D3	D2	D1	D0
x	x	x	x	0	0	0	0

(b) ADC_RESL

图 9.28　ADC 转换结果的左对齐格式

当 RESFMT=1，转换结果右对齐。ADC_RES 保存结果的高 4 位，ADC_RESL 保存结果的低 8 位。格式如图 9.29 所示。

D7	D6	D5	D4	D3	D2	D1	D0
0	0	0	0	x	x	x	x

(a) ADC_RES

D7	D6	D5	D4	D3	D2	D1	D0
x	x	x	x	x	x	x	x

(b) ADC_RESL

图 9.29　ADC 转换结果的右对齐格式

（2）ADCCFG 寄存器的低 4 位 SPEED 用于设置 ADC 时钟，即 ADC 的时钟频率，对应关系如表 9.10 所示。

表 9.10 ADC 时钟控制位对应关系

SPEED 编码	ADC 转换时间（时钟数）	SPEED 编码	ADC 转换时间（时钟数）
0000	32	1000	288
0001	64	1001	320
0010	96	1010	352
0011	128	1011	384
0100	160	1100	416
0101	192	1101	448
0110	224	1110	480
0111	256	1111	512

ADC_RES 和 ADC_RESL 用于存储 ADC 转换结果。当 A/D 转换完成后，12 位的转换结果会自动保存到 ADC_RES 和 ADC_RESL 中。保存结果的数据格式与 ADC_CFG 寄存器中的 RESFMT 设置有关。

例 9.6 ADC 应用（查询方式）。

```
# include "reg51. h"
# include "intrins. h"
//测试工作频率为 11.0592MHz
sfr ADC_CONTR = 0xbc;
sfr ADC_RES = 0xbd;
sfr ADC_RESL = 0xbe;
sfr ADCCFG = 0xde;
sfr P1M0 = 0x92;
sfr P1M1 = 0x91;
void main()
{
    P1M0 = 0x00;                          //设置 P1.7 为 ADC 口
    P1M1 = 0x80;
    ADCCFG = 0x0f;                        //设置 ADC 时钟为系统时钟/2/16/16
    ADC_CONTR = 0x80;                     //使能 ADC 模块
while (1)
{
    ADC_CONTR |= 0x40;                    //启动 AD 转换
    _nop_();
    _nop_();
    while (!(ADC_CONTR & 0x20));          //查询 ADC 完成标志
    ADC_CONTR &= ~0x20;                   //完成标志
    A = ADC_RES;                          //读取 ADC 结果高 8 位
    B = ADC_RESL;                         //读取 ADC 结果低 4 位
}
}
```

例 9.7 ADC 应用（中断方式）。

```
# include"reg51. h
# include "intrins. h"
//测试工作频率为 11.0592MHz
sfr ADC_CONTR = 0xbc;
sfr ADC_RES = 0xbd;
```

```
sfr ADC_RESL = 0xbe;
sfr ADCCFG = 0xde;
sbit EADC = IE^5;
sfr P1M0 = 0x92;
sfr P1M1 = 0x91;
void ADC_Isr() interrupt 5
{
    ADC_CONTR &= ～0x20;                    //清中断标志
    A = ADC_RES;                           //读取 ADC 结果高 8 位
    B = ADC_RESL;                          //读取 ADC 结果低 4 位
    ADC_CONTR | = 0x40;                    //继续 AD 转换
}
void main()
{
    P1M0 = 0x00;                           //设置 P1.7 为 ADC 口
    P1M1 = 0x80;
    ADCCFG = 0x0f;                         //设置 ADC 时钟为系统时钟/2/16/16
    ADC_CONTR = 0x80;                      //使能 ADC 模块
    EADC = 1;                              //使能 ADC 中断
    EA = 1;
    ADC_CONTR | = 0x40;                    //启动 AD 转换
    while (1);
}
```

▦ 9.9 STC8 单片机的 PCA 模块 ◆

9.9.1 PCA 模块

STC8 系列单片机内部集成了 4 组可编程计数器阵列,包括比较捕获脉冲宽度调制(Compare Capture Pulse Width Modulation,CPP)/可编程计数器阵列(Programmable Counter Array,PCA)/脉冲宽度调制(Pulse Width Modulation,PWM)模块,可用于软件定时器、外部脉冲捕获、高速脉冲输出和 PWM 脉宽调制输出,CPP/PCA/PWM 模块的内部结构如图 9.30 所示。

PCA 内部含有一个特殊的 16 位计数器,有 4 个 16 位的捕获/比较模块与该定时器/计数器模块相连。通过软件设置,每个模块可以设置工作在 4 种模式中。下面介绍与 PCA 相关的寄存器。

(1) PCA 控制寄存器。

CCON 是 PCA 控制寄存器,单元地址为 0xD8,见图 9.31,提供 PCA 计数器溢出中断标志、PCA 计数器允许控制以及 PCA 模块中断标志等。各位定义如下。

① CF 为 PCA 计数器溢出中断标志位。PCA 的 16 位计数器计数发生溢出时,硬件自动将此位置 1,并向 CPU 提出中断请求。此标志位需要软件清零。

② CR 为 PCA 计数器允许控制位,CR＝0,停止 PCA 计数。CR＝1,启动 PCA 计数。

③ CCFn(n＝0,1,2,3)为 PCA 模块中断标志位,PCA 模块发生匹配或者捕获时,硬件自动将此位置 1,并向 CPU 提出中断请求。此标志位需要软件清零。

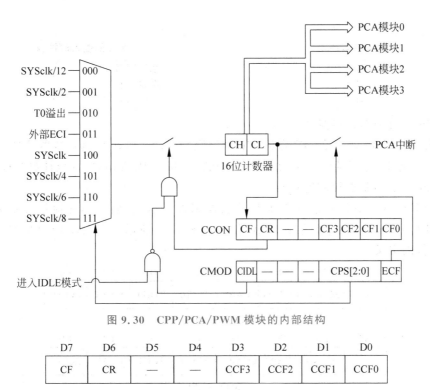

图 9.30 CPP/PCA/PWM 模块的内部结构

D7	D6	D5	D4	D3	D2	D1	D0
CF	CR	—	—	CCF3	CCF2	CCF1	CCF0

图 9.31 CCON 寄存器

（2）PCA 工作模式寄存器。

CMOD 为 PCA 工作模式寄存器，单元地址为 0xD9，如图 9.32 所示。提供空闲模式下是 PCA 计数控制、PCA 计数脉冲源选择以及 PCA 计数器溢出中断允许等。各位定义如下：

D7	D6	D5	D4	D3	D2	D1	D0
CIDL	—	—	—				ECF

图 9.32 CMOD 寄存器

CIDL 为空闲模式下 PCA 计数控制位，CIDL＝0，空闲模式下 PCA 继续计数。CIDL＝1，空闲模式下 PCA 停止计数。

ECF 为 PCA 计数器溢出中断允许位，ECF＝0，禁止 PCA 计数器溢出中断。ECF＝1，允许 PCA 计数器溢出中断。

CMOD 寄存器的 D4、D3、D2 为 PCA 计数脉冲源选择 CPS，计数脉冲源选择见表9.11。

表 9.11 PCA 计数脉冲源选择

CPS 编码	PCA 的输入时钟源
000	系统时钟/12
001	系统时钟/2
010	定时器 0 的溢出脉冲
011	ECI 脚的外部输入时钟
100	系统时钟

续表

CPS 编码	PCA 的输入时钟源
101	系统时钟/4
110	系统时钟/6
111	系统时钟 8

（3）PCA 计数器寄存器。

CL 和 CH 为 PCA 计数器寄存器，CL 为计数器的低 8 位，CH 为计数器的高 8 位，它们构成 16 位计数器，单元地址分别为 0xE9 和 0xF9。每个 PCA 时钟 16 位计数器自动加 1。

（4）PCA 比较捕获控制寄存器。

CCAMP0～CCAMP3 是 PCA 比较捕获控制寄存器，它们的单元地址分别为 0xDA、0xDB、0xDC 和 0xDD，用于控制比较器模式，如图 9.33 所示。下面以 CCAMP0 为例介绍寄存器各位的定义。

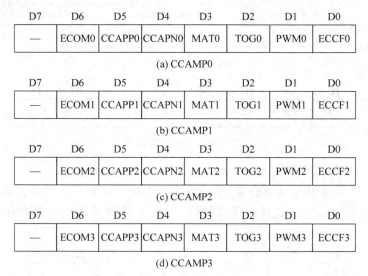

图 9.33 PCA 比较捕获控制寄存器

① ECOM0 为比较器功能控制位。该位为 1 时，允许 PCA 模块 0 的比较功能；该位为 0 时，禁止比较器功能。

② CCAPP0 为上升沿控制位。该位为 1 时，允许 PCA 模块 0 上升沿捕获；该位为 0 时，禁止 PCA 模块 0 上升沿捕获。

③ CCAPN0 为下降沿控制位。该位为 1 时，允许 PCA 模块 0 下降沿捕获；该位为 0 时，禁止 PCA 模块 0 下降沿捕获。

④ MAT0 为匹配控制位。该位为 1 时，允许 PCA 计数值与模块的比较/捕获寄存器值匹配时，将置位 CCON 寄存器的中断标志 CCF0；该位为 0 时，禁止此功能。

⑤ TOG0 为翻转控制位。该位为 1，工作在 PCA 高速脉冲输出模式，PCA 计数器的值与模块的比较/捕获寄存器的值的匹配将使 CCP0 脚翻转。该位为 0 时，禁止此功能。

⑥ PWM0 为脉冲宽度调节模块。该位为 1 时，允许 CCP0 用于 PWM 输出；该位为 0 时，禁止此功能。

⑦ ECCF0 为中断控制位。该位为 1 时，允许寄存器 CCON 的比较/捕获标志 CCF0 产

生中断；该位为 0 时，禁止此功能。

（5）PCA 比较/捕获寄存器。

每组 PCA 有 1 个 16 位的比较/捕获寄存器，它们分别是 CCAP0L 和 CCAP0H、CCAP1L 和 CCAP1H、CCAP2L 和 CCAP2H、CCAP3L 和 CCAP3H。当 PCA 模块捕获功能允许时，CCAPnL、CCAPnH（n＝0～3）用于保存发生捕获时的 PCA 的计数值（CL 和 CH）；当 PCA 模块比较功能允许时，PCA 控制器会将当前 CL 和 CH 中的计数值与保存在 CCAPnL 和 CCAPnH 中的值进行比较，并给出比较结果；当 PCA 模块匹配功能使能时，PCA 控制器会将当前 CL、CH 中的计数值与保存在 CCAPnL 和 CCAPnH 中的值进行比较，看是否匹配（相等），并给出匹配结果。

（6）PCA 模块 PWM 控制寄存器。

每组 PCA 有 1 个 8 位的比较/捕获寄存器，它们分别是 PCA_PWM0、PCA_PWM1、PCA_PWM2、PCA_PWM3，如图 9.34 所示。下面以 PCA_PWM0 为例介绍寄存器各位的定义。

D7	D6	D5	D4	D3	D2	D1	D0
EBS0		XCCAP0H		XCCAP0L		EPC0H	EPC0L

(a) PCA_PWM0

D7	D6	D5	D4	D3	D2	D1	D0
EBS1		XCCAP1H		XCCAP1L		EPC1H	EPC1L

(b) PCA_PWM1

D7	D6	D5	D4	D3	D2	D1	D0
EBS2		XCCAP2H		XCCAP2L		EPC2H	EPC2L

(c) PCA_PWM2

D7	D6	D5	D4	D3	D2	D1	D0
EBS3		XCCAP3H		XCCAP3L		EPC3H	EPC3L

(d) PCA_PWM3

图 9.34 PCA 模块 PWM 控制寄存器

PCA_PWM0 的 D7、D6 两位用于 PCA 模块 0 的 PWM 位数控制，如表 9.12 所示。

表 9.12 PCA 模块 0 的 PWM 位数控制位的含义

EBS0	PWM 位数	重 载 值	比 较 值
00	8 位 PWM	EPC0H，CCAP0H	EPC0L，CCAP0L
01	7 位 PWM	EPC0H，CCAP0H 的低 7 位	EPC0L，CCAP0L 的低 7 位
10	6 位 PWM	EPC0H，CCAP0H 的低 6 位	EPC0L，CCAP0L 的低 6 位
11	10 位 PWM	EPC0H，CCAP0H 的低 2 位，CCAP0H	EPC0L，XCCAP0L 的低 2 位，CCAP0L

① PCA_PWM0 的 D5、D4 两位用于设置 XCCAP0H，它们是 10 位 PWM 的第 9 位和第 10 位的重载值。

② PCA_PWM0 的 D3、D2 两位用于设置 XCCAP0L，它们是 10 位 PWM 的第 9 位和第 10 位的比较值。

③ PCA_PWM0 的 D1 位为 EPC0H，PWM 模式下，作为重载值的：8 位 PWM 的第 9

位,7位 PWM 的第 8 位,6 位 PWM 的第 7 位,10 位 PWM 的第 11 位。

④ PCA_PWM0 的 D0 位为 EPC0L,PWM 模式下,作为比较值的最高位：8 位 PWM 的第 9 位,7 位 PWM 的第 8 位,6 位 PWM 的第 7 位,10 位 PWM 的第 11 位。

9.9.2 PCA 工作模式

STC8 单片机的 PCA 模块有 4 种工作模式,包括捕获模式、16 位软件定时器模式、高速脉冲输出模式和脉冲宽度调制模式,由 PCA 工作模式寄存器设置,每组 PAC 都有 1 个工作模式寄存器,它们分别是 CCAPM0、CCAPM1、CCAPM2、CCAPM3。以 PCA0 为例,CCAPM0 设置如表 9.13 所示。

表 9.13 PCA 工作模式的设置

ECOM0	CAPP0	CAPN0	MAT0	TOG0	PWM0	ECCF0	
0	0	0	0	0	0	0	无操作
1	0	0	0	0	1	0	6/7/8/10 位 PWM 模式,无中断
1	1	0	0	0	1	1	6/7/8/10 位 PWM 模式,产生上升沿中断
1	0	1	0	0	1	1	6/7/8/10 位 PWM 模式,产生下降沿中断
1	1	1	0	0	1	1	6/7/8/10 位 PWM 模式,产生边沿中断
0	1	0	0	0	0	×	16 位上升沿捕获
0	0	1	0	0	0	×	16 位下降沿捕获
0	1	1	0	0	0		16 位边沿捕获
1	0	0	1	0	0	×	16 位软件定时器
1	0	0	1	1	0	×	16 位高速脉冲输出

1. 捕获模式

PCA 模块工作于捕获模式的结构如图 9.35 所示。

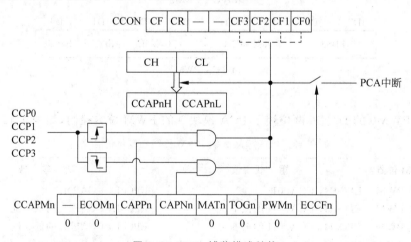

图 9.35 PCA 捕获模式结构

要使 PCA 模块工作在捕获模式,PCA 比较捕获控制寄存器 CCAPM0 中的 CAPN0 和 CAPP0 至少有一位必须置 1(也可两位都置 1)。PCA 模块工作于捕获模式时,对模块外部 CCP0 引脚的输入跳变采样。当采样到有效跳变时,PCA 控制器立即将 PCA 计数器 CH 和 CL 中的计数值装载到 PCA 比较/捕获寄存器 CCAP0L 和 CCAP0H,同时将 CCON 寄存器中相应的 CF0 置 1。若 CCAPM0 中的 ECCF0 位被设置为 1,将中断 CPU 工作。

由于所有 PCA 模块的中断入口地址是共享的,所以在中断服务程序中需要判断是哪一个模块产生了中断,并注意中断标志位需要软件清零。

例 9.8 PCA 中断服务程序。

```
void PCA_int() interrupt 7 using 1
{
    CCF0 = 0;
    ……;中断处理程序
}
```

主程序的 PCA 初始化部分:

```
P_SW1 = 0x20;
CCON = 0;
CL = 0;
CH = 0;
CMOD = 0x08;
CCAPM0 = 0x11;
CR = 1;
EA = 1;
```

2. 软件定时器模式

PCA 模块软件定时器模式原理如图 9.36 所示。

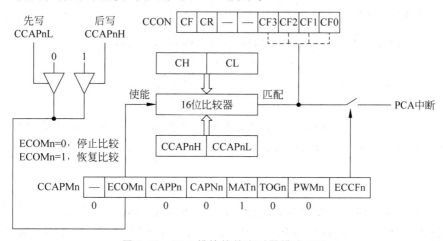

图 9.36 PCA 模块软件定时器模式原理

通过置位 CCAPM0 寄存器的 ECOM0 和 MAT0 位,可使 PCA 模块用作软件定时器。PCA 计数器值 CL 和 CH 与模块捕获寄存器的值 CCAP0L 和 CCAP0H 相比较,当两者相等时,CCON 中的 CF0 会被置 1,若 CCAPM0 中的 ECCFn 被设置为 1 时将产生中断。CCF0 标志位需要软件清零。

例 9.9 PCA 软件定时的中断服务程序。

```
void PCA_int() interrupt 7 using 1
{
    CCF0 = 0;
    CL = 0;
    CH = 0;
    ……;中断处理程序
}
```

主程序的 PCA 初始化部分:

```
P_SW2 = 0x80;
CLKDIV = 255;
P_SW2 = 0x00;
CCON = 0;
CL = 0;
CH = 0;
CMOD = 0x00;
CCAPM0 = 0x49;
CR = 1;
```

3. 高速脉冲输出模式

PCA 模块工作于高速脉冲输出模式如图 9.37 所示。

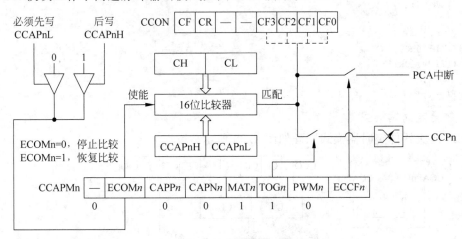

图 9.37 PCA 模块高速脉冲输出模式

当 PCA 计数器的计数值与模块捕获寄存器的值相匹配时，PCA 模块的 CCP0 输出将发生翻转。要激活高速脉冲输出模式，CCAPM0 寄存器的 TOG0、MAT0 和 ECOM0 位必须都置 1。

4. PWM 脉宽调制模式

脉宽调制是使用程序来控制波形的占空比、周期、相位波形的一种方法。STC8 单片机的 PCA 模块可以通过设定各自的 PCA_PWM0～PCA_PWM3 寄存器，使相应的 PCA 模块工作在 10 位、8 位、7 位、6 位 PWM 模式。要 PCA 模块的工作在 PWM 模式时，模块寄存器 CCAPMn 的 PWMn 位和 ECOMn 位必须置 1，$n=0～3$。

(1) 8 位 PWM 模式。

PCA 模块工作于 8 位 PWM 模式的工作原理如图 9.38 所示。下面以 PCA 模块 0（PCA0）为例介绍其工作原理。

PCA_PWM0 寄存器中的 EBS0 两位设置为 00 时，PCA0 工作于 8 位 PWM 模式，此时将 0x00、CL(二者构成十六位数据)与捕获寄存器 EPC0L、CCAP0L 进行比较。PCA 模块工作于 8 位 PWM 模式时，所有模块共用一个 PCA 计数器，因此它们的输出频率相同。PCA0 模块的输出占空比使用寄存器 EPC0L、CCAP0L 设置。

当 0x00、CL 的值小于 EPC0L、CCAP0L 时，输出为低电平；当 0x00、CL 的值等于或大于 EPC0L、CCAP0L 时，输出为高电平。

当 CL 的值由 0xFF 变为 0x00 溢出时，EPC0H、CCAP0H 的内容重新装载到 EPC0L、

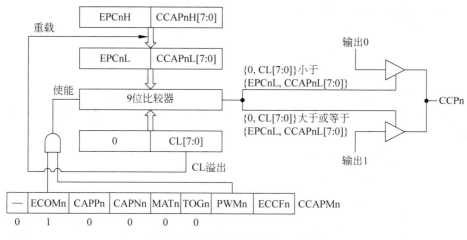

图9.38　PCA模块8位PWM模式

CCAP0L中。这样就可实现无干扰地更新PWM。PCA0输出PWM的频率为：

$$f_{PWM} = \frac{f_{IN}}{2^8}$$

其中，f_{IN}为PCA时钟输入源频率。

（2）7位PWM模式。

PCA模块工作于7位PWM模式的结构图如图9.39所示。下面以PCA0为例介绍其工作原理。

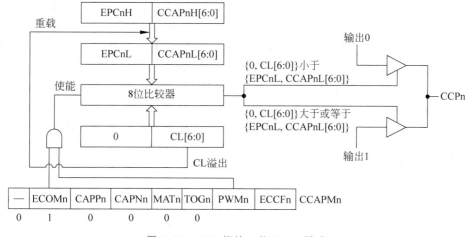

图9.39　PCA模块7位PWM模式

PCA_PWM0寄存器中的EBS0两位设置为01时，PCA0工作于7位PWM模式，此时将0x00、CL的低7位与捕获寄存器EPC0L、CCAP0L的低7位进行比较。

PCA模块工作于7位PWM模式时，所有模块也是共用一个PCA计数器，因此它们的输出频率相同。PCA0模块的输出占空比使用寄存器EPC0L、CCAP0L的低7位设置。当CL的低7位的值小于EPC0L、CCAP0L的低7位时，输出为低电平；当CL的低7位的值等于或大于EPC0L、CCAP0L的低7位时，输出为高电平。当CL的低7位的值由0x7F变为0x00溢出时，EPC0H、CCAP0H低7位的内容重新装载到EPC0L、CCAP0L低7位中，无干扰地更新 PWM。PCA0 输出 PWM 的频率为：

$$f_{\text{PWM}} = \frac{f_{\text{IN}}}{2^7}$$

其中，f_{IN} 为 PCA 时钟输入源频率。

（3）6 位 PWM 模式。

PCA 模块工作于 6 位 PWM 模式的结构图如图 9.40 所示。下面以 PCA0 为例介绍其工作原理。

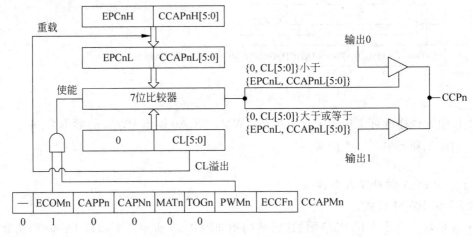

图 9.40　PCA 模块 6 位 PWM 模式

PCA_PWMn0 寄存器中的 EBS0 两位设置为 10 时，PCA0 工作于 6 位 PWM 模式，此时将 CL 低 6 位与捕获寄存器 EPC0L、CCAP0L 低 6 位进行比较。

PCA 模块工作于 6 位 PWM 模式时，所有模块也是共用一个 PCA 计数器，它们的输出频率相同。PCA0 模块的输出占空比使用寄存器 EPC0L、CCAP0L 低 6 位设置。当 CL 低 6 位的值小于 EPCnL、CCAP0L 低 6 位时，输出为低电平；当其等于或大于 EPC0L、CCAP0L 低 6 位时，输出为高电平。当 CL 低 6 位由 0x3F 变为 0x00 溢出时，EPC0H、CCAP0H 当 CL 低 6 位的内容重新装载到 EPCnL、CCAP0L 低 6 位中，无干扰地更新 PWM。

PCA0 输出 PWM 的频率为：

$$f_{\text{PWM}} = \frac{f_{\text{IN}}}{2^6}$$

其中，f_{IN} 为 PCA 时钟输入源频率。

（4）10 位 PWM 模式。

PCA 模块工作于 10 位 PWM 模式的结构图如图 9.41 所示。下面以 PCA0 为例介绍其工作原理。

PCA_PWM0 寄存器中的 EBS0 设置为 11 时，PCA0 工作于 10 位 PWM 模式，此时将 CH 低 2 位与 CL 构成 10 位寄存器内容与捕获寄存器 EPC0L、XCCAP0L 低 2 位、CCAP0L 进行比较。PCA 模块工作于 10 位 PWM 模式时，所有模块也是共用一个 PCA 计数器，它们的输出频率相同。PCA0 模块的输出占空比使用寄存器 EPC0L、XCCAP0L 低 2 位、CCAP0L 设置。当 CH 低 2 位与 CL 构成 10 位计数器内容小于 EPC0L、XCCAP0L 低 2 位、CCAP0L 时，输出为低电平；当其值大于或等于 EPC0L、XCCAP0L 低 2 位、CCAP0L

时,输出为高电平。当10位计数器内容由0x3FF变为0x00溢出时,EPC0H、XCCAP0H低2位、CCAP0H的内容重新装载到EPC0L、XCCAP0L低2位、CCAP0L中,无干扰地更新PWM。

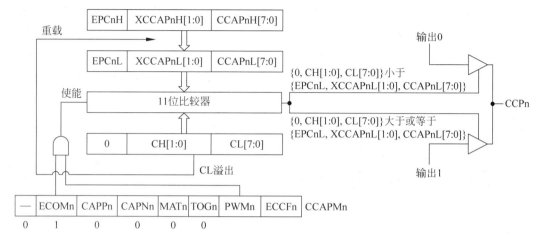

图 9.41 PCA 模块 10 位 PWM 模式

PCA0 输出 PWM 的频率为:

$$f_{PWM} = \frac{f_{IN}}{2^{10}}$$

其中,f_{IN} 为 PCA 时钟输入源频率。

例 9.10 PCA 模块输出 PWM。

```
void main()
{
    CCON = 0x00;CMOD = 0x08;            //PCA 时钟为系统时钟
    CL = 0x00;
    CH = 0x00;
    CCAPM0 = 0x42;                      //PCA 模块 0 为 PWM 工作模式
    PCA_PWM0 = 0x80;                    //PCA 模块 0 输出 6 位 PWM
    CCAP0L = 0x20;                      //PWM 占空比为 50%[(40H-20H)/40H]
    CCAP0H = 0x20;
    CCAPM1 = 0x42;                      //PCA 模块 1 为 PWM 工作模式
    PCA_PWM1 = 0x40;                    //PCA 模块 1 输出 7 位 PWM
    CCAP1L = 0x20;                      //PWM 占空比为 75%[(80H-20H)/80H]
    CCAP1H = 0x20;
    CCAPM2 = 0x42;                      //PCA 模块 2 为 PWM 工作模式
    PCA_PWM2 = 0x00;                    //PCA 模块 2 输出 8 位 PWM
    CCAP2L = 0x20;                      //PWM 占空比为 87.5%[(100H-20H)/100H]
    CCAP2H = 0x20;
    CCAPM3 = 0x42;                      //PCA 模块 3 为 PWM 工作模式
    PCA_ PWM3 = 0xc0;                   //PCA 模块 3 输出 10 位 PWM
    CCAP3L = 0x20;                      //PWM 占空比为 96.875%[(400H-20H)/400H]
    CCAP3H = 0x20;
    CR = 1;                            //启动 PCA 计时器
    while(1);
}
```

9.10　STC8 单片机的增强型 PWM 模块

STC8 系列单片机集成了一组 8 路的增强型 PWM 发生器。PWM 波形发生器内部有一个 15 位的 PWM 计数器供 8 路 PWM 使用，用户可以设置每路 PWM 的初始电平。另外，PWM 波形发生器为每路 PWM 设计了 2 个用于控制波形翻转的计数器 T1 和 T2，用来控制每路 PWM 的高低电平宽度，以实现对 PWM 的占空比以及 PWM 的输出延迟控制的目的。由于 8 路 PWM 是各自独立的，且每路 PWM 的初始状态可以设定，所以用户可以将其中的任意两路配合起来使用，即可实现互补对称输出以及死区控制等特殊应用。

增强型的 PWM 波形发生器还有对外部异常事件监控的功能，（包括外部端口 P3.5 电平异常、比较器比较结果异常）可用于紧急关闭 PWM 输出。PWM 波形发生器还可与 ADC 相关联，设置 PWM 周期的任一时间点触发 ADC 转换事件。

下面介绍与其相关的寄存器。

（1）PWM 配置寄存器（PWMCFG）。

PWM 配置寄存器为 PWMCFG，其的单元地址为 0xF1，它的用于配置 PWM，如图 9.42 所示。各位定义如下：

D7	D6	D5	D4	D3	D2	D1	D0
CBIF	ETADC	—	—	—	—	—	—

图 9.42　PWMCFG 寄存器

① CBIF 为 PWM 计数器归零中断标志位，当 15 位 PWM 计数器计满溢出归零时，硬件自动将此位置 1，并向 CPU 提出中断请求，此标志位需要软件清零。

② ETADC 为 PWM 是否与 ADC 关联位。ETADC＝0，PWM 与 ADC 不关联。ETADC＝1，PWM 与 ADC 相关联，允许在 PWM 周期中某个时间点触发 A/D 转换，使用 TADCPH 和 TADCPL 进行设置。

（2）PWM 中断标志寄存器（PWMIF）。

PWM 中断标志寄存器 PWMIF 的单元地址为 0xF6，用于登记 PWM 的中断标志位，如图 9.43 所示。

D7	D6	D5	D4	D3	D2	D1	D0
	C6IF	C5IF	C4IF	C3IF	C2IF	C1IF	C0IF

图 9.43　PWMIF 寄存器

C0IF～C7IF 分别为第 0～7 通道 PWM 的中断标志位。

可设置在各路 PWM 的翻转点 1 和翻转点 2。当所设置的翻转点发生翻转事件时，硬件自动将此位置 1，并向 CPU 提出中断请求，此标志位需要软件清零。

（3）PWM 异常检测控制寄存器（PWMFDCR）。

PWM 异常检测控制寄存器 PWMFDCR 的单元地址为 0xF7，由它给出 PWM 的异常检测相关控制位，如图 9.44 所示。各位定义如下：

① INVCMP 为比较器结果异常信号处理位。INVCMP＝0，比较器结果由低变高为异

D7	D6	D5	D4	D3	D2	D1	D0
INVCMP	INVIO	ENFD	FLTFLIO	EFDI	FDCMP	FDIO	FDIF

图9.44 PWM异常检测控制寄存器

常信号；INVCMP=1,比较结果由高变低为异常信号。

② INVIO为外部端口P3.5异常信号处理位。INVIO=0,外部端口P3.5信号由低变高为异常信号；INVIO=1,外部端口P3.5信号由高变低为异常信号。

③ ENFD为PWM外部异常检测控制位。ENFD=0,关闭PWM外部异常检测功能；ENFD=1,允许PWM外部异常检测功能。

④ FLTFLIO发生PWM外部异常时对PWM输出口控制位。FLTFLIO=0,发生PWM外部异常时,PWM的输出口不作任何改变；FLTFLIO=1,发生PWM外部异常时,PWM的输出口立即被设置为高阻输入模式(只有ENCnO=1所对应的端口才会被强制悬空)。

⑤ EFDI为PWM异常检测中断使能位。EFDI=0,关闭PWM异常检测中断(FDIF依然会被硬件置位)；EFDI=1,允许PWM异常检测中断。

⑥ FDCMP为比较器输出异常检测使能位。FDCMP=0,比较器与PWM无关；FDCMP=1,设定PWM异常检测源为比较器输出(异常类型由INVCMP设定)。

⑦ FDIO为P3.5口电平异常检测使能位。FDIO=0,P3.5口电平与PWM无关；FDIO=1,设定PWM异常检测源为P3.5口(异常类型由INVIO设定)。

⑧ FDIF为PWM异常检测中断标志位。当发生PWM异常(比较器的输出由低变高或者P3.5的电平由低变高时),硬件自动将此位置1。当EFDI=1时,程序会跳转到相应中断入口执行中断服务程序。FDIF需要软件清零。

(4) PWM控制寄存器(PWMCR)。

PWM控制寄存器PWMCR的单元地址为0xFE,用于设置增强型PWM、计数器控制位和PWM计数器归零中断允许,如图9.45所示。

D7	D6	D5	D4	D3	D2	D1	D0
ENPWM	ECBI	—	—	—	—	—	—

图9.45 PWMCR寄存器

ENPWM为增强型PWM波形发生器使能控制位。ENPWM=0,关闭PWM波形发生器；ENPWM=1,允许PWM波形发生器,PWM计数器开始计数。

需要注意的是,ENPWM一旦被使能后,内部的PWM计数器会立即开始计数,并与T1、T2两个翻转点的值进行比较。ENPWM必须在其他所有的PWM设置(包括T1、T2翻转点的设置、初始电平的设置、PWM异常检测的设置以及PWM中断设置)都完成之后,才能使能ENPWM位。

ENPWM控制位既是整个PWM模块的使能位,也是PWM计数器开始计数的控制位。在PWM计数器计数的过程中,ENPWM控制位被关闭时,PWM计数会立即停止,当再次使能ENPWM控制位时,PWM的计数会从0开始重新计数,而不会记忆PWM停止计数前的计数值。

ECBI为PWM计数器归零中断使能位。ECBI=0,关闭PWM计数器归零中断(CBIF

依然会被硬件置位）；ECBI＝1,允许 PWM 计数器归零中断。

（5）PWM 计数器寄存器（PWMCL 和 PWMCH）。

PWM 计数器寄存器 PWMCL 和 PWMCH 的单元地址分别为 0xFFF1 和 0xFFF0,用于存储 PWM 计数器的 15 位寄存器值,如图 9.46 所示。

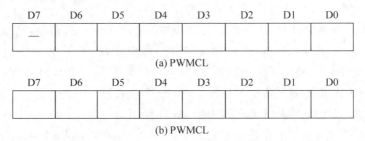

图 9.46　PWM 计数器寄存器

PWM 计数器为 15 位寄存器,设定范围为 1~32767 个 PWM 周期。PWM 波形发生器内部的计数器从 0 开始计数,每个 PWM 时钟周期递增 1,当内部计数器的计数值达到 15 位计数器 PWMCH、PWMCL 的设定 PWM 周期数时,PWM 波形发生器内部的计数器将会从 0 重新开始计数,硬件自动将 PWM 归零中断标志位 CBIF 置 1,如果 ECBI＝1,则程序将跳转到相应中断入口执行中断服务程序。

（6）PWM 时钟选择寄存器（PWMCKS）。

PWM 时钟选择寄存器 PWMCKS 的单元地址为 0xFFF2,用于选择 PWM 计数器的时钟源选择和设置系统时钟分频参数,如图 9.47 所示。

D7	D6	D5	D4	D3	D2	D1	D0
—	—	—	SELT2	PWM_PS			

图 9.47　PWM 时钟选择寄存器

SELT2 为 PWM 时钟源选择位。SELT2＝0,PWM 时钟源为系统时钟经分频器分频之后的时钟；当 SELT2＝1,PWM 时钟源为定时器 2 的溢出脉冲。

PWMCKS 的低 4 位 D3、D2、D1、D0 用于设置系统时钟预分频参数 PWM_PS,分频参数设置如表 9.14 所示。

表 9.14　PWM_PS 分频参数的设置

序号	SELT2	PWM_PS	PWM 输入时钟源频率	序号	SELT2	PWM_PS	PWM 输入时钟源频率
1	1	××××	定时器 2 的溢出脉冲	10	0	1000	SYSclk/9
2	0	0000	SYSclk/1	11	0	1001	SYSclk/10
3	0	0001	SYSclk/2	12	0	1010	SYSclk/11
4	0	0010	SYSclk/3	13	0	1011	SYSclk/12
5	0	0011	SYSclk/4	14	0	1100	SYSclk/13
6	0	0100	SYSclk/5	15	0	1101	SYSclk/14
7	0	0101	SYSclk/6	16	0	1110	SYSclk/15
8	0	0110	SYSclk/7	17	0	1111	SYSclk/16
9	0	0111	SYSclk/8				

（7）PWM 触发 ADC 计数器寄存器（TADCPL 和 TADCPH）。

PWM 触发 ADC 计数器寄存器 TADCPL 和 TADCPH 的单元地址分别为 0xFFF3 和 0xFFF4，它的功能主要提供一个 15 位的寄存器。

在 ETADC＝1 且 ADC_POWER＝1，TADCPH、TADCPL 组成 15 位寄存器。在 PWM 的计数周期中，当 PWM 的内部计数值与 TADCPH、TADCPL 的值相等时，硬件自动触发 A/D 转换。

（8）PWM 翻转点设置计数值寄存器。

每个通道增强型 PWM 都有 1 个 PWM 翻转点设置计数值寄存器 PWMTnH 和 PWMTnL（n＝0～7）。

每个通道增强型 PWM 的 PWMnT1H、PWMnT1L 和 PWMnT2H、PWMnT2L 分别组合成两个 15 位的寄存器，用于控制各路 PWM 每个周期中输出 PWM 波形的两个翻转点。在 PWM 的计数周期中，当 PWM 的内部计数值与所设置的第 1 个翻转点的值 PWMnT1H、PWMnT1L 相等时，PWM 的输出波形会自动翻转为低电平；当 PWM 的内部计数值与所设置的第 2 个翻转点的值 PWMnT2H、PWMnT2L 相等时，PWM 的输出波形会自动翻转为高电平。值得注意的是，当 PWMnT1H、PWMnT1L 与 PWMnT2H、PWMnT2L 的值设置相等时，第 2 组翻转点的匹配将被忽略，即只会翻转为低电平。

（9）PWM 通道控制寄存器。

每个通道增强型 PWM 都有 1 个 PWM 通道控制寄存器 PWMnCR（n＝0～7），0～7 通道的地址分别为 0xFF04、0xFF14、0xFF24、0xFF34、0xFF44、0xFF54、0xFF64、0xFF74。以第 0 通道为例，介绍各位的定义，如图 9.48 所示。

D7	D6	D5	D4	D3	D2	D1	D0
ENC0O	C0INI	—		C0_S	EC0I	EC0T2SI	EC0T1SI

图 9.48 通道 0 的 PWM 通道控制寄存器

ENC0O 为 PWM 输出使能位。ENC0O＝0，相应 PWM 通道的端口为通用 I/O GPIO；ENC0O＝1，相应 PWM 通道的端口为 PWM 输出口，受 PWM 波形发生器控制。

C0INI 用于设置 PWM 输出端口的初始电平位。当 C0INI＝0，第 0 通道的 PWM 初始电平为低电平；当 C0INI＝1，第 0 通道的 PWM 初始电平为高电平。

PWM 通道控制寄存器的 D4、D3 两位为 PWM 输出功能脚切换选择 C0_S。

EC0I 为第 0 通道的 PWM 中断使能控制位。ECnI＝0，关闭第 0 通道的 PWM 中断；ECnI＝1，允许第 0 通道的 PWM 中断。

EC0T2SI 为第 0 通道的 PWM 在第 2 个翻转点中断使能控制位。EC0T2SI＝0，关闭第 0 通道的 PWM 在第 2 个翻转点中断；EC0T2SI＝1，允许第 0 通道的 PWM 在第 2 个翻转点中断。

EC0T1SI 为第 0 通道的 PWM 在第 1 个翻转点中断使能控制位。EC0T1SI＝0，关闭第 0 通道的 PWM 在第 1 个翻转点中断；EC0T1SI＝1，使能第 n 通道的 PWM 在第 1 个翻转点中断。

（10）PWM 通道电平保持控制寄存器。

每个通道增强型 PWM 都有 1 个 PWM 通道电平保持控制寄存器 PWMnHLD（n＝0～

7)，0～7 通道的地址分别为 0xFF05、0xFF15、0xFF25、0xFF35、0xFF45、0xFF55、0xFF65、0xFF75，如图 9.49 所示。以第 0 通道为例，介绍各位的定义。

D7	D6	D5	D4	D3	D2	D1	D0
—	—	—	—		—	HC0H	HC0L

图 9.49　通道 0 的 PWM 通道电平保持控制寄存器

HC0H 为第 0 通道 PWM 强制输出高电平控制位。HC0H＝0，第 0 通道 PWM 正常输出；HC0H＝1，第 0 通道 PWM 强制输出高电平。

HC0L 为第 0 通道 PWM 强制输出低电平控制位。HC0L＝0，第 0 通道 PWM 正常输出；HC0L＝1，第 0 通道 PWM 强制输出低电平。

例 9.11　输出任意周期和任意占空比的波形。

```
void main()
{
    P_SW2 = 0x80;PWMCKS = 0x00;        //PWM 时钟为系统时钟
    PWMC = 0x1000;                     //设置 PWM 周期为 1000H 个 PWM 时钟
    PWMOT1 = 0x0100;                   //在计数值为 100H 地方输出低电平
    PWMOT2 = 0x0500;                   //在计数值为 500H 地方输出高电平
    PWMOCR = 0x80;                     //使能 PWM0 输出
    P_SW2 = 0x00;
    PWMCR = 0x80;                      //启动 PWM 模块
    while (1);
}
```

例 9.12　两路 PWM 实现互补对称带死区控制的波形。

```
void main()
{
    P_SW2 = 0x80;PWMCKS = 0x00;        //PWM 时钟为系统时钟
    PWMC = 0x0800;                     //设置 PWM 周期为 0800H 个 PWM 时钟
    PWMOT1 = 0x0100;                   //PWM0 在计数值为 100H 地方输出低电平
    PWMOT2 = 0x0700;                   //PWM0 在计数值为 700H 地方输出高电平
    PWM1T2 = 0x0080;                   //PWM1 在计数值为 0080H 地方输出高电平
    PWM1T1 = 0x0780;                   //PWM1 在计数值为 0780H 地方输出低电平
    PWMOCR = 0x80;                     //使能 PWM0 输出
    PWM1CR = 0x80;                     //使能 PWM1 输出
    P_SW2 = 0x00;
    PWMCR = 0x80;                      //启动 PWM 模块
    while (1);
}
```

9.11　STC8 单片机的 I²C 串行扩展总线

STC8 单片机内部集成了一个 I²C 串行总线控制器。对于 SCL 和 SDA 的端口分配，STC8 单片机提供了切换模式，可将 SCL 和 SDA 切换到不同的 I/O 口上，可将一组 I²C 总线当作多组分时复用。STC8 单片机的 I²C 总线由 3 种数据传输速度模式，分别为标准模式（100kbps）、快速模式（400kbps）和高速模式（速度上限为 3.4Mbps）。

与标准 I^2C 协议相比较,忽略了如下两种机制:

(1) 发送起始信号(START)后不进行仲裁;

(2) 时钟信号(SCL)停留在低电平时不进行超时检测。

STC8 系列的 I^2C 总线提供了两种操作模式:主机模式(SCL 为输出口,发送同步时钟信号)和从机模式(SCL 为输入口,接收同步时钟信号)。

9.11.1　STC8 单片机的 I^2C 主机模式

STC8 单片机 I^2C 主机模式中,STC8 单片机作为主设备控制外部的 I^2C 设备,也就是数据的初始化是由 STC8 单片机发起的。

(1) I^2C 配置寄存器。

I^2C 配置寄存器 I2CCFG 的单元地址为 0xFE80,如图 9.50 所示。各位定义如下:

D7	D6	D5	D4	D3	D2	D1	D0
ENI2C	MSSL	MSSPEED					

图 9.50　I^2C 配置寄存器

ENI2C 为 I^2C 功能使能控制位。ENI2C＝0,禁止 I^2C 功能。ENI2C＝1,允许 I^2C 功能。

MSSL 为 I^2C 工作模式选择位。MSSL＝0,I^2C 控制器为从机模式。MSSL＝1,I^2C 控制器为主机模式。

I2CCFG 寄存器的低 6 位是 I^2C 总线速度控制位 MSSPEED,用于设置等待时钟数。I^2C 总线速度控制设置如表 9.15 所示。

表 9.15　MSSPEED 设置

MSSPEED	等待时钟数
0	1
1	3
2	5
…	…
x	$2x+1$
…	…
62	125
63	127

只有当 I^2C 模块工作在主机模式时,MSSPEED 参数设置的等待参数才有效。此等待参数主要用于主机模式的以下几个信号,如图 9.51 所示。

T_{SSTA}:起始信号的建立时间(Setup Time of START);

T_{HSTA}:起始信号的保持时间(Hold Time of START);

T_{SSTO}:停止信号的建立时间(Setup Time of STOP);

T_{HSTO}:停止信号的保持时间(Hold Time of STOP);

T_{HCKL}:时钟信号的低电平保持时间(Hold Time of SCL Low)。

值得一提的是,由于需要配合时钟同步机制,对于时钟信号的高电平保持时间(T_{HCKH})

至少为时钟信号的低电平保持时间(T_{HCKL})的 1 倍长,而 T_{HCKH} 确切的长度取决于 SCL 端口的上拉速度。SDA 在 SCL 下降沿后的数据保持时间固定为 1 个时钟。

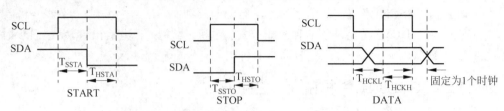

图 9.51　I^2C 时序中的参数

(2) I^2C 主机控制寄存器。

I^2C 主机控制寄存器 I2CMSCR 的单元地址为 0xFE81,如图 9.52 所示。各位定义如下:

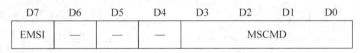

D7	D6	D5	D4	D3	D2	D1	D0
EMSI	—	—	—	MSCMD			

图 9.52　I^2C 主机控制寄存器

EMSI 为主机模式中断使能控制位。EMSI=0,关闭主机模式的中断。EMSI=1,允许主机模式的中断。

I2CMSCR 的低 4 位为主机命令位 MSCMD。

MSCMD=0000,表示待机,无动作。

MSCMD=0001,表示起始命令,发送 START 信号。

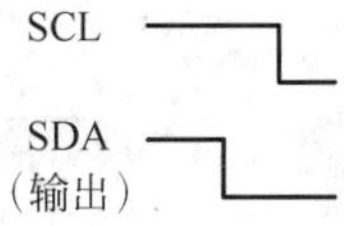

图 9.53　发送 START 信号的波形

如果当前 I^2C 控制器处于空闲状态,即 MSBUSY(I2CMSST.7)为 0 时,写此命令会使控制器进入忙状态,硬件自动将 MSBUSY 状态位置 1,并开始发送 START 信号;若当前 I^2C 控制器处于忙状态,写此命令可触发发送 START 信号。发送 START 信号的波形如图 9.53 所示。

MSCMD=0010,表示发送数据命令。写此命令后,I^2C 总线控制器会在 SCL 引脚上产生 8 个时钟,并将 I2CTXD 寄存器里面数据按位送到 SDA 引脚上(先发送高位数据)。发送数据的波形如图 9.54 所示。

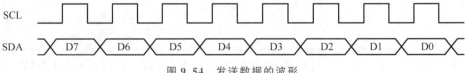

图 9.54　发送数据的波形

MSCMD=0011,表示接收 ACK 命令。写此命令后,I^2C 总线控制器会在 SCL 引脚上产生 1 个时钟,并将从 SDA 端口上读取的数据保存到 MSACKI(I2CMSST.1)。接收 ACK 的波形如图 9.55 所示。

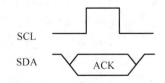

图 9.55　接收 ACK 的波形

当 MSCMD=0100,表示接收数据命令。写此命令后,I^2C 总线控制器会在 SCL 引脚上产生 8 个时钟,并将从 SDA 端口上读取的数据依次左移到

I2CRXD 寄存器(先接收高位数据)。接收数据的波形如图 9.56 所示。

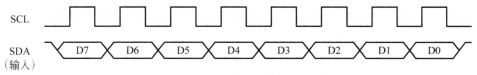

图 9.56 接收数据的波形

当 MSCMD=0101,表示发送 ACK 命令。写此命令后,I²C 总线控制器会在 SCL 引脚上产生 1 个时钟,并将 MSACKO(I2CMSST.0)中的数据发送到 SDA 端口。发送 ACK 的波形如图 9.57 所示。

当 MSCMD=0110,表示停止命令。发送 STOP 信号。写此命令后,I²C 总线控制器开始发送 STOP 信号。信号发送完成后,硬件自动将 MSBUSY 状态位清零。STOP 信号的波形如图 9.58 所示。

图 9.57 发送 ACK 的波形   图 9.58 STOP 信号的波形

MSCMD=0111、MSCMD=1000,这两种设置无效,为单片机的保留状态。

MSCMD=1001,表示起始命令+发送数据命令+接收 ACK 命令。此命令为命令 0001、命令 0010、命令 0011 三个命令的组合,发送此命令后控制器会依次执行这三个命令。

MSCMD=1010,表示发送数据命令+接收 ACK 命令。此命令为命令 0010、命令 0011 两个命令的组合,发送此命令后控制器会依次执行这两个命令。

MSCMD=1011,表示接收数据命令+发送 ACK(0)命令。此命令为命令 0100、命令 0101 两个命令的组合,发送此命令后控制器会依次执行这两个命令。此命令所返回的应答信号固定为 ACK(0),不受 MSACKO 位的影响。

MSCMD=1100,表示接收数据命令+发送 NAK(1)命令。此命令为命令 0100、命令 0101 两个命令的组合,发送此命令后控制器会依次执行这两个命令。此命令所返回的应答信号固定为 NAK(1),不受 MSACKO 位的影响。

(3) I²C 主机辅助控制寄存器。

I²C 主机辅助控制寄存器 I2CMSAUX 的单元地址为 0xFE88,如图 9.59 所示。

图 9.59 I2CMSAUX 寄存器的内容

WDTA 为主机模式时 I²C 数据自动发送允许位。WDTA=0,禁止自动发送。WDTA=1,使能自动发送。若自动发送功能被使能,当 MCU 执行完成对 I2CTXD 数据寄存器的写操作后,I²C 控制器会自动触发"1010"命令,即自动发送数据并接收 ACK 信号。

(4) I²C 主机状态寄存器。

I²C 主机状态寄存器 I2CMSST 的单元地址为 0xFE82 如图 9.60 所示。

D7	D6	D5	D4	D3	D2	D1	D0
MSBUSY	MSIF	—	—	—	—	MSACKI	MSACKO

图 9.60 I2CMSST 寄存器

MSBUSY 为主机模式时 I^2C 控制器状态位（只读）。MSBUSY＝0，控制器处于空闲状态。MSBUSY＝1，控制器处于忙碌状态。

当 I^2C 控制器处于主机模式时，在空闲状态下，发送完成 START 信号后，控制器便进入到忙碌状态，忙碌状态会一直维持到成功发送完成 STOP 信号，之后状态会再次恢复到空闲状态。

MSIF 为主机模式的中断请求位（中断标志位）。当处于主机模式的 I^2C 控制器执行完成寄存器 I^2CMSCR 中 MSCMD 命令后产生中断信号，硬件自动将此位置 1，向 CPU 发请求中断，响应中断后 MSI 位必须用软件清零。

MSACKI：主机模式时，发送"0011"命令到 I2CMSCR 的 MSCMD 位后所接收到的 ACK 数据位。

MSACKO：主机模式时，准备将要发送出去的 ACK 信号。当发送"0101"命令到 I2CMSCR 的 MSCMD 位后，控制器会自动读取此位的数据当作 ACK 发送到 SDA。

9.11.2 I^2C 从机模式

STC8 单片机可以工作在从机模式下，连接 SCL 信号的是输入引脚，连接 SDA 信号的是双向引脚。根据 I^2C 总线接口通信要求，从机必须有唯一的从机地址，将 MCU 片上 I^2C 功能单元配置为从机模式时，须指定本机的 7 位地址。相对于主机，从机始终是被动的，主机何时寻址本机、读或写操作均由主机发起。从机模式需要配置一定的存储单元用于缓存接收数据，并开启中断，当从模式的 I^2C 接口识别到本机被寻址时，接收完主机的数据，向 CPU 发起中断请求并响应主机请求。与从机模式有关的寄存器如下。

（1） I^2C 从机控制寄存器。

I^2C 从机控制寄存器 I2CSLCR 的单元地址为 0xFE83，如图 9.61 所示。

D7	D6	D5	D4	D3	D2	D1	D0
—	ESTAI	ERXI	ETXI	ESTOI	—	—	SLRST

图 9.61 I^2C 从机控制寄存器

① ESTAI 为从机模式时接收到 START 信号中断允许位。ESTAI＝0，禁止从机模式时接收到 START 信号时发生中断。ESTAI＝1，允许从机模式时接收到 START 信号时发生中断。

② ERXI 为从机模式时接收到 1 字节数据后中断允许位。ERXI＝0，禁止从机模式时接收到数据后发生中断。ERXI＝1，允许从机模式时接收到 1 字节数据后发生中断。

③ ETXI 为从机模式时发送完成 1 字节数据后中断允许位。ETXI＝0，禁止从机模式时发送完成数据后发生中断。ETXI＝1，允许从机模式时发送完成 1 字节数据后发生中断。

④ ESTOI 为从机模式时接收到 STOP 信号中断允许位。ESTOI＝0，禁止从机模式时接收到 STOP 信号时发生中断。ESTOI＝1，允许从机模式时接收到 STOP 信号时发生

中断。

⑤ SLRST 为复位从机模式位。

（2）I^2C 从机状态寄存器。

I^2C 从机状态寄存器 I2CSLST 的单元地址为 0xFE84,如图 9.62 所示。

D7	D6	D5	D4	D3	D2	D1	D0
SLBUSY	STAIF	RXIF	TXIF	STOIF	TXING	SLACKI	SLACKO

图 9.62 I^2C 从机状态寄存器

SLBUSY 为从机模式时 I^2C 控制器状态位（只读）。SLBUSY＝0,控制器处于空闲状态。SLBUSY＝1,控制器处于忙碌状态。

当 I^2C 控制器处于从机模式时,在空闲状态下,接收到主机发送 START 信号后,控制器会继续检测之后的设备地址数据,若设备地址与当前 I2CSLADR 寄存器中所设置的从机地址相匹配时,控制器便进入到忙碌状态,忙碌状态会一直维持到成功接收到主机发送 STOP 信号,之后状态会再次恢复到空闲状态。

STAIF 为从机模式时接收到 START 信号后的中断请求位。从机模式的 I^2C 控制器接收到 START 信号后,硬件会自动将此位置 1,并向 CPU 发请求中断,响应中断后 STAIF 位必须用软件清零。

RXIF 为从机模式时接收到 1 字节的数据后的中断请求位。从机模式的 I^2C 控制器接收到 1 字节的数据后,在第 8 个时钟的下降沿时硬件会自动将此位置 1,并向 CPU 发请求中断,响应中断后 RXIF 位必须用软件清零,如图 9.63 所示。

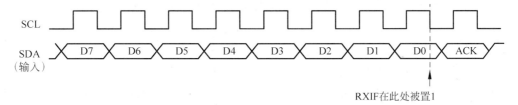

图 9.63 RXIF 被置 1 的时间点

TXIF 为从机模式时发送完成 1 字节的数据后的中断请求位。从机模式的 I^2C 控制器发送完成 1 字节的数据并成功接收到 1 位 ACK 信号后,在第 9 个时钟的下降沿时硬件会自动将此位置 1,并向 CPU 发请求中断,响应中断后 TXIF 位必须用软件清零,如图 9.64 所示。

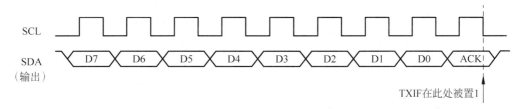

图 9.64 TXIF 被置 1 的时间点

STOIF 为从机模式时接收到 STOP 信号后的中断请求位。从机模式的 I^2C 控制器接收到 STOP 信号后,硬件会自动将此位置 1,并向 CPU 发请求中断,响应中断后 STOIF 位必须用软件清零。

SLACKI 为从机模式时接收到的 ACK 数据位。SLACKO 为从机模式时准备将要发送出去的 ACK 信号位，如图 9.65 所示。

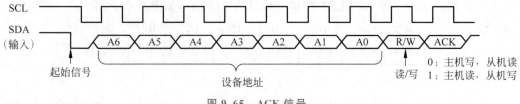

图 9.65　ACK 信号

（3）I²C 从机地址寄存器。

I²C 从机地址寄存器 I2CSLADR 的单元地址为 0xFE85，如图 9.66 所示。

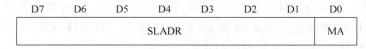

图 9.66　I²C 从机地址寄存器

I2CSLADR 的 D7～D1 为从机设备地址位 SLADR。I²C 控制器处于从机模式时，控制器在接收到 START 信号后，会继续检测接下来主机发送出的设备地址数据以及读/写信号。当主机发送出的设备地址与 SLADR 中所设置的从机设备地址相匹配时，控制器才会向 CPU 发出中断求，请求 CPU 处理 I²C 事件；否则若设备地址不匹配，I²C 控制器继续监控，等待下一个起始信号，对下一个设备地址继续匹配。

I2CSLADR 的最低位 D0 为从机设备地址匹配控制位 MA。MA＝0，设备地址必须与 SLADR 继续匹配。MA＝1，忽略 SLADR 中的设置，匹配所有的设备地址。

（4）I²C 数据寄存器。

I²C 数据寄存器 I2CTXD 和 I2CRXD 的单元地址 0xFE86、0xFE87。I2CTXD 是 I²C 发送数据寄存器，存放将要发送的 I²C 数据。I2CRXD 是 I²C 接收数据寄存器，存放接收完成的 I²C 数据。

9.12　本章小结

STC8 系列单片机是一种高速低功耗 8051 内核单片机，兼容 8051 单片机指令系统。

STC8 系列单片机存储器分为 4 类：64KB 程序存储器，256B 内部基本 RAM 和 8192B 内部扩展 RAM 构成的片内数据存储器，123 个特殊功能寄存器，64KB 外部数据存储器。

片内数据存储器低 128B 单元与传统 MCS-51 单片机相同，其地址范围为 0x00～0x7F，分为 3 个区域。0x00～0x1F：32 个单元为工作寄存器区，包含 4 个工作寄存器组，每个工作寄存器组包含 8 个寄存器，由 PSW 的 RS1、RS0 指出当前工作寄存器区。0x20～0x2F：16 个单元为位寻址区；0x30～0x7F：80 个单元为数据缓冲区。

片内数据存储器高 128B 单元的地址范围为 0x80～0xFF，与特殊功能寄存器区围重合，二者在物理空间上是相互独立的，CPU 访问高 128B 的单元采用间接寻址方式，而访问特殊功能寄存器区的寄存器是用直接寻址方式。

STC8 系列单片机的 I/O 口线具有 4 种工作模式：准双向口/弱上拉、推挽输出/强上拉、高阻输入、集电极开漏输出，可通过特殊功能寄存器配置 I/O 口工作模式。复位后，所有的 I/O 口线输出高电平。

STC8 系列单片机有 22 个中断源，具有 4 个中断优先级，可实现 4 级中断嵌套。

STC8 系列单片机有 5 个 16 位定时器/计数器，可作定时器、计数器、波特率发生器。

STC8 系列单片机有 4 个全双工异步串行口。其中，串行口 1 有 4 种工作方式，串行口 2、串行口 3、串行口 4 有 2 种工作方式。可通过查询或中断方式接收/发送数据。4 个串行口都可以由功能引脚切换到多组端口，将一个通信口分时复用为多个通信口。

STC8 系列单片机有 1 个模拟比较器，其内部有可控制的 2 级滤波：模拟滤波和数字滤波。模拟滤波能过滤比较输入信号的毛刺信号，数字滤波可用于等待输入信号稳定后再比较，读取其内部寄存器可直接获得比较结果。也可将比较器结果正向或反向输出到接口，此时该接口可用作外部事件触发信号和反馈信号。通过多路选择器和分时复用可实现多比较器功能。

STC8 系列单片机有 15 通道的 12 位高速 A/D 转换器，ADC 时钟频率为系统频率的 1/2～1/32，每隔 16 个 ADC 时钟完成一次转换。转换结果有左对齐和右对齐 2 种格式。

STC8 系列单片机有 4 组可编程计数器阵列 PCA，可用于软件定时器、外部脉冲捕获、高速脉冲输出和 PWM 脉宽调制输出。

STC8 系列单片机有 8 路独立的增强型 PWM 发生器，其内部有一个 15 位 PWM 计数器供 8 路 PWM 使用，每路 PWM 的初始电平可设置。每路 PWM 有 2 个用于控制波形翻转的计数器用来控制它的高低电平宽度，实现对 PWM 占空比及 PWM 输出延迟的控制。任意 2 路配合使用可实现互补对称输出以及死区控制等要求。

STC8 系列单片机包含一个 I^2C 串行总线控制器，用于实现芯片间的串行同步通信，通过编程控制切换模式可将 SCL 和 SDA 切换到不同的 I/O 引脚上，将一组 I^2C 总线多组分时复用，它有 3 种数据传输速度模式：标准（100kbps）、快速（400kbps）和高速（速度上限为 3.4Mbps）。

9.13　复习思考题

一、选择题

1. STC8 单片机的 CPU 是（　　）。
   A. 4 位　　　　　　B. 8 位　　　　　　C. 16 位　　　　　　D. 32 位

2. STC8 单片机的 16 位定时器/计数器的个数是（　　）。
   A. 2　　　　　　　B. 3　　　　　　　C. 4　　　　　　　D. 5

3. STC8 单片机有（　　）个中断源。
   A. 12　　　　　　B. 16　　　　　　C. 22　　　　　　D. 24

4. STC8 单片机片内程序存储器大小为（　　）。
   A. 8KB　　　　　B. 16KB　　　　　C. 32KB　　　　　D. 64KB

5. STC8 单片机的并行 I/O 口有（　　）种工作方式。
   A. 1　　　　　　　B. 2　　　　　　　C. 3　　　　　　　D. 4

6. STC8 单片机共有（　　）组串行口。

  A. 5   B. 2   C. 4   D. 3

7. STC8 单片机内部的数据存储器分为内部 RAM 和内部扩展 RAM，其中内部 RAM（　　）B。

  A. 128   B. 256   C. 512   D. 1024

8. STC8 单片机的特殊功能寄存器共（　　）个。

  A. 123   B. 128   C. 112   D. 124

9. 外部数据存储器的最大空间为（　　）KB。

  A. 8   B. 16   C. 32   D. 64

10. STC8 单片机的内部 RAM 按照功能被分为（　　）个区域。

  A. 4   B. 3   C. 128   D. 6

11. STC8 系列单片机的片内 RAM 中，低 128B 的 RAM 的数据缓冲区为（　　）单元。

  A. 16   B. 32   C. 64   D. 80

12. STC8 系列单片机最多有（　　）个 I/O 口？

  A. 16   B. 8   C. 36   D. 59

13. 准双向口有（　　）个上拉结晶管来适应不同的需要。

  A. 0   B. 1   C. 2   D. 3

14. 对于 5V 单片机，"极弱上拉"晶体管的电流约为（　　）μA。

  A. 10   B. 18   C. 26   D. 12

15. 强上拉打开约（　　）个时钟以使引脚能够迅速上拉到高电平。

  A. 1   B. 2   C. 3   D. 4

16. STC8 单片机最多有（　　）个中断源。

  A. 4   B. 8   C. 18   D. 22

17. STC8 系列单片机可以实现（　　）级中断嵌套。

  A. 1   B. 4   C. 3   D. 2

18. STC8 系列单片机外部中断 0（INT0）：中断请求信号从（　　）引脚引入。

  A. P3.2   B. P2.7   C. P3.3   D. P2.6

19. 下列中断中，（　　）中断不是固定为最低优先级中断。

  A. 外部中断 3   B. 串行接口 4 中断   C. 定时器 2 中断   D. 比较器中断

20. 下列标志位，必须由软件清除的是（　　）。

  A. INT2IF   B. LVDF   C. T2IF   D. T4IF

21. 优先级相同时，下列中断源的优先级最高的是（　　）。

  A. 外部中断 0   B. 外部中断 1

  C. 串行接口中断   D. LVD 中断

22. STC8 单片机有（　　）个定时器/计数器。

  A. 5   B. 3   C. 4   D. 2

23. STC8 单片机的定时器/计数器 T0 有（　　）种工作方式。

  A. 2   B. 3   C. 4   D. 5

24. 复位后，STC8 单片机的定时器/计数器速度依然使用的是晶振频率的（　　）分频。

A. 8　　　　　　　　 B. 12　　　　　　　 C. 24　　　　　　　 D. 6

25. 当 T3CLKO＝1,定时/计数器 T3 计数发生溢出时,P0.5 引脚的电平(　　　)。

　　A. 自动发生翻转　　　 B. 不变　　　　　 C. 不定　　　　　　 D. 由软件控制

26. STC8 单片机应(　　　)来将串口 1 中定时/计数器 T1 作为波特率发生器。

　　A. SIST2＝1　　　　 B. SIST2＝0　　　 C. T1x12＝0　　　 D. T1x12＝1

27. STC8 单片机内部的比较器有程序控制的(　　　)级滤波。

　　A. 1　　　　　　　　 B. 4　　　　　　　 C. 2　　　　　　　 D. 3

28. 在比较控制寄存器 CMPCR2 中,模拟滤波控制位是(　　　)。

　　A. INVCMPO　　　 B. LCDTY　　　　 C. CMPOE　　　　 D. DISFLT

29. STC8 单片机内部集成了一个 12 位(　　　)通道的高速 A/D 转换器。

　　A. 8　　　　　　　　 B. 15　　　　　　 C. 16　　　　　　　 D. 4

30. ADC 完成一次 A/D 转换需要(　　　)个 ADC 时钟。

　　A. 16　　　　　　　 B. 12　　　　　　 C. 8　　　　　　　 D. 4

31. ADC 配置寄存器中,使得转换结果右对齐的是(　　　)。

　　A. RESFMT＝1　　　　　　　　　　　 B. RESFMT＝0

　　C. ADC_START＝0　　　　　　　　　 D. ADC_START＝1

32. STC8 系列单片机内部集成了(　　　)组可编程计数器阵列。

　　A. 1　　　　　　　　 B. 2　　　　　　　 C. 3　　　　　　　 D. 4

33. PCA 内部有一个特殊的(　　　)位计数器。

　　A. 8　　　　　　　　 B. 16　　　　　　 C. 12　　　　　　　 D. 4

34. PCA 比较捕获控制寄存器中,上升沿控制位为(　　　)。

　　A. CCAPPn　　　　 B. ECOMn　　　　 C. CCAPNn　　　 D. MATn

35. STC8 系列单片机中 CCP/PCA/PWM 模块有(　　　)种工作模式。

　　A. 1　　　　　　　　 B. 2　　　　　　　 C. 3　　　　　　　 D. 4

36. STC8 系列单片机的 PWM 波形发生器内部有一个(　　　)位的 PWM 计数器供 8 路 PWM 使用,用户可以设置每路 PWM 的初始电平。

　　A. 8　　　　　　　　 B. 12　　　　　　 C. 15　　　　　　　 D. 16

37. PWM 波形发生器为每路 PWM 设计了(　　　)个用于控制波形翻转的计数器。

　　A. 1　　　　　　　　 B. 2　　　　　　　 C. 3　　　　　　　 D. 4

38. 下列标志位中,不需要软件清零的是(　　　)。

　　A. FDIF　　　　　　 B. CBIF　　　　　 C. C4IF　　　　　　 D. ETADC

39. STC8 系列单片机的 I²C 总线提供了(　　　)种操作模式。

　　A. 1　　　　　　　　 B. 2　　　　　　　 C. 3　　　　　　　 D. 4

40. STC8 系列单片机的 I²C 总线有(　　　)种数据传输速度模式。

　　A. 1　　　　　　　　 B. 2　　　　　　　 C. 3　　　　　　　 D. 4

41. 在 I²C 主机控制寄存器 I2CCFG 中,当 EMSI＝0 时,(　　　)。

　　A. 关闭主机模式的中断　　　　　　 B. 允许主机模式的中断

　　C. 表示待机,无动作　　　　　　　 D. 表示起始命令,发送 START 信号

42. 从机模式的 I²C 控制器接收到 START 信号后,硬件会自动将此位置(　　　),并向

CPU 发请求中断。

      A. 置 0   B. 置 1   C. 不变   D. 不定

    43. 从机模式的 I^2C 控制器发送完成 1 字节的数据并成功接收到 1 位 ACK 信号后，在第（   ）个时钟的下降沿时硬件会自动将此位置 1，并向 CPU 发请求中断。

      A. 1   B. 8   C. 9   D. 12

    44. 在 I^2C 从机状态寄存器 I2CSLST 中，响应中断后不需要软件清零的标志位是（   ）。

      A. STAIF   B. RXIF   C. TXIF   D. SLBUSY

二、简答题

    1. STC8 单片机主要由哪些部分组成？

    2. STC8 系列单片机内的低 128 字节的内部 RAM 按功能分为几部分？并简述其分布。

    3. 简述 STC8 系列单片机的存储器地址空间可分为哪几类？各有多大的空间？

    4. STC8 程序存储器的是用来存放什么数据的？最大可扩展多大的程序存储器？

    5. STC8 系列单片机的存储器中含有哪些特殊参数？

    6. 准双向 I/O 口有几个上拉晶体管？分别简述其作用。

    7. 简述 I/O 口的四种工作模式。

    8. 简述 STC8 系列单片机双向口中上拉电阻的作用。

    9. 优先级相同时，STC8 单片机如何处理不同中断源优先级？

    10. STC8 系列单片机有哪几种工作模式？简述其功能。

    11. 简述定时器/计数器 T4 时钟输出位的变化。

    12. 简述 STC8 系列单片机内部比较器的滤波的作用。

    13. 比较器控制寄存器 CMPCR1 中，比较器中断标志位起什么作用？

    14. 简述比较器中数字滤波的功能。比较器中如何实现对模拟滤波的控制作用？

    15. ADC 转换结果的数据格式有哪几种？

    16. 简述比较/捕获寄存器的功能。

    17. STC8 单片机中，PCA 捕获模式下，控制器相应部分是如何工作的？

    18. 简述 STC8 单片机增强型 PWM 的结构及作用。

    19. PWM 触发 ADC 计数器寄存器是如何工作的？

    20. STC8 系列单片机在 PWM 通道控制寄存器中如何实现对两个翻转点的控制？

    21. I^2C 主机状态寄存器处于主机模式下，控制器如何运行？

    22. 从机模式时发送完成 1 字节的数据后，I^2C 从机状态寄存器如何动作？

附 录 A

1. MCS-51 单片机指令集

序号	指令助记符	指 令 代 码	字 节	机器周期
1	ADD A，Rn	28H-2FH	1	1
2	ADD A，direct	25H，direct	2	1
3	ADD A，@Ri	26H-27H	1	1
4	ADD A，♯data	24H，data	2	1
5	ADDC A，Rn	38H-3FH	1	1
6	ADDC A，direct	35H，direct	2	1
7	ADDC A，@Ri	36H-37H	1	1
8	ADDC A，♯data	34H，data	2	1
9	SUBB A，Rn	98H-9FH	1	1
10	SUBB A，direct	95H，direct	2	1
11	SUBB A，@Ri	96H-97H	1	1
12	SUBB A，♯data	94H，data	2	1
13	INC A	04H	1	1
14	INC Rn	08H-0FH	1	1
15	INC direct	05H，direct	2	1
16	INC @Ri	06H-07H	1	1
17	INC DPTR	A3H	1	2
18	DEC A	14H	1	1
19	DEC Rn	18H-1FH	1	1
20	DEC direct	15H，direct	2	1
21	DEC @Ri	16H-17H	1	1
22	MUL AB	A4H	1	4
23	DIV AB	84H	1	4
24	DA A	D4H	1	1
25	ANL A，Rn	58H-5FH	1	1
26	ANL A，direct	55H，direct	2	1
27	ANL A，@Ri	56H-57H	1	1
28	ANL A，♯data	54H，data	2	1
29	ANL direct，A	52H，direct	2	1

续表

序号	指令助记符	指 令 代 码	字　　节	机器周期
30	ANL direct，♯data	53H，direct，data	3	2
31	ORL A，Rn	48H-4FH	1	1
32	ORL A，direct	45H，direct	2	1
33	ORL A，@Ri	46H-47H	1	1
34	ORL A，♯data	44H，data	2	1
35	ORL direct，A	42H，direct	2	1
36	ORL direct，♯data	43H，direct，data	3	2
37	XRL A，Rn	68H-6FH	1	1
38	XRL A，direct	65H，direct	2	1
39	XRL A，@Ri	66H-67H	1	1
40	XRL A，♯data	64H，dataH	2	1
41	XRL direct，A	62H，direct	2	1
42	XRL direct，♯data	63H，direct，data	3	2
43	CLR A	E4H	1	1
44	CPL A	F4H	1	1
45	RL A	23H	1	1
46	RLC A	33H	1	1
47	RR A	03H	1	1
48	RRC A	13H	1	1
49	SWAP A	C4H	1	1
50	MOV A，Rn	E8H-EFH	1	1
51	MOV A，direct	E5H，direct	2	1
52	MOV A，@Ri	E6H-E7H	1	1
53	MOV A，♯data	74H，data	2	1
54	MOV Rn，A	F8H-FFH	1	1
55	MOV Rn，direct	A8H-AFH，direct	2	2
56	MOV Rn，♯data	78H-7FH，data	2	1
57	MOV direct，A	F5H，direct	2	1
58	MOV direct，Rn	88H-8FH，direct	2	2
59	MOVdirect1，direct2	85H，direct2，direct1	3	2
60	MOV direct，@Ri	86H-87H	2	2
61	MOV direct，♯data	75H，direct，data	3	2
62	MOV @Ri，A	F6H-F7H	1	1
63	MOV @Ri，direct	A6H-A7H，direct	2	2
64	MOV @Ri，♯data	76H-77H，data	2	1
65	MOV DPTR，♯data16	90H，dataH，dataL	3	2
66	MOVC A，@A+DPTR	93H	1	2
67	MOVC A，@A+PC	83H	1	2
68	MOVX A，@Ri	E2H-E3H	1	2
69	MOVX A，@DPTR	E0H	1	2

续表

序号	指令助记符	指 令 代 码	字　节	机器周期
70	MOVX @Ri，A	F2H-F3H	1	2
71	MOVX @DPTR，A	F0H	1	2
72	PUSH direct	C0H，direct	2	2
73	POP direct	D0H，direct	2	2
74	XCH A，Rn	C8H-CFH	1	1
75	XCH A，direct	C5H，direct	2	1
76	XCH A，@Ri	C6H-C7H	1	1
77	XCHD A，@Ri	D6H-D7H	1	1
78	CLR C	C3H	1	1
79	CLR bit	C2H	2	1
80	SETB C	D3H	1	1
81	SETB bit	D2H	2	1
82	CPL C	B3H	1	1
83	CPL bit	B2H	2	1
84	ANL C，bit	82H，bit	2	2
85	ANL C，/bit	B0H，bit	2	2
86	ORL C，bit	72H，bit	2	2
87	ORL C，/bit	A0H，bit	2	2
88	MOV C，bit	A2H，bit	2	1
89	MOV bit，C	92H，bit	2	2
90	JC rel	40H，rel	2	2
91	JNC rel	50H，rel	2	2
92	JB bit，rel	20H，bit，rel	3	2
93	JNB bit，rel	30H，bit，rel	3	2
94	JBC bit，rel	10H，bit，rel	3	2
95	ACALL addr11	(a10a9a8) 10001，$addr_{7-0}$	2	2
96	LCALL addr16	12H，$addr_{15-8}$，$addr_{7-0}$	3	2
97	RET	22H	1	2
98	RETI	32H	1	2
99	AJMP addr11	(a10a9a8) 00001，$addr_{7-0}$	2	2
100	LJMP addr16	02H，$addr_{15-8}$，$addr_{7-0}$	3	2
101	SJMP rel	80H，rel	2	2
102	JMP @A+DPTR	73H	1	2
103	JZ rel	60H，rel	2	2
104	JNZ rel	70H，rel	2	2
105	CJNE A，direct，rel	B5H，direct，rel	3	2
106	CJNE A，#data，rel	B4H，data，rel	3	2
107	CJNE Rn，#data，rel	B8H-BFH，data，rel	3	2
108	CJNE @Ri，#data，rel	B6H-B7H，data，rel	3	2
109	DJNZ Rn，rel	D8H-DFH，rel	2	2

序号	指令助记符	指 令 代 码	字　节	机器周期
110	DJNZ direct，rel	D5H，direct，rel	3	2
111	NOP	00H	1	1

说明：

Rn：工作寄存器，n=0~7。@Ri：地址寄存器，i=0~1。direct：单元地址，8 位二进制数。data：8 位二进制数据。bit：位地址，8 位二进制数。rel：相对量，补码，8 位二进制数。addr11/ addr16：11 位/16 位地址。a10a9a8：地址的第 10、第 9、第 8 位。$addr_{7-0}$：地址的第 7 位~第 0 位，低 8 位地址。$addr_{15-8}$：地址的第 15 位~第 8 位，高 8 位地址。

2. 影响标志位的指令

序号	助记符	Cy	OV	AC
1	ADD	×	×	×
2	ADDC	×	×	×
3	SUBB	×	×	×
4	MUL	0	×	—
5	DIV	0	×	—
6	DA	×	—	×
7	RRC	×	—	—
8	RLC	×	—	—
9	SETB　C	1	—	—
10	CLR C	0	—	—
11	CPL　C	×	—	—
12	ANL　C, bit	×	—	—
13	ANL C, /bit	×	—	—
14	ORL C, bit	×	—	—
15	MOV　C, bit	×	—	—
16	CJNE	×	—	—

说明：×表示影响标志位的状态，—表示不影响。

参 考 文 献

［1］ 段晨东. 单片机原理及接口技术［M］. 北京：清华大学出版社，2008.

［2］ 段晨东. 单片机原理及接口技术［M］. 2 版. 北京：清华大学出版社，2013.

［3］ UDAYASHANKARA V，MALLIKARJUNASWAMY M S. 8051 Microcontroller：hardware，software & applications［M］. New Delhi：Tata McGraw-Hill Publishing Company Limited. 2009.

［4］ GHOSHAL S. 8051 Microcontroller：Internals，Instructions，Programming and Interfacing［M］. Delhi：Dorling Kindersley Pvt. Ltd. ，2010.

［5］ MCKINLAY M M. The 8051 Microcontroller and Embedded Systems［M］. 2nd ed. England：Pearson Education Limited. 2014.

［6］ Atmel 8051 Microcontrollers Hardware Manual［EB/OL］. ［2024-01-05］ https://ww1. microchip. com/downloads/en/DeviceDoc/doc4316. pdf.

［7］ Hardware Description of the C51 Family Products［EB/OL］. ［2024-01-05］. https://www. keil. com/dd/docs/datashts/atmel/c51_hd. pdf.

［8］ STC8A/8F 系列单片机技术参考手册［EB/OL］. ［2024-01-05］. https://www. stcmcudata. com/STC8F-DATASHEET/STC8A-STC8F. pdf.

［9］ STC8G 系列单片机技术参考手册［EB/OL］. ［2024-01-05］. https://www. stcmcudata. com/STC8F-DATASHEET/STC8G. pdf.

［10］ STC32G 系列单片机技术参考手册［EB/OL］. ［2024-01-05］. https://www. stcmcudata. com/STC8F-DATASHEET/STC32G. pdf.

［11］ Cx51 User's Guide［EB/OL］. ［2024-01-05］. https://developer. arm. com/documentation/101655/0961/Cx51-User-s-Guide.

［12］ 谭浩强. C 程序设计［M］. 5 版. 北京：高等教育出版社，2017.

［13］ 张毅刚. 单片机原理及应用［M］. 4 版. 北京：高等教育出版社，2021.

［14］ 郭军利，祝朝坤，张凌燕. 单片机原理及应用(C 语言版)［M］. 北京：北京理工大学出版社，2018.

［15］ I²C-bus specification and user manual［EB\OL］. (2021-10-01). ［2024-01-05］. https://www. nxp. com/docs/en/user-guide/UM10204. pdf.

［16］ Philips Semiconductors. I²C Logic Selection Guide—Advanced I²C Devices：Innovation in a Mature Technology［EB/OL］. ［2024-01-05］. https://vdocuments. mx/innovation-in-a-mature-technology-advanced-i-c-i2c-solves-the-problem-simple. html.

［17］ Texas Instruments Incorporated. TLC2543C，TLC2543I，TLC2543M 12-Bit Analog-To-Digital Converters with Serial Control and 11 Analog Inputs［EB\OL］. ［2024-01-05］. https://www. ti. com/lit/ds/symlink/tlc2543. pdf.

［18］ Texas Instruments Incorporated. TLC5615C，TLC5615I，10-Bit Digital-To-Analog Converters［EB/OL］. ［2024-01-05］. https://www. ti. com. cn/cn/lit/ds/symlink/tlc5615. pdf.

［19］ SPI Block Guide V4-NXP［EB/OL］. ［2024-01-05］. https://pdf4pro. com/view/spi-block-guide-v4-nxp-7356f7. html.

［20］ Daisy Chain Implementation for Serial Peripheral Interface［EB/OL］. ［2024-01-05］. https://www. ti. com/lit/an/slvae25a/slvae25a. pdf.

［21］ MAX127/MAX128，Multirange，+5V，12-Bit DAS with 2-Wire Serial Interface［EB/OL］. ［2024-01-05］. https://www. analog. com/media/cn/technical-documentation/data-sheets/1890. pdf.

［22］ MAX5822，Dual，12-Bit，Low-Power，2-Wire，Serial Voltage-Output DAC［EB/OL］. ［2024-01-05］. https://www. analog. com/media/cn/technical-documentation/data-sheets/3290. pdf.